高等职业教育机电类系列教材

数控加工工艺

主　编　周智敏
副主编　张素颖
参　编　张云玲　林　萍

机械工业出版社

本书是根据主流企业数控技术岗位的核心技能要求而编写的，以职业能力培养为目标，全面提高人才培养质量，完全符合目前高职高专教学改革的思路。本书分为两个部分：上篇涵盖了切削用量的选择、刀具几何角度的选用、金属切削过程的控制、工件装夹位置的确定、定位误差的计算、工件夹紧装置的选择、工艺规程的制订方法、工序尺寸及公差的确定、数控车削和数控铣削等工艺中的基本概念和知识点；下篇主要包括减速器传动轴的加工工艺分析、轴承套的加工工艺分析、盖板的加工工艺分析、冲压机垫座的加工工艺分析、液压泵壳体的加工工艺分析、槽形凸轮的加工工艺分析、薄壁座盒的加工工艺分析、支承套异形件的加工工艺分析等案例。上篇实施了知识系统化的编排方式，保留基本概念的系统化，有利于课堂教学的组织，操作性较强，又能提高学生学习的主动性；下篇实施了项目化的编排方式，引入企业各类机械零件（试件）作为案例，并通过合理的编排，体现真实情境的现场教学环境，更贴近实际，有利于调动学生学习的积极性，也有利于课堂教学的组织。

　　本书可作为高职高专院校、成人高校及本科院校举办的二级职业技术学院数控技术、模具等专业的教材，也可作为工厂中从事数控加工方面的技术人员和操作人员的培训教材，还可供工程技术人员自学参考。

图书在版编目（CIP）数据

数控加工工艺／周智敏主编．—北京：机械工业出版社，2016.5（2024.1重印）
高等职业教育机电类系列教材
ISBN 978-7-111-53397-9

Ⅰ.①数… Ⅱ.①周… Ⅲ.①数控机床—加工—高等职业教育—教材 Ⅳ.①TG659

中国版本图书馆 CIP 数据核字（2016）第 064846 号

机械工业出版社（北京市百万庄大街22号　邮政编码100037）
策划编辑：王英杰　责任编辑：王英杰　武　晋
版式设计：霍永明　责任校对：张　征
封面设计：陈　沛　责任印制：单爱军
北京虎彩文化传播有限公司印刷
2024年1月第1版第7次印刷
184mm×260mm・16.75印张・410千字
标准书号：ISBN 978-7-111-53397-9
定价：49.00元

电话服务　　　　　　　　网络服务
客服电话：010-88361066　　机　工　官　网：www.cmpbook.com
　　　　　010-88379833　　机　工　官　博：weibo.com/cmp1952
　　　　　010-68326294　　金　书　网：www.golden-book.com
封底无防伪标均为盗版　机工教育服务网：www.cmpedu.com

前　言

随着数控技术的飞速发展，制造业已普遍使用数控机床代替普通机床及一些半自动化机床，原本无法加工的各种形状的零件现在可通过数控加工得以实现。但是，随着数控机床的大量使用，数控机床的精密装配和调试，维修、维护与保养，故障的快速诊断，已成为各数控机床制造厂家及使用厂家亟待解决的问题。

杭州职业技术学院与友嘉实业集团合作共建了"校企共同体—友嘉机电学院"，以培养"数控加工（客户试件加工）和数控维修（数控机床的安装与调试）"的岗位人才。通过对友嘉实业集团等几十家企业的调研，对数控专业的人才培养方案进行了调整，突出了"数控维修人才的培养应从数控机床的安装调试开始"这一理念，更注重通过让学生到数控机床安装与调试岗位顶岗实习，来培养其数控机床的维修维护和技能。这样的理念也得到浙江省教育厅的高度评价，并指示按国家骨干院校重点专业建设数控技术专业，批准"基于岗位需求的数控技术专业学生能力培养"为浙江省新世纪教改课题。按照岗位需求，确定开发《数控原理与系统参数》《数控机床结构与装调工艺》《数控编程与机床操作》《CAM自动编程与后处理》和《数控加工工艺》5本教材。经过近三年时间的下厂挂职锻炼和校企合作开发，《数控原理与系统参数》作为浙江省重点建设教材已由机械工业出版社出版发行，后4本教材将陆续出版发行。

《数控加工工艺》教材的开发，得到学院和友嘉实业集团的大力支持，学院先后派了8位教师去友嘉实业集团企业、中意自动化设备有限公司挂职锻炼，集团企业以及其他多个企业为教材提供了大量有效资料。本项目化教材与以往数控加工工艺教材不同，它是以提高学生掌握核心技能为出发点的改革型教材，将理论知识任务化、企业产品项目化作为本教材的亮点。在学习过程中，学生首先要获得的是关于职业内容和工作环境的感性认识，进而获得与工作岗位和工作过程相关的专业知识和技能，使学习目的性更加明确。本教材是国家骨干数控技术专业建设的阶段性成果。

本教材上篇第1章金属切削过程、第2章工件的定位与夹紧中的2.1和2.2、第3章制订工艺规程、第4章数控车削工艺的4.1~4.5主要由周智敏编写，第5章数控铣削工艺、第6章其他机械加工方法主要由张素颖编写；第2章的2.3工件夹紧装置的选择、第4章的4.6数控车削工艺路线的拟订知识点由张云玲编写，切削液及其选用、车削方法、铣削方法等知识点由林萍编写；下篇项目1减速器传动轴的加工工艺分析、项目2轴承套的加工工艺分析、项目3盖板的加工工艺分析、项目4冲压机垫座的加工工艺分析的由周智敏编写，项目5液压泵壳体的加工工艺分析、项目6槽形凸轮的加工工艺分析、项目7薄壁座盒的加工工艺分析、项目8支承套异形件的加工工艺分析的由张素颖编写，全书由周智敏统稿审核。

本教材的编写得到友嘉实业集团、杭州中意自动化设备有限公司的大力支持，他们为本教材提供了大量有价值的图样、工艺资料和零件加工程序。本教材的编写还得到一线技术人员的帮助和专家的指导，在此一并表示谢意。

由于编者水平有限，疏漏之处在所难免，敬请读者批评指正。

编　者

目 录

前言

上篇 数控加工工艺理论知识

第1章 金属切削过程 ······ 2
- 1.1 切削用量的选择 ······ 2
  - 1.1.1 切削运动 ······ 2
  - 1.1.2 切削表面 ······ 3
  - 1.1.3 切削用量 ······ 3
  - 1.1.4 切削层参数 ······ 5
  - 1.1.5 切削用量的选用 ······ 6
  - 1.1.6 训练题 ······ 9
- 1.2 刀具几何角度的选用 ······ 11
  - 1.2.1 车刀几何角度 ······ 11
  - 1.2.2 车刀图示及角度标注方法 ······ 14
  - 1.2.3 刀具几何角度选择原则 ······ 15
  - 1.2.4 训练题 ······ 18
- 1.3 金属切削过程的控制 ······ 22
  - 1.3.1 切削过程变形规律 ······ 22
  - 1.3.2 积屑瘤和鳞刺 ······ 25
  - 1.3.3 切屑的种类及其控制 ······ 27
  - 1.3.4 切削力 ······ 29
  - 1.3.5 切削热与切削温度 ······ 31
  - 1.3.6 刀具磨损和刀具寿命 ······ 33
  - 1.3.7 切削液及其选用 ······ 37
  - 1.3.8 训练题 ······ 42

第2章 工件的定位与夹紧 ······ 46
- 2.1 工件装夹位置的确定 ······ 46
  - 2.1.1 数控机床夹具 ······ 46
  - 2.1.2 工件的定位 ······ 49
  - 2.1.3 常见的定位元件 ······ 51
  - 2.1.4 训练题 ······ 57
- 2.2 定位误差的计算 ······ 60
  - 2.2.1 定位基准的选择 ······ 60
  - 2.2.2 定位误差分析及计算 ······ 64
  - 2.2.3 训练题 ······ 70
- 2.3 工件夹紧装置的选择 ······ 73
  - 2.3.1 工件的夹紧 ······ 73
  - 2.3.2 常见的夹紧装置 ······ 76
  - 2.3.3 夹具的选择原则 ······ 78
  - 2.3.4 训练题 ······ 78

第3章 制订工艺规程 ······ 81
- 3.1 工艺规程的制订方法 ······ 81
  - 3.1.1 工艺基本概念 ······ 81
  - 3.1.2 分析零件图及零件的结构工艺性 ······ 84
  - 3.1.3 确定生产类型 ······ 86
  - 3.1.4 确定毛坯类型 ······ 87
  - 3.1.5 拟订加工工艺路线 ······ 90
  - 3.1.6 填写工艺文件 ······ 95
  - 3.1.7 训练题 ······ 97
- 3.2 工序尺寸及公差的确定 ······ 100
  - 3.2.1 工艺尺寸链基本概念 ······ 100
  - 3.2.2 工艺尺寸链计算公式 ······ 101
  - 3.2.3 工艺尺寸链计算 ······ 102
  - 3.2.4 训练题 ······ 103

第4章 数控车削工艺 ······ 105
- 4.1 数控车削加工对象 ······ 105
- 4.2 车削设备 ······ 105
  - 4.2.1 普通车床 ······ 105
  - 4.2.2 数控车床 ······ 106
- 4.3 工件的装夹 ······ 107
  - 4.3.1 轴类零件装夹 ······ 107
  - 4.3.2 套类零件装夹 ······ 111
- 4.4 数控车刀 ······ 112
  - 4.4.1 车刀类型 ······ 112
  - 4.4.2 可转位机夹式车刀 ······ 114
  - 4.4.3 刀具材料 ······ 121
  - 4.4.4 训练题 ······ 131
- 4.5 车削方法 ······ 134

4.5.1	车外圆面	134	5.4 铣刀	158
4.5.2	车端面和台阶	136	5.4.1 铣刀类型	158
4.5.3	切断及车槽	137	5.4.2 工具系统	159
4.5.4	加工内孔	140	5.4.3 训练题	165
4.5.5	车螺纹	143	5.5 铣削方法	167
4.6 数控车削工艺路线的拟订		145	5.5.1 平面铣削	167
4.6.1	车削方案的确定	145	5.5.2 轮廓铣削	171
4.6.2	加工顺序的确定	145	5.5.3 型腔铣削	176
4.6.3	进给路线的确定	146	5.5.4 孔系加工	179
4.6.4	训练题	149	5.5.5 训练题	188

第5章 数控铣削工艺 151

第6章 其他机械加工方法 191

- 5.1 数控铣削加工对象 151
- 5.2 铣削设备 151
  - 5.2.1 普通铣床 151
  - 5.2.2 数控铣床 152
  - 5.2.3 加工中心 153
- 5.3 工件装夹 155
  - 5.3.1 常用夹具 155
  - 5.3.2 组合夹具 156

- 6.1 钻削 191
- 6.2 镗削 192
- 6.3 刨削 193
- 6.4 插削 194
- 6.5 拉削 195
- 6.6 磨削 196

下篇　企业各类零件工艺分析

项目1 减速器传动轴的加工工艺分析 200
- 任务1 项目引入 200
  - 1.1.1 项目要求 200
  - 1.1.2 项目分析 200
  - 1.1.3 相关知识 201
- 任务2 项目实施 202
  - 1.2.1 工艺分析 202
  - 1.2.2 工艺制订 206
- 任务3 项目训练 208
  - 1.3.1 阶梯轴的加工工艺分析 208
  - 1.3.2 输出轴的加工工艺分析 210

项目2 轴承套的加工工艺分析 213
- 任务1 项目引入 213
  - 2.1.1 项目要求 213
  - 2.1.2 项目分析 213
  - 2.1.3 相关知识 213
- 任务2 项目实施 216
  - 2.2.1 工艺分析 216
  - 2.2.2 工艺制订 217

- 任务3 项目训练 219
  - 2.3.1 锥螺套的加工工艺分析 219
  - 2.3.2 套筒的加工工艺分析 220

项目3 盖板的加工工艺分析 222
- 任务1 项目引入 222
  - 3.1.1 项目要求 222
  - 3.1.2 项目分析 222
- 任务2 项目实施 222
  - 3.2.1 工艺分析 222
  - 3.2.2 工艺制订 223
- 任务3 项目训练 225
  - 3.3.1 凸模固定板的加工工艺分析 225
  - 3.3.2 固定座的加工工艺分析 226

项目4 冲压机垫座的加工工艺分析 227
- 任务1 项目引入 227
  - 4.1.1 项目要求 227
  - 4.1.2 项目分析 227
- 任务2 项目实施 228
  - 4.2.1 工艺分析 228
  - 4.2.2 工艺制订 229

任务3　项目训练 ……………………… 231
项目5　液压泵壳体的加工工艺分析 … 232
　　任务1　项目引入 ……………………… 232
　　　5.1.1　项目要求 …………………… 232
　　　5.1.2　项目分析 …………………… 232
　　任务2　项目实施 ……………………… 233
　　　5.2.1　工艺分析 …………………… 233
　　　5.2.2　工艺制订 …………………… 233
　　任务3　项目训练 ……………………… 234
　　　5.3.1　端盖的加工工艺分析 ……… 234
　　　5.3.2　冲模底座的加工工艺分析 … 235
　　　5.3.3　圆形支座的加工工艺分析 … 235
项目6　槽形凸轮的加工工艺分析 … 237
　　任务1　项目引入 ……………………… 237
　　　6.1.1　项目要求 …………………… 237
　　　6.1.2　项目分析 …………………… 237
　　任务2　项目实施 ……………………… 238
　　　6.2.1　工艺分析 …………………… 238
　　　6.2.2　工艺制订 …………………… 238
　　任务3　项目训练 ……………………… 240
　　　6.3.1　凸轮槽的加工工艺分析 …… 240
　　　6.3.2　凸轮构件的加工工艺分析 … 240
项目7　薄壁座盒的加工工艺分析 … 241
　　任务1　项目引入 ……………………… 241
　　　7.1.1　项目要求 …………………… 241
　　　7.1.2　项目知识 …………………… 241
　　任务2　项目实施 ……………………… 245
　　　7.2.1　工艺分析 …………………… 245
　　　7.2.2　工艺制订 …………………… 246
　　任务3　项目训练 ……………………… 248
　　　7.3.1　薄壁冲模底座的加工工艺分析 … 248
　　　7.3.2　压缩机薄壁壳体的加工
　　　　　　工艺分析 ………………… 248
　　　7.3.3　薄壁套筒的加工工艺分析 … 249
**项目8　支承套异形件的加工工艺
　　　　　分析** ……………………… 250
　　任务1　项目引入 ……………………… 250
　　　8.1.1　项目要求 …………………… 250
　　　8.1.2　项目分析 …………………… 250
　　任务2　项目实施 ……………………… 251
　　　8.2.1　工艺分析 …………………… 251
　　　8.2.2　工艺制订 …………………… 252
　　任务3　项目训练 ……………………… 254
　　　8.3.1　异形固定板的加工工艺分析 … 254
　　　8.3.2　异形套筒的加工工艺分析 … 254
附录 …………………………………… 255
参考文献 ……………………………… 259

数控加工工艺理论知识

第1章 金属切削过程

1.1 切削用量的选择

1.1.1 切削运动

利用切削刀具从工件或毛坯上切除多余的材料，使工件的形状、尺寸、位置和表面粗糙度完全符合图样要求的加工方法称为切削加工。在切削加工过程中，要从工件上切除多余的材料，刀具与工件之间必须有相对运动，称为切削运动。按作用可将切削运动可分为主运动和进给运动。

图 1-1-1 所示为常见加工的切削运动。

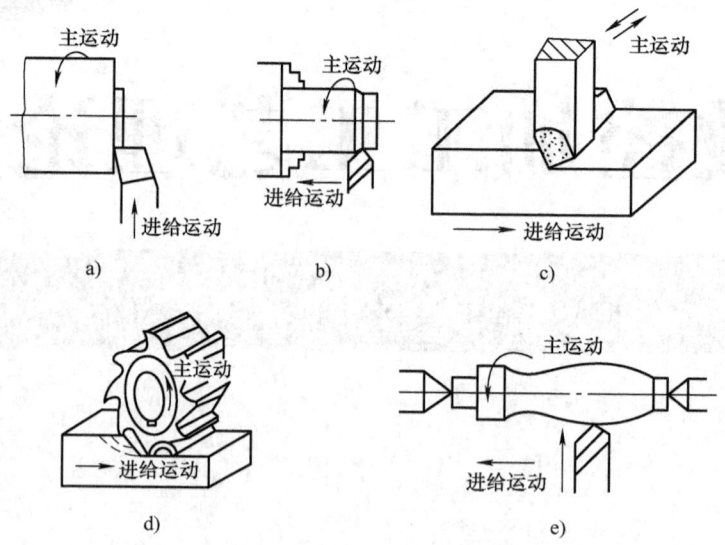

图 1-1-1 常见加工的切削运动
a) 车端面 b) 车外圆 c) 刨平面 d) 铣平面 e) 车成形面

1. 主运动

主运动是使工件与刀具产生相对运动而进行切削的最主要的运动，也是切削运动中速度最高、消耗功率最大的运动。在切削加工中，主运动可以是旋转运动，也可以是直线运动，如车削时工件的旋转运动、刨削时刨刀的直线往复运动、铣削时铣刀的旋转运动等。在切削中必须有一个主运动，且只能有一个主运动。

2. 进给运动

进给运动是把切削层材料间断或连续投入切削的一种运动。进给运动的特点是运动速度低，消耗功率小。进给运动可以是连续的，如车削外圆时车刀平行于工件轴线的纵向运动；

也可以是步进的，如刨削时工件或刀具的横向移动等。在切削中可以有一个或多个进给运动，也可以没有进给运动。

由主运动和进给运动合成的运动，称为合成切削运动。刀具切削刃上选定点相对于工件的瞬时合成运动方向称为该点的合成切削运动方向，其速度称为合成切削速度v_e，如图1-1-2所示。

1.1.2 切削表面

切削加工时在工件上产生的表面如图1-1-2所示。

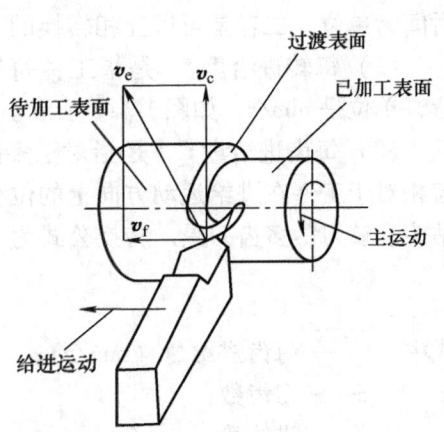

图1-1-2 切削时的合成切削速度

（1）待加工表面 工件上待切除的表面。
（2）已加工表面 工件上经刀具切削后产生的表面。
（3）过渡表面 工件上由刀具切削刃形成的正在切削的那一部分表面，它在下一切削行程，刀具或工件的下一转里被切除，或由下一切削刃切除。

1.1.3 切削用量

切削用量是指切削速度v_c、进给量f、背吃刀量a_p三者的总称，也称为切削用量三要素。

1. 切削速度v_c

如图1-1-3所示，车削加工时，切削刃上选定点相对于工件主运动的瞬时速度为切削速度。当主运动为旋转运动时，切削速度的计算公式为

$$v_c = \frac{\pi d n}{1000}$$

式中 v_c——切削速度（m/min）；
　　　d——工件或刀具切削刃上选定点的回转直径（mm）；
　　　n——工件转速（r/min）。

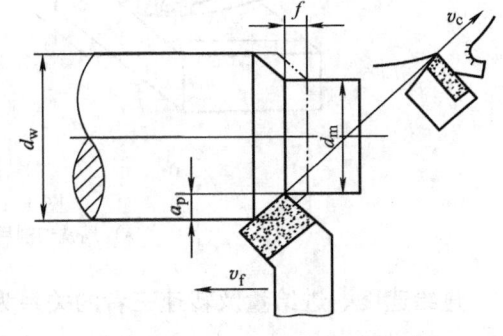

图1-1-3 切削用量三要素

在计算时应以最大的切削速度为准，如车削时以待加工表面直径的数值进行计算，因为此处速度最高，刀具磨损最快。

铣削加工时，铣刀的切削刃上选定点在主运动中的线速度，通常以切削刃上离铣刀轴线距离最大的点在单位时间内所经过的路程表示，单位为m/min，计算公式为

$$v_c = \frac{\pi d n}{1000}$$

式中 v_c——铣削速度（m/min）；
　　　d——铣刀的直径（mm）；
　　　n——铣刀（或铣床主轴）的转速（r/min）。

2. 进给量 f

进给量和进给速度是两种表示进给快慢的方法,前者是以转速或齿数为单位,后者是以时间为单位,二者是可以互相转换的。

(1) 每转进给量 f 是指工件每转一转,刀具切削刃相对于工件在进给方向上的位移量,单位是 mm/r,如图 1-1-3 所示。一般用于车削、镗削等。

(2) 每齿进给量 f_z 是指对于多齿刀具(如铣刀、钻头),如图 1-1-4 所示,每转中每齿相对于工件在进给运动方向上的位移量称为每齿进给量 f_z,单位为 mm/z。一般用于铣刀、钻头、铰刀等多齿刀具。转换公式为

$$f_z = \frac{f}{z}$$

式中 f_z——每齿进给量(mm/z);
z——刀齿数;
f——进给量(mm/r)。

(3) 进给速度 v_f 进给速度是指单位时间内刀具相对于工件在进给方向上的相对位移量,单位为 mm/min,如图 1-1-4 所示,一般用于铣削、钻削、铰削、磨削等。

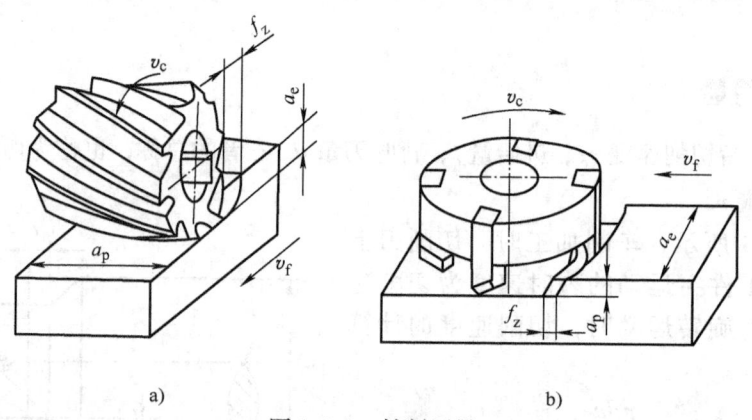

图 1-1-4 铣削用量
a) 周铣切削用量 b) 端铣切削用量

进给速度、进给量及转速三者的关系为

$$v_f = nf = nf_z z$$

式中 v_f——进给速度(mm/min);
n——主轴转速(r/min);
z——刀齿数;
f——每转进给量(mm/r);
f_z——每齿进给量(mm/z)。

铣削时,根据加工性质先确定每齿进给量 f_z,然后根据所选用的铣刀的齿数 z 和铣刀的转速 n 计算出进给速度 v_f,并以此调整铣床的进给量。

3. 背吃刀量(切削深度) a_p

背吃刀量是指在与主运动和进给运动方向相垂直的方向上测量的已加工表面与待加工表面之间的距离,单位为 mm。

(1) 车削时 如图 1-1-3 所示，外圆车削时，其背吃刀量 a_p 可由下式计算

$$a_p = \frac{d_w - d_m}{2}$$

式中 d_w——工件待加工表面直径（mm）；
d_m——工件已加工表面直径（mm）。

对于钻孔加工来说

$$a_p = \frac{d_m}{2}$$

式中 d_m——钻头的直径（mm）。

(2) 铣削时 铣削加工的背吃刀量 a_p 为平行于铣刀轴线测量的切削层尺寸，单位为 mm。周铣时，背吃刀量为被加工表面的宽度，如图 1-1-4a 所示；而端铣时，背吃刀量为切削层深度，如图 1-1-4b 所示。

(3) 侧吃刀量 a_e 垂直于铣刀轴线测量的切削层尺寸，单位为 mm。周铣时，侧吃刀量为切削层深度；而端铣时，a_e 为被加工表面宽度。

1.1.4 切削层参数

切削刃在一次走刀中从工件上切下的一层材料称为切削层。切削层的截面尺寸参数称为切削层参数。切削层参数通常在与主运动方向相垂直的平面内观察和度量，如图 1-1-5 所示。

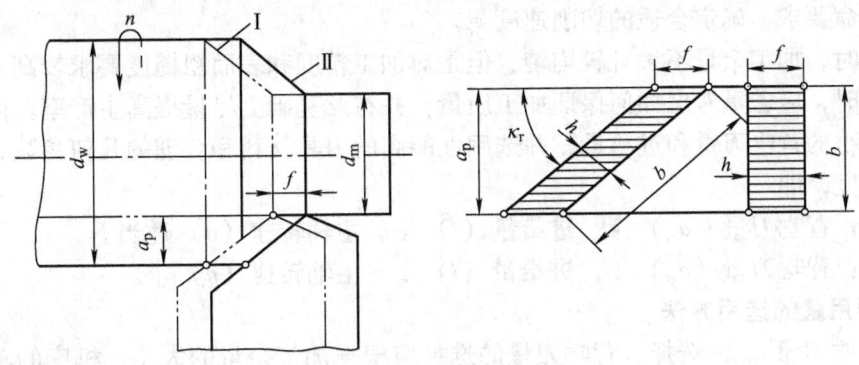

图 1-1-5 切削层参数

1. 切削层公称厚度 h_D

垂直于过渡表面度量的切削层尺寸称为切削层公称厚度 h_D，以下简称切削厚度。车外圆时，切削层公称厚度 h_D 为

$$h_D = f\sin\kappa_r$$

式中 h_D——切削层公称厚度（mm）；
f——进给量（mm/r）；
κ_r——主偏角（°）。

2. 切削层公称宽度 b_D

沿过渡表面度测量的切削层尺寸称为切削层公称宽度 b_D 以下简称切削宽度。

对于车削

$$b_D = \frac{a_p}{\sin\kappa_r}$$

式中　b_D——切削层公称宽度（mm）；
　　　a_p——背吃刀量（mm）；
　　　κ_r——主偏角（°）。

3. 切削层公称横截面积 A_D

在切削层尺寸度量平面内的横截面积称为切削层公称横截面积 A，以下简称切削面积。对于车削

$$A_D = h_D b_D = f a_p$$

式中　h_D——切削层公称厚度（mm）；
　　　b_D——切削层公称宽度（mm）；
　　　a_p——背吃刀量（mm）；
　　　f——进给量（mm/r）。

1.1.5　切削用量的选用

1. 切削用量的选用原则

切削用量的选择对加工效率、加工成本和加工质量都有重大的影响。切削用量的选择需要考虑机床功率、刀具材料、工件材料和工艺系统刚性等多方面因素。

粗加工时，应尽量保证较高的金属切除率和必要的刀具寿命，选择切削用量时首先选取尽可能大的背吃刀量 a_p，其次根据机床动力和刚性的限制条件，选取较大的进给量 f，最后根据刀具寿命要求，确定合适的切削速度 v_c。

精加工时，加工余量不大且较均匀，但是对加工精度和表面粗糙度要求较高。选择精车的切削用量时，应着重考虑如何保证加工质量，并在此基础上尽量提高生产率。因此，精车时应选用较小的背吃刀量和进给量，并选用性能高的刀具材料和合理的几何参数，以尽可能提高切削速度，即

粗加工：背吃刀量（a_p）↑，进给量（f）↑，主轴转速（n）适当。
精加工：背吃刀量（a_p）↓，进给量（f）↓，主轴转速（n）↑。

2. 切削用量的选用方法

（1）背吃刀量 a_p 的选择　背吃刀量的选择应根据加工余量的大小、机床的功率、工艺系统的刚度来确定。

粗加工时，应尽可能减少走刀次数，最好一次走刀能切除全部余量。只有当工艺系统刚度较低、机床功率不足、刀具强度不够，或断续切削的冲击振动较大时，才分多次走刀。多次走刀时，应尽量将第一次走刀的切削深度取大些，一般为总加工余量的 2/3～3/4。另外切削表面层有硬皮的铸锻件时，应尽量使 a_p 大于硬皮层的厚度，以保护刀尖。

半精加工和精加工时余量较小，可一次去除。但有时为了保证工件的加工精度和表面质量，也可分两次走刀。

在中等功率的机床上，粗车时背吃刀量可达 8～10mm，半精车时背吃刀量取 0.5～5mm，精车时背吃刀量取 0.2～1.5mm。

（2）进给量 f 的选择　进给量的选取主要依据工件材料、刀具材料、工件表面粗糙度等因素。工件材料强度和硬度越高，切削力越大，进给量宜选得小些；刀具强度、韧性越高，可承受的切削力越大，进给量可选得大一些；工件表面粗糙度要求越高，进给量应选小些；

工艺系统刚性差，进给量应取较小值。

粗加工时，由于对工件的表面质量没有太高的要求，这时主要根据机床进给机构的强度和刚性、刀杆的强度和刚性、刀具材料、刀杆和工件尺寸以及已选定的背吃刀量等因素来选取进给速度。精加工时，则要按表面粗糙度要求、刀具及工件材料等因素来选取进给速度。

在中等功率的机床上，粗车时进给量一般取 0.3~0.8mm/r，精车时进给量一般取 0.1~0.3mm/r，切断时进给量一般取 0.05~0.2mm/r。

在生产实际中，进给量常根据经验选取。例如车削时，粗加工可根据工件材料、车刀刀杆直径、工件直径和背吃刀量按表 1-1-1 进行选取，表中数据是经验所得，考虑了刀杆的强度和刚度、工件的刚度等工艺系统因素。从表 1-1 可以看出，在背吃刀量一定时，进给量随着刀杆尺寸和工件尺寸的增大而增大。加工铸铁时，切削力比加工钢件时小，所以切削铸铁可以选取较大的进给量。精加工与半精加工时，可根据加工表面粗糙度要求选取，同时考虑切削速度和刀尖圆弧半径因素，见表 1-1-2。必要时，还要对所选进给量参数进行强度校核，最后根据机床说明书确定。

表 1-1-1 硬质合金车刀粗车外圆及端面的进给量参考值

工件材料	车刀刀杆尺寸/mm	工件直径/mm	背吃刀量 a_p/mm ≤3	>3~5	>5~8	>8~12	>12
			进给量 f/(mm/r)				
碳素结构钢、合金结构钢耐热钢	16×25	20	0.3~0.4	—	—	—	—
		40	0.4~0.5	0.3~0.4	—	—	—
		60	0.5~0.7	0.4~0.6	0.3~0.5	—	—
		100	0.6~0.9	0.5~0.7	0.5~0.6	0.4~0.5	—
		400	0.8~1.2	0.7~1.0	0.6~0.8	0.5~0.6	—
	20×30 25×25	20	0.3~0.4	—	—	—	—
		40	0.4~0.5	0.3~0.4	—	—	—
		60	0.6~0.7	0.5~0.7	0.4~0.6	—	—
		100	0.8~1.0	0.7~1.0	0.5~0.7	0.4~0.7	—
		400	1.2~1.4	1.0~1.2	0.8~1.0	0.6~0.9	0.4~0.6
铸铁及合金钢	16×25	40	0.4~0.5	—	—	—	—
		60	0.6~0.8	0.5~0.8	0.4~0.6	—	—
		100	0.8~1.2	0.7~1.0	0.6~0.8	0.5~0.7	—
		400	1.0~1.4	1.0~1.2	0.8~1.0	0.6~0.8	—
	20×30 25×25	40	0.4~0.5	—	—	—	—
		60	0.6~0.9	0.5~0.7	0.4~0.7	—	—
		100	0.9~1.3	0.8~1.2	0.7~1.0	0.5~0.78	—
		400	1.2~1.8	1.2~1.6	1.0~1.3	0.9~1.0	0.7~0.9

表 1-1-2 精加工与半精加工时按表面粗糙度选择进给量的参考值

工件材料	表面粗糙度/μm	切削速度范围/(m/min)	刀尖圆弧半径 r_ε/mm 0.5	1.0	2.0
			进给量 f/(mm/r)		
铸铁、青铜、铝合金	Ra10~5	不限	0.25~0.40	0.40~0.50	0.50~0.60
	Ra5~2.5		0.15~0.25	0.25~0.40	0.40~0.60
	Ra2.5~1.25		0.10~0.15	0.15~0.20	0.20~0.35

(续)

工件材料	表面粗糙度/μm	切削速度范围/(m/min)	刀尖圆弧半径 r_ε/mm		
			0.5	1.0	2.0
			进给量 f/(mm/r)		
碳钢及合金钢	Ra10~5	<50	0.30~0.50	0.45~0.60	0.55~0.70
		>50	0.40~0.55	0.55~0.65	0.65~0.70
	Ra5~2.5	<50	0.18~0.25	0.25~0.30	0.30~0.40
		>50	0.25~0.30	0.30~0.35	0.35~0.50
	Ra2.5~1.25	<50	0.10	0.11~0.15	0.15~0.22
		50~100	0.11~0.16	0.16~0.25	0.25~0.35
		>100	0.16~0.20	0.20~0.25	0.25~0.35

(3) 切削速度 v_c 的选择 背吃刀量 a_p 和进给量 f 选定以后，在保证合理刀具寿命的条件下选取切削速度 v_c。实际加工过程中，也可根据生产实践经验和查表的方法来选取（表 1-1-3）。在具体确定 v_c 值时，一般遵循如下原则：

粗加工时，切削深度和进给量较大，故选择较低的切削速度；精加工时，选择较高的切削速度。

工件材料的加工性能较差时，应选择较低的切削速度。加工灰铸铁的切削速度应较加工中碳钢低，加工铝合金和铜合金的切削速度则较加工钢高得多。

刀具材料的性能越好时，切削速度也可以取得越高。因此，硬质合金刀具的切削速度要选得比高速钢高出几倍，而涂层硬质合金、陶瓷、金刚石和立方氮化硼刀具的切削速度又可选得比硬质合金刀具高许多。

此外，在确定精加工、半精加工的切削速度时，应注意避开积屑瘤和鳞刺产生的区域；在易发生振动的情况下，切削速度应避开自激振动的临界速度；在加工带硬皮的铸件时，加工大件、细长件和薄壁件时，以及断续切削时，应选用较低的切削速度。

(4) 硬质合金刀具切削用量推荐值（表 1-1-3）

表 1-1-3 硬质合金刀具切削用量推荐表

刀具材料	工件材料	粗加工			精加工		
		切削速度/(m/min)	进给量/(mm/r)	背吃刀量/mm	切削速度/(m/min)	进给量/(mm/r)	背吃刀量/mm
硬质合金或涂层硬质合金	碳钢	220	0.2	3	260	0.1	0.4
	低合金钢	180	0.2	3	220	0.1	0.4
	高合金钢	120	0.2	3	160	0.1	0.4
	铸铁	80	0.2	3	140	0.1	0.4
	不锈钢	80	0.2	2	120	0.1	0.4
	钛合金	40	0.3	1.5	60	0.1	0.4
	灰铸铁	120	0.2	2	150	0.15	0.5
	球墨铸铁	100	0.2	2	120	0.15	0.5
	铝合金	1600	0.2	1.5	1600	0.1	0.5

1.1.6 训练题

一、选择题

1. 车外圆时，工件的回转运动属于（　　），刀具沿工件轴线方向的移动属于（　　）。
   A. 切削运动　　　　B. 进给运动　　　　C. 主运动　　　　D. 加工运动

2. 切削用量三要素不包括（　　）。
   A. 进给量　　　　B. 切削速度　　　　C. 切削深度　　　　D. 主轴转速

3. 在数控车床车削时，表示进给快慢的单位一般为（　　）。
   A. mm/min　　　　B. mm/r　　　　C. mm/z　　　　D. r/min

4. 在数控铣床铣削时，表示进给快慢的单位一般为（　　）。
   A. mm/min　　　　B. mm/z　　　　C. m/min　　　　D. r/min

5. 进给速度即（　　）。
   A. 每转进给量×每分钟转数　　　　B. 每转进给量/每分钟转数
   C. 切削深度×每分钟转数　　　　D. 切削深度/每分钟转数

6. 铣削中主运动的线速度称为（　　）。
   A. 每齿进给量　　　B. 每分钟进给量　　　C. 进给速度　　　D. 切削速度

7. 影响切削层公称厚度的主要因素是（　　）。
   A. 切削速度和进给量　　　　B. 切削深度和进给量
   C. 进给量和主偏角　　　　D. 进给量和刃倾角

8. 铣刀直径 ϕ100mm，主轴转速 300r/min，则铣削速度约为（　　）m/min。
   A. 35　　　　B. 65　　　　C. 95　　　　D. 120

9. 如果外圆车削前后的工件直径分别是 ϕ100mm 和 ϕ99mm，平均分成两次进刀切完加工余量，那么背吃刀量（切削深度）应为（　　）。
   A. 1mm　　　　B. 0.5mm　　　　C. 0.25mm　　　　D. 0.2mm

10. 扩孔钻加工时的背吃刀量（切削深度）等于（　　）。
    A. 扩孔前孔的直径　　　　B. 扩孔钻直径的 1/2
    C. 扩孔钻直径　　　　D. 扩孔钻直径与扩孔前孔径之差的 1/2

11. 切削用量中，对切削刀具磨损影响最大的是（　　）。
    A. 背吃刀量　　　B. 进给量　　　C. 切削速度　　　D. 以上三方面

12. 在选择切削用量时，需要考虑（　　）等多方面因素。
    A. 机床功率、刀具材料、工件材料和生产计划
    B. 机床功率、刀具材料、工件材料和生产纲领
    C. 机床功率、刀具材料、工件材料和工艺规程
    D. 机床功率、刀具材料、工件材料和工艺系统刚性

13. 车削用量的选择原则是：粗车时，一般（　　），最后确定一个合适的切削速度 v_c。
    A. 应首先选择尽可能大的背吃刀量 a_p，其次选择较大的进给量 f
    B. 应首先选择尽可能小的背吃刀量 a_p，其次选择较大的进给量 f
    C. 应首先选择尽可能大的背吃刀量 a_p，其次选择较小的进给量 f
    D. 应首先选择尽可能小的背吃刀量 a_p，其次选择较小的进给量 f

14. 半精加工和精加工时，选择进给量主要根据（　　）。
    A. 机床功率　　　　　　　　　　B. 刀具寿命
    C. 工件表面粗糙度　　　　　　　D. 机床刚性
15. 在中等功率的机床上，粗车时背吃刀量可取（　　）mm，精车时背吃刀量可取（　　）mm。
    A. 0.2　　　　B. 2　　　　C. 4　　　　D. 8
16. 在中等功率的机床上，粗车时进给量一般取（　　）。
    A. 0.3~0.8mm/r　　　　　　　　B. 0.1~0.3mm/r
    C. 0.05~0.2mm/r　　　　　　　　D. 0.8~1.2mm/r
17. 在中等功率的机床上，精车时进给量一般取（　　）。
    A. 0.3~0.8mm/r　　　　　　　　B. 0.1~0.3mm/r
    C. 0.05~0.2mm/r　　　　　　　　D. 0.8~1.2mm/r
18. 粗加工时，进给量的选择主要根据（　　）。
    A. 机床功率　　　　　　　　　　B. 刀具寿命
    C. 工件表面粗糙度　　　　　　　D. 尺寸精度
19. 使用硬质合金精车中碳钢时，宜采用的车削速度是（　　）m/min。
    A. 80　　　　B. 120　　　　C. 160　　　　D. 260
20. 硬质合金车刀精车外圆为 $\phi50$mm 的铸铁圆棒，主轴转速应选（　　）r/min 较合理。
    A. 800　　　　B. 1200　　　　C. 900　　　　D. 600

二、判断题

1. 切削加工中，常见机床的主运动一般只有一个。　　　　　　　　　　　　　（　　）
2. 在切削运动中，进给运动可以有多个。　　　　　　　　　　　　　　　　　（　　）
3. 若铣刀直径为 $\phi10$mm，铣削速度为32m/min，则其转速约为1000r/min。　（　　）
4. 当工件表面质量要求较高时，应选择较大的进给量或进给速度。　　　　　（　　）
5. 粗加工时，在各方面条件足够时，应尽可能一次切去全部的加工余量。　　（　　）
6. 半精加工和精加工时余量较小，可一次去除。　　　　　　　　　　　　　（　　）
7. 车槽时的切削深度（背吃刀量）等于所车槽的宽度。　　　　　　　　　　（　　）
8. 计算车外圆的切削速度时，应按照已加工表面的直径数值进行计算。　　　（　　）
9. 加工铸铁时，切削力比加工钢件时大，所以车削铸铁应选取较小的进给量。（　　）
10. 车外圆时，切削刃上各点的切削速度相同。　　　　　　　　　　　　　　（　　）

三、计算题

1. 车削直径为 $\phi80$mm 棒料外圆，工件材料为45钢，刀具材料为硬质合金，若切削参数选用 $a_p=2$mm，$f=0.2$mm/r，$n=1500$r/min。
   （1）试求 v_c。
   （2）判断 v_c 是否合理？如果不合理，转速 n 应为多少？
   （3）若主偏角 $\kappa_r=75°$（$\sin75°=0.966$）。试求切削公称厚度 h_D、切削公称宽度 b_D、切削层公称横截面积 A_D。
2. 铣削加工中铣刀的每齿进给量 f_z 为 0.05mm/z，铣刀的转速为300r/min，该铣刀有

8个齿,求其进给速度 v_f。

3. 已知工件材料为钢,需钻 ϕ10mm 的孔,选择切削速度为 31.4m/min,进给量为 0.1mm/r。试求 2min 后钻孔的深度为多少?

1.2 刀具几何角度的选用

1.2.1 车刀几何角度

车刀是切削加工的主要刀具之一。刀具种类繁多,形状各种各样,如铣刀、钻头、刨刀等,但就刀具的切削部分而言,均可看作是车刀的演变和组合。因此,可以外圆车刀为例,对刀具进行分析和研究。

1. 车刀的组成

车刀由刀头和刀体组成。其中,刀体是刀具的夹持部分,刀头是刀具的切削部分。刀头上的切削部分是由"三面两刃一尖"(即前面、主后面、副后面、主切削刃、副切削刃、刀尖)组成的,如图1-1-6所示。

(1) 前面 即切屑流经的表面,用 A_γ 表示。

(2) 主后面 刀头上与工件过渡表面相对并相互作用的表面,用 A_α 表示。

(3) 副后面 刀头上与已加工表面相对并相互作用的表面,用 A_α' 表示。

(4) 主切削刃 前面与主后面的交线,承担主要切削工作,用 S 表示。

(5) 副切削刃 前面与副后面的交线,用 S' 表示。它配合主切削刃完成切削工作,并最终形成已加工表面。

(6) 刀尖 主、副切削刃连接处的那一小部分切削刃。为了提高刀尖的强度和耐磨性,可将刀尖磨成圆弧形或直线形的过渡刃,如图1-1-7所示。

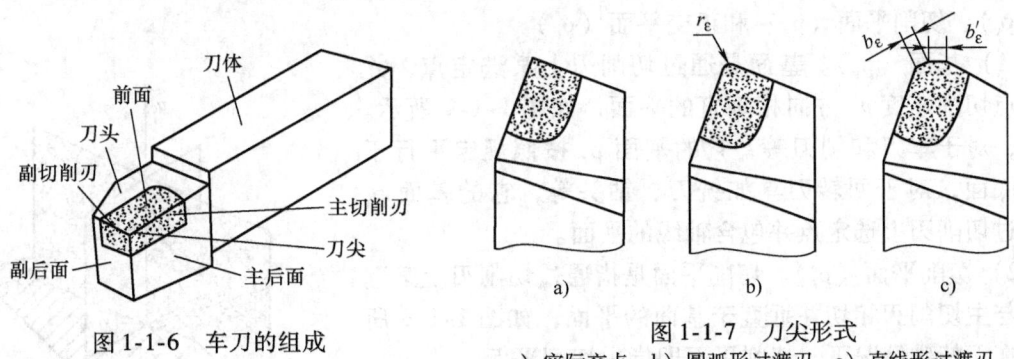

图1-1-6 车刀的组成

图1-1-7 刀尖形式
a) 实际交点 b) 圆弧形过渡刃 c) 直线形过渡刃

(7) 修光刃 通常称副切削刃前段接近刀尖处的一段平直切削刃为修光刃(修光刃宽度为 b_ε'),如图1-1-7c所示。装刀时必须使修光刃与进给方向平行,且修光刃长度要大于进给量,才能起到修光的作用。

所有车刀都有上述组成部分,但数量并不一样。如典型的外圆车刀由三个刀面、两条刃和一个刀尖组成,如图1-1-8a、b所示;45°车刀则由四个刀面(两个副后面)、三条刃和两个刀尖组成,如图1-1-8c所示。

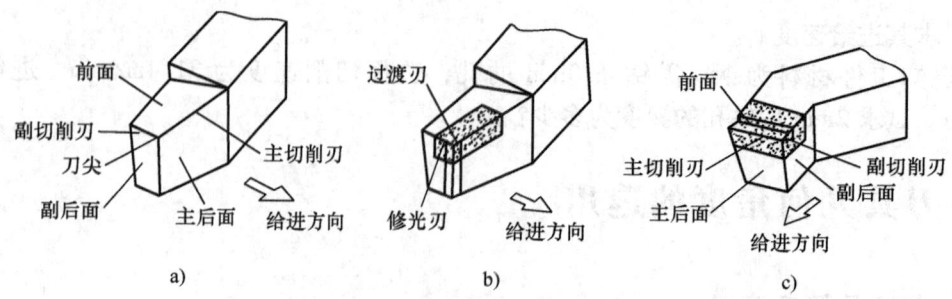

图 1-1-8 各种车刀切削部分
a）高速钢75°车刀 b）硬件质合金75°车刀 c）硬件质合金45°车刀

2. 刀具角度参考系及其坐标平面

用来确定刀具几何角度的参考坐标系有两大类：一是刀具标注参考系（静态参考系），它是指用于设计、制造、刃磨和测量刀具切削部分几何参数的参考系；二是刀具工作参考系（动态参考系），它是刀具切削过程中，由于进给运动及刀具安装方式的影响，使刀具工作时反映的角度不等于静止角度，因此必须以刀具实际切削时反映角度的参考系。

以下主要讨论刀具在标注参考系（静态参考系）下度量的角度。

（1）标注参考系（静态参考系）的假定条件 假定条件是指假定运动条件和假定安装条件。

1）假定运动条件。在建立参考系时，暂不考虑进给运动，即用主运动向量近似代替切削刃与工件之间相对运动的合成速度向量。

2）假定安装条件。假定刀具的刃磨和安装基准面垂直或平行于参考系的平面，同时假定刀杆中心线与进给运动方向垂直。例如，对于车刀来说，规定刀尖安装在工件中心高度上，刀杆中心线垂直于进给运动方向等。

（2）标注参考系（静态参考系）的坐标平面 在标注参考系中，坐标平面有3个：基面（p_r）、切削平面（p_s）和正交平面（p_o）。

1）基面（p_r）。基面是通过切削刃上某选定点，并与该点切削速度v_c方向相垂直的平面，如图1-1-9所示。例如，对于车刀和刨刀等，它的基面p_r按照规定平行于刀杆底面；对于回转刀具如铣刀、钻头等，它的基面p_r是通过切削刃上选定点并包含轴线的平面。

2）切削平面（p_s）。切削平面是指通过切削刃上某选定点与主切削刃相切并垂直于基面的平面，如图1-1-9所示。在无特殊情况下，切削平面即指主切削平面。

3）正交平面（p_o）。正交平面也称主剖面，是通过切削刃上某选定点并同时垂直于基面和切削平面的平面。也可认为，正交平面是通过切削刃上某选定点、垂直于主切削刃在基面上的投影的平面，如图1-1-9所示。

对于副切削刃的静止参考系，也有同样的上述坐标平面。为区分起见，在相应符号上方加"'"，如 p_o' 为副切

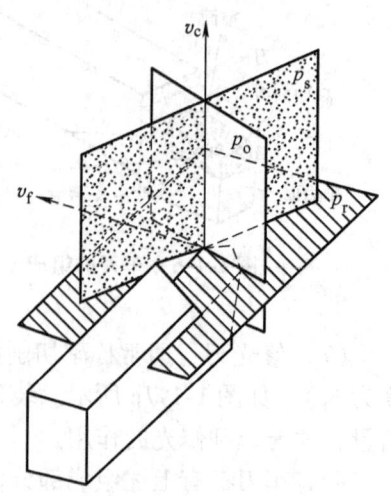

图 1-1-9 坐标平面

削刃的正交平面，其余类同。

（3）刀具角度的标注　在刀具标注参考系（静态参考系）中标注或测量的几何角度称为刀具标注角度，或称为刀具静止角度；而在刀具动态参考系中标注或测量的几何角度称为刀具工作角度，或称为刀具动态角度。以下主要探讨车刀标注角度，如图 1-1-10 所示。

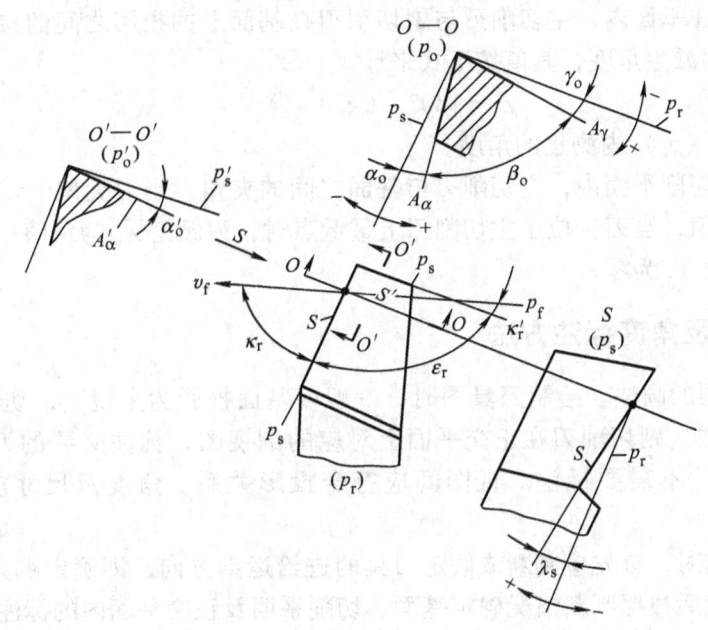

图 1-1-10　车刀的标注角度

1）在正交平面（p_o）内测量的角度。

① 前角 γ_o。在正交平面内，前面 A_γ 与基面 p_r 之间的夹角。当前面与切削平面之间的夹角小于 90°时，前角为正值，如图 1-1-11a 所示；大于 90°时，前角为负值，如图 1-1-11b 所示；当前面与基面重合时，前角 γ_o 为零，如图 1-1-11c 所示。

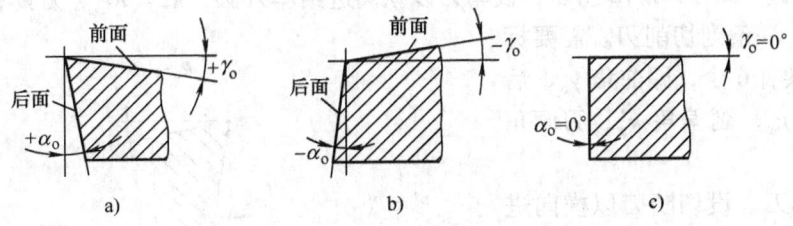

图 1-1-11　车刀前、后角正负规定
a) 前、后角为正值　b) 前、后角为负值　c) 前、后角为零

② 后角 α_o。在正交平面内，主后面与切削平面 p_s 之间的夹角。当主后面与基面之间的夹角小于 90°时，后角为正值，如图 1-1-11a 所示；大于 90°时，后角为负值，如图 1-1-11b 所示；当后面与切削平面重合时，后角为零，如图 1-1-11c 所示。

③ 楔角 β_o。在正交平面内，前面与主后面之间的夹角。它是由前角和后角得到的派生角度，其值按下式来计算

$$\beta_o = 90° - (\gamma_o + \alpha_o)$$

2) 在基面（p_r）内测量的角度。

① 主偏角 κ_r。在基面内，主切削刃在基面上的投影与进给方向之间的夹角。

② 副偏角 κ_r'。在基面内，副切削刃在基面上的投影与背离进给方向之间的夹角。

③ 刀尖角 ε_r。在基面内，主切削刃与副切削刃在基面上的投影之间的夹角。它是由主偏角和副偏角得到的派生角度，其值按下式来计算

$$\varepsilon_r = 180° - (\kappa_r + \kappa_r')$$

3) 在切削平面（p_s）内测量的角度。

刃倾角 λ_s 是在切削平面内，主切削刃与基面之间的夹角。当刀尖位于切削刃上最高点时，刃倾角 λ_s 为正值；当刀尖位于主切削刃上最低点时，刃倾角 λ_s 为负值；当主切削刃与基面重合时，刃倾角 λ_s 为零。

1.2.2 车刀图示及角度标注方法

（1）车刀设计图的画法　绘制刀具图时，一般取基面投影为主视图，切削平面投影为向视图。同时作出主、副切削刃在正交平面上对应的剖视图，标注必要的刀具几何角度。派生及非独立的尺寸不需要标注。视图间应符合投影关系，角度及尺寸应按选定比例绘制。

绘制刀具工作图时，首先应判断或假定刀具的进给运动方向，即确定哪条是主切削刃，哪条是副切削刃，然后根据判断情况确定基面、切削平面及正交平面内的标注角度。以普通外圆车刀为例，刀具角度的标注步骤如下：

1) 首先画出基面 p_r 上的主视图，标出主偏角 κ_r、副偏角 κ_r' 和刀尖角 ε_r。

2) 画出切削平面 p_s，标出刃倾角 λ_s。

3) 在正交平面（主剖面）内标注出前角 γ_o、后角 α_o、楔角 β_o。

4) 对于副切削刃角度，同样可在副切削刃剖面中标注出。

（2）典型车刀标注

1) 90°偏刀。如图 1-1-12 所示，设车刀以纵向进给车外圆，$\kappa_r = 90°$。刀具有一条主切削刃，一个刀尖，一条副切削刃。需要标注的独立角度共有 6 个，即前角 γ_o、后角 α_o、主偏角 κ_r、副偏角 κ_r'、刃倾角 λ_s、副后角 α_o'。

2) 切断车刀。设切断刀以横向进给车槽或切断。切断车刀可以看作是两把端面车刀的组合，刀具有一条主切削刃，两个刀尖，两条副切削刃，可同时车出左、右两个端面。两条副切削刃与主切削刃同处在一个前面上，因此这把切断车刀共有 4 个刀面，需要标注的独立角度共有 8 个，如图 1-1-13 所示。

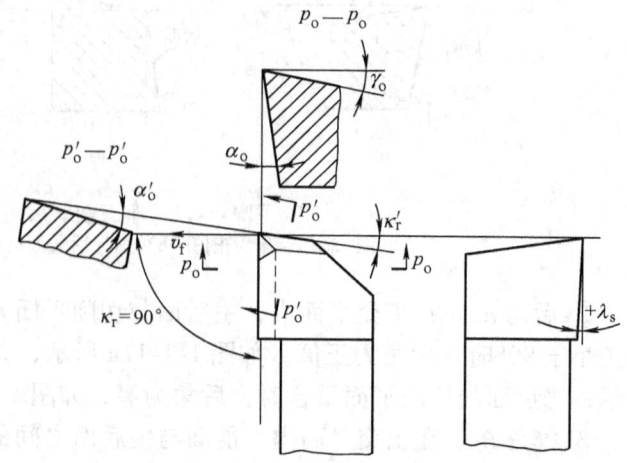

图 1-1-12　90°外圆车刀几何角度

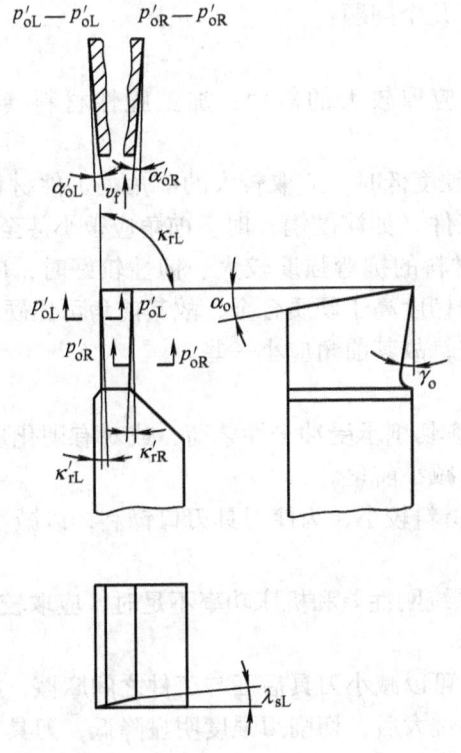

图 1-1-13 切断车刀几何角度

1.2.3 刀具几何角度选择原则

刀具的几何参数包括刀具角度、刀面的结构和形状、切削刃的形式等。刀具合理几何角度是指在保证加工质量的条件下，获得最高刀具寿命的合理几何角度。

1. 前角的选择原则

前角功用：前角越大，刀具越锋利，切削越省力，但前角过大会使刃口强度降低，易产生崩刃。

合理前角的选择原则是在保证加工质量和足够的刀具寿命的前提下，尽量选取较大的前角。表 1-1-4 为硬质合金车刀合理前角的选择参考值。

表 1-1-4 硬质合金车刀合理前角的选择参考值

工件材料	合理前角		工件材料	合理前角	
	粗车	精车		粗车	精车
低碳钢 Q235	18°~20°	20°~25°	纯铜	25°~30°	30°~35°
45 钢（正火）	15°~18°	18°~20°	40Cr（正火）	13°~18°	15°~20°
45 钢（调质）	10°~15°	13°~18°	40Cr（调质）	10°~15°	13°~18°
铸、锻件（45 钢、40Cr）断续切削	10°~15°	5°~10°	不锈钢	15°~25°	25°~30°
HT150、HT200	10°~15°	5°~10°	铝及铝合金	30°~35°	35°~40°
青铜、脆黄铜	10°~15°	5°~10°	淬火钢（40~50 HRC）	−15°~−5°	

选择前角时要考虑以下几个问题：

(1) 工件材料

1) 加工塑性材料时，应取较大的前角；加工脆性材料（如铸铁）时，应取较小的前角。

2) 工件材料的强度、硬度低时，应取较大的前角；工件材料强度、硬度高时，应取较小的前角；加工特别硬的工件（如淬硬钢）时，前角应很小甚至取负值。

(2) 刀具材料　刀具材料的抗弯强度较大、韧性较好时，应取较大的前角。例如，高速钢刀具的抗弯强度和冲击韧度高于硬质合金，故其前角可比硬质合金刀具大一些；陶瓷刀具抗弯强度较弱，韧性较差，故其前角应小一些。

(3) 加工要求

1) 粗加工，特别是断续切削承受冲击性载荷，或对有硬化皮的铸锻件粗切时，为保证刀具有足够的强度，应适当减小前角。

2) 精加工时，切削层材料较小，为使刀具刃口锋利，以减小工件变形和减小表面粗糙度值，故取较大的前角。

(4) 工艺系统　工艺系统刚性差和机床功率不足时，应取较大的前角。

2. 后角的选择

后角功用：后角增大，可以减小刀具后面与工件之间摩擦，提高工件加工质量和刀具寿命，并使刃口锋利。但后角过大后，切削刃强度明显降低，刀具导热体积减小，切削振动加强，反而会加快刀具后面的磨损。

选择后角的原则：在不产生摩擦的前提下适当减小后角。表1-1-5为硬质合金车刀合理后角的选择参考值。

表1-1-5　硬质合金车刀合理后角的选择参考值

工件材料及切削条件		合理后角
低碳钢 $\sigma_b = 0.392 \sim 0.491$GPa	精车 $f \leqslant 0.3$mm/r	10°～12°
	粗车 $f > 0.3$mm/r	8°～10°
中碳钢 $\sigma_b = 0.687 \sim 0.785$GPa		6°～8°
高碳钢 $\sigma_b = 0.883 \sim 0.981$GPa		5°～7°
淬硬钢、高硅铸铁		10°～15°
铸铁		6°～8°
铜、铝及其合金		8°～10°
不锈钢		6°～10°
高强度钢	$\sigma_b < 1.766$GPa	10°～15°
	$\sigma_b \geqslant 1.766$GPa	10°～15°
钛及钛合金		14°～16°

选择后角时要考虑以下几个问题：

(1) 工件材料　工件的强度、硬度较高时，应取较小的后角。工件材料的塑性、韧性较大时，可取较大的后角。加工脆性材料时，切削力集中在刃口附近，应取较小的后角。

(2) 刀具材料　刀具材料的抗弯强度较大、韧性较好时，应取较大的后角。例如，高速钢刀具的抗弯强度和冲击韧度高于硬质合金,故其后角可比硬质合金刀具大一些;陶瓷刀具抗弯强度较弱,韧性较差,故其后角应小一些。

(3) 加工要求

1) 粗加工或断续切削时,应取较小的后角;精加工或连续切削时,应取较大的后角。

2) 当切削厚度很小时,宜取较大的后角;当切削厚度很大时,后角宜取小些,可以增加切削刃强度及改善散热条件。

(4) 工艺系统刚性　当工艺系统刚性较差、容易出现振动时,应适当减小后角。

3. 主偏角的选择

主偏角的功用:主偏角的大小影响刀尖部分的强度与散热条件,以及切削分力之间的比例,加工台阶或倒角时还决定工件表面的形状,其选用值参见表 1-1-6。

表 1-1-6　主偏角 κ_r、副偏角 κ_r' 选用值

适用范围 加工条件	加工系统刚度足够,加工淬硬钢、冷硬铸铁	加工系统刚度较好,可中间切入,加工外圆、端面、倒角	加工系统刚度较差、粗车、强力车削	加工系统刚度差,多刀车、仿形车	切断、车槽、阶梯轴、细长轴
主偏角 κ_r	10°~30°	45°	60°~70°	75°~93°	≥90°
副偏角 κ_r'	5°~10°	45°	10°~15°	10°~6°	1°~2°

主偏角的选择应考虑以下几个问题:

(1) 工艺系统刚性　工艺系统刚性较好时,主偏角可取小值,以提高刀具寿命;当工艺系统刚性较差或强力切削时,应取较大的主偏角,以减小背向力 F_p。一般取主偏角 κ_r = 60°~75°,车细长轴时,常取 $\kappa_r \geq 90°$。

(2) 综合考虑工件形状、切屑控制等方面的要求　车削细长轴时,为了减小背向力,可取 90°主偏角;车削阶梯轴时,可取 90°~93°主偏角;用一把车刀车削外圆、端面和倒角时,可取 45°主偏角;镗不通孔时,可取大于 90°主偏角。

较小的主偏角易形成长而连续的螺旋切屑,不利于断屑,故对于切屑控制严格的自动化加工中宜取较大的主偏角。

4. 副偏角 κ_r' 的选择

副偏角的功用:影响表面粗糙度的主要角度。副偏角减小,可使加工表面粗糙度值减小(减小残留高度),有助于提高刀具强度和改善散热条件;但其值过小,将增加副后面与已加工表面之间的摩擦,增大引起振动的可能性。

副偏角的选择原则是在不引起振动的条件下,选取较小的角度值,其常见选用值见表 1-1-6。

5. 刃倾角的选择

刃倾角的功用:控制切屑流向和影响刀具强度,如图 1-1-14 所示。增大刃倾角 $+\lambda_s$,可增加实际工作前角,减小钝圆半径,使刀具锋利,减小切削力,并使加工表面

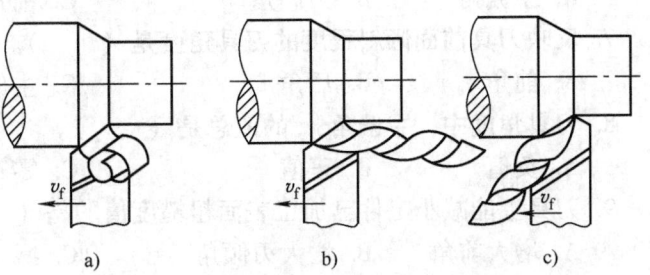

图 1-1-14　刃倾角对切屑流出方向的影响
a) $\lambda_s = 0°$　b) $\lambda_s < 0°$　c) $\lambda_s > 0°$

质量得以提高。选用负刃倾角 $-\lambda_s$，可提高刀具强度，改变切削刃受力方向，提高切削刃抗冲击能力。但过大负刃倾角会使背向力增大。生产中，常在选取较大前角的同时，选用负刃倾角，以解决"锋利与强固"难以并存的矛盾。

刃倾角的选择应根据以下原则进行：

1) 按照加工要求选择，粗加工时要保证刀具有足够的强度，一般取 $\lambda_s = -5° \sim 0°$；精加工时，为了使切屑不流向已加工表面使其擦伤，选择 $\lambda_s = 0° \sim +5°$。

2) 微量切削时，λ_s 取大值（$\lambda_s = 45° \sim 70°$），使刀具实际刃口半径减小。

3) 工艺系统刚度差时，$\lambda_s > 0°$，减小背向力。

4) 加工余量不均匀或在其他产生冲击振动的切削条件下，应选取绝对值较大的负刃倾角。表 1-1-7 为刃倾角选用的参考值。

表 1-1-7 刃倾角 λ_s 数值选用表

λ_s值	$0° \sim +5°$	$+5° \sim +10°$	$-5° \sim 0°$	$-10° \sim -5°$	$-15° \sim -10°$	$-45° \sim -10°$	$-75° \sim 45°$
应用范围	精车钢、车细长轴	精车有色金属	粗车钢和灰铸铁	粗车余量不均匀钢	断续车削钢、灰铸铁	带冲击切削淬硬钢	大刃倾角刀具薄切削

1.2.4 训练题

一、选择题

1. 通过主切削刃上任选一点，并与该点的切削速度方向垂直的平面称为（　　）。
   A. 基面　　　　B. 切削平面　　　　C. 主剖面　　　　D. 横向剖面
2. 确定刀具标注角度的参考系选用的三个主要基准平面是（　　）。
   A. 切削表面、已加工表面和待加工表面　B. 前面、后面和副后面
   C. 基面、切削平面和正交平面　　　　D. 水平面、切向面和轴向面
3. 在主剖面（正交平面）内测量的角度有（　　）。
   A. 前角　　　　B. 主偏角　　　　C. 刃倾角　　　　D. 副后角
4. 在切削平面内测量的角度有（　　）。
   A. 前角和后角　B. 主偏角和副偏角　C. 刃倾角　　　　D. 工作角度
5. 车削中刀杆中心线不与进给方向垂直，对刀具的（　　）影响较大。
   A. 前角、后角　B. 主偏角、副偏角　C. 后角　　　　　D. 刃倾角
6. 在基面内度量的角度是（　　）。
   A. 主偏角　　　B. 刃倾角　　　　C. 前角　　　　　D. 副后角
7. 反映刀具前面倾斜程度的刀具角度是（　　）。
   A. 前角　　　　B. 后角　　　　　C. 主偏角　　　　D. 刃倾角
8. 刀具角度中，主偏角 κ_r 的值总是（　　）。
   A. 负值　　　　B. 正值　　　　　C. 零　　　　　　D. 以上情况都有可能
9. 刀具上能减小工件已加工表面粗糙度值的是（　　）。
   A. 增大前角　　B. 增大刃倾角　　C. 减小后角　　　D. 减小副偏角
10. 车刀刀尖高于工件旋转中心时，刀具的工作角度（　　）。
    A. 前角增大，后角减小　　　　B. 前角减小，后角增大

C. 前角、后角都增大　　　　　　　D. 前角、后角都减小

11. 在精加工和半精加工时，为了防止划伤已加工表面，刃倾角宜选取（　　）。
    A. 负值　　　B. 零值　　　C. 正值　　　D. 以上三者都可以
12. 影响刀尖强度和切屑流出方向的刀具角度是（　　）。
    A. 主偏角　　　B. 前角　　　C. 副偏角　　　D. 刃倾角
13. 车削阶梯轴时，主偏角 κ_r 的大小应满足（　　）。
    A. $\kappa_r \geq 90°$　　　B. $\kappa_r \geq 75°$　　　C. $\kappa_r \leq 90°$　　　D. $\kappa_r = 0°$
14. 切断刀在从工件外表向工件旋转中心逐渐切断时，其工作后角（　　）。
    A. 逐渐增大　　　B. 逐渐减小　　　C. 基本不变　　　D. 变化不定
15. 精车一般灰铸铁，前角最好选（　　）。
    A. $0° \sim 10°$　　　B. $5° \sim 10°$　　　C. $10° \sim 20°$　　　D. $-20° \sim -5°$
16. 当工艺系统刚性差时车削细长轴，主偏角应选用（　　）。
    A. $10° \sim 30°$　　　B. $30° \sim 45°$　　　C. $60° \sim 75°$　　　D. $90° \sim 93°$
17. 用一把车刀车削外圆、端面和倒角，主偏角应选用（　　）。
    A. $45°$　　　B. $60°$　　　C. $75°$　　　D. $90°$
18. 加工塑性材料、软材料时前角（　　）；加工脆性材料、硬材料时前角（　　）。
    A. 大些　　　B. 小些　　　C. 不变
19. 车削时为降低表面粗糙度值，可采用（　　）的方法进行改善。
    A. 增大主偏角　　　B. 增大进给量　　　C. 增大副偏角　　　D. 增大刀尖圆弧半径
20. 加工一般钢料及灰铸铁，无冲击的粗车，刃倾角的取值范围最好是（　　）。
    A. $0° \sim 5°$　　　B. $-5° \sim 0°$　　　C. $-15° \sim -5°$　　　D. $-45° \sim -30°$

二、判断题
1. 不能将车刀的刀尖磨为直线形的过渡刃。（　　）
2. 刀具前角可以是正值，也可以是负值，而后角不能是负值。（　　）
3. 刀具前角越大，则刀具的强度越高。（　　）
4. 当粗加工、强力切削或承受冲击载荷时，必须减少刀具摩擦，所以后角应取大些。（　　）
5. 当 $\lambda_s < 0$ 时，刀尖为切削刃上最高点，刀尖先接触工件。（　　）
6. 在切削一般钢材料时，前角越大越好。（　　）
7. 粗加工铸件、锻件时，前角应适当增大，后角应适当减小。（　　）
8. 工艺系统刚性较差时（如车削细长轴），刀具应选用较大的主偏角。（　　）
9. 刃倾角是反映刀具切削刃倾斜程度的角度。（　　）
10. 由于硬质合金刀具的抗弯强度较低，抗冲击韧性差，所以前角应小于高速钢刀具的合理前角。（　　）

三、看图填空
弯头车刀刀头部分如图 1-1-15 所示，试填写车外圆、车端面两种情况下刀具的组成及角度。

车外圆时：主切削刃_____；副切削刃_____；刀尖_____；主偏角_____；副偏角_____；前角_____；后角_____。

车端面时：主切削刃_____；副切削刃_____；刀尖_____；主偏角_____；副偏角_____；前角_____；后角_____。

四、分析题

1. 外圆车刀：$\kappa_r = 90°$，$\kappa_r' = 35°$，$\gamma_o = 8°$，$\alpha_o = \alpha_o' = 10°$，$\lambda_s = -5°$，要求绘制刀具示意图并标注上述几何角度。

2. 图 1-1-16 所示为大切深强力车刀，刀具材料 P10（旧标准牌号 YT15），一般用于中等刚性车床上，加工热轧和锻制的中碳钢。切削用量为：背吃刀量 $a_p = 15 \sim 20\text{mm}$，进给量 $f = 0.25 \sim 0.4\text{mm/r}$。试对该刀具的刀具几何参数进行分析。

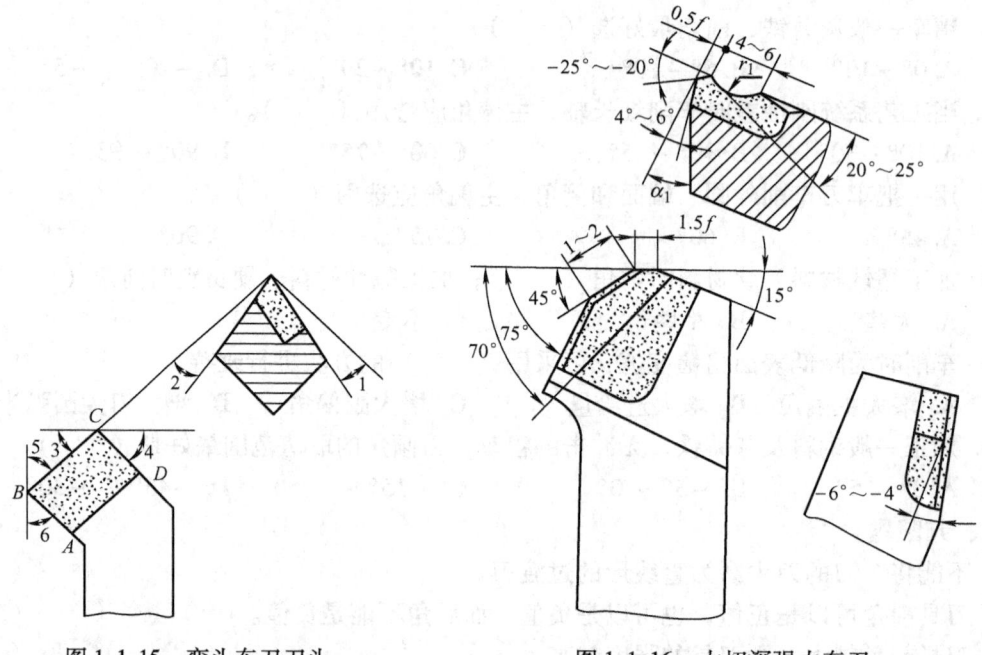

图 1-1-15 弯头车刀刀头　　图 1-1-16 大切深强力车刀

五、车刀几何角度测量（现场训练）

1. 训练目的

1) 通过实验加深对刀具几何角度及各参考坐标平面概念的理解。

2) 了解车刀切削部分的结构，掌握车刀的五个主要标注角度（γ_o、α_o、κ_r、κ_r'、λ_s）。

3) 利用量角台测得车刀的五个主要标注角度。

2. 训练工具及设备

（1）测量用车刀　常用的车刀有直头外圆车刀、弯头外圆车刀、切断车刀等。测量车刀几何角度时需在工作台上准备需测量的车刀。

（2）车刀量角仪　车刀角度可以采用角度样板、游标万能角度尺和专用量具测量。这里介绍一种常用的车刀角度测量仪，如图 1-1-17 所示。在圆形底盘的周边刻有从 0° 起向左、右各 100° 的刻度，工作台可绕小轴转动，测量时刀具放在工作台上，靠紧定位块，随测量台绕小轴做顺时针或逆时针转动，转动的角度由固定在工作台上的指针读出。定位块和导条固定在一起，可在工作台的滑槽内平行移动，同时刀具在工作台上可沿定位块前后移动和随定位块左右移动。

立柱固定在底盘上，其上有矩形螺纹。旋转螺母，可使滑体13沿立柱的键槽上、下移动。小刻度盘由小螺钉固定在滑体上，用旋钮可将弯板锁紧在滑体上。松开旋钮，弯板以旋钮为轴，可沿顺时针、逆时针两个方向转动，转动的角度由固定在弯板上的小指针在小刻度盘上示出。大刻度盘由螺钉固定在弯板上，用螺钉轴装在大刻度盘上的大指针可绕螺钉轴沿顺时针、逆时针两个方向转动，转动的角度由大刻度盘读出，销轴限制大指针转动的极限位置。

当指针、大指针、小指针都处于0°时，大指针的前面 a 和侧面 b 分别垂直于工作台的平面，而底面 c 平行于工作台的平面。使用时通过旋转工作台或大指针，使大指针的底面 c、侧面 b 和前面 a 分别与刀具被测要素紧密贴合，从而可以在刻度盘上读出被测角度数值。

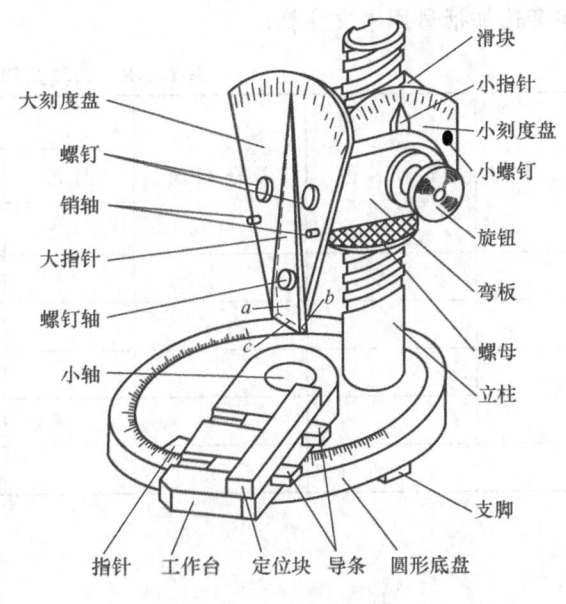

图 1-1-17 车刀量角仪

3. 刀具几何角度测量方法

（1）测量前准备 测量前应将车刀量角仪校准，即将量角仪的大、小指针全部调整到零位，再将车刀平放在工作台上，车刀紧贴定位块，刀尖紧贴大指针的前面，此时大指针底面与工作台平面平行，工作台平面相当于基面 p_r，此为测量车刀角度的起始位置。

（2）测量主偏角 κ_r 从起始位置开始沿顺时针方向转动工作台，使主切削刃与大指针前面 a 紧密贴合。此时，工作台指针在底盘上所指示的刻度值即是主偏角的数值。

（3）测量刃倾角 λ_s 测完主偏角后，使大指针底面 c 和主切削刃紧密贴合（大指针前面 a 相当于切削平面 p_s）。此时，大指针在大刻度盘上所指示的刻度值就是刃倾角的数值。大指针在零位左边为 $+\lambda_s$，在右边为 $-\lambda_s$。

（4）测量副偏角 κ_r' 参照测量主偏角的方法，沿逆时针方向转动工作台，使副切削刃和大指针前面 a 紧密贴合。此时，工作台指针在底盘上所指示的刻度值就是副偏角的数值。

（5）测量前角 γ_o 从测完车刀主偏角的位置起，沿逆时针方向使工作台转90°，这时主切削刃在基面上的投影垂直于大指针前面 a（相当于正交平面），然后让大指针底面 c 落在通过主切削刃上选定点的前面上。此时，在大刻度板上读出前角 γ_o。以指针零位为准，则右边为 $+\gamma_o$，左边为 $-\gamma_o$。

（6）测量后角 α_o 前角测量后，向右平行移动车刀使大指针侧面与车刀后面贴紧，从大刻度盘上读出后角 α_o。若指针在零位，则左边为 $+\alpha_o$，右边为 $-\alpha_o$。

需要指出的是，被测量的车刀底部不平整，刃磨质量很差，或对测量方法、技巧未完全掌握，就会出现测量误差。例如，测量出的前角数值超过 ±30°或后角数值超过12°，都是不正常现象。应该注意选较好的车刀，检查车刀量角仪的测量平面是否正常，测量刀口 a、b、c 与被测部位是否紧贴，读数方向是否有误差。

4. 测量角度记录

将现场测量的刀具几何角度数值填入表 1-1-8 中,并将各数值在图 1-1-18 中标注出来,在旁边加括号用中文注释。

表 1-1-8 刀具几何角度实际测量值

编 号	车刀名称	刀杆截面	车刀角度（°）				
			前角	后角	主偏角	副偏角	刃倾角
			r_o	α_o	κ_r	κ_r'	λ_s

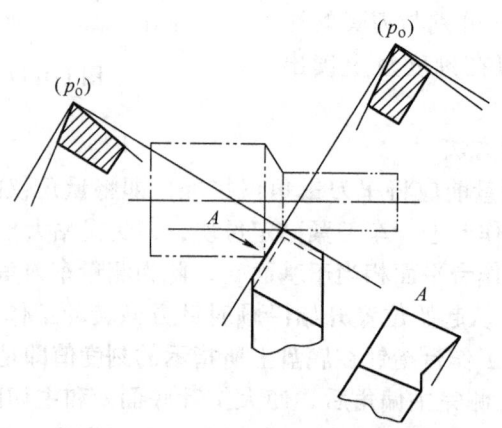

图 1-1-18 75°外圆车刀几何角度标注

1.3 金属切削过程的控制

金属切削过程的实质是工件的切削层受到刀具的推挤以后发生弹性和塑性变形,从而与工件分离的过程。这一过程中会出现一些物理现象,如切削变形、切削力、切削热、切削温度、刀具磨损等。研究这些物理现象,掌握其变化规律,就可以分析和解决切削加工中的实际问题,以提高切削效率、降低生产成本和保证加工质量。

1.3.1 切削过程变形规律

图 1-1-19 所示为金属切削过程中的滑移线与流动轨迹线,其中横向线是金属流动轨迹线,纵向线是金属的剪切滑移线。由图可知,金属切削过程的塑性变形通常可以划分三个变形区。

第一变形区：从 OA 线开始发生塑性变形，到 OM 线金属晶粒的剪切滑移基本完成。OA 线和 OM 线之间的区域（图中 I 区）称为第一变形区。

第二变形区：切屑沿刀具前面排出时进一步受到前面的挤压和摩擦，使靠近前面处的金属纤维化，基本和前面平行。这一区域（图中 II 区）称为第二变形区。

第三变形区：已加工表面受到切削刃钝圆部分及刀具后面的挤压和摩擦，造成表层金属纤维化与加工硬化。这一区域（图中 III 区）称为第三变形区。

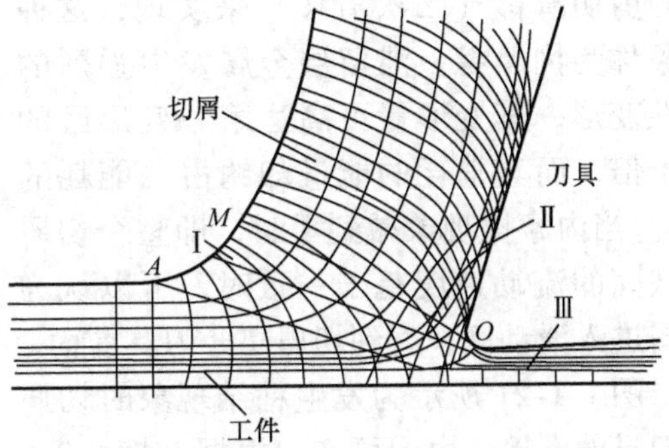

1. 第一变形区（剪切滑移区）

切削层金属在刀具前面的推挤作用下首先将产生弹性变形，当剪切应力超过材料的屈服强度时，发生塑性变形，如图 1-1-19 所示，金属会沿 OA 线剪切滑移，OA 被称为始滑移线。随着刀具的移动，这种塑性变形将逐步增大，当到达 OM 线时，这种滑移变形停止，OM 被称为终滑移线。

图 1-1-19 金属切削过程中的滑移线与流动轨迹线

现在以金属切削层中某一点的变化过程来说明。如图 1-1-20 所示，在金属切削过程中，切削层中的 P 点金属不断向刀具切削刃移动，当此点到达 OA 线 1 点时，发生剪切滑移，P 点金属向 2、3 等点流动的过程中继续滑移，当到达 OM 线上 4 点时，这种滑移停止，$2'-2$、$3'-3$、$4'-4$ 为各点相对于前一点的滑移量。此区域的变形过程可以通过图 1-1-20 表示，切削层在此区域如同一片片相叠的层片，在切

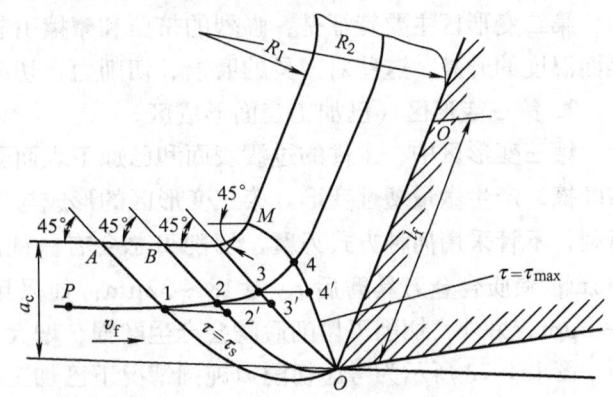

图 1-1-20 第一变形区金属滑移

削过程中层片之间发生了相对滑移。第一变形区是金属切削过程中变形最大的区域，在这个区域内将产生大量的切削热，并消耗大部分功率。此区域较窄，宽度仅为 0.02~0.2mm。

第一变形区的剪切变形过程为：弹性变形→塑性变形→晶粒的滑移（纤维化）→剪切滑移变形。其变形的主要特征是：剪切滑移，伴随产生加工硬化。

2. 第二变形区（切屑形成区）

被切金属层与工件原本是相连的整体，经过第一变形区后，只是形状发生变化，仍然为整体；通过剪切平面 OM 后形成切屑，切屑在沿刀具前面流出过程中，受到前面的挤压，使切屑底层金属继续发生滑移变形。即被切金属层经过第一变形区后沿刀具前面流出，在靠近前刀面处形成第二变形区，如图 1-1-19 所示。

由于该变形区的变形是由剧烈的摩擦引起的，故又称为摩擦区。根据摩擦性质不同，又可以把摩擦区分为粘结区和滑动区，如图 1-1-21 所示。

在粘结区内，由于切削层材料受到刀具前面的挤压和摩擦，切屑与刀具前面之间的压力很大，可达 2~3GPa，再加上几百度的高温，使材料的塑性增加，切屑底层的金属与刀具前

面发生粘结现象，类似于胶着状。粘结时，它们之间就不再是一般的外摩擦，粘结面的金属流动趋于停滞，越接近粘结面的金属流动速度越慢，称为滞留层。切屑的流动靠底层内部发生的剪切滑移（二次滑移）来实现，这种现象称为内摩擦。滞留层金属发生强烈的塑性变形，其变形量可高达第一变形区的几十倍，而其消耗的能量却约占总能耗的 1/5。当内摩擦现象减到零时，即整个切屑横截面的流动速度趋于一致时，可以认为切屑进入滑动区，直到切屑离开刀具前面。

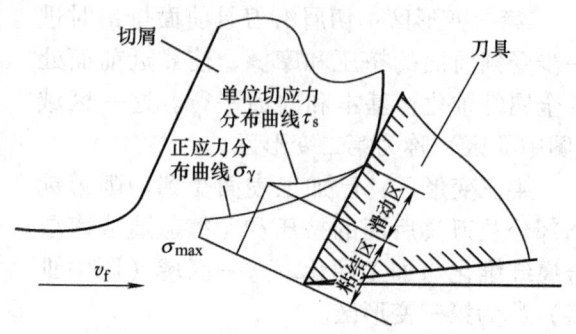

图 1-1-21 切屑与刀具前面的摩擦

图 1-1-21 所示为发生粘结现象时切屑与刀具的摩擦。由图可知，根据摩擦状况，切屑接触面分为两个部分：粘结部分为内摩擦部分，这部分的单位切应力 τ_s 等于材料的屈服强度；粘结部分以外为外摩擦部分，也就是滑动摩擦部分，此部分的单位切应力由 τ_s 减小到零。图中也显示了整个接触区域内正应力 σ_γ 的分布情况，刀尖处正应力最大，逐步减小到零。

第二变形区主要特征是：强烈的挤压和摩擦引起切屑底层金属的剧烈变形和切屑与刀具界面温度的升高，这些对刀具的磨损、切削力、切削热等都有影响。

3. 第三变形区（已加工表面形成区）

第三变形区中，工件的过渡表面和已加工表面受刀具切削刃钝圆部分和刀具后面的挤压与摩擦，产生微量塑性变形。第三变形区的形成与切削刃钝圆有关。因为切削刃不可能绝对锋利，不管采用何种方式刃磨，切削刃总会有一钝圆半径 r_n。一般高速钢刃磨后 r_n 为 3～10μm；硬质合金刀具磨后 r_n 为 18～32μm；如采用细粒金刚石砂轮磨削，r_n 最小可达到 3～6μm。另外，切削刃切削后就会产生磨损，增大切削刃钝圆半径。

图 1-1-22 所示为考虑切削刃钝圆情况下已加工表面的形成过程。当切削层以一定的速度接近切削刃时，会出现剪切与滑移，金属切削层绝大部分金属经过第二变形区的变形沿终滑移层 OM 方向流出，由于切削刃钝圆的存在，在钝圆 O 点以下有一少部分厚 Δa 的金属切削层不能沿 OM 方向流出，被切削刃钝圆挤压过去，该部分经过切削刃钝圆 B 点后，受到刀具后面 BC 段的挤压和摩擦，经过 BC 段后，这部分金属开始弹性恢复，恢复高度为 Δh，在恢复过程中又与刀具后面 CD 部分产生摩擦，这部分切削层在 OB、BC、CD 段的挤压和摩擦后，形成了已加工表面。此区域由于经过挤压和摩擦，将会造成已加工表面的表层金属纤维化与加工硬化，如图 1-1-23 所示。因此，第三变形区对工件已加工表面质量有很大的影响。

当金属切削层进入第一变形区时，金属发生剪切滑移，并且金属纤维化；该切削层接近切削刃时，金属纤维更长并包裹在切削刃周围，然后再滑移，最后在 O 点断裂成两部分。其中，一部分沿刀具前面流出，成为切屑；另一部分受到切削刃钝圆部分的挤压和摩擦，成为已加工表面。此表面由于受到挤压和摩擦，表层晶粒变得很细，且被拉长（金属纤维化），形成已加工表面上的一层很薄的金属层，该金属层比基体组织硬度高出很多，称此现象为表面加工硬化。

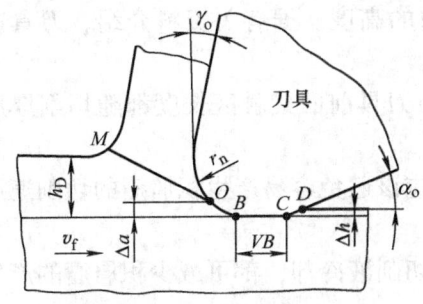
图 1-1-22　已加工表面形成过程

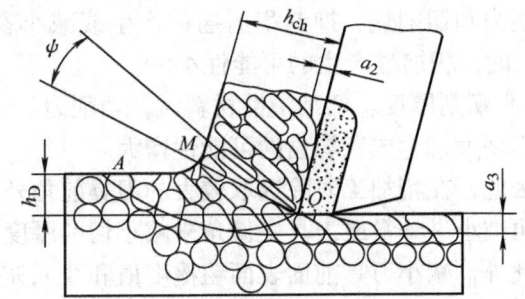
图 1-1-23　表层金属纤维化与加工硬化

1.3.2　积屑瘤和鳞刺

1. 积屑瘤

用中等的切削速度切削塑性材料时，有时会发现一小块呈三角形状或鼻状的金属块牢固地粘附在刀具的前面上，这一小块金属就是积屑瘤，如图 1-1-24 所示。

（1）积屑瘤的形成原因　切削过程中，切屑对刀具前面产生很大的压力，并摩擦生成大量的切削热。

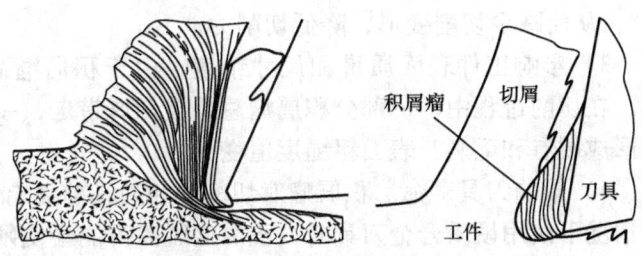
图 1-1-24　积屑瘤

在这种高温高压下，与刀具前面接触的那一部分切屑由于摩擦力的影响，流动速度相对减慢，形成滞留层。摩擦力一旦大于材料内部晶格之间的结合力，滞流层中的一些材料就会粘附在靠近刀尖的前面上，形成积屑瘤。

积屑瘤在切削过程中是不稳定的，当积屑瘤长大到达一定高度以后，就会被工件或切屑带走而消失，当温度和压力适合时，积屑瘤又开始形成和长大。积屑瘤的存在，实际上就是一个形成、脱落、再形成、再脱落的过程。

（2）影响积屑瘤形成的主要因素　影响积屑瘤形成的主要因素是工件材料、切削速度、刀具前角、进给量、切削液等。其中，工件材料是前提条件，而切削速度对产生积屑瘤的影响最大。

1）工件材料。当工件材料的硬度低、塑性大时，切削过程中的金属变形大，切屑与刀具前面之间的摩擦因数（大于1）和接触区长度比较大，这种条件下易产生积屑瘤。当工件塑性小、硬度较高时，积屑瘤产生的可能性和积屑瘤的高度也减小，如淬火钢。切削脆性材料产生积屑瘤的可能性则更小。

2）切削速度。切削速度主要是通过切削温度和摩擦因数来影响积屑瘤的。实验表明，切削中碳钢材料时，在切削速度 $v_c < 5\text{m/min}$ 的条件下，切屑与刀具前面之间为点接触，摩擦因数较小，不会引起粘结，不易形成积屑瘤；切削速度 $v_c = 5 \sim 50\text{m/min}$，切削温度在 300~380℃ 时最易产生积屑瘤；而高速切削时（$v_c > 100\text{m/min}$），由于切削温度很高（800℃以上），与刀具前面摩擦的切屑底层金属呈微熔状态，摩擦因数显著降低，积屑瘤也不易形成。

3）刀具前角。刀具前角增大，可以减小切屑的变形，减小切屑与刀具前面的摩擦，减小切削力和切削热,抑制积屑瘤的产生或减小积屑瘤的高度。据有关资料介绍,刀具前角 $\gamma_o \geq 4°$ 时,积屑瘤产生的可能性小。

4) 切削厚度。切削塑性材料时,切削力、切屑与刀具前面接触区长度都随切削厚度的增加而增大,生成积屑瘤的可能性增大。

因此,在精加工时除选取较大的刀具前角外,还应该避免容易产生积屑瘤的切削速度范围,再减小进给量或刀具主偏角来减小切削厚度。

此外,减小刀具前面表面粗糙度值和注入充分的切削液冷却,都可减少积屑瘤的产生。

(3) 积屑瘤对加工的影响

1) 保护刀具。积屑瘤包围着切削刃,同时覆盖着一部分刀具前面,这块金属受到加工硬化的影响,其硬度可比基体硬度高 2~3 倍,因此可以代替切削刃进行切削,对刀具起保护作用,减少刀具的磨损。

2) 增大刀具实际前角。积屑瘤粘附在刀具前面上,刀具的实际前角可增大到 30°~35°,从而减少切削变形,降低切削力。

3) 影响工件表面质量和尺寸精度。由于积屑瘤总是极不稳定的,时有时无,时大时小,在切削过程中,一部分积屑瘤总是被切屑带走,一部分嵌入工件已加工表面,使工件表面形成硬点和毛刺,表面粗糙度值变大。

4) 影响刀具寿命。积屑瘤对切削刃和刀具前面有一定的保护作用,但在积屑瘤不稳定的情况下使用硬质合金刀具时,积屑瘤脱落可能会使硬质合金刀具表面材料脱落,加剧刀具磨损。

积屑瘤时有时无、时大时小,会导致工件表面高低不平,表面粗糙度值增大和工件尺寸精度降低,另外,它的生长与消失改变着刀具前角,影响着刀具在切削过程中的挤压、摩擦和切削能力,造成工件表面硬度不均匀,还会引起切削过程振动,加快刀具磨损。因此,在精加工时应采取措施,避免产生积屑瘤。但是,当刀具有负倒棱时,在切削过程中积屑瘤比较稳定,可以代替切削刃切削。积屑瘤长大后使刀具工作前角增大,切削力降低,所以在粗加工时,允许有积屑瘤。

(4) 防止积屑瘤形成的主要措施

1) 降低或提高切削速度。这样就可以使切削温度低于或高于积屑瘤产生的相对温度区域,控制它的形成。

2) 采用润滑性能好的切削液。切削易产生积屑瘤的工件材料时,采用润滑性能好的极压切削油,可使切屑和刀具之间形成一层吸附膜(润滑膜),大大减少它们间的摩擦,此时刀具不易产生积屑瘤。

3) 增大刀具前角。积屑瘤是在比较高的压力和适宜的温度下产生的。当前角增大后,就可以减小切屑与刀具前面接触区的压力,使切削力减小,切削温度降低,积屑瘤生成的可能性就会减小。

4) 适当提高工件材料的硬度。可采用热处理工艺,如通过对钢材材料正火、调质等方法,提高材料的硬度。这是因为材料软、塑性大,容易产生积屑瘤。当工件材料的硬度达到 50HRC 以上时,不论什么切削速度下切削,均不会产生积屑瘤。

5) 降低刀具前面的表面粗糙度值。这样可以减小切屑与刀具前面的摩擦,使积屑瘤不易生成。

2. 鳞刺

在已加工表面上产生近似与切削速度方向垂直的横向裂纹和呈鳞片状的毛刺简称鳞刺，如图 1-1-25 所示。

鳞刺产生原因：由于刀具前面与切屑摩擦形成粘结层并逐渐堆积，切应力的大小和方向不断变化，当该应力的大小达到材料的强度极限，且方向不切于切削点时，就导致即将切离的切屑根部的母体发生撕裂，在已加工表面留下金属被撕裂的痕迹。当母体出现撕裂时，粘接层由于压力变化消失，形成新一轮的反复。鳞刺是很严重的表面缺陷，当鳞刺出现时，表面粗糙度值增大 2~4 级。

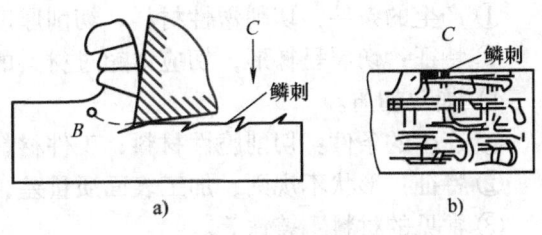

图 1-1-25　鳞刺
a) 鳞刺的生成　b) 鳞刺的表面形态

防止鳞刺措施：低速切削时，应减小切削厚度，增大前角，采用润滑性好的切削液；高速切削时，可以提高切削温度，如切削中碳钢时，若切削温度达到 500℃ 就不会出现鳞刺，对于低碳钢，可进行调质处理，以提高硬度，降低塑性。

1.3.3　切屑的种类及其控制

1. 切屑的类型

切削过程中，由于工件材料、切削条件等不同，会导致切削层变形程度不一样，因此产生的切屑形态也是多种多样的。

（1）按切屑的形态分类　根据局部观察切屑表面是否连续或分离，切屑可分为图 1-1-26 所示四种基本类型。

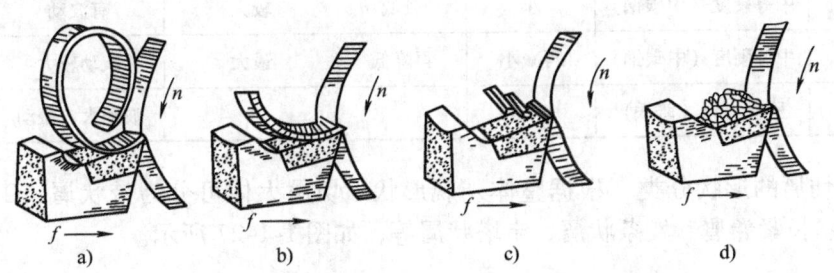

图 1-1-26　切屑类型
a) 带状切屑　b) 节状切屑　c) 粒状切屑　d) 崩碎切屑

1) 带状切屑外形连续不断，呈带状。
① 产生的条件：切削塑性材料；切削厚度较小；刀具前角较大。
② 特征：内表面光滑，外表面毛茸；切削过程平稳，切削力波动、冲击和振动较小，加工表面粗糙度值较小。
③ 常见的材料：易切钢、碳素钢、合金钢、铜合金和铝合金。
2) 节状切屑又称挤裂切屑。
① 产生的条件：切削塑性材料；切削速度低，切削厚度大；刀具前角小。
② 特征：外表面呈锯齿形，内表面有时有裂纹；滑移量太大，加工硬化增大了切应力；

在低速、大进给下容易产生。

③ 常见的材料：H62、不锈钢。

3）粒状切屑又称单元切屑。

① 产生的条件：切削塑性材料，切削厚度大；切削脆性材料，硬度高。

② 特征：切屑呈梯形；切应力超过材料的破坏强度；切削力波动大。

4）崩碎切屑。

① 产生的条件：切削脆性材料；工件材料硬度高；刀具前角小，切削厚度大。

② 特征：形状不规则；加工表面质量差，易崩刃。

③ 常见的材料：铸铁等。

前三种切屑是加工塑性金属时常见的切屑类型。形成带状切屑时，切削过程最平稳，切削力波动小，已加工表面粗糙度值较小；形成粒状切屑时切削过程中的切削力波动较大。前三种切屑类型可以随切削条件变化而相互转化。

$$带状切屑 \underset{\uparrow \gamma_o \uparrow v_c \downarrow f}{\overset{\downarrow \gamma_o \downarrow v_c \uparrow f}{\rightleftarrows}} 节状切屑 \underset{\uparrow \gamma_o \uparrow v_c \downarrow f}{\overset{\downarrow \gamma_o \downarrow v_c \uparrow f}{\rightleftarrows}} 粒状切屑$$

例如，在形成节状切屑状况条件下，如进一步减小前角、降低切削速度或加大切削厚度，就有可能得到粒状切屑；反之，增大前角、提高切削速度或减小切削厚度，就可得到带状切屑。具体特点比较见表 1-1-9。

表 1-1-9　切屑类型特点比较

项目 切屑类型	工件材料	刀具前角 γ_o	切削速度 v_c	进给量 f、 背吃刀量 a_p	切削力 F	表面质量
带状切屑	塑性好	大	高	小	较平稳波动小	光洁
节状切屑	中等硬度（中碳钢）	小	较低	较大	有波动	粗糙
粒状切屑	中等硬度（中碳钢）	再减小	再降低	最大	波动较大	更粗糙
崩碎切屑	脆性材料（铸铁）				波动大、振动	

（2）按切屑的形状分类　根据整体外观形状，切屑大体可分为带状屑、C 形屑、崩碎屑、螺卷屑、长紧卷屑、发条状屑、宝塔状屑等，如图 1-1-27 所示。

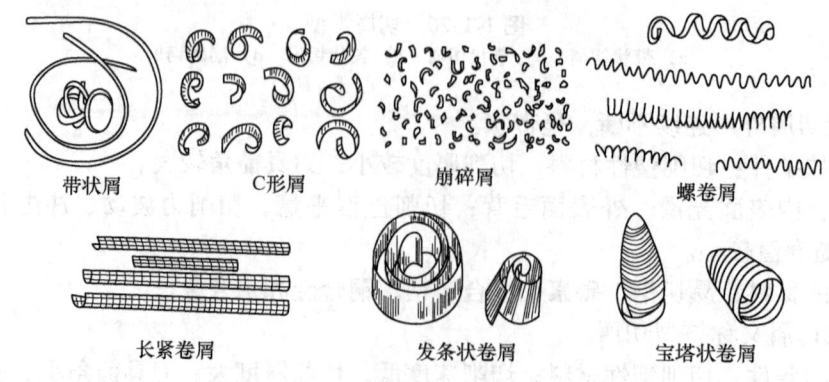

图 1-1-27　切屑的各种形状

高速切削塑性金属材料时，如不采取适当的断屑措施，易形成带状屑。带状屑连绵不断，经常会缠绕在工件或刀具上，拉伤工件表面或打坏切削刃，甚至会伤人。因此，通常情况下都希望尽量避免形成带状屑。但也有例外的情况，如在立式镗床上镗不通孔时，为了使切屑能顺利地排出孔外甩断，一般都要求形成带状屑或长螺卷屑。

车削一般的碳钢和合金钢工件时，采用带卷屑槽的车刀易形成 C 形屑。C 形屑不会缠绕在工件或刀具上，也不易伤人，是一种比较好的屑形。但 C 形屑多数是碰撞在车刀后面上折断的，而切屑高频率的碰撞和折断会影响切削过程的平稳性，对工件已加工表面粗糙度有一定的影响。因此，精车时一般多希望形成长螺卷屑，使切削过程比较平稳。

长紧卷屑形成过程比较平稳，清理也方便，在普通车床上是一种比较好的屑形。但要求形成长紧卷屑时，必须严格控制刀具的几何参数和切削用量。

在重型车床上用大切削深度、大进给量车削钢件时，切屑宽又厚，若形成 C 形屑，则容易损伤切削刃，甚至会飞崩伤人。

在自动机床或自动生产线上，宝塔状卷屑不会缠绕工件或刀具，清理也较方便，是一种比较好的屑形。

车削铸铁、脆黄铜等脆性材料时，切屑崩碎成针状或碎片飞溅，可能伤人，并易研损机床滑动面。这时，应设法使切屑变成卷状。

如采用波形刃脆铜卷屑车刀，可以使脆铜和铸铁的切屑连成螺状短卷。

2. 切屑的控制

切屑经第一、第二变形区的剧烈变形后，硬度增加，塑性下降，性能变脆。在切屑排出过程中，当碰到刀具后面、工件过渡表面或待加工表面等障碍时，如某一部位的应变超过切屑材料的断裂应变值，切屑就会折断。

研究表明，工件材料脆性越大（断裂应变值小）、切屑厚度越大、切屑卷曲半径越小，切屑就越容易折断。可采取以下措施对切屑实施控制。

(1) 采用断屑槽　通过设置断屑槽对流动中的切屑施加一定的约束力，可使切屑应变增大，切屑卷曲半径减小。

(2) 改变刀具角度　增大刀具主偏角 κ_r，切削厚度变大，有利于断屑。减小刀具前角 γ_o 可使切屑变形加大，切屑易于折断。刃倾角 λ_s 可以控制切屑的流向，λ_s 为正值时，切屑常卷曲后碰到后刀面折断形成 C 形屑或自然流出形成螺卷屑。λ_s 为负值时，切屑常卷曲后碰到已加工表面折断成 C 形屑或 6 字形屑。

(3) 调整切削用量　提高进给量 f 会使切削厚度增大，对断屑有利；但增大 f 会增大加工表面粗糙度值。适当地降低切削速度使切削变形增大，也有利于断屑，但这会降低材料切除率。因此，应根据实际条件选择适当的切削用量。

1.3.4　切削力

切削加工时，工件材料抵抗刀具所产生的阻力称为切削力。

1. 切削力的来源及总切削力的分解

(1) 切削力的来源　如图 1-1-28 所示，切削时作用在刀具上的力由两方面组成：①三个变形区内产生的弹性变形抗力和塑性变形抗力；②切屑、工件与刀具之间的摩擦力。它们全部作用于刀具上，总的合力为 F_r，如图 1-1-29 所示。

（2）总切削力的分解 总切削力 F 的大小和方向都不容易测量。为了便于测量和应用，通常把总切削力 F 先分解为 F_D 和 F_c，F_D 再分解为 F_p 和 F_f，由此分解为三个互相垂直的分力，如图 1-1-29 所示。

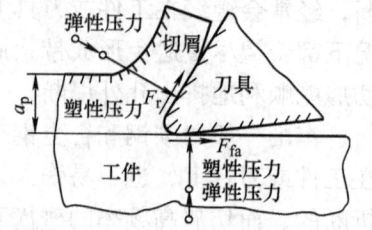

1）主切削力 F_c。主切削力 F_c 是总切削力 F 在主运动方向上的分力，垂直于基面，与切削速度方向一致。在切削加工中，它所消耗的功最多，是计算刀具强度、设计机床零部件、确定机床功率的主要依据，也是计算刀具强度、设计夹具、选择用量的重要依据。

图 1-1-28 切削力的来源

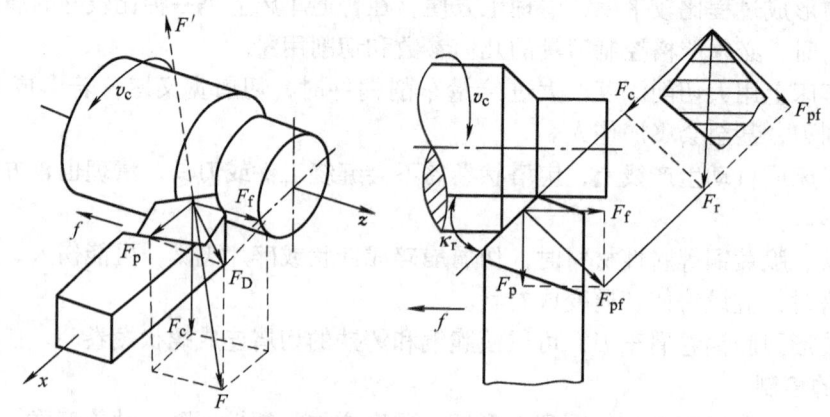

图 1-1-29 切削力的分解

2）背向力 F_p。背向力 F_p 是总切削力 F 在垂直于进给运动方向上的分力，是验算工艺系统刚度的主要依据。此力的反力使工件发生弯曲变形，影响工件的加工精度，是在切削过程中产生振动的主要原因。

3）进给力 F_f。进给力 F_f 是总切削力 F 在进给运动方向上的分力，是校核机床进给机构强度的主要依据。

在一般情况下，主切削力 F_c 最大，F_p 和 F_f 小一些。当已知三个分力的数据后，总切削力 F 的数值可按下式计算：

$$F = \sqrt{F_p^2 + F_f^2 + F_c^2}$$

$$F_D = \sqrt{F_p^2 + F_f^2}$$

$$F_p = F_D \cos \kappa_r$$

$$F_f = F_D \sin \kappa_r$$

式中 F_D——推力，总切削力 F 在基面上的投影，是 F_p 与 F_f 的合力（N）；

κ_r——刀具主偏角（°）。

2. 影响切削力的因素

影响切削力的因素很多，凡是影响变形与摩擦的因素都会影响切削力。

（1）工件材料 工件材料的硬度或强度越高，变形抗力越大，切削力就越大。

(2) 切削用量　切削用量中，主要是背吃刀量和进给量对切削力的影响较大，切削速度的影响并不大。其中背吃刀量对切削力的影响最大，其次是进给量。当背吃刀量增大一倍时，主切削力 F_c 也增大一倍；但当进给量增大一倍时，F_c 只增加 0.75~0.9 倍。

(3) 刀具几何角度

1) 前角 γ_o。前角增大，切削变形减小，切削力明显减小。

2) 主偏角 κ_r。主偏角增大，背向力 F_p 减小，进给力 F_f 增大。

3) 刃倾角 λ_s。当 λ_s 在 10°~45°范围内变动时，主切削力 F_c 基本不变。但当 λ_s 减小时，F_p 增大，F_f 减小。

(4) 刀具磨损　刀具磨钝后，切削力会增大。

(5) 刀具材料及切削液　刀具材料与工件材料之间的摩擦因数影响摩擦力的大小，导致切削力变化。刀具材料不一样，切削力也不一样。如果充分浇注切削液，也会减小切削力。

1.3.5　切削热与切削温度

切削热与切削温度是切削过程中的又一重要物理现象。切削时做的功，可转化为等量的热。切削热除少量散佚在周围介质中外，其余均传入刀具、切屑和工件中，并使它们温度升高，引起工件变形，加速刀具磨损。因此，研究切削热与切削温度具有重要的实用意义。

1. 切削热的产生与传导

(1) 切削热的产生　切削热是由切削功转变而来的，如图 1-1-30 所示，包括剪切区变形功形成的热 Q_p、切屑与刀具前面之间的摩擦功形成的热 Q_{rf}、已加工表面与刀具后面之间的摩擦功形成的热 Q_{af}。因此，切削时共有三个发热区域，即剪切面、切屑与刀具前面接触区、刀具后面与已加工表面接触区，如图 1-1-30 所示，这三个发热区与三个变形区相对应。因此，切削热的来源就是切屑变形功和刀具前面、后面的摩擦功。

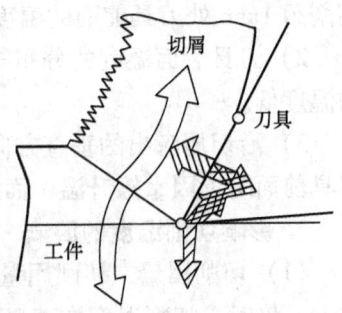

图 1-1-30　切削热的产生与传导

(2) 切削热的传导　通过切屑、工件、刀具和周围介质传出的热量分别用 Q_{ch}、Q_w、Q_c 和 Q_f 表示。切削热的产生与传出的关系为

$$Q_p + Q_{rf} + Q_{af} = Q_{ch} + Q_w + Q_c + Q_f$$

如不考虑切削液，切削热传出的比例参考如下：

1) 车削加工。切屑，50%~86%；刀具，10%~40%；工件，3%~9%；空气，1%。切削速度越高，切削厚度越大，切屑传出的热量越多。

2) 钻削加工。切屑，28%；刀具，14.5%；工件，52.5%；空气 5%。

2. 切削温度的分布

切削热是通过切削温度影响刀具和工件，切削温度一般是指刀具前面与切屑接触区的平均温度。在切削过程中，切屑、刀具和工件不同部位的温度分布也是不同的，图 1-1-31、图 1-1-32 所示为切削温度的分布情况，通过两图，可以了解切削温度有以下分布特点：

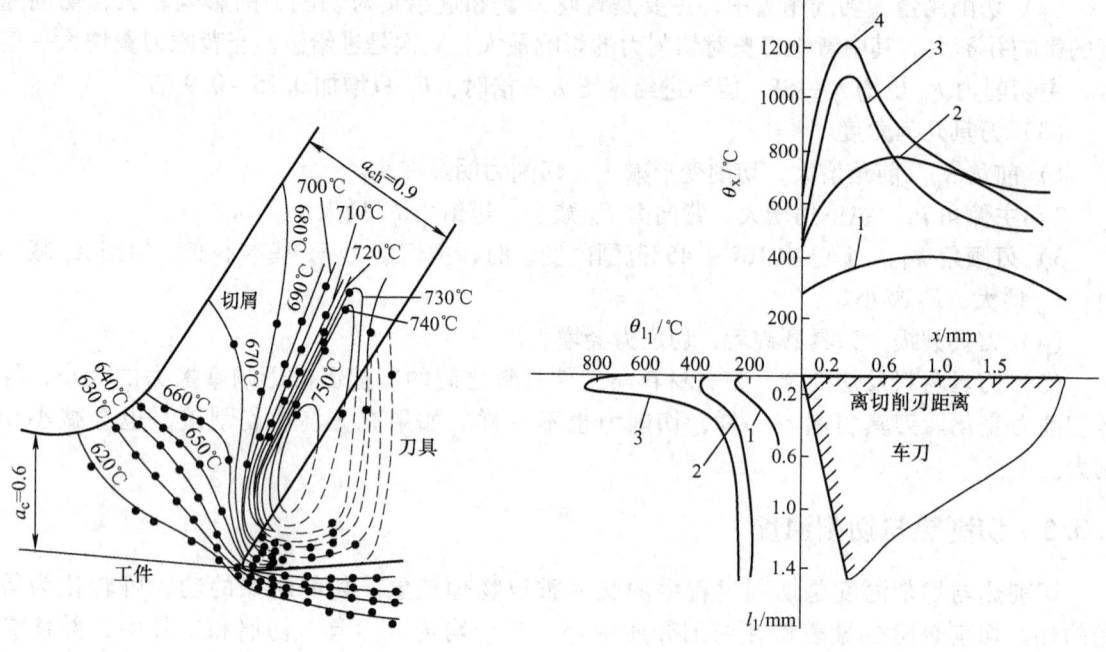

图 1-1-31 切削温度的分布　　　　图 1-1-32 切削不同材料温度分布

1）切削时，最高温度并不在切削刃，而是离切削刃有一定距离。切削 45 钢时，约在离削刃 1mm 处刀具前面的温度最高。

2）刀具后面温度的分布与刀具前面类似，最高温度也在切削刃附近，不过比刀具前面的温度低。

3）沿切屑流出的垂直方向温度变化较大，越靠近刀具前面，温度越高，这说明切屑在刀具前面附近因摩擦升温，而且切屑在刀具前面的摩擦热集中在切屑底层。

3. 影响切削温度的因素

（1）切削用量　切削用量中切削速度对切削温度的影响最大。实验得出，当切削速度增大一倍时，切削温度增高 20% ~ 30%；当背吃刀量增加一倍时，切削温度增高 5% ~ 8%；进给量增加一倍时，切削温度增高 10% 左右。主要原因如下：

当切削速度提高时，切屑底层与刀具前面发生强烈的摩擦，在很短的时间里产生大量的摩擦热，使切削温度明显上升。切削速度的提高，单位时间内的金属切除量成正比地增多，消耗的功增大，切削热增加，切削温度增加，但不与切削速度成正比增加。

当进给量增加时，切屑变厚，单位时间内的金属切除量也增加，使切削温度上升；但是切削层厚度增大，切屑带走的热量也增多，所以切削温度增加不多。

当背吃刀量增加时，切削产生的热量虽然成正比地增多，但是切削刃参加切削工作的长度也成正比地增加，大大改善了刀具的散热条件，故对切削温度的影响不大。

（2）刀具的几何参数　影响切削温度的主要刀具几何参数为前角和主偏角。前角增大，切削变形减小，切削力降低，消耗的功率减小，所以切削温度降低；但前角又不宜过大，否则散热条件不好，切削温度反而增加。主偏角减小，在相同的背吃刀量下，切削刃参加工作的长度增加，散热条件好，所以切削温度下降。

(3) 工件材料　工件材料的强度、硬度和导热系数对切削温度影响比较大。材料的强度与硬度增大时，单位切削力增大，因此切削热增多，切削温度升高。导热系数影响材料的传热，材料的导热系数越低，切削区传出的热量越少，切削温度就越高。例如，低碳钢强度与硬度较低，导热系数大，产生的切削温度低。不锈钢与45钢相比，导热系数小，因此切削温度比45钢高。

(4) 切削液　切削液对切削温度的影响，与切削液的导热性能、比热容、流量、浇注方式以及本身的温度都有很大关系。切削液的导热性能越好，温度越低，则切削温度也越低。从导热性能方面来看，水基切削液优于乳化液，乳化液优于油类切削液。

(5) 刀具磨损　刀具磨损后，切削刃变钝，对切屑的挤压作用增大，塑性变形增加，从而使切削力及功率的消耗增加，所以当刀具磨损严重后切削温度会急剧升高。

1.3.6　刀具磨损和刀具寿命

新刃磨好的刀具经过一定时间切削后，会发生磨损，如图1-1-33所示。刀具的磨损是一种连续、逐渐的破坏形式，当刀具磨损到一定程度时，必须重磨或更换新刀，否则不但影响工件的加工精度和表面质量，而且会使刀具磨损得更快，甚至崩刃，造成重磨困难和刀具材料浪费。

1. 刀具磨损形式

刀具磨损是指在正常的切削过程中，由于物理的和化学的作用，使刀具原有的几何形状遭到破坏，导致刀具切削性能逐渐下降，最后完全丧失切削能力。刀具磨损的形式可分为三种：后面磨损、前面磨损和边界磨损。

(1) 后面磨损　由于加工表面与刀具后面之间存在着强烈的摩擦，在刀具后面上毗邻切削刃的下方产生磨损，形成一段后角为零的磨损带，磨损带平均磨损宽度以VB表示。这种磨损一般发生在切削脆性金属或以较小的背吃刀量（$a_p < 0.1\text{mm}$）切削塑性金属的情况下，如图1-1-34a所示。

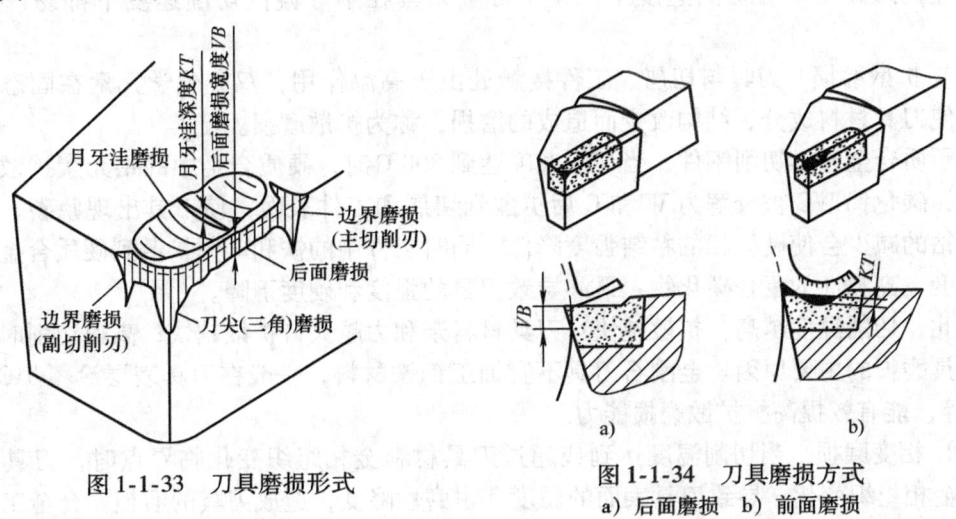

图1-1-33　刀具磨损形式

图1-1-34　刀具磨损方式
a) 后面磨损　b) 前面磨损

(2) 前面磨损　当切削速度较高、切削厚度较大的情况下加工塑性材料时，因切屑底层与刀具前面在高温和高压的条件下产生剧烈摩擦，刀具前面距切削刃一定距离处被磨出一个月牙洼形状的凹坑,月牙洼深度以其 KT 表示,即为前面磨损。在刀具前面上形成月牙洼后,刀具的工作前角增大,随着刀具使用时间的推移,月牙洼的深度和宽度逐渐增大,导致切削刃的强度降低,直至出现崩刃现象,如图 1-1-34b 所示。

适当减小进给量 f,充分冷却和润滑,选择耐磨性和耐热性较高的刀具材料,都能减少月牙洼深度。

(3) 边界磨损 切削钢料时,主切削刃、副切削刃与工件待加工表面或已加工表面接触处磨出较深的沟纹,称为边界磨损。发生边界磨损的主要原因有三方面。

1) 切削时,在切削刃附近的前面、后面上,压应力和切应力很大,但在工件外表面处的切削刃上应力突然下降,形成很高的应力梯度,引起很大的切应力,同时,刀具前面的切削温度最高,而与工件外表面接触点由于受空气或切削液冷却,形成很高的温度梯度,也引起很大的切应力,因而在主后面发生边界磨损。

2) 由于加工硬件化作用,靠近刀尖部分的副切削刃处的切削厚度减小至零,引起这部分切削刃打滑,使副后面上发生边界磨损。

3) 加工铸件、锻件等工件时外皮太粗糙而发生边界磨损。

2. 刀具磨损的原因

(1) 磨粒磨损 切削时,切屑、工件材料中含有一些碳化物、氮化物和氧化物等硬质点以及积屑瘤碎片等,会在刀具表面上刻划出深浅不一的沟痕,带走刀具表面的材料,使刀具损耗。这种由于硬质点的机械摩擦作用引起的磨损称为磨粒磨损,又称为机械擦伤磨损。

磨粒磨损是中低速切削时刀具磨损的主要原因,如拉刀、铰刀和丝锥等的磨损。

(2) 粘结磨损 刀具与切屑、工件之间存在高温高压和强烈摩擦,形成原子间结合而产生粘结现象,又称为冷焊。相对运动使粘结点破裂而被工件材料带走,造成粘结磨损。

影响粘结磨损的主要因素有:刀具与工件材料之间的亲和力大小,刀具与工件接触面之间的温度和压力的高低。

高速钢刀具在中等切削速度下,硬质合金刀具在中等偏低切削速度下都易产生粘结磨损。

(3) 扩散磨损 刀具与切屑、工件接触处由于高温作用,双方化学元素在固态下互相扩散,使刀具材料成分、结构改变而造成的磨损,称为扩散磨损。

用硬质合金刀具切削钢件,当切削温度达到 800℃ 时,硬质合金中的钴元素扩散到工件材料中,碳化钨 WC 被分解为 W 和 C 后扩散到切屑和工件表面,使刀具出现脱碳、脱钨现象。而钴的减少会使硬质相的粘结强度降低,同时工件中的铁和碳则扩散到硬质合金中,形成低硬度、高脆性的复合碳化物,最终导致刀具的强度和硬度下降。

因此,切削温度越高,扩散越快;刀具材料亲和力越大,扩散越快;高速切削时扩散磨损是刀具磨损的主要原因。金刚石刀具不宜加工钢铁材料,一般在刀具表层涂覆 TiC、TiN、Al_2O_3 等,能有效提高抗扩散磨损能力。

(4) 相变磨损 当切削温度达到或超过刀具材料金相组织变化临界点时,刀具表层材料发生金相组织变化,导致刀具表面的硬度和耐磨性降低,造成刀具的磨损。合金工具钢刀具、高速工具钢刀具在高速切削时易出现此类磨损。

(5) 氧化磨损 当切削温度达到 700~800℃ 时,空气中的氧气在切屑形成的高温区内与刀具材料中的某些成分(Co、WC、TiC)发生氧化作用,产生较软的氧化物(Co_3O_4、

CoO、WO_3、TiO_2），这些氧化物被切屑或工件擦伤而形成氧化磨损，是造成刀具边界磨损的主要原因之一。

总之，在低、中速切削时，主要产生磨粒磨损和粘结磨损（如拉削、铰孔和攻螺纹等刀具磨损）；在中等速度以上切削时，热效应使高速钢刀具产生相变磨损，使硬质合金刀具产生粘结磨损、扩散磨损和氧化磨损等。

3. 刀具磨损过程

随着切削时间的延长，刀具磨损增加，但在不同的时间阶段，刀具的磨损速度及实际的磨损量是不同的。通常所说的刀具磨损主要指后面的磨损，因为大多数情况下后面都有磨损，VB 大小对加工精度和表面粗糙度影响较大，而且测量也较方便，因此目前一般都用后面磨损量来反映刀具磨损的程度。图 1-1-35 反映了刀具后面磨损和切削时间的关系，从图可知，刀具磨损过程可分为三个阶段：初期磨损阶段、正常磨损阶段和急剧磨损阶段。

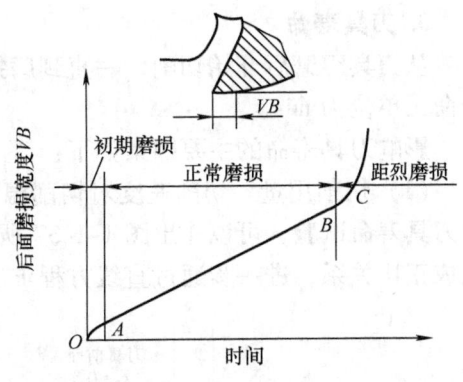

图 1-1-35　刀具的磨损曲线

（1）初期磨损阶段（OA 段）　新刃磨的刀具后面上存在微观凹凸不平、显微裂纹、氧化或脱碳层等缺陷，表面组织较不耐磨，且因切削刃较锋利，后面与加工表面接触面积小，接触压力大，单位面积上的摩擦力大，所以这一阶段磨损较快。

（2）正常磨损阶段（AB 段）　经过初期磨损阶段后，刀具表面粗糙度值降低，接触压力减小，磨损量随时间均匀缓慢地增长，这一阶段为正常磨损阶段。

（3）急剧磨损阶段（BC 段）　磨损量 VB 达到一定程度后，摩擦力增大，切削力和切削温度急剧上升，导致刀具迅速磨损而失去切削能力。

刀具磨损的检测方法可分为两大类：一类是直接测量法，即在非切削时间内直接测量（或通过工件尺寸的变化来测量）刀具的磨耗量；另一类为间接测量法，即在切削时通过测定与刀具有关的物理量（如切削力、振动与噪声、切削温度、已加工表面粗糙度）的变化来判断刀具的磨损。

在实际生产中，不允许经常卸下刀具来测量磨损量，因而总是根据切削过程中发生的一些现象来判断刀具是否已经磨钝。例如粗加工时，可以观察已加工表面是否出现亮带，切屑颜色和形状是否变化，以及是否出现振动和不正常的声音等，精加工时可观察已加工表面粗糙度的变化以及测量加工零件的形状和尺寸精度等。

4. 刀具的磨钝标准

刀具磨损到一定限度就不能继续使用了，这个磨损限度称为刀具的磨钝标准。因为一般刀具的后面都会发生磨损，而且测量也较方便，因此国际标准组织 ISO 统一规定以 1/2 背吃刀量处刀具后面上测量的磨损带宽度 VB 作为刀具的磨钝标准。

自动化生产中使用的精加工刀具，从保证工件尺寸精度方面考虑，常以刀具的径向尺寸磨损量 NB（图 1-1-36）作为衡量刀具的磨钝标准。

制订刀具的磨钝标准时，既要考虑充分发挥刀具的切削能力，又要考虑保证工件的加工质量。精加工时磨钝标准取较小值,粗加工时取较大值;工艺系统刚性差时,磨钝标准取较小值;切削难加工材料时,磨钝标准也要取较小值。

国际标准组织 ISO 推荐硬质合金车刀刀具寿命试验的磨钝标准,有下列三种可供选择:

1) $VB = 0.3$ mm。
2) 如果主后面为无规则磨损,取 $VB_{max} = 0.6$ mm。
3) 前面磨损量 $KT = 0.06$ mm $+ 0.3f$。

5. 刀具寿命

从刀具刃磨后开始切削,一直到磨损量达到刀具磨钝标准所用的总切削时间被称为刀具寿命,单位为 min。

影响刀具寿命的主要因素如下:

(1) 切削用量　切削速度对切削温度的影响最大,因而对刀具磨损的影响也最大。通过刀具寿命试验,可以作出图 1-1-37 所示的 $v_c - T$ 对数曲线,由图看出,速度与寿命的对数成正比关系,进一步通过直线方程求出切削速度与刀具寿命之间有如下数学关系

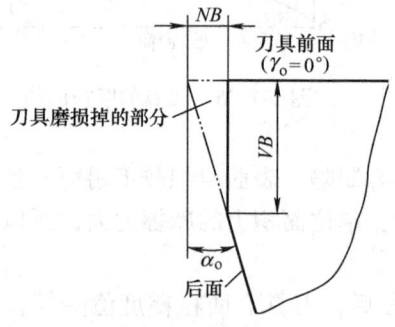

图 1-1-36　刀具的磨损量 VB 与 NB

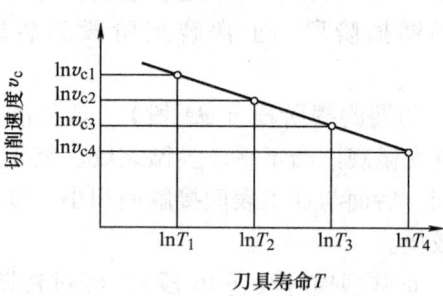

图 1-1-37　$v_c - T$ 曲线

$$v_c T m = C_0$$

式中　v_c——切削速度(m/min);

　　　T——刀具寿命(min);

　　　m——指数,表示 $v_c - T$ 之间影响指数;

　　　C_0——与刀具、工件材料和切削条件有关的系数。

指数 m 表示直线斜率,从中可看出,m 越大,速度对刀具寿命影响也越大。高速钢刀具一般 $m = 0.1 \sim 0.125$;硬质合金刀具 $m = 0.2 \sim 0.3$;陶瓷刀具 $m = 0.4$。

增加进给量与背吃刀量,刀具寿命都将缩短。由前节已知,进给量增大对温升的影响比背吃刀量大,因而进给量的增加对刀具寿命影响相对大些。

(2) 刀具几何参数　增大前角,切削力减小,切削温度降低,刀具寿命延长。不过前角太大,刀具强度变低,散热变差,刀具寿命反而缩短。

减小主偏角与增大刀尖圆弧半径,能增加刀具强度,降低切削温度,可延长刀具寿命。

(3) 工件材料　工件材料的硬度、强度和韧性越高,刀具在切削过程中的产生的温度也越高,刀具寿命也越短。

(4) 刀具材料　一般情况下,刀具材料热硬性越高,则刀具寿命就越长,刀具寿命的长短在很大程度上取决于刀具材料的合理选择。例如加工合金钢,在切削条件相同时,陶瓷刀具

寿命比硬质合金刀具高。采用涂层刀具材料和使用新型刀具材料，能有效延长刀具寿命。

1.3.7 切削液及其选用

1. 切削液的作用

（1）冷却作用　切削液的冷却作用是主要靠热传导带走大量的热量，从而降低切削温度，其冷却性能取决于切削液的导热系数、比热容、汽化热、汽化速度、流量、流速等。在三大类切削液中，水溶液的冷却性能最好，乳化液次之，切削油较差。

（2）润滑作用　切削液的润滑作用是通过切削液的渗透作用到达切削区后，在切屑、工件、刀具界面上形成吸附膜实现的。金属切削时，切屑、工件与刀具界面的摩擦，可分为干摩擦、液体润滑摩擦和边界润滑摩擦三类。加入切削液后，切屑、工件与刀具界面之间形成完全的润滑油膜，金属直接接触面积很小或近于零，形成液体润滑。但很多情况下，由于切屑、工件与刀具界面承受很大载荷，温度较高，液体油膜大部分被破坏，造成部分金属直接接触，部分吸附膜仍存在润滑作用，这种状态称为边界润滑摩擦，如图1-1-38所示。金属切削中的润滑大都属于边界润滑状态。

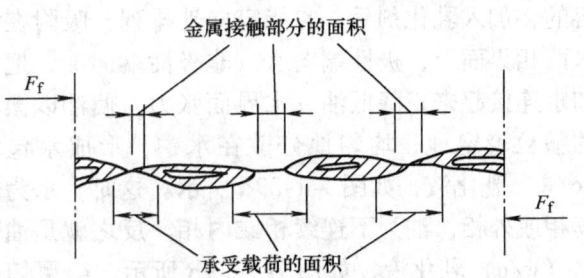

图1-1-38　金属间边界润滑摩擦

注：图中 F_f 为摩擦力

在边界润滑状态下，切削液的润滑性能与其渗透性以及形成吸附膜的牢固程度有关。在切削液中添加含硫、氯等元素的极压添加剂后会与金属表面起化学反应，生成化学膜，它可以在高温下（达400~800℃）使边界润滑层保持较好的润滑性能。

（3）清洗作用　切削液具有冲刷切削中产生的碎屑（如磨削）的作用。切削液清洗性能的好坏，与其渗透性、流动性和使用的压力有关。

（4）防锈作用　切削液应具有一定的防锈作用，以减少工件、机床、刀具的腐蚀。切削液防锈作用的好坏，取决于其本身的性能和加入的防锈添加剂的性质。

除了上述作用外，切削液还应当价廉、配制方便、稳定性好、不污染环境与不影响人体健康。

2. 切削液中的添加剂

为了改善切削液的性能而加入的化学物质称为添加剂。常见的有油性添加剂、极压添加剂、乳化剂（表面活性剂）、防锈添加剂等。

（1）油性添加剂　油性添加剂主要起渗透和润滑作用。它降低切削液与金属的界面张力，使切削液很快渗透到切削区，在一定的切削温度下形成物理吸附膜，减小切屑、工件和刀具界面的摩擦。它主要用于一般金属低速精加工时温度和压力较低的边界润滑状态，高温高压时将被破坏。常用的油性添加剂为动物油、植物油、油酸、胺类、醇类及酯类等。

（2）极压添加剂　常用的极压添加剂是含硫、磷、氯、碘的有机化合物，以及氯化石蜡、二烷基二硫代磷酸锌等。这些化合物在高温下与金属表面起化学反应，形成高熔点的化学吸附膜。它比物理吸附膜能耐较高的温度，能显著提高切削液的润滑效果。

使用含硫添加剂的切削液时，与金属表面发生化合作用，形成的硫化铁膜在高温下不易被破坏，切削钢时在1000℃左右仍能保持其润滑性能，但其摩擦因数比氯化铁大。使用含氯极压添加剂的切削液时，与金属表面起化学反应生成氯化亚铁、氯化铁和氯氧化铁薄膜，这些化合物的剪切强度和金属摩擦因数小，在300~400℃时易破坏，遇水易分解成氢氧化铁和盐酸，失去润滑作用，并对金属有腐蚀作用，必须与防锈添加剂一起使用。含磷极压添加剂与金属表面作用生成磷酸铁膜，它的摩擦因数较小。

在实际应用中，根据需要可在一种切削液中加入几种极压添加剂。

（3）乳化剂　乳化剂是一种表面活性剂，它能使矿物油和水乳化形成稳定乳化液的添加剂。它的分子由极性基团和非极性基团两部分组成。极性基团是亲水的，可溶于水；非极性基团是亲油的，可溶于油。油、水本来是互不相溶的，加入乳化剂后，它能定向地排列，吸附在油水两相界面上，极性端向水，非极性端向油，把油和水连接起来，降低油－水界面张力，使油以微小的颗粒稳定地、均匀地分散在水中，形成水包油（o/w）乳化液，如图1-1-39a所示。这时，水为连续相或外相，油为不连续相或内相。反之就是油包水（w/o）乳化液，如图1-1-39b所示。金属切削中应用的是水包油乳化液。

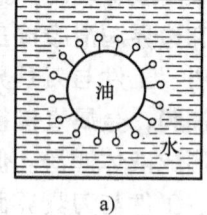 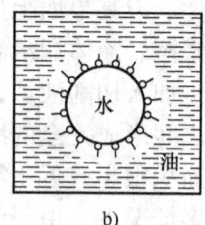

图1-1-39　乳化液示意图
a) 水包油（o/w）　b) 油包水（w/o）

表面活性剂在乳化液中，除了起乳化作用外，还能吸附在金属表面上形成润滑膜，起润滑作用。

（4）防锈添加剂　它是一种极性很强的化合物，与金属表面有很强的附着力，吸附在金属表面形成保护膜，或与金属表面化合形成钝化膜，起防锈作用。

常用的防锈添加剂有水溶性类（如碳酸钠、亚硝酸钠、三乙醇胺等）和油溶性类（如石油磺酸钠、石油磺酸钡等）。

除上述添加剂外，有时还可添加抗泡沫剂（如二甲基硅油），防止表面活性剂加入切削液时增大空气混入形成泡沫的机会，降低切削液效果，有时也可添加防霉添加剂（如苯酚等），防止乳化液使用久后变质发臭。

生产中应根据具体切削条件和使用要求，综合添加几种添加剂，以得到效果较好的切削液。

3. 切削液的分类

生产中常用的切削液有以冷却为主的水基切削液和以润滑为主的油基切削液。

（1）水基切削液　水基切削液包括水溶液、乳化液和合成切削液。

1）水溶液。水溶液的主要成分是水，最简单的是在水中加入一定的防锈添加剂，为了具有一定的润滑性能，可加入一定量表面活性物质和油性添加剂。这样就使水溶液既有良好的冷却性，又有一定的润滑性，同时又透明，使操作者便于观察，某些情况下可代替乳化液，多用于磨削，也可用于切削。

2）乳化液。乳化液是乳化油用水稀释而成的，颜色呈乳白色或半透明。乳化油是一种油膏，它是由矿物油和乳化剂（石油磺酸钠、磺化蓖麻油等）配制而成的。

乳化液中含乳化油的体积分数低，主要起冷却作用；体积分数高，主要起润滑作用。表1-1-10列举了加工碳钢时，各种加工要求下乳化油体积分数的配制。

表 1-1-10 乳化油体积分数的配制

加工要求	粗车、普通磨削	切割	粗铣	铰孔	拉削	齿轮加工
体积分数（%）	3~5	10~20	5	10~15	10~20	15~25

乳化液具有良好的冷却作用，但润滑、防锈性能较差，可再加入一定量的油性、极压添加剂和防锈添加剂，配成极压乳化液和防锈乳化液。极压乳化液适用于极压边界摩擦，可代替植物油；防锈乳化液适用于防锈性能要求较高的加工。

3) 合成切削液。合成切削液是目前国内外推广使用的高性能环保型切削液，主要成分是水、各种表面活性剂和化学添加剂。它不含油，由于表面活性剂的渗透性强，所形成的薄膜起到润滑作用。合成切削液具有良好的冷却、润滑、清洗和防锈作用，热稳定性好，使用周期长，且不含对人体有害的物质。

合成切削液有许多产品牌号可供生产选用。

(2) 油基切削液 油基切削液主要有切削油和极压切削液。

1) 切削油。切削油的主要成分是矿物油。常用的有 L-AN5、L-AN7、L-AN10、L-AN20、L-AN30 全损耗系统用油和轻柴油、煤油等，不适用于边界润滑。边界润滑需要加入油性、极压添加剂。全损耗系统用油润滑性能较好，在普通精车、螺纹精加工中使用甚广；轻柴油流动性好，有冲洗作用，在自动机床加工中使用多；煤油的渗透性突出，也具有冲洗作用，故常用于精加工铝合金、精刨铸铁、高速钢铰刀精铰孔中。

动物油和植物油容易变质，一般较少使用。

2) 极压切削液。极压切削液分为极压乳化液和极压切削油两类。它们分别是在乳化液和矿物油中添加氯、硫、磷等极压添加剂配制而成的。极压添加剂能形成牢固的化学膜，在高温时可显著提高冷却和润滑效果。极压切削液在高速加工、精加工及难加工材料加工中被广泛使用。

氯化切削油形成氯化铁化学薄膜，熔点为 1100℃，在切削时耐高温 750℃。硫化液可用于车、铣粗加工不锈钢、耐热钢，以及不锈钢镗孔、铰孔和车螺纹等，并用于对合金钢的拉削和齿轮加工等。

含磷极压切削油所形成的化学膜较含氯、硫的极压切削油冷却、润滑性能更好。

若将几种极压添加剂复合后配制成极压切削油，则使用效果更显著。例如，一种含硫、氯的极压切削油，可用于对结构钢、合金钢和工具钢的车、拉、铣和齿轮加工中，用于拉削 18CrMnTi 时，可提高生产率 1 倍、表面粗糙度值可达 $Ra0.6\mu m$。F43 极压切削油是一种含硫、磷极压添加剂及添加二硫化钼的切削油，在用于不锈钢、合金钢及其他难加工材料钻、铰、攻螺纹、拉削和齿轮加工时，能有效地减小表面粗糙度值和延长刀具寿命。

3) 固体润滑剂。固体润滑剂主要以二硫化钼（MoS_2）为主。二硫化钼形成的润滑膜具有极低的摩擦因数和很高的熔点（1185℃），因此，高温不易改变它的润滑性能，它具有很高的抗压性能和牢固的附着能力，有较高的化学稳定性和温度稳定性。

应用时，将二硫化钼与硬脂酸及石蜡做成蜡笔，涂抹在刀具表面上，也可混合在水中或油中，可以很好起到润滑作用，例如对钢件 30CrMnSiA 攻螺纹时，涂抹在刀具表面上，润滑效果显著，延长了刀具寿命。固体润滑剂是一种很好的环保型润滑剂，目前已经用于车孔、铰孔、深孔加工、攻螺纹、拉孔等加工中。

4. 切削液的选用

切削液的种类繁多，性能各异，在加工过程中应根据加工性质、工艺特点、工件和刀具材料等具体条件合理选用。

（1）根据加工性质选用

1）粗加工时，由于加工余量和切削用量均较大，因此在切削过程中会产生大量的切削热，易使刀具迅速磨损，这时应降低切削区域温度，所以应选择以冷却作用为主的乳化液或合成切削液。

① 用高速钢刀具粗车或粗铣碳素钢时，应选用体积分数为 3%~5% 的乳化液，也可以选用合成切削液。

② 用高速钢刀具粗车或粗铣合金钢、铜及其合金工件时，应选用体积分数为 5%~7% 的乳化液。

③ 粗车或粗铣铸铁时，一般不用切削液。

2）精加工时，为了减少切屑、工件与刀具之间的摩擦，保证工件的加工精度和表面质量，宜选用润滑性能较好的极压切削油或高浓度极压乳化液。

① 用高速钢刀具精车或精铣碳钢时，应选用体积分数为 10%~15% 的乳化液，或体积分数为 10%~20% 的极压乳化液。

② 用硬质合金刀具精加工碳钢工件时，可以不用切削液，也可用体积分数为 10%~25% 的乳化液或体积分数为 10%~20% 的极压乳化液。

③ 精加工铜及其合金、铝及其合金工件时，为了得到较高的表面质量和较高的精度，可选用体积分数为 10%~20% 的乳化液或煤油。

3）半封闭式加工时，如钻孔、铰孔和深孔加工，排屑、散热条件均非常差，不仅使刀具磨损严重，容易退火，而且切屑容易拉毛工件的已加工表面。为此，须选用黏度较小的极压乳化液或极压切削油，并加大切削液的压力和流量，不仅可以进行冷却、润滑，还可将部分切屑冲刷出来。

（2）根据工件材料选用

① 一般钢件，粗加工时选用乳化液，精加工时选用硫化乳化液。

② 加工铸铁、铸铝等脆性金属时，为了避免细小切屑堵塞冷却系统或粘附在机床上难以清除，一般不用切削液；但在精加工时，为提高工件表面加工质量，可选用润滑性好、黏度小的煤油或体积分数为 7%~10% 的乳化液。

③ 加工有色金属或铜合金时，不宜采用含硫的切削液，以免腐蚀工件。

④ 加工镁合金时，不能用切削液，以免燃烧起火，必要时，可用压缩空气冷却。

⑤ 加工难加工材料时，如不锈钢、耐热钢等，应选用体积分数为 10%~15% 的极压切削油或极压乳化液。

（3）根据刀具材料选用

① 高速钢刀具。粗加工时，选用乳化液；精加工时，选用极压切削油或浓度较高的极压乳化液。

② 硬质合金刀具。为避免刀片因骤冷或骤热而产生崩裂，一般不使用切削液。如果要使用，必须连续、充分。例如加工某些硬度高、强度大、导热性差的工件时，由于切削温度较高，会造成硬质合金刀片与工件材料发生粘结磨损和扩散磨损，此时应加注以冷却为主的

体积分数为2%~5%的乳化液或合成切削液；若采用喷雾加注法，则切削效果更好。

（4）常用切削液选用参考（表1-1-11）

表1-1-11 常用切削液选用参考

加工类型		工件材料					
		碳钢	合金钢	不锈钢及耐热钢	铸铁及黄铜	青铜	铝及合金
车、铣及镗孔	粗加工	3%~5%乳化液	① 1.5%~15%乳化液 ② 5%石墨或硫化乳化液 ③ 5%氯化石蜡油制乳化液	① 10%~30%乳化液 ② 10%硫化乳化液	① 一般不用 ② 3%~5%乳化液	一般不用	① 一般不用 ② 中性或含有游离酸小于4mg的弱性乳化液
	精加工		① 石墨化或硫化乳化液 ② 5%乳化液（高速时） ③ 10%~15%乳化液（低速时）	① 氧化煤油 ② 煤油75%、油酸或植物油25% ③ 煤油60%、松节油20%、油酸20%	黄铜一般不用，铸铁用煤油	7%~10%乳化液	① 煤油 ② 松节油 ③ 煤油与矿物油的混合物
切断及车槽			① 15%~20%乳化液 ② 硫化乳化液 ③ 活性矿物油 ④ 硫化油	① 氧化煤油 ② 煤油75%、油酸或植物油25% ③ 硫化油85%~87%、油酸或植物油13%~15%	① 7%~10%乳化液 ② 硫化乳化液		
钻孔及镗孔			① 7%硫化乳化液 ② 硫化切削油	① 3%肥皂+2%亚麻油（不锈钢钻孔） ② 硫化切削油（不锈钢镗孔）	① 一般不用 ② 煤油（用于铸铁）	① 7%~10%乳化液 ② 硫化乳化液	① 一般不用 ② 煤油 ③ 煤油与菜油的混合油
铰孔			① 硫化乳化液 ② 10%~15%极压乳化液 ③ 硫化油与煤油混合液（中速）	① 10%乳化液或硫化切削油 ② 含硫氯磷切削油	菜油（用于黄铜）		① 2号锭子油 ② 2号锭子油与蓖麻油的混合物 ③ 煤油和菜油的混合物
车螺纹			① 硫化乳化液 ② 氧化煤油 ③ 煤油75%、油酸或植物油25% ④ 硫化切削油 ⑤ 变压器油70%、氯化石蜡30%	① 氧化煤油 ② 硫化切削油 ③ 煤油60%、松节油20%、油酸20% ④ 硫化油60%、煤油25%、油酸15% ⑤ 四氯化碳90%、猪油或菜油10%	① 一般不用 ② 煤油（铸铁） ③ 菜油（黄铜）	① 一般不用 ② 菜油	① 硫化油30%、煤油15%、2号或3号锭子油55% ② 硫化油30%、煤油15%、油酸30%、2号或3号锭子油25%
滚齿插齿			① 20%~25%极压乳化液 ② 含硫（或氯、磷）的切削油		① 煤油（铸铁） ② 菜油（黄铜）	① 10%~15%极压乳化液 含氯切削油	① 10%~15%极压乳化液 ② 煤油
磨削			① 电解水溶液 ② 3%~5%乳化液 ③ 豆油+硫磺粉		3%~5%乳化液		磺化蓖麻油1.5%、浓度30%~40%的氢氧化钠，加至微碱性，煤油9%，其余为水

注：表中数值除标明浓度外，其余为体积分数。

1.3.8 训练题

一、单项选择题

1. 金属切削过程中的剪切滑移区是（　　）。
   A. 第一变形区　　B. 第二变形区　　C. 第三变形区　　D. 第四变形区
2. 关于第一变形区中，以下观点错误的是（　　）。
   A. 第一变形区是从始滑移线到终滑移线的部分
   B. 第一变形区的主要特征是沿滑移线的剪切滑移变形
   C. 第一变形区中发生弹性变形和塑性变形
   D. 第一变形区完成切屑的形成
3. 在金属切削过程中，切屑的形成在（　　）内完成，已加工表面则在（　　）内完成。
   A. 第一变形区　　B. 第二变形区　　C. 第三变形区　　D. 三个变形区
4. 工件表面加工硬化是在（　　）产生的物理现象。
   A. 第一变形区　　B. 第二变形区　　C. 第三变形区　　D. 三个变形区
5. 积屑瘤是在（　　）产生的物理现象。
   A. 第一变形区　　B. 第二变形区　　C. 第三变形区　　D. 三个变形区
6. 刀具容易产生积屑瘤的切削速度大致是在（　　）范围内。
   A. 低速　　B. 中速　　C. 高速　　D. 以上均可
7. 当刀具产生积屑瘤时，会使刀具的（　　）。
   A. 前角减小　　B. 前角增大　　C. 后角减小　　D. 后角增大
8. 下列可以抑制或消除积屑瘤的措施是（　　）
   A. 减小刀具前角　　　　　　　　B. 采用低速或高速切削
   C. 提高工件的塑性　　　　　　　D. 提高刀具的韧性
9. 加工塑性金属产生节状切屑（挤裂切屑）时，若改变切削条件使（　　），则可能会产生带状切屑。
   A. 切削速度提高，刀具前角增大　　B. 切削速度降低，刀具前角减小
   C. 切削速度提高，刀具前角减小　　D. 切削速度降低，刀具前角增大
10. 加工塑性金属产生节状切屑（挤裂切屑）时，若改变切削条件使（　　），则可能会产生粒状切屑。
    A. 切削速度提高，刀具前角增大　　B. 切削速度降低，刀具前角减小
    C. 切削速度提高，刀具前角减小　　D. 切削速度降低，刀具前角增大
11. 高速切削塑性材料时，如不采取适当的断屑措施，易形成（　　）。
    A. 带状屑　　B. C形屑　　C. 崩碎屑　　D. 宝塔状卷屑
12. 车削一般的碳钢和合金工件时，采用卷屑槽的车刀易形成（　　）。
    A. 带状屑　　B. 崩碎屑　　C. 螺卷屑　　D. C形屑
13. 在重型车床上用大切深、大进给量车削钢件时，希望形成（　　）。
    A. C形屑　　B. 崩碎屑　　C. 长紧卷屑　　D. 发条状卷屑
14. 车削铸铁、脆黄铜等脆性材料时，不宜形成（　　）。
    A. 长紧卷屑　　B. 发条状卷屑　　C. 崩碎屑　　D. 螺卷屑

15. 在普通车床上，一般希望产生（   ）。
    A. 带状屑 B. 长紧卷屑 C. 崩碎屑 D. 宝塔状卷屑
16. 当背吃刀量 a_p 增大一倍时，主切削力 F_c 也增大一倍；但当进给量 f 增大一倍时，主切削力 F_c 约增大（   ）倍。
    A. 0.5 B. 0.8 C. 1.0 D. 1.2
17. 当刀具主偏角增大时，进给力（轴向力）F_f（   ），背向力（径向力）F_p（   ）。
    A. 增大 B. 减小 C. 不变 D. 不确定
18. 切削用量中对切削力影响最大的是（   ）。
    A. 切削速度 B. 进给量 C. 切削深度 D. 三者一样
19. 当车刀车削外圆时，主偏角是（   ）的刀具产生的背向力 F_p 是最大的。
    A. 45° B. 75° C. 90° D. 60°
20. （   ）对车削细长轴时影响最大。
    A. 总切削力 F B. 主切削力 F_c C. 背向力 F_p D. 进给力 F_f
21. 切削热来源于切屑与（   ），工件与（   ）间消耗的摩擦功转化成的热能。
    A. 前面，前面 B. 前面，后面 C. 后面，前面 D. 后面，后面
22. 车削时切削热传出途径中所占比例最大的是（   ）。
    A. 刀具 B. 工件 C. 切屑 D. 周围介质
23. 钻削时，切削热传出途径中所占比例最大的是（   ）。
    A. 刀具 B. 工件 C. 切屑 D. 周围介质
24. 切削用量中对切削温度的影响由大到小依次为（   ）。
    A. 切削深度、进给量、切削速度 B. 进给量、切削速度、切削深度
    C. 切削速度、进给量、切削深度 D. 切削速度、切削深度、进给量
25. 刀具磨钝的标准是规定控制（   ）。
    A. 刀尖磨损量 B. 后面磨损高度
    C. 前面月牙凹的深度 D. 后面磨损宽度
26. 切削铸铁工件时，刀具的磨损部位主要发生在（   ）。
    A. 前面 B. 后面 C. 前面和后面 D. 副后面
27. 粗车碳钢工件时，刀具的磨损部位主要发生在（   ）。
    A. 前面 B. 后面 C. 前面和后面 D. 副后面
28. 在切削速度较低、切削厚度较小的情况下，切削塑性金属以及脆性金属时，都存在着（   ）。
    A. 前面磨损 B. 月牙洼磨损
    C. 后面磨损 D. 前面和后面同时磨损
29. 通常拉削、铰孔、攻螺纹加工时的刀具，最主要的磨损形式为（   ）。
    A. 粘结磨损 B. 扩散磨损 C. 磨粒磨损 D. 氧化磨损
30. 在中等以上切削速度加工时，高速钢刀具磨损的主要原因是（   ），而硬质合金刀具主要是（   ）。
    A. 粘结磨损 B. 磨粒磨损和粘结磨损
    C. 相变磨损 D. 粘结磨损和扩散磨损

31. 氧化磨损最容易在（　　）的工作边界处形成。
    A. 前面、后面　　　　　　　　　　B. 主切削刃、前面
    C. 前面、副后面　　　　　　　　　D. 主切削刃、副切削刃
32. 刀具磨损后将影响（　　）和加工质量。
    A. 切削力、切削温度　　　　　　　B. 切削力、切削速度
    C. 切削速度、切削深度　　　　　　D. 切削深度、切削温度
33. 切削用量三要素对刀具使用寿命的影响由大到小依次为（　　）。
    A. 切削速度、切削深度、进给量　　B. 进给量、切削速度、切削深度
    C. 切削速度、进给量、切削深度　　D. 切削深度、进给量、切削速度
34. 下列四种切削液，润滑性能最好的是（　　）。
    A. 乳化液　　B. 极压乳化液　　C. 水溶液　　D. 矿物油
35. 粗加工时（　　）更合适，精加工时（　　）更合适。
    A. 水溶液　　B. 低浓度乳化液　　C. 高浓度乳化液　　D. 矿物油切削液
36. 由于难加工材料的切削加工均处于高温高压边界润滑摩擦状态，因此，应选择含（　　）的切削液。
    A. 极压添加剂　　B. 油性添加剂　　C. 表面添加剂　　D. 高压添加剂
37. 下列四种切削液中，冷却性能最好的是（　　）。
    A. 乳化液　　B. 极压乳化液　　C. 水溶液　　D. 矿物油切削液
38. 在数控铣床上钻孔时，如果工件材料是中碳钢，切削液一般选体积分数为（　　）。
    A. 3%～5%的乳化液　　　　　　　B. 10%～15%的乳化液
    C. 水溶液　　　　　　　　　　　　D. 7%的硫化乳化液

二、判断题
1. 金属切削过程中，在第一变形区内只发生弹性变形，不发生塑性变形。（　　）
2. 积屑瘤实质上是由第二变形区内的切屑底层与刀具前面发生粘结而形成滞留层所致。
　（　　）
3. 一般在加工脆性材料时，才能产生积屑瘤。（　　）
4. 积屑瘤"冷焊"在前面上，可以增大刀具的切削前角，有利于切削加工。（　　）
5. 当低速车削金属外圆，已加工表面出现鳞刺时，则可以通过减小切削厚度、减小刀具的前角来抑制。（　　）
6. 高速切削塑性金属材料时，如果不采取任何措施，最容易出现带状切屑。（　　）
7. 金属切削过程中，当出现崩碎切屑时，可以通过改变切削条件转化为节状切屑。
　（　　）
8. C形屑不会缠绕在工件或刀具上，也不易伤人，是一种比较理想的屑形。（　　）
9. 切削加工时，引起切削振动的主要原因是刀具产生的背向力过大所致。（　　）
10. 刀具磨损形式可分三种，其中后面磨损一般是在切削塑性材料时所产生的。（　　）
11. 相变磨损是造成刀具边界磨损的主要原因之一。（　　）
12. 粗加工时，应选用润滑性能较好的切削油或高浓度乳化液。（　　）
13. 硬质合金刀具在加工时一般不用切削液。（　　）
14. 金属切削过程中刀具磨损变钝，对切削温度并不影响。（　　）

15. 金属切削过程中，刀具上的刀尖点切削温度最高。（　　）
16. 加工铸铁时，一般不加切削液。（　　）
17. 加工镁合金需要冷却时，只能用压缩空气冷却。（　　）
18. 加工硬化能提高已加工表面的硬度、强度和耐磨性，在某些零件中可改善使用性能。（　　）
19. 在切削不锈钢与 45 钢时，切削 45 钢的切削温度要高很多。（　　）
20. 精加工铝合金时，选煤油作为切削液会比选全损耗系统用油的效果要好。（　　）

三、简答题

1. 什么是积屑瘤？积屑瘤对加工的影响？

2. 切削液的作用有哪些？

第 2 章　工件的定位与夹紧

2.1　工件装夹位置的确定

2.1.1　数控机床夹具

在机械加工过程中，为了使工件占有正确的位置，以接受加工或检测，并始终保持其位置不变的工艺装置，简称为夹具。夹具包括机床夹具、焊接夹具、装配夹具、检验夹具等，是机械制造中的一种重要的工艺装备。

1. 工件的装夹

在机床上加工工件时，为了使工件上所加工的表面能达到规定的尺寸与几何公差要求，在进行加工之前，必须首先将工件放在机床上或夹具中，使它在夹紧之前就相对于机床占有某一正确的位置，此过程称为定位。工件在定位之后还不一定能承受外力的作用，为了使工件在加工过程中总能保持其正确位置，还必须把它压紧，此过程称为夹紧。工件的装夹过程就是定位和夹紧的综合过程；定位的任务是使工件相对于机床占有某一正确的位置，夹紧的任务则是保持工件的定位位置不变。

工件的装夹方法有直接找正装夹、划线找正装夹和机床夹具装夹三种方法。

(1) **直接找正装夹**（图 1-2-1）　用划针、百分表等工具直接找正工件位置并加以夹紧的方法称直接找正装夹法。此法生产率低，装夹精度取决于工人的技术水平和测量工具的精度，一般只用于单件小批生产。

(2) **划线找正装夹**（图 1-2-2）　先用划针画出要加工表面的位置，再按照划线用划针找正工件在机床上的位置并加以夹紧。由于划线既费时，又有划线误差（误差一般为 0.2~0.5mm），所以划线找正装夹方法一般用于批量不大、形状复杂而笨重的工件或低精度毛坯的加工。

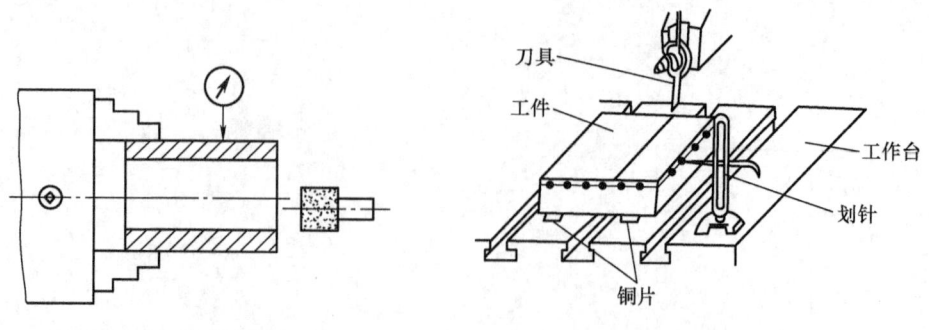

图 1-2-1　直接找正装夹　　　　图 1-2-2　划线找正装夹

(3) **机床夹具装夹**　机床夹具装夹是靠夹具将工件定位、夹紧，以保证工件相对于刀具、机床的正确位置。这种装夹方法安装迅速方便，定位精度较高而且稳定，生产率较高，广泛用于中批生产以上的生产类型。

2. 机床夹具的作用

（1）保证加工精度　采用夹具装夹，可以准确地确定工件、机床、刀具之间的相互位置，工件的位置精度由夹具保证，不受工人技术水平的影响，其加工精度高而且稳定。

（2）提高生产率　用夹具装夹工件，无需找正便能使工件迅速地定位和夹紧，显著地减少了辅助工时；用夹具装夹工件提高了工件的刚性，因此可加大切削用量；可以使用多件、多工位夹具装夹工件，并采用高效夹紧机构，这些因素均有利于提高劳动生产率。另外，采用夹具后，产品质量稳定，废品率下降，可以安排技术等级较低的工人加工工件，明显地降低了生产成本。

（3）减轻劳动强度　用夹具装夹工件方便、快速，而且当采用气动、液压等夹紧装置时，还可减轻工人的劳动强度。

（4）扩大机床的工艺范围　使用专用夹具可以改变原机床的用途和扩大机床的使用范围，实现一机多能。例如，在车床或摇臂钻床上安装镗模夹具后，就可以对箱体孔系进行镗削加工；通过专用夹具还可将车床改作拉床用，以充分发挥通用机床的作用。

3. 机床夹具分类

机床夹具的种类很多，形状千差万别。为了设计、制造和管理的方便，往往按照其某一属性进行分类。

1）按夹具专门化程度分类，常用的夹具有通用夹具、专用夹具、可调夹具、组合夹具和自动线夹具等五大类。专门化程度反映夹具在不同生产类型中的通用特性，因此是选择夹具的主要依据。

① 通用夹具。通用夹具是指结构、尺寸已规格化，且具有一定通用性的夹具，如自定心卡盘、单动卡盘、机用平口钳、万能分度头、中心架、电磁吸盘等。其特点是适用性强，不需调整或稍加调整即可装夹一定形状范围内的各种工件。通用夹具已商品化，且成为机床附件，采用这类夹具可缩短生产准备周期，降低生产成本。其缺点是夹具的加工精度不高，生产率也较低，且较难装夹形状复杂的工件，故适用于单件、小批生产中。

② 专用夹具。专用夹具是针对某一工件的某一工序的加工要求而专门设计和制造的夹具。其特点是针对性极强，没有通用性。在产品相对稳定、批量较大的生产中，常用各种专用夹具，可获得较高的生产率和加工精度。专用夹具的设计制造周期较长，随着现代多品种及中、小批量生产的发展，专用夹具在适应性和经济性等方面已产生许多问题。

③ 可调夹具。可调夹具是针对通用夹具和专用夹具的缺陷而发展起来的一类新型夹具，对不同类型和尺寸的工件，只需调整或更换原来夹具上的个别定位元件和夹紧元件便可使用。它一般又分为通用可调夹具和成组夹具两种。

通用可调夹具是通过调整或更换少量元件就能加工一定范围的工件，其通用范围大，适用性广，加工对象不太固定。

专用可调夹具又称为成组夹具。是在成组加工技术基础上发展起来的一类夹具，是专门为成组工艺中某组零件设计的，调整范围仅限于本组内的工件。

④ 组合夹具。组合夹具是一种模块化的夹具，并已商品化。标准的模块元件具有较高的精度和耐磨性，可组装成各种夹具，夹具用毕即可拆卸，留待组装新的夹具。由于使用组合夹具可缩短生产准备周期，元件能重复多次使用，具有可减少专用夹具数量等优点，因此

组合夹具在单件、中小批多品种生产和数控加工中是一种较经济的夹具。

⑤ 自动线夹具。自动线夹具一般分为两种：一种为固定式夹具，它与专用夹具相似；另一种为随行夹具，使用中夹具随着工件一起运动，并将工件沿着自动线从一个工位移至下一个工位进行加工。

2）按夹具使用的机床分类，可把夹具分为车床夹具、铣床夹具、钻床夹具、镗床夹具、磨床夹具、齿轮机床夹具、数控机床夹具等，这是专用夹具设计所用的分类方法。

3）按夹具夹紧动力源分类，可将夹具分为手动夹具和机动夹具两大类。为减轻劳动强度和确保安全生产，手动夹具应有扩力机构与自锁性能。常用的机动夹具有气动夹具、液压夹具、气液夹具、电动夹具、电磁夹具、真空夹具和离心力夹具等。

4. 机床夹具的组成

机床夹具的种类和结构虽然繁多，但它们的组成均可概括为以下几个部分，这些组成部分既相互独立又相互联系。

（1）定位元件　定位元件保证工件在夹具中处于正确的位置。如图 1-2-3 所示，钻后盖上的 $\phi 10mm$ 孔，其钻夹具如图 1-2-4 所示。夹具上的圆柱销、菱形销和支承板都是定位元件，通过它们使工件在夹具中占据正确的位置。

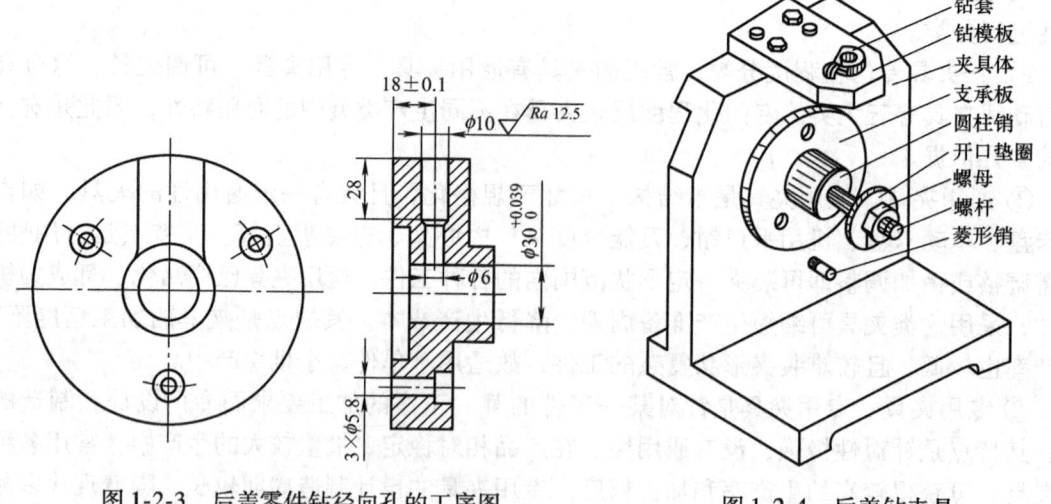

图 1-2-3　后盖零件钻径向孔的工序图　　　　图 1-2-4　后盖钻夹具

（2）夹紧装置　夹紧装置的作用是将工件压紧夹牢，保证工件在加工过程中受到外力（切削力等）作用时不离开已经占据的正确位置。图 1-2-4 中的螺杆（与圆柱销合成一个零件）、螺母和开口垫圈就起到了上述作用。

（3）对刀或导向装置　对刀或导向装置用于确定刀具相对于定位元件的正确位置。如图 1-2-4 中钻套和钻模板组成的导向装置，确定了钻头轴线相对定位元件的正确位置。铣床夹具上的对刀块和塞尺也是对刀装置。

（4）连接元件　连接元件是确定夹具在机床上正确位置的元件。如图 1-2-4 中夹具体的底面为安装基面，保证了钻套的轴线垂直于钻床工作台，并且保证圆柱销的轴线平行于钻床工作台。因此，夹具体可兼作连接元件。车床夹具上的过渡盘、铣床夹具上的定位键都是连接元件。

（5）夹具体　夹具体是机床夹具的基础件，如图 1-2-4 中，就是通过夹具体将夹具的所有元件连接成一个整体。

（6）其他装置或元件 指夹具中因特殊需要而设置的装置或元件。

2.1.2 工件的定位

在机械加工中，必须使机床、夹具、刀具和工件之间保持正确的相互位置，才能加工出合格的零件。这种正确的相互位置关系是通过工件在夹具中的定位、夹具在机床上的安装、刀具相对于夹具的调整来实现的。

1. 工件定位的基本原理

由刚体运动学可知，一个自由刚体在空间有且仅有六个自由度。例如图 1-2-5 所示的工件，它在空间的位置是任意的，即它既能沿 X、Y、Z 三个坐标轴移动，分别表示为 $\vec{X}$、$\vec{Y}$、$\vec{Z}$；又能绕 X、Y、Z 三个坐标轴转动，分别表示为 $\hat{X}$、$\hat{Y}$、$\hat{Z}$。

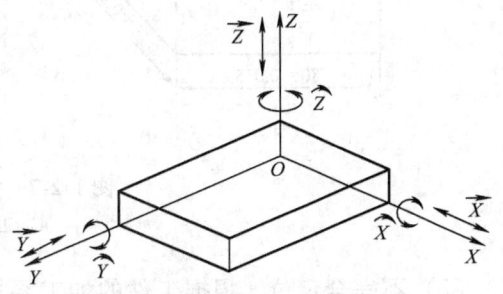

图 1-2-5 工件的六个自由度

定位实质就是限制自由度。例如图 1-2-6 所示的长方体工件，欲使其完全定位，可以设置六个固定点，工件的三个面分别与这些点保持接触，在其底面设置三个不共线的点 1、2、3（构成一个面），限制工件的三个自由度：$\vec{Z}$、$\hat{X}$、$\hat{Y}$；侧面设置两个点 4、5（成一条线），限制了 $\vec{X}$、$\hat{Z}$ 两个自由度；端面设置一个点 6，限制 $\vec{Y}$ 自由度。于是工件的六个自由度便都被限制了。这些用来限制工件自由度的固定点，称为定位支承点，简称支承点。

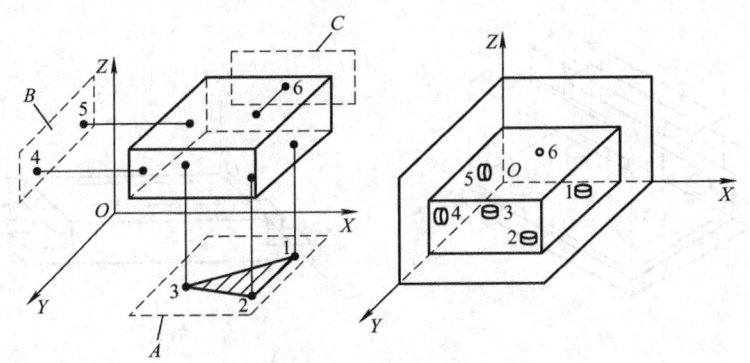

图 1-2-6 长方体形工件的定位

用合理分布的六个支承点限制工件六个自由度的法则，称为六点定位法则。

2. 工件定位的几种情况

（1）完全定位 工件的六个自由度全部被限制的定位，称为完全定位。当工件在 X、Y、Z 三个坐标方向上均有尺寸要求或位置精度要求时，一般采用这种定位方式。

例如图 1-2-7 所示的工件，要求在工件上表面铣削一个宽为 12mm 的槽。为了铣出上表面并保证上表面与底面的平行度要求，必须限制 $\vec{Z}$、$\hat{X}$、$\hat{Y}$ 三个自由度；为了保证槽侧面相对前、后、左、右各基准面的尺寸要求，必须限制 $\vec{X}$、$\hat{Z}$ 两个自由度；由于所铣的槽不是通槽，在 X 方向上，槽有位置要求，所以必须限制 $\vec{X}$ 移动的自由度。

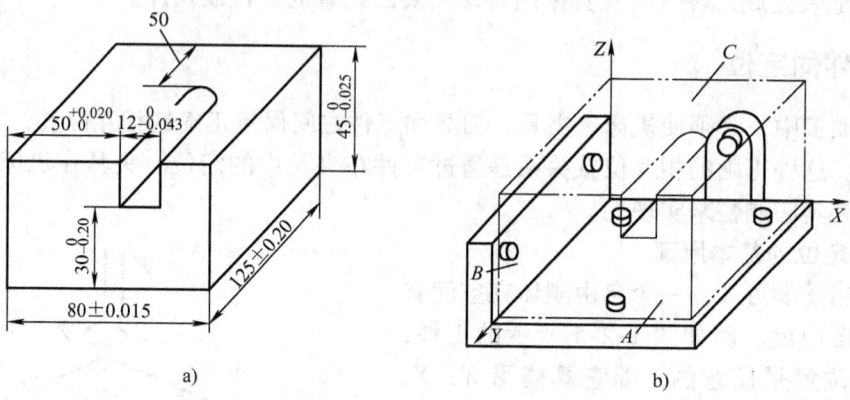

图 1-2-7　完全定位示例分析
a）工件　b）定位

（2）不完全定位　根据工件的加工要求，并不需要限制工件的全部自由度，这样的定位称为不完全定位，如图 1-2-8 所示。其中图 1-2-8a 所示为铣通槽，由于槽是贯通的，工件在 Y 轴方向上的前后位置并不影响通槽的加工质量。因此，沿 Y 轴方向可以不设置定位支承点，仅需要限制工件除 $\vec{Y}$ 的其余五个自由度；图 1-2-8b 所示为平板工件磨平面，工件只有厚度和平行度要求，故只需限制 $\vec{Z}$、$\hat{X}$、$\hat{Y}$ 三个自由度，在磨床上采用电磁工作台即可实现三点定位。

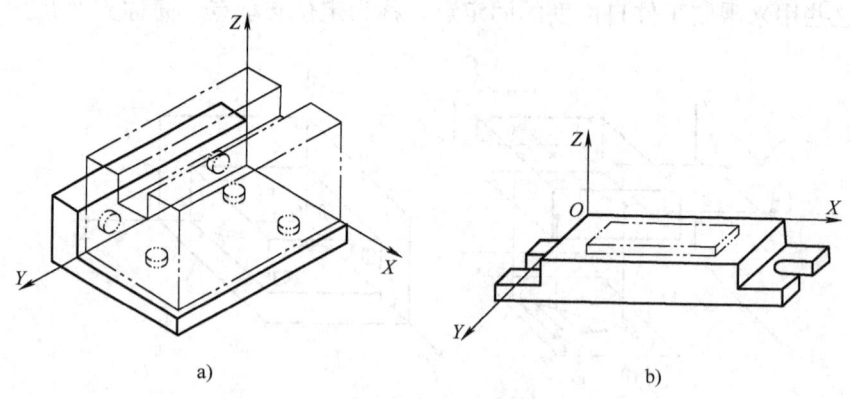

图 1-2-8　不完全定位示例
a）铣通槽　b）磨平面

（3）欠定位　根据工件的加工要求，应该限制的自由度没有完全被限制的定位称为欠定位。欠定位无法保证加工要求，所以是绝不允许的。

如图 1-2-9 所示，工件用支承和两个圆柱销定位，按照此定位方式，$\vec{X}$ 自由度没被限制，属于欠定位。工件在 X 方向上的位置不确定，如图中的细双点画线位置和虚线位置，因此钻出孔的位置也不确定，无法保证尺寸的精度。只有在 X 方向设置一个止推销后，工件在 X 方向才能取得确定的位置。

（4）过定位　工件的一个自由度被两个或两个以上支承点重复限制的定位称为过定位

或重复定位。图 1-2-10 所示为两种过定位示例。

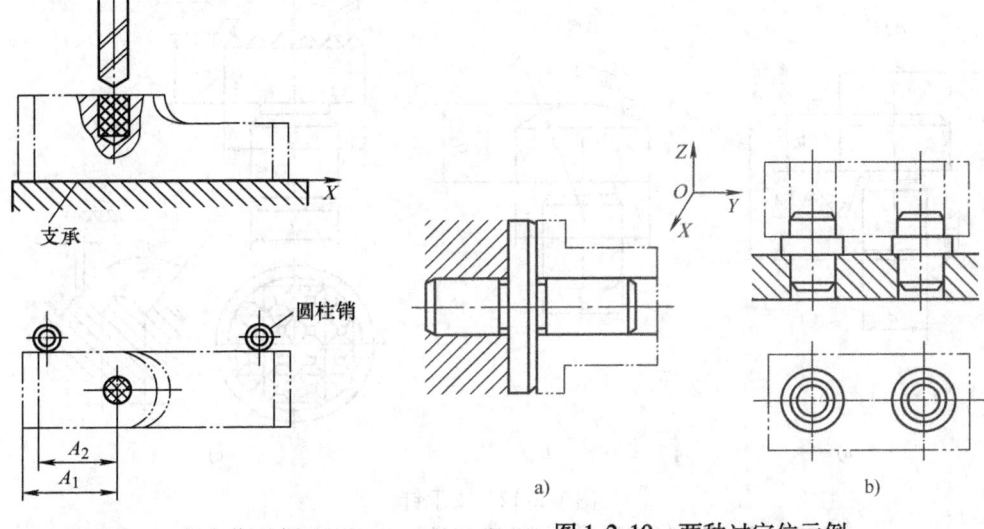

图 1-2-9 欠定位示例

图 1-2-10 两种过定位示例
a) 长销和大端面定位　b) 平面和两短圆柱销定位

图 1-2-10a 所示为孔与端面联合定位情况，由于大端面限制 $\vec{Y}$、$\hat{X}$、$\hat{Z}$ 三个自由度，长销限制 $\vec{X}$、$\vec{Z}$ 和 $\hat{X}$、$\hat{Z}$ 四个自由度，可见 $\hat{X}$、$\hat{Z}$ 自由度被两个定位元件重复限制，出现过定位。图 1-2-10b 所示为平面与两个短圆柱销联合定位情况，平面限制 $\vec{Z}$、$\hat{X}$、$\hat{Y}$ 三个自由度，两个短圆柱销分别限制 $\vec{X}$、$\vec{Y}$ 和 $\vec{Y}$、$\vec{Z}$ 共 4 个自由度，则 $\vec{Y}$ 自由度被重复限制，出现过定位。

过定位可能导致工件无法安装，也可能造成工件或定位元件变形。由于过定位往往会带来不良后果，一般确定定位方案时，应尽量避免。消除或减小过定位所引起的干涉，一般有两种方法：

1) 改变定位元件的结构，使定位元件重复限制自由度的部分不起定位作用。例如将图 1-2-10a 方案改进，如图 1-2-11 所示。其中，图 1-2-11a 所示为在工件与大端面之间加球面垫圈，图 1-2-11b 所示为将大端面改为小端面，从而避免过定位。

2) 提高工件定位基准面之间及定位元件工作表面之间的位置精度，以减小或消除过定位引起的干涉。

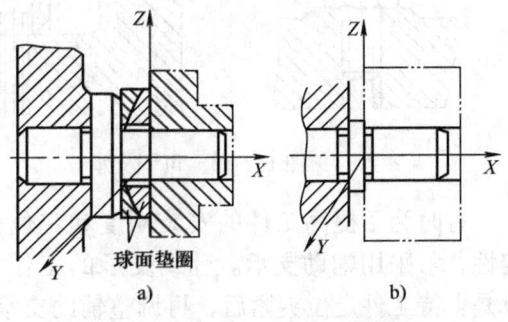

图 1-2-11 消除过定位的措施
a) 大端面加球面垫圈　b) 大端面改为小端面

2.1.3 常见的定位元件

1. 工件以平面定位

(1) 支承钉　如图 1-2-12 所示，当工件以粗糙不平的毛坯面定位时，采用球头型支承钉（B型），使其与毛坯良好接触。网纹型支承钉（C型）用在工件的侧面，能增大摩擦因数，防止工件滑动。当工件以加工过的平面定位时，可采用平头型支承钉（A型）。

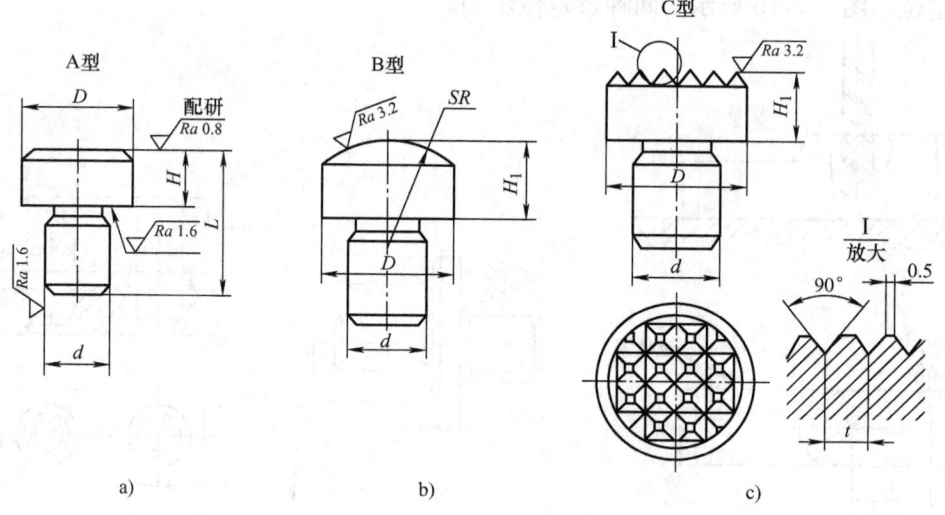

图 1-2-12 支承钉
a）平头型支承钉 b）球头型支承钉 c）网纹型支承钉

支承钉的高度需要调整时，应采用可调支承。可调支承主要用于工件以粗基准面定位或定位基面的形状复杂，以及各批毛坯的尺寸、形状变化较大的情况。可调支承在一批工件加工前调整一次，调整后需要锁紧，其作用与固定支承相同，如图 1-2-13 所示。

铣削加工箱体工件平面 B 工序采用的夹具如图 1-2-14 所示，用可调支承对 A 面位置进行调整，调整尺寸 H_1 和 H_2，确保孔的余量均匀。

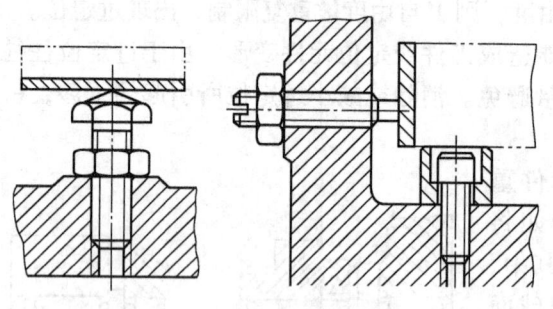

图 1-2-13 可调支承

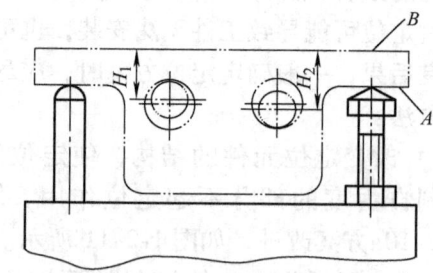

图 1-2-14 加工箱体可调支承应用

有时为了提高工件的安装刚度和定位稳定性，常采用辅助支承。辅助支承的工作特点是：待工件定位夹紧后，再调整辅助支承，使其与工件的有关表面接触并锁紧，而且辅助支承是每安装一个工件就调整一次。但此支承不限制工件的自由度，也不允许破坏原有定位。例如图 1-2-15 所示的阶梯零件加工，当用平面 A 定位铣工件上表面时，于工件右部底面增设辅助支承，可避免加工过程中工件的变形。

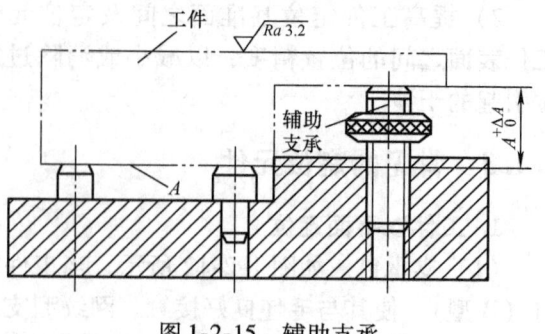

图 1-2-15 辅助支承

（2）支承板　工件以精基准面定位时，除采用上述平头支承钉外，还常用图1-2-16所示的支承板作定位元件。A型支承板（图1-2-16a）结构简单，便于制造，但不利于清除切屑，故适用于顶面和侧面定位；B型支承板（图1-2-16b）则易保证工作表面清洁，故适用于底面定位。

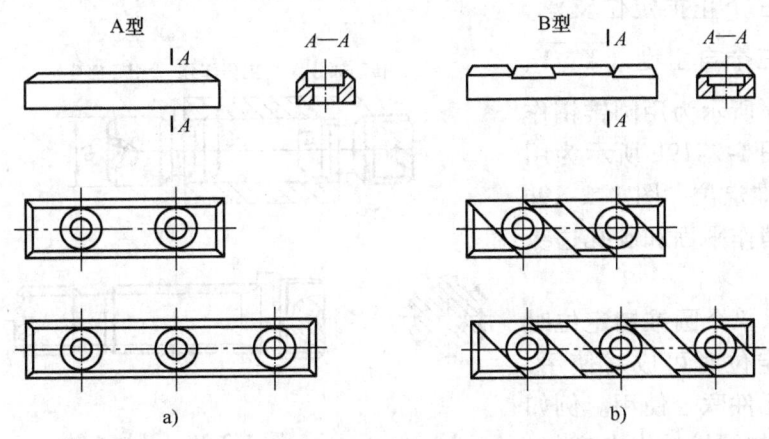

图1-2-16　支承板
a) A型支承板　b) B型支承板

夹具装配时，为使几个支承钉或支承板严格共面，装配后需将其工作表面一次磨平，从而保证各定位表面的等高性。

2. 工件以圆柱孔定位

各类套筒、盘类、杠杆、拨叉等零件，常以圆柱孔定位，所采用的定位元件有圆柱销和各种心轴。这种定位方式的基本特点是：定位孔与定位元件之间处于配合状态，并要求确保孔中心线与夹具规定的轴线相重合。孔定位还经常与平面定位联合使用。

（1）圆柱定位销　图1-2-17所示为常用的标准圆柱定位销结构。其中图1-2-17a、b、c所示为最简单的定位销，用于不经常更换的情况下，图1-2-17d所示为带衬套可换定位销。

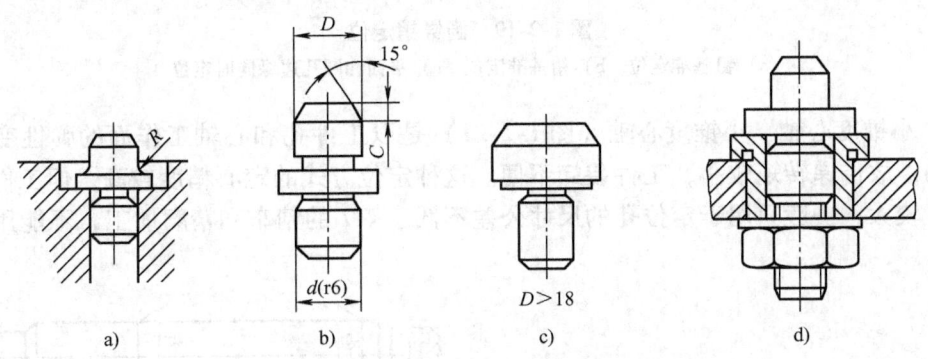

图1-2-17　圆柱定位销
a) $D>3\sim10$mm　b) $D>10\sim18$mm　c) $D>18$mm　d) 带衬套可换定位销

（2）圆柱心轴　心轴主要用于套筒类和空心盘类工件的车、铣、磨及齿轮加工。图1-2-18所示为常用圆柱心轴的结构形式。其中图1-2-18a所示为间隙配合心轴，图1-2-18b

所示为过盈配合心轴,图1-2-18c所示为花键心轴。

（3）圆锥销 如图1-2-19所示,工件以圆柱孔在圆锥销上定位。孔端与锥销接触,其交线是一个圆,相当于三个止推定位支承,限制了工件的三个自由度（$\vec{X}$、$\vec{Y}$、$\vec{Z}$）。图1-2-19a所示为用圆锥销作粗基准定位,图1-2-19b所示为用圆锥销作精基准定位。图1-2-19c所示为用圆锥销作平面和圆孔边缘同时定位。

但是工件以单个圆锥销定位时易倾斜,故在定位时可成对使用,或与其他定位元件联合使用。例如图1-2-20所示的圆锥销组合定位,限制了工件的五个自由度。

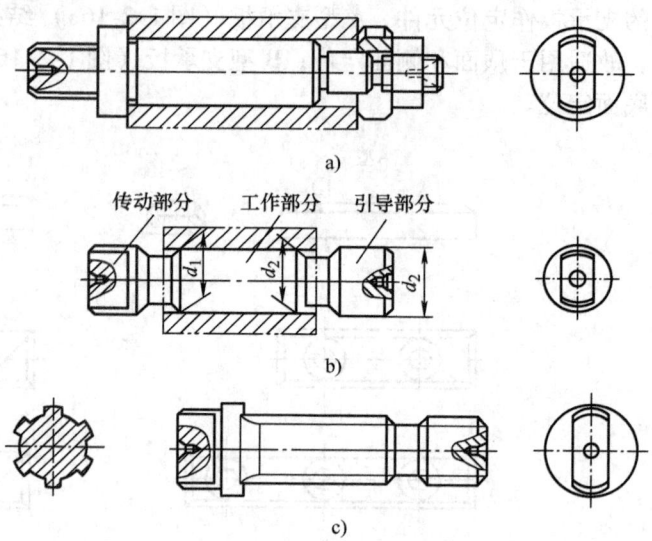

图1-2-18 圆柱心轴
a）间隙配合心轴 b）过盈配合心轴 c）花键心轴

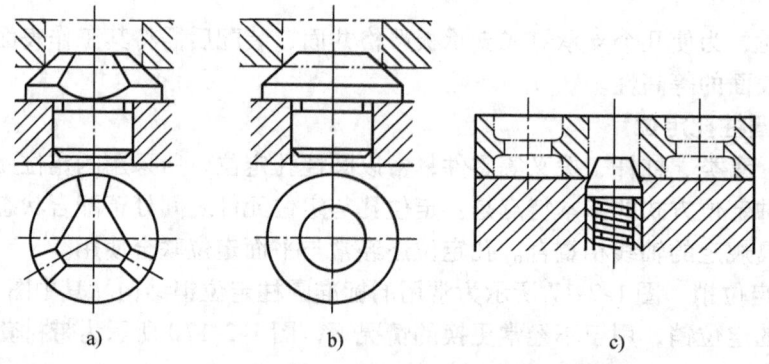

图1-2-19 圆锥销定位
a）粗基准定位 b）精基准定位 c）平面和圆孔边缘同时定位

（4）小锥度心轴 小锥度心轴（图1-2-21）是以工件孔和心轴工作面的弹性变形来夹紧工件的,故传递转矩较小,工件装卸不便。这种定位方式的定心精度较高,但工件的轴向位移误差较大,一般只用于定位孔的尺寸公差不低于IT7的精车和精磨加工,不能用于加工端面。

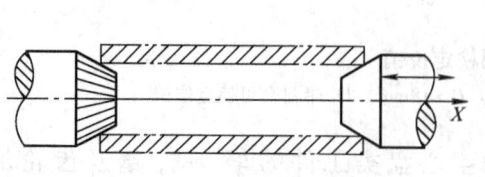

图1-2-20 圆锥销组合定位

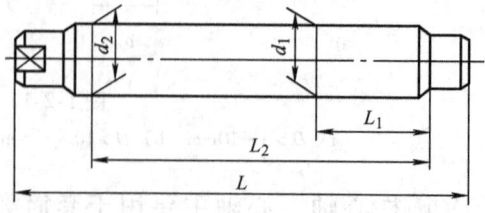

图1-2-21 小锥度心轴

3. 工件以外圆柱表面定位

（1）V形块　V形块定位如图1-2-22所示。其优点是对中性好，即能使工件的定位基准轴线对中在V形块两斜面的对称平面上，而不受定位基准直径误差的影响，且安装方便。V形块的典型结构和尺寸均已标准化，其上两斜面间的夹角α一般选用60°、90°和120°，其中α为90°的V形块应用最广。

图1-2-23所示为常用V形块结构。其中，图1-2-23a所示为用于较短的精基准面定位的V形块；图1-2-23b所示为用于粗基准、阶梯轴定位的V形块；图1-2-23c所示为用于精基准面相距较远定位的V形块；图1-2-23d所示为用于直径与长度较大工件定位的V形块，V形块做成在铸铁底座上镶装淬火钢垫板的结构。

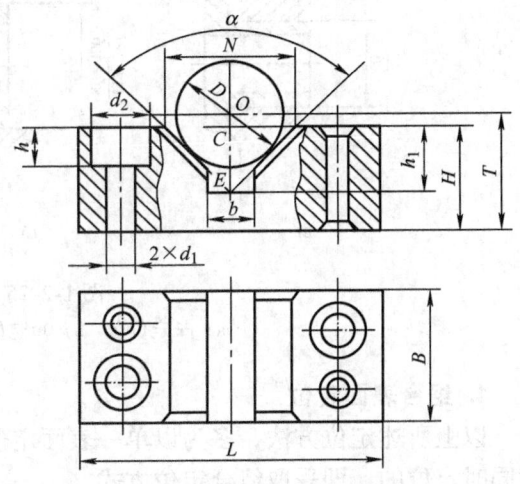

图1-2-22　V形块定位

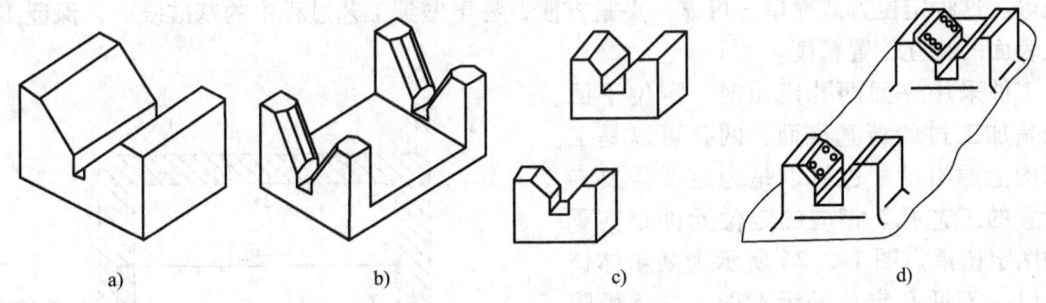

图1-2-23　V形块
a）用于较短的精基准面定位的V形块　b）用于粗基准、阶梯轴定位的V形块
c）用于精基准面相距较远定位的V形块　d）用于直径与长度较大工件定位的V形块

V形块可分为固定式V形块和活动式V形块。固定式V形块在夹具体上装配时，一般用螺钉和两个定位销联接。活动V形块除限制工件一个自由度外，还兼有夹紧作用，其应用如图1-2-24所示。

（2）定位套　工件以外圆柱面在圆孔中定位，这种定位方法一般适用于精基准定位，常与端面联合定位。所用定位件结构简单，通常做成钢套装于夹具中，有时也可在夹具体上直接做出定位孔，常用定位套如图1-2-25所示。

工件以外圆柱面定位时，有时也可用半圆套或锥套作为定位元件。

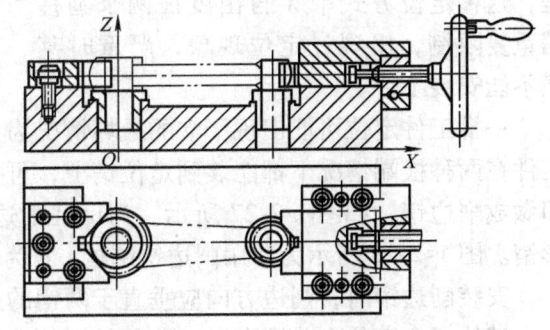

图1-2-24　活动V形块的应用

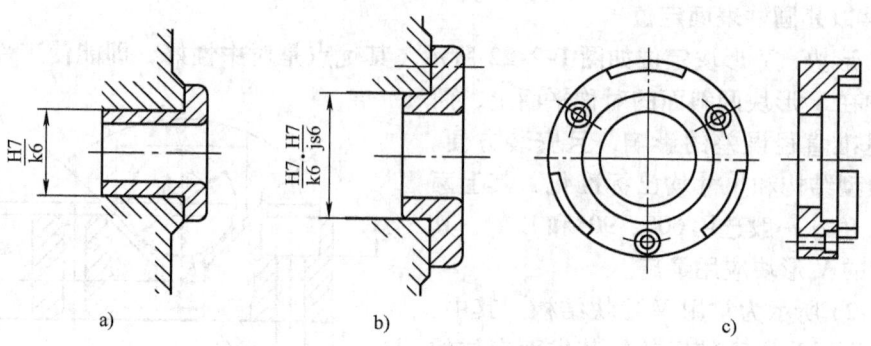

图 1-2-25 常用定位套
a) 长定位套 b) 短定位套 c) 直径较大的定位套

4. 组合表面定位

以上所述定位方法，多为以单一表面定位。实际上，工件往往是以两个或两个以上的表面同时定位的，即采取组合定位方式。

组合定位的方式很多，生产中最常用的就是"一面两孔"定位，如加工箱体、杠杆、盖板等。这种定位方式简单、可靠、夹紧方便，易于做到工艺过程中的基准统一，保证工件加工表面的相互位置精度。

工件采用一面两孔定位时，定位平面一般是加工过的精基准面，两孔可以是工件结构上原有的，也可以是为定位需要专门设置的工艺孔。相应的定位元件是支承板和两定位销。图 1-2-26 所示为某箱体镗孔时以一面两孔定位的示意图，支承板限制工件 $\vec{Z}$、$\hat{X}$、$\hat{Y}$ 三个自由度，短圆柱销 1 限制工件的 $\vec{X}$、$\vec{Y}$ 两个自由度，短圆柱销 2 限制工件的 $\vec{X}$、$\hat{Z}$ 两个自由度。需要注意的是，这种定位方式中 $\vec{X}$ 自由度被两个圆柱销重复限制，出现过定位现象，严重时甚至不能安装工件。

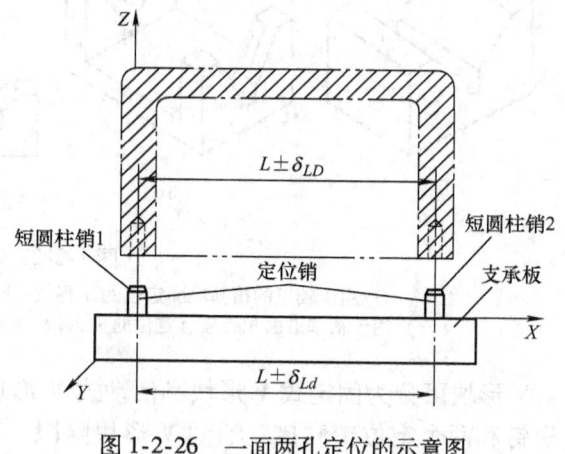

图 1-2-26 一面两孔定位的示意图

一批工件定位可能出现干涉的最坏情况为：孔心距最大，销心距最小，或者反之。为使工件在两种极端情况下都能装到定位销上，可把定位销 2 上与工件孔壁相碰的那部分削去，即做成削边销，如图 1-2-27 所示。为保证削边销的强度，一般采用菱形结构，故又称为菱形销。图 1-2-28 所示为常用削边销结构，d 为销直径大小。

安装削边销时，削边方向应垂直于两销的连心线。

其他组合定位方式还有以一孔及其端面定位（齿轮加工中常用），有时还会采用 V 形导轨、燕尾导轨等组合成形表面作为定位基面。

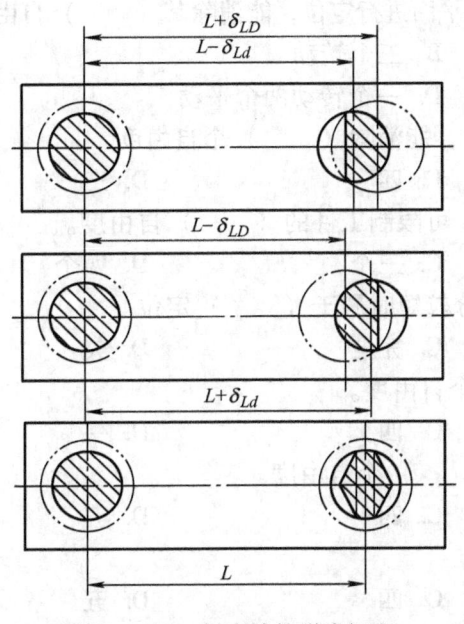

图 1-2-27　削边销的形成机理

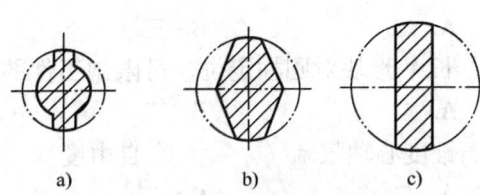

图 1-2-28　常用削边销结构
a) $d<3mm$　b) $d=3\sim50mm$　c) $d>50mm$

2.1.4　训练题

一、选择题

1. 工件的装夹方法主要有划线找正装夹、机床夹具装夹和直接找正装夹三种，对于成批和大量生产，应考虑采用（　　）
　　A. 划线找正装夹　　B. 机床夹具装夹　　C. 直接找正装夹

2. 机床上的卡盘、中心架等属于（　　）夹具。
　　A. 通用　　　　　　B. 专用　　　　　　C. 组合　　　　　　D. 成组

3. 大批大量生产中广泛采用（　　）。
　　A. 通用夹具　　　　B. 专用夹具　　　　C. 成组夹具　　　　D. 组合夹具

4. 能够保持工件在夹具中占有正确位置的是（　　）装置。
　　A. 定位　　　　　　B. 夹紧　　　　　　C. 辅助　　　　　　D. 车床

5. （　　）适用于单件、小批生产
　　A. 组合夹具　　　　B. 通用夹具　　　　C. 专用夹具　　　　D. 液压夹具

6. 用单动卡盘找正装夹工件是（　　）。
　　A. 不完全定位　　　B. 完全定位　　　　C. 过定位　　　　　D. 欠定位

7. 工件在夹具中安装时，绝对不允许采用（　　）。
　　A. 完全定位　　　　B. 不完全定位　　　C. 过定位　　　　　D. 欠定位

8. V形块属于（　　）。
　　A. 定位元件　　　　B. 夹紧元件　　　　C. 导向元件

9. 下面的说法中（　　）是错误的。
　　A. 过定位有时会使工件无法定位　　　　B. 过定位会使工件在夹紧时产生变形
　　C. 过定位不会增加自由度的限制　　　　D. 过定位可以增加工件装夹的刚性

10. 用三个不在一条直线上的支承点对工件的平面进行定位,能消除其(　　)自由度。
    A. 三个平动　　　　　　　　　B. 三个转动
    C. 一个平动两个转动　　　　　D. 一个转动两个平动
11. 轴类零件用双中心孔定位(两顶尖装夹),能消除(　　)个自由度。
    A. 六　　　　　B. 五　　　　　C. 四　　　　　D. 三
12. 在夹具中,用一个平面对工件进行定位,可限制工件的(　　)自由度。
    A. 一个　　　　B. 两个　　　　C. 三个　　　　D. 四个
13. 采用一夹一顶装夹方法,当卡盘夹持部分较短时属于(　　)定位。
    A. 不完全　　　B. 重复　　　　C. 完全　　　　D. 欠
14. 采用短圆柱心轴定位,可限制(　　)个自由度。
    A. 二　　　　　B. 三　　　　　C. 四　　　　　D. 一
15. 长V形块对圆柱定位,可限制工件的(　　)个自由度。
    A. 二　　　　　B. 三　　　　　C. 四　　　　　D. 五
16. 锥度心轴限制(　　)个自由度。
    A. 二　　　　　B. 三　　　　　C. 四　　　　　D. 五
17. 只有在(　　)精度很高时,过定位才允许采用,且有利于增加工件的刚度。
    A. 设计基准和定位元件　　　　B. 定位基准和定位元件
    C. 夹紧机构　　　　　　　　　D. 工序基准和定位元件
18. 轴类工件在长V形块上定位时,限制了(　　)个自由度。
    A. 两　　　　　B. 三　　　　　C. 四　　　　　D. 五
19. 工件以精基准定位时采用(　　)。
    A. 球头支承钉　B. 平头支承钉　C. 锯齿头支承钉　D. 均可
20. 以平面定位时,四种支承中不起定位作用的是(　　)。
    A. 固定支承　　B. 可调支承　　C. 自为支承　　D. 辅助支承
21. 下列定位元件中不是以圆孔定位的是(　　)。
    A. 定位套筒　　B. 定位衬套　　C. 心轴　　　　D. 定位环
22. 工件在小锥度心轴定位,可限制(　　)个自由度。
    A. 二　　　　　B. 一　　　　　C. 四　　　　　D. 五
23. 削边销限制了(　　)个自由度。
    A. 一　　　　　B. 二　　　　　C. 三　　　　　D. 四
24. 组合定位中一面两孔定位,如果均用两个圆柱销定位,则该定位属于(　　)。
    A. 完全定位　　B. 不完全定位　C. 过定位　　　D. 欠定位

二、判断题

1. 在数控车床上装夹工件时,应尽量选用专用夹具。(　　)
2. 用花盘或花盘角铁装夹工件时,花盘和花盘角铁属于专用夹具。(　　)
3. 如果工件被夹紧了,那么它也就被定位了。(　　)
4. 合理的安排三个点可以消除工件的三个自由度。(　　)
5. 只要工件夹紧,就实现了工件的定位。(　　)
6. 工件只有在完全定位后,才能保证加工质量。(　　)

7. 自由度的重复定位在生产中是可以出现的。（   ）
8. 辅助支承只是为了提高工件的安装刚度和稳定性，并不限制工件的自由度。（   ）
9. 可调支承一般用于毛坯面的定位。（   ）
10. 圆柱心轴比小锥度心轴定心精度高。（   ）
11. 短圆锥套可限制工件三个移动自由度。（   ）
12. 用小锥度心轴定位时，工件插入后就不会转动，所以限制了六个自由度。（   ）

三、分析题

1. 如图 1-2-29 所示，工件在夹具中定位及夹紧，试分析：
（1）找出定位元件和相当的定位支承点数并在图中标注正确的定位符号。
（2）说明该方案属何种定位。
（3）找出夹紧元件并在图中标注符号。
2. 根据六点定位原理分析图 1-2-30 所示各定位方案的定位元件所限制的自由度。

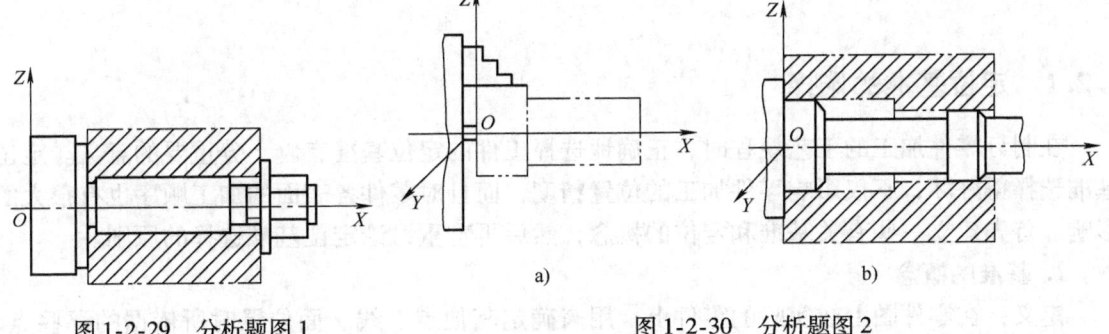

图 1-2-29　分析题图 1　　　　　图 1-2-30　分析题图 2

3. 试分析图 1-2-31 所示的定位元件分别限制了哪些自由度。是否合理？如何改进？

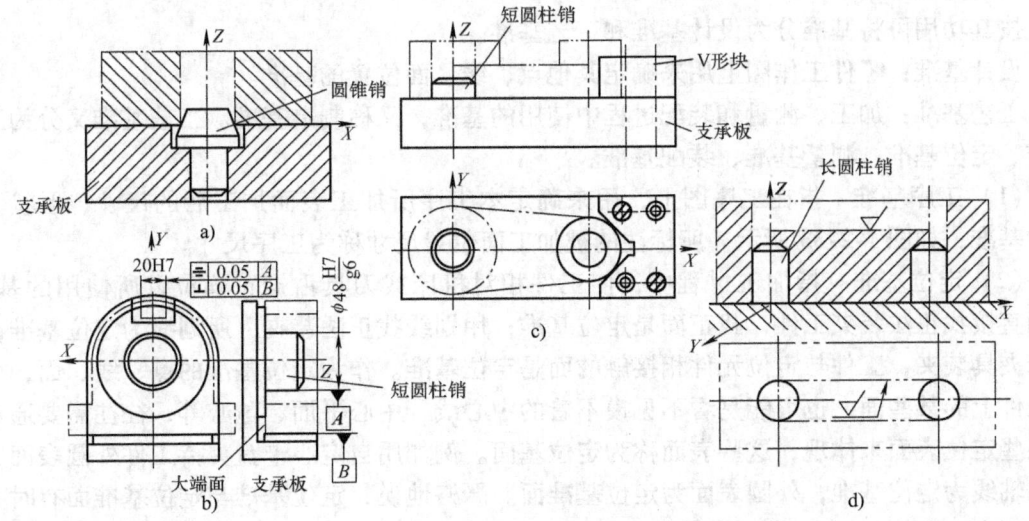

图 1-2-31　分析题图 3

4. 如图 1-2-32 中所示，钻、扩、铰 $\phi 9H7$ 孔，其余表面均已加工，试分析其需要限制的自由度。

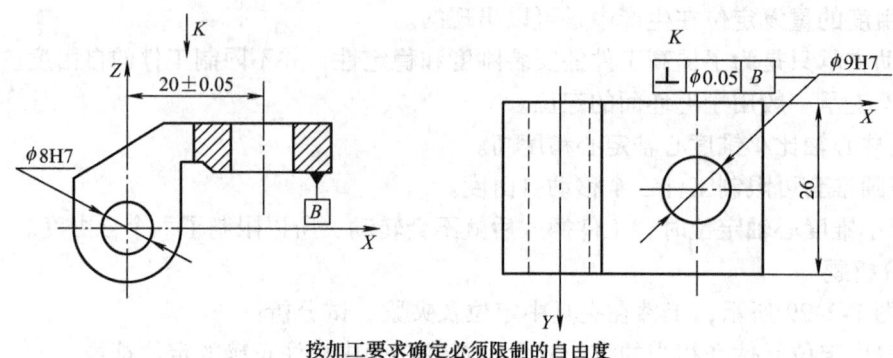

按加工要求确定必须限制的自由度

图 1-2-32　分析题图 4

2.2　定位误差的计算

2.2.1　定位基准的选择

在制订零件加工的工艺规程时，正确地选择工件的定位基准有着十分重要的意义。定位基准选择得好坏，不仅影响零件加工的位置精度，而且对零件各表面的加工顺序也有很大的影响。首先建立一些有关基准和定位的概念，然后再着重讨论定位基准选择的原则。

1. 基准的概念

定义：在零件图上或实际的零件上，用来确定其他点、线、面位置时所依据的那些点、线、面，称为基准。

2. 基准的分类

按其功用可将基准分为设计基准和工艺基准。

设计基准：零件工作图上用来确定其他点、线、面位置的基准。

工艺基准：加工、测量和装配过程中使用的基准，又称制造基准。工艺基准又分为工序基准、定位基准、测量基准、装配基准。

（1）工序基准　指在工序图上，用来确定本工序所加工表面加工后的尺寸、形状、位置的基准，如图 1-2-33 所示。所标注的被加工面位置尺寸称为工序尺寸。

（2）定位基准　指加工过程中，使工件相对机床或刀具占据正确位置所使用的基准。如用直接找正法装夹工件，找正面是定位基准；用划线找正法装夹，所划线为定位基准；用机床夹具装夹，工件与定位元件相接触的面是定位基准。作为定位基准的点、线、面，可能是工件上的某些面，也可能是看不见摸不着的中心线、中心平面、球心等，往往需要通过工件某些定位表面来体现，这些表面称为定位基面。例如用自定心卡盘夹持工件外圆表面，体现以轴线为定位基准，外圆表面为定位基准面。严格地说，定位基准与定位基准面有时并不是一回事。定位基准表示方法如图 1-2-34 所示。

（3）测量基准　指用来测量加工表面位置和尺寸而使用的基准。

（4）装配基准　指装配过程中用以确定零部件在产品中的相对位置的基准。各种基准示例如图 1-2-35 所示。

第 2 章 工件的定位与夹紧

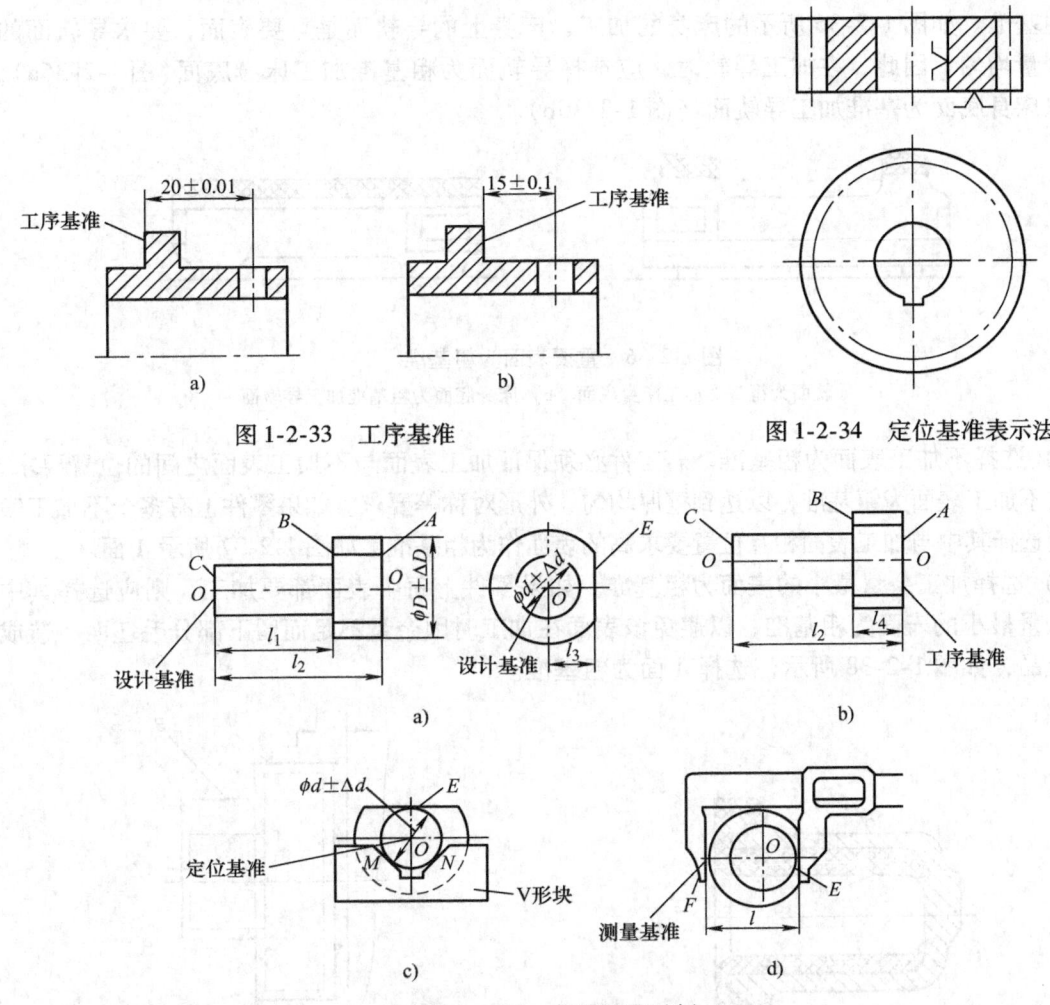

图 1-2-33 工序基准

图 1-2-34 定位基准表示法

图 1-2-35 各种基准示例
a) 零件图上的设计基准 b) 工序图上的工序基准 c) 加工时的定位基准 d) 测量 E 面时的测量基准

3. 定位基准的选择

定位基准选择得正确与否，对能否保证零件的尺寸精度和各要素相互位置精度要求，以及对零件各表面间的加工顺序安排都有很大的影响，当用夹具装夹工件时，定位基准的选择还会影响到夹具结构的复杂程度。因此，定位基准的选择是一个很重要的工艺问题。

定位基准包括粗基准、精基准、辅助基准。

粗基准：未加工过的毛坯表面。（毛坯表面定位→粗基准）

精基准：已加工过的表面。（已加工表面定位→精基准）

辅助基准：人为制造的基准，即为方便装夹或易于实现基准统一，在工件上专门制出的一种定位基准，如在工件上专门设计的定位面、工艺上需要的凸台、中心孔等。

（1）粗基准选择原则　选择粗基准时，主要要求保证各加工面有足够的余量，使加工面与不加工面间的位置符合图样要求，并特别注意要尽快获得精基准。具体选择时应考虑下列原则：

1) 选择重要表面为粗基准。为保证工件上重要表面的加工余量小而均匀，应选择该表面为粗基准。如图1-2-36所示的床身的加工，床身上的导轨面是重要表面，要求导轨面的加工余量均匀。因此，在加工导轨时，应选择导轨面为粗基准加工床身底面（图1-2-36a），然后以床身底面为基准加工导轨面（图1-2-36b）。

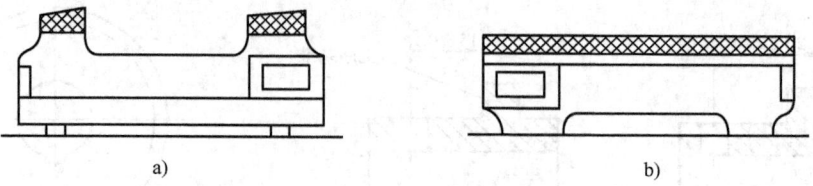

图1-2-36 重要表面为粗基准
a) 导轨面为粗基准加工床身底面 b) 床身底面为粗基准加工导轨面

2) 选择不加工表面为粗基准。若工件必须保证加工表面与不加工表面之间的位置要求，则应选不加工表面为粗基准，以达到壁厚均匀、外形对称等要求。如果零件上有多个不加工表面，应选择其中与加工表面相互位置要求高的表面作为粗基准，如图1-2-37所示A面。

3) 选择加工余量最小的表面为粗基准。如果零件上每个表面都要加工，则应选择其中加工余量最小的表面为粗基准，以避免该表面在加工时因余量不足而留下部分毛坯面，造成工件废品，如图1-2-38所示，选择A面为粗基准。

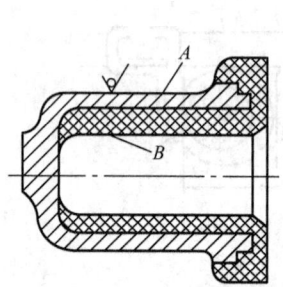
图1-2-37 不加工表面为粗基准

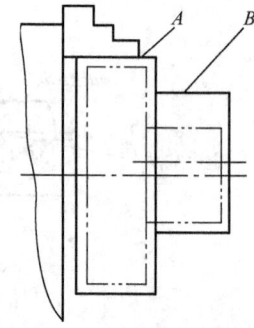
图1-2-38 余量最小表面为粗基准

4) 选择较为平整光洁的表面为粗基准。应该选择毛坯上尺寸和位置可靠、平整光洁的表面作为粗基准，表面不应有飞边、浇口、冒口及其他缺陷，这样可减少定位误差，并使工件夹紧可靠。

5) 粗基准不应重复使用。一般情况下，粗基准只允许使用一次。因为粗基准本身都是未经机械加工的毛坯面，其表面粗糙且精度低，若重复使用将产生较大的误差。

实际上，无论精基准还是粗基准的选择，上述原则都不可能同时满足，有时甚至是互相矛盾的。因此，在选择时应根据具体情况进行分析，权衡利弊，保证其主要的要求。

(2) 精基准选择原则 选择精基准时，主要应考虑保证加工精度和工件安装方便可靠。其选择原则如下：

1) 基准重合原则。使定位基准和设计基准重合，即为基准重合原则。例如：图1-2-39，a中孔$D^{+\delta_D}$在竖直方向上的位置尺寸精度要求达到$A^{+\delta_A}$，为了要保证此尺寸精度，必须要使定位基准和设计基准重合。图1-2-39b、图1-2-39c定位方式是以M面和H面作为定位面，设计基准和定位基准不重合，故不能保证位置尺寸精度；只有图1-2-39d中以

K 面作为定位基准时，定位基准和设计基准才重合。

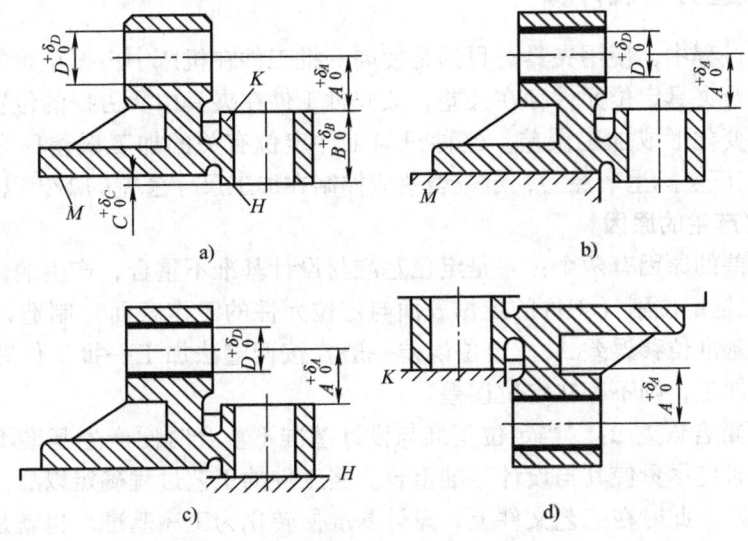

图 1-2-39 基准重合

2）基准统一原则。位置精度要求较高的各加工表面，应尽可能在多数工序中用同一基准。这样容易保证各加工表面的相互位置精度，避免基准变换所产生的误差。例如，加工轴类零件时，一般都采用两个顶尖孔作为统一精基准来加工轴类零件上的所有外圆表面和端面，这样可以保证各外圆表面间的同轴度和端面对轴线的垂直度要求。

3）自为基准原则。某些要求加工余量小而均匀的精加工工序，选择加工表面本身作为定位基准，称为自为基准原则。如图 1-2-40 所示，磨削车床导轨面，用可调支承支承床身零件，在导轨磨床上，用百分表找正导轨面相对于机床运动方向的正确位置，然后加工导轨面以保证其余量均匀，满足导轨面的质量要求。此处还有浮动镗刀镗孔、珩磨孔、拉孔、无心磨外圆等也都是自为基准的实例。

4）互为基准原则。当对工件上两个相互位置精度要求很高的表面进行加工时，需要用两个表面互相作为基准，反复进行加工，以保证位置精度要求。例如，图 1-2-41 所示，外圆和内孔有很严格的同轴度要求，加工时就先以外圆为定位基准加工内孔，再以内孔为定位基准加工外圆，如此反复多次，最终达到加工要求。再如，要保证精密齿轮的齿圈跳动精度，在齿面淬硬后，先以齿面定位磨内孔，再以内孔定位磨齿面，从而保证位置精度。

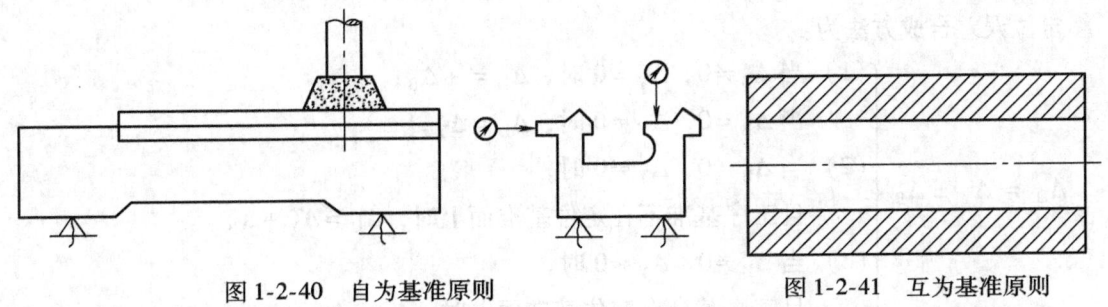

图 1-2-40 自为基准原则　　　　图 1-2-41 互为基准原则

5）便于装夹原则。所选精基准应保证工件装夹可靠，夹具设计简单、操作方便。

2.2.2 定位误差分析及计算

在机械加工过程中,使用夹具的目的是使同一批工件在机床中占据正确的加工位置。实际上,由于工件及夹具定位元件存在公差,故同批工件在夹具中所占据的位置不可能是一致的,这种位置的变化形成加工误差。这种只与工件定位有关的加工误差称为定位误差,用 Δ_D 表示。根据工厂实际生产经验,定位误差应控制在加工尺寸公差的 1/3 以内。

1. 定位误差产生的原因

造成定位误差的原因有两个:一是定位基准与设计基准不重合,产生的误差称为基准不重合误差 Δ_B;二是定位副(工件的定位表面与定位元件的工作表面)制造误差引起定位基准的位移,称为基准位移误差 Δ_Y。定位误差一般在按调整法加工一批工件时才会出现,如果逐个按试切法加工,则不存在定位误差。

(1) 基准不重合误差 Δ_B 当定位基准与设计基准不重合时便产生基准不重合误差,因此选择定位基准时应尽量使其与设计基准重合。当工件的工艺过程确定以后,各工序的工序尺寸也就随之而定,此时在工艺文件上,设计基准便转化为工序基准。也就是说,当定位基准与工序基准不重合时,即产生基准不重合误差,用 Δ_B 表示,其大小等于工序基准相对于定位基准在加工尺寸方向上的最大位置变动量。当定位基准的变动方向与加工方向不一致,存在一个夹角 α 时,$\Delta_B = \delta\cos\alpha$。

图 1-2-42 所示的工件加工中,以底面定位铣台阶面,要求保证尺寸 a,即工序基准为工件顶面,如刀具已调整好位置,则由于尺寸 b 的误差会使工件顶面位置发生变化,从而使工序尺寸 a 产生误差。

(2) 基准位移误差 Δ_Y 工件在夹具中定位时,由于定位副(工件的定位表面与定位元件的工作表面)的制造误差和最小配合间隙的影响,而引起定位基准位移所产生的误差,称为基准位移误差,用 Δ_Y 表示。其大小等于定位基准在加工尺寸方向上的最大位置变动量。

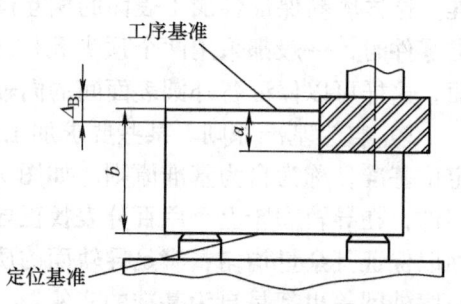

图 1-2-42 基准不重合引起的定位误差

2. 定位误差的计算方法

定位误差由基准不重合误差与基准位移误差两项组合而成。计算时,先分别算出 Δ_B 和 Δ_Y,然后将两者组合而成 Δ_D。

定位误差合成方法为:

$$\Delta_D = \Delta_Y \pm \Delta_B \begin{cases} (1) \text{ 当 } \Delta_B \neq 0, \Delta_Y = 0 \text{ 时}, \Delta_D = \pm\Delta_B; \\ \quad\quad \text{当 } \Delta_B = 0, \Delta_Y \neq 0 \text{ 时}, \Delta_D = \Delta_Y; \\ (2) \text{ 当 } \Delta_B \neq 0, \Delta_Y \neq 0 \text{ 时}, \\ \quad\quad \text{且工序基准不在定位基准面上时}, \Delta_D = \Delta_Y + \Delta_B; \\ (3) \text{ 当 } \Delta_B \neq 0, \Delta_Y \neq 0 \text{ 时}, \\ \quad\quad \text{且工序基准在定位基准面上时}, \Delta_D = \Delta_Y \pm \Delta_B。 \end{cases}$$

"+""-"的确定可按如下原则判断:当由于基准不重合和基准位移分别引起工序尺

寸作相同方向变化（即同时增大或同时减小）时，取"+"号；而当引起工序尺寸彼此向相反方向变化时，取"-"号。

3. 常见定位方式的定位误差计算

(1) 工件以平面定位 工件以平面定位时可能产生的定位误差，主要是由基准不重合引起的。至于基准位移误差，在工件以平面定位时，工件的定位基准面与定位元件的工作表面以平面接触，位置一般不会发生相对变化，可以不予考虑，则 $\Delta_Y = 0$。

例1 如图1-2-43所示，上、下表面均已加工，分别求工序尺寸（加工尺寸）在三种情况下的定位误差。

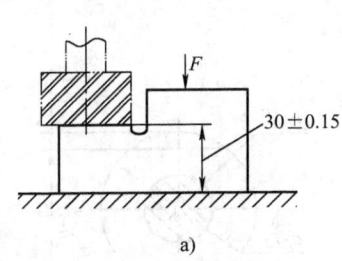 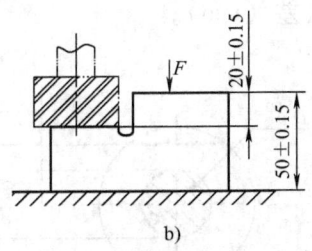 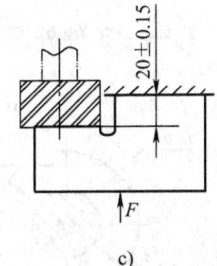

a)　　　　　　　　　b)　　　　　　　　　c)

图1-2-43 工件以平面定位

解：按照三种情况下的定位误差进行分析及计算。

1) 第一种情况。如图1-2-43a所示，底面既是工序基准又是定位基准，即基准重合，$\Delta_B = 0$；且底面为已加工表面，$\Delta_Y = 0$，故 $\Delta_D = \Delta_B + \Delta_Y = 0$。

2) 第二种情况。如图1-2-43b所示，顶面为工序基准，底面为定位基准，基准不重合；底面为已加工表面，$\Delta_Y = 0$，故 $\Delta_D = \Delta_B$。此时，基准不重合误差要找定位基准和工序基准之间的联系尺寸，由图可知联系尺寸 50 ± 0.15 的公差即基准不重合误差 $\Delta_B = 0.30$mm，故 $\Delta_D = \Delta_B = 0.30$mm。

3) 第三种情况。如图1-2-43c所示，顶面同时为工序基准和定位基准，即基准重合，$\Delta_B = 0$；且顶面为已加工表面，$\Delta_Y = 0$，故 $\Delta_D = \Delta_B + \Delta_Y = 0$。

例2 如图1-2-44所示，求工序尺寸（加工尺寸）A的定位误差。

解：

1) 定位基准为底面，工序基准为圆孔中心线 O，定位基准与工序基准不重合，则 $\Delta_B = 0.2$mm；但是，工序基准 O 的变动方向与加工尺寸的方向间夹角为 $45°$，则

$$\Delta_B = 0.2 \times \cos 45° \text{mm} = 0.1414 \text{mm}$$

2) 工件底面作为定位基准，则

$$\Delta_Y = 0$$

3) 工序尺寸A的定位误差为

$$\Delta_D = \Delta_Y + \Delta_B = 0.1414 \text{mm}$$

(2) 工件以内孔定位

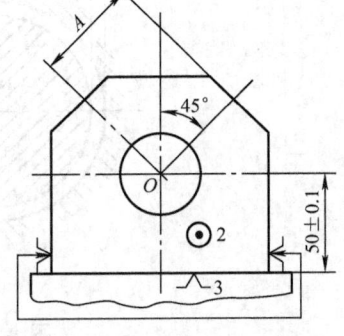

图1-2-44 工件以平面定位

1) 心轴上过盈配合定位。由于过盈配合，定位基准不会发生移动，则 $\Delta_Y = 0$；定位误差因工序基准位置的不同而不同，以下按照不同情况来进行分析及计算。

① 如图 1-2-45a 所示，工序基准与定位基准重合，均为内孔轴线时
$$\Delta_B = 0, \quad \Delta_Y = 0, \quad 则 \Delta_D = \Delta_B + \Delta_Y = 0$$

② 如图 1-2-45b 所示，工序基准在工件内孔的上素线或下母线上时
$$\Delta_B = \frac{T_D}{2}, \quad \Delta_Y = 0, \quad 则 \Delta_D = \Delta_B + \Delta_Y = \frac{T_D}{2}$$

式中　T_D——工件内孔的尺寸公差（mm）。

③ 如图 1-2-45c 所示，工序基准在工件外圆上、下素线上时
$$\Delta_B = \frac{T_d}{2}, \quad \Delta_Y = 0, \quad 则 \Delta_D = \Delta_B + \Delta_Y = \frac{T_d}{2}$$

式中　T_d——工件外圆尺寸的公差（mm）。

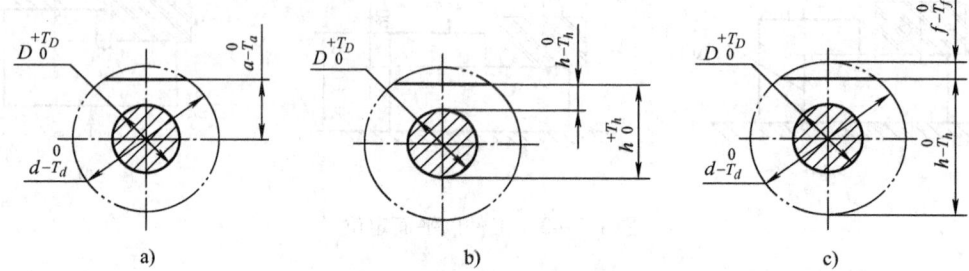

图 1-2-45　工件以圆柱孔过盈配合定位

2) 心轴（或圆柱销）上间隙配合定位。由于配合间隙的影响，会使工件上圆柱孔中心线（定位基准）的位置发生偏移，其中心偏移量在加工尺寸方向上的投影即为基准位移误差 Δ_Y。

定位基准偏移的方向有两种可能：一是只能在单方向上偏移；二是可以在任意方向上偏移。

① 当定位基准在单方向偏移时，如图 1-2-46a 所示，在其移动方向最大偏移量为半径方向的最大间隙 X_{max}，即

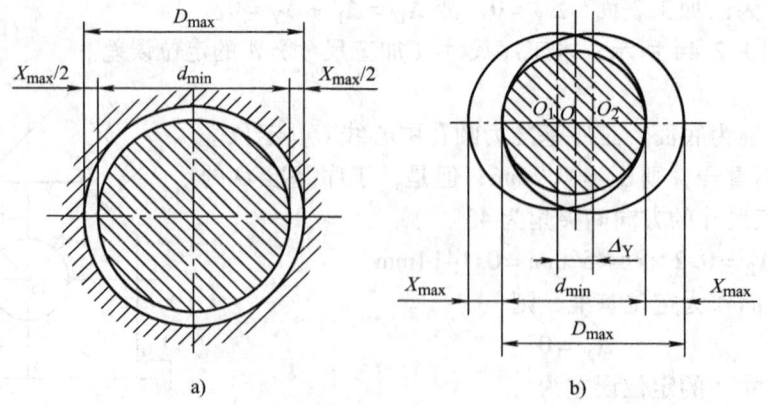

图 1-2-46　心轴（或圆柱销）上间隙配合定位

$$\Delta_Y = \frac{X_{max}}{2} = \frac{D_{max} - d_{min}}{2} = \frac{T_D + T_d + X_{min}}{2} = \frac{T_D}{2} + \frac{T_d}{2}$$

式中 $X_{\max}$——定位副最大配合间隙（mm）；
$D_{\max}$——工件定位孔最大直径（mm）；
$d_{\min}$——圆柱销或圆柱心轴的最小直径（mm）；
T_D——工件定位孔的直径公差（mm）；
T_d——圆柱销或圆柱心轴的直径公差（mm）。

为了安装方便，有时还增加一最小间隙 $X_{\min}$，由于最小间隙 $X_{\min}$ 是一个常量，可以在调整时预先加以考虑，从而将其影响消除掉，因此在计算基准位移量时可不计 $X_{\min}$ 的影响。

② 当定位基准在任意方向偏移时，如图 1-2-46b 所示，其最大偏移量即为定位副直径方向的最大间隙，即

$$\Delta_Y = X_{\max} = D_{\max} - d_{\min} = T_D + T_d + X_{\min} = T_D + T_d$$

例 3 如图 1-2-47a 所示，用工件内孔定位，在工件外圆柱面上铣平面，其工序尺寸为 H_1、H_2、H_3、H_4，求各工序尺寸的定位误差。

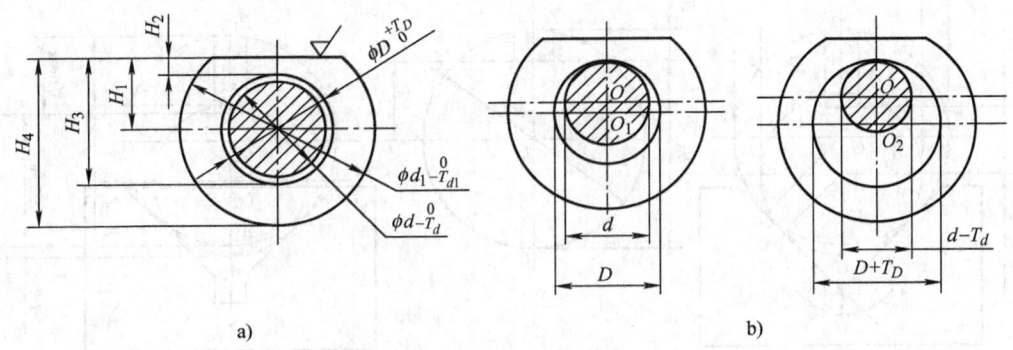

图 1-2-47 圆柱面上铣槽定位误差计算
a) 工序图 b) 加工示意图

解： 对于不同的工序尺寸（H_1、H_2、H_3、H_4），定位误差也不一样，以下按照不同情况来进行分析及计算。

1) 第一种情况。工序尺寸为 H_1 时，工序基准与定位基准重合

$$\Delta_B = 0, \quad \Delta_Y = \frac{T_D}{2} + \frac{T_d}{2}, \quad 则 \Delta_{D_{H_1}} = \Delta_Y + \Delta_B = \frac{1}{2}(T_D + T_d)$$

2) 第二种情况。工序尺寸为 H_2 时，工序基准为孔的上素线，定位基准为孔的轴线，工序基准在定位基准面上，定位基准面（孔）变大，定位基准下移，若定位基准不动，则工序基准上移，故取"-"号

$$\Delta_B = \frac{T_D}{2}, \quad \Delta_Y = \frac{T_D}{2} + \frac{T_d}{2}, \quad 则 \Delta_{D_{H_2}} = \Delta_Y - \Delta_B = \frac{1}{2}T_d$$

3) 第三种情况。工序尺寸为 H_3 时，工序基准为孔的下素线，定位基准为孔的轴线，工序基准在定位基准面上，定位基面（孔）变大，定位基准下移，若定位基准不动，则工序基准下移，故取"+"号

$$\Delta_B = \frac{T_D}{2}, \quad \Delta_Y = \frac{T_D}{2} + \frac{T_d}{2}, \quad 则 \Delta_{D_{H_3}} = \Delta_Y + \Delta_B = T_D + \frac{1}{2}T_d$$

4) 第四种情况。工序尺寸为 H_4 时，工序基准为外圆的下素线，定位基准为孔的轴线，

工序基准不在定位基准面上

$$\Delta_B = \frac{T_{d_1}}{2}, \; \Delta_Y = \frac{T_D}{2} + \frac{T_d}{2}, \; 则 \; \Delta_{D_{H_4}} = \Delta_Y + \Delta_B = \frac{1}{2}(T_D + T_d + T_{d_1})$$

（3）工件以外圆在 V 形块上定位　外圆定位最常用的定位元件为 V 形块，如图 1-2-48a、c 所示，如不考虑 V 形块的制造误差，则工件定位基准在 V 形块的对称平面上，因此工件中心线在水平方向上的位移为零，但在垂直方向上，由图 1-2-48a 可知，因工件外圆柱直径有制造误差，由此产生的基准位移误差为

$$\Delta_Y = O_1O_2 = O_1C - O_2C = \frac{d}{2\sin\frac{\alpha}{2}} - \frac{d - T_d}{2\sin\frac{\alpha}{2}} = \frac{T_d}{2\sin\frac{\alpha}{2}}$$

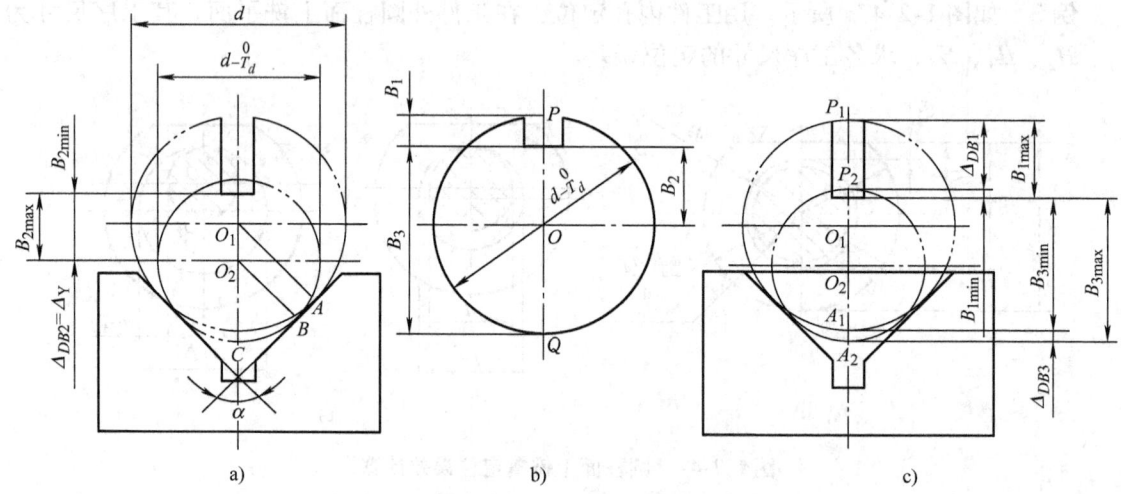

图 1-2-48　工件在 V 形块上定位
a) 工序尺寸为 B_2　b) 工件　c) 工序尺寸为 B_1 或 B_3

下面分别分析并计算三种工序尺寸的定位误差大小。

1) 当工序尺寸为 B_2（图 1-2-48a）时，工序基准为工件轴线，因基准重合，而基准位移的方向又与加工尺寸方向一致，故

$$\Delta_{D_{B_2}} = \Delta_Y = \frac{T_d}{2\sin\frac{\alpha}{2}}$$

2) 当工序尺寸标为 B_3（图 1-2-48c）时，工序基准是外圆的下素线，此时定位基准与工序基准不重合，$\Delta_B = \frac{T_d}{2}$，基准位移误差 $\Delta_Y = \frac{T_d}{2\sin\frac{\alpha}{2}}$，此时，工序基准在定位基准面上，且基准不重合误差与基准位移误差引起的加工尺寸变化方向相反，根据定位误差计算的合成原则有

$$\Delta_{D_{B_3}} = \Delta_Y - \Delta_B = \frac{T_d}{2\sin\frac{\alpha}{2}} - \frac{T_d}{2} = \frac{T_d}{2}\left(\frac{1}{\sin\frac{\alpha}{2}} - 1\right)$$

3) 当工序尺寸标为 B_1（图 1-2-48c）时，工序基准是外圆的上素线，此时亦为基准不重合，$\Delta_B = \dfrac{T_d}{2}$。基准位移误差 $\Delta_Y = \dfrac{T_d}{2\sin\dfrac{\alpha}{2}}$，此时，工序基准在定位基准面上，且基准不重合误差与基准位移误差引起的加工尺寸变化方向相同，根据定位误差计算的合成原则

$$\Delta_{D_{B_1}} = \Delta_Y + \Delta_B = \dfrac{T_d}{2\sin\dfrac{\alpha}{2}} + \dfrac{T_d}{2} = \dfrac{T_d}{2}\left(\dfrac{1}{\sin\dfrac{\alpha}{2}} + 1\right)$$

由以上分析可知，轴类零件以 V 形块定位时，定位误差随着加工尺寸的注法而异，以下素线为工序基准时，定位误差最小；而以上素线为工序基准时最大。故控制轴类零件键槽深度的尺寸，一般多由下素线注起，或由轴线注起。

例 4 工件尺寸及工序要求如图 1-2-49a 所示，欲加工键槽并保证尺寸 $45_{-0.3}^{\ 0}$ mm 及对内孔中心的对称度 0.05mm，试计算按图 1-2-49b 所示方案定位时的定位误差。

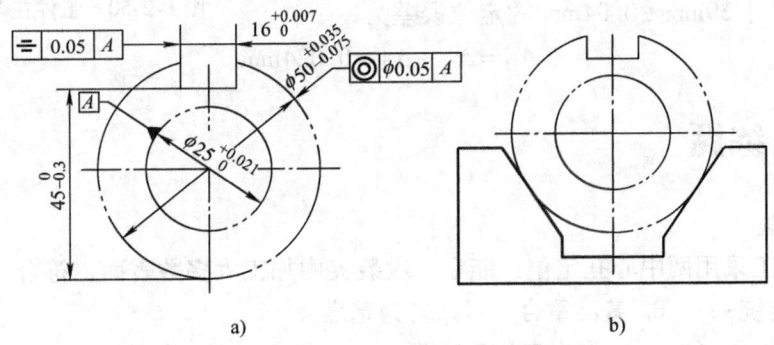

图 1-2-49 工件在 V 形块上定位

解：

1) 求尺寸 $45_{-0.3}^{\ 0}$ mm 的定位误差。

① 工序基准是工件外圆下素线，定位基准是外圆的轴线，基准不重合，则

$$\Delta_B = \dfrac{T_d}{2} = \dfrac{0.11}{2}\text{mm} = 0.055\text{mm}$$

② 以外圆在 V 形块上定位时

$$\Delta_Y = \dfrac{0.11}{2\sin 45°}\text{mm} \approx 0.078\text{mm}$$

③ 工序基准在定位基准面上，当定位基准面直径由大变小，定位基准向下变动；若定位基准位置不动时，工序基准向上变动；两者的变动方向相反，取"－"号。因此，尺寸 45mm 的定位误差为

$$\Delta_D = \Delta_Y - \Delta_B = 0.078\text{mm} - 0.055\text{mm} = 0.023\text{mm}$$

2) 求对称度公差 0.05mm 的定位误差。

① 工序基准是孔轴线，定位基准是外圆轴线，两者不重合，则

$$\Delta_B = 0.05\text{mm}$$

② 以外圆在 V 形块上定位，定位基准在水平方向无位移，则

$$\Delta_Y = 0$$

③ 对称度 0.05mm 的定位误差为

$$\Delta_D = \Delta_Y + \Delta_B = 0.05 \text{mm}$$

例5 如图 1-2-50 所示，用角度铣刀铣削斜面，求加工尺寸 39mm ± 0.04mm 的定位误差。

解：

1）工序基准是工件外圆轴线，定位基准也是外圆的轴线，定位基准与工序基准重合，则

$$\Delta_B = 0$$

2）定位基准 O 的变动方向与加工尺寸 39mm ± 0.04mm 方向间的夹角为 30°，则

$$\Delta_Y = \frac{0.04\text{mm}}{2\sin 45°}\cos 30° \approx 0.024\text{mm}$$

3）工序尺寸 39mm ± 0.04mm 的定位误差为

$$\Delta_D = \Delta_Y + \Delta_B = 0.024\text{mm}$$

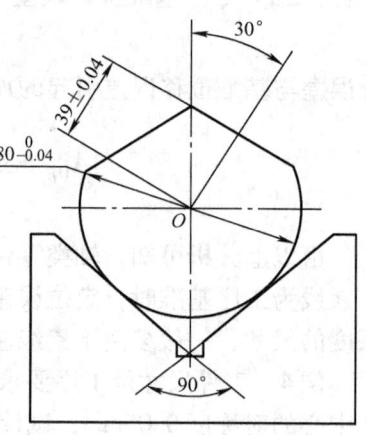

图 1-2-50　工件在 V 形块上定位

2.2.3　训练题

一、选择题

1. 主轴加工采用两中心孔定位，能在一次装夹中加工大多数表面，符合（　　）原则。
   A. 基准统一　　B. 基准重合　　C. 自为基准

2. 精基准是用（　　）作为定位基准面。
   A. 未加工表面　B. 复杂表面　　C. 切削量小的　　D. 加工后的表面

3. 轴类零件定位用的顶尖孔是属于（　　）。
   A. 精基准　　　B. 粗基准　　　C. 辅助基准　　　D. 自为基准

4. 在磨一个轴套时，先以内孔为基准磨外圆，再以外圆为基准磨内孔，这是遵循（　　）原则。
   A. 基准重合　　B. 基准统一　　C. 自为基准　　　D. 互为基准

5. 选择粗基准时，重点考虑如何保证各加工表面（　　），使不加工表面与加工表面间的尺寸、位置符合零件图要求。
   A. 对刀方便　　B. 切削性能好　C. 进/退刀方便　　D. 有足够的余量

6. 车床主轴轴颈和锥孔的同轴度要求很高，因此常采用（　　）方法来保证。
   A. 互为基准　　B. 基准重合　　C. 自为基准　　　D. 基准统一

7. 选择精基准时，有时可设法在零件上专门加工一组供工艺定位用的辅助基准，（　　）。
   A. 符合基准重合加工　　　B. 便于互为基准加工
   C. 便于统一基准加工　　　D. 使定位准确夹紧可靠,夹具结构简单,工件安装方便

8. 不能提高零件被加工表面定位基准的位置精度的定位方法是（　　）。
   A. 基准重合　　B. 基准统一　　C. 自为基准加工　　D. 基准不变

9. 通常夹具的制造误差应是工件在该工序中允许误差的（　　）。
    A. 1~3 倍　　B. 1/100~1/10　　C. 1/5~1/3　　D. 同等值
10. 工件的定位基准与设计基准重合，就可以避免（　　）误差的产生。
    A. 位移　　　B. 装配时测量　　C. 加工　　　D. 基准不重合
11. 工件定位的目的在于确定（　　）的位置。
    A. 设计基准　B. 工序基准　　　C. 定位基准　D. 安装基准
12. 在数控加工过程中产生的基准位移误差，主要是由于（　　）造成的。
    A. 定位元件的制造误差　　　B. 工件装夹后没找正
    C. 设计基准与定位基准不重合　D. 工件对刀不正确
13. 工件定位时，若定位基准与（　　）重合，就不会产生定位误差。
    A. 设计基准　B. 工序基准　　　C. 定位基准　D. 安装基准
14. 轴类工件以外圆在 V 形块上定位加工键槽，以（　　）为工序基准时的定位误差最大，以（　　）为工序基准时的定位误差最小。
    A. 上素线　　B. 轴线　　　　　C. 下素线

二．分析题

1. 如图 1-2-51a 所示零件，若按调整法加工时，试在图中指出：（1）加工平面 2（图 1-2-51b）时的设计基准、定位基准、工序基准和测量基准；（2）镗孔 4（图 1-2-51c）时的设计基准、定位基准、工序基准和测量基准。

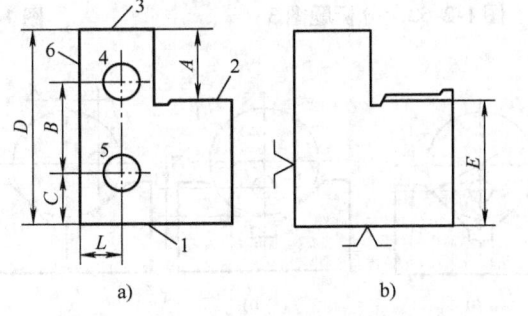

图 1-2-51　分析题图 1

2. 图 1-2-52 所示零件为一拨杆，试选择加工 $\phi 10H7$ 孔的定位基准面。已知条件：其余各加工表面均已加工好，毛坯为铸件。

3. 图 1-2-53 所示零件的 A、B、C 面，$\phi 10H7$ 及 $\phi 30H7$ 孔均已经加工。试分析加工 $\phi 12H7$ 孔时选用哪些表面定位比较合理。为什么？

三、计算题

1. 如图 1-2-54 所示，以 A 面定位加工 $\phi 20H8$ 孔，求加工尺寸 $40mm \pm 0.1mm$ 的定位误差。

2. 如图 1-2-55 所示钻孔，保证工序尺寸（加工尺寸）A，采用图 1-2-48a、b、c、d 所示四种定位方案，试分别进行定位误差分析及计算，确定哪种方案定位误差最小。

3. 工件如图 1-2-56a 所示，其外圆和端面均已加工过，现欲钻孔保证尺寸 $30_{-0.11}^{0}$ mm，求

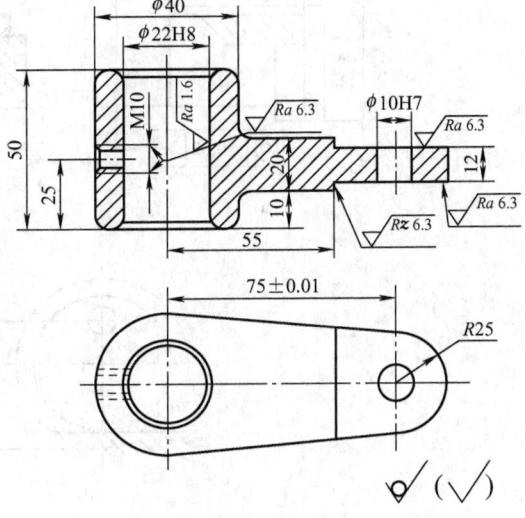

图 1-2-52　分析题图 2

按图1-2-56b、c、d、e所示方案定位时的定位误差。

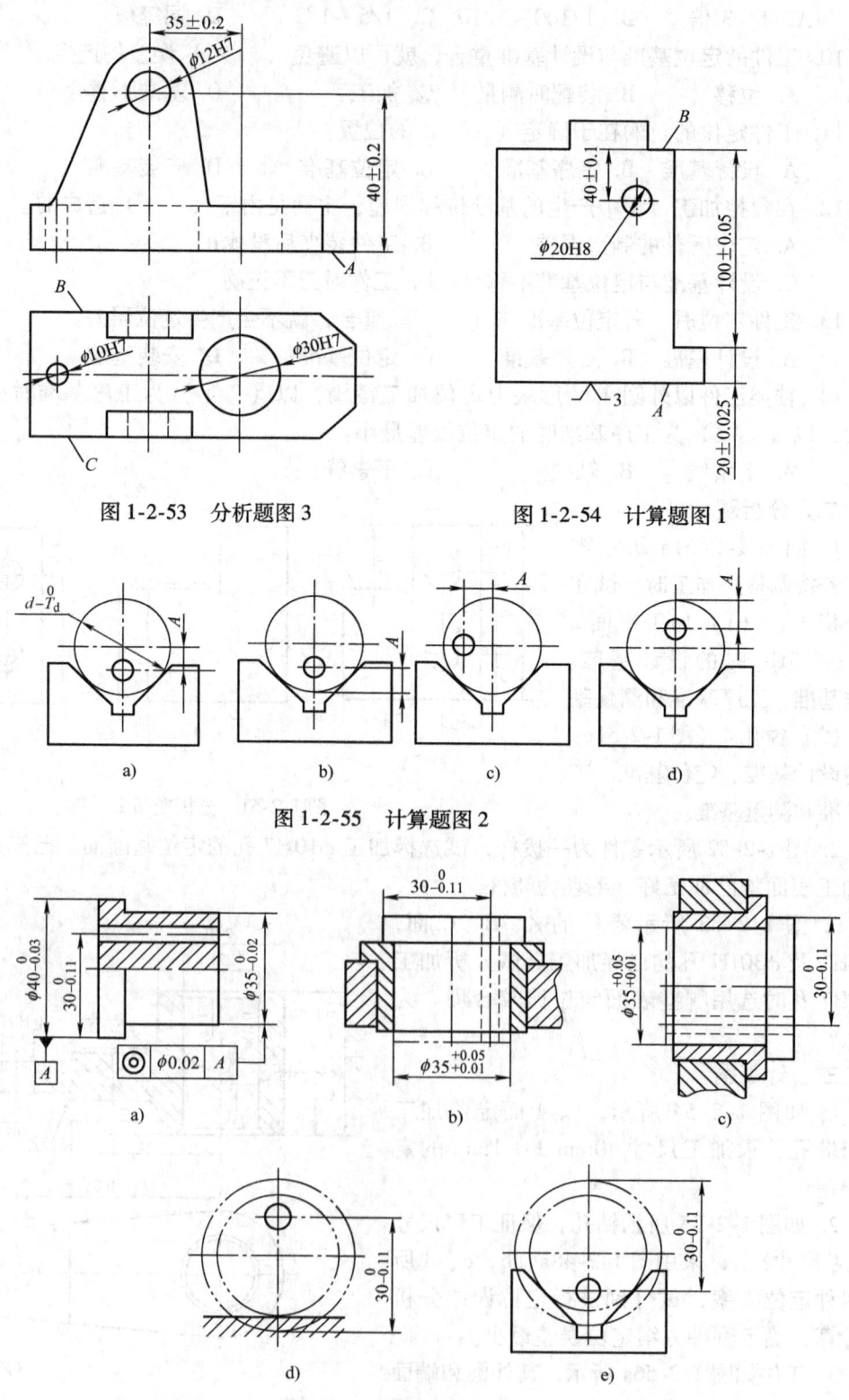

图1-2-53 分析题图3

图1-2-54 计算题图1

图1-2-55 计算题图2

图1-2-56 计算题图3

4. 工件尺寸及工序要求如图 1-2-57a 所示，欲加工键槽并保证尺寸 $45_{-0.3}^{0}$ mm 及对内孔中心的对称度 0.05mm，试计算按图 1-2-57b、c、d、e 所示方案定位时的定位误差。

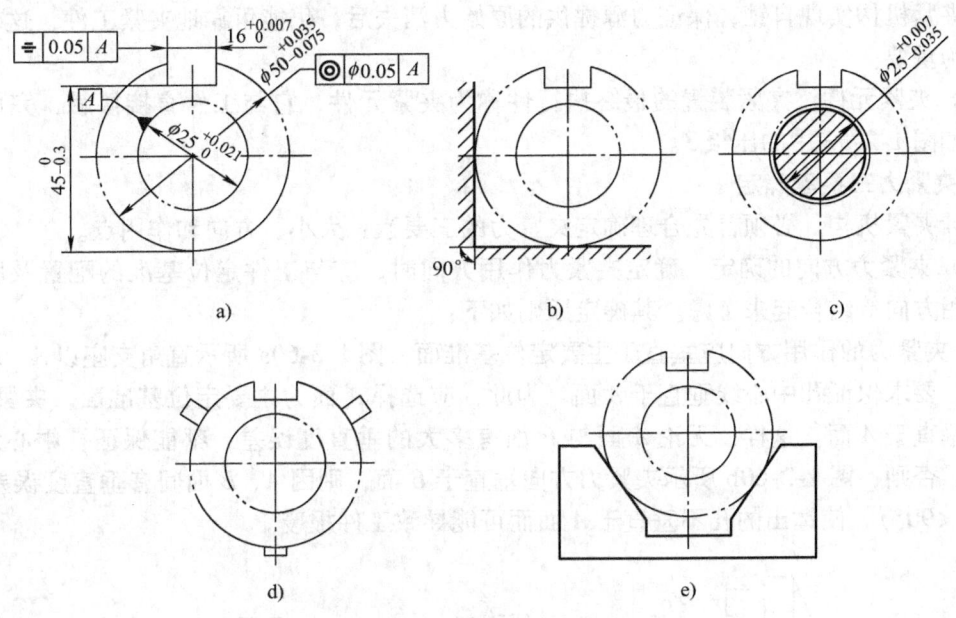

图 1-2-57　计算题图 4

5. 如图 1-2-58 所示车外圆，要求外圆对内孔有同轴度要求，已知心轴直径为 $\phi 30_{-0.025}^{-0.009}$ mm，计算工件内、外圆的同轴度的定位误差。

2.3　工件夹紧装置的选择

2.3.1　工件的夹紧

机械加工过程中，工件会受到切削力、离心力、重力、惯性力等的作用，在这些外力作用下，为了使工件仍能在夹具中保持已由定位元件所确定的加工位置，而不致发生振动或位移，保证加工质量和生产安全，一般夹具结构中都必须设置夹紧装置，以便将工件可靠夹牢。

1. 夹紧装置的组成

图 1-2-59 所示为夹紧装置组成的示意图，它主要由以下三部分组成：

（1）力源装置　产生夹紧作用力的装置称为力源装置，所产生的力称为原始力，如气动装置、液动装置、电动装置等，图 1-2-59 中的力源装置是气缸 1。对于手动夹紧来说，力源为人力。

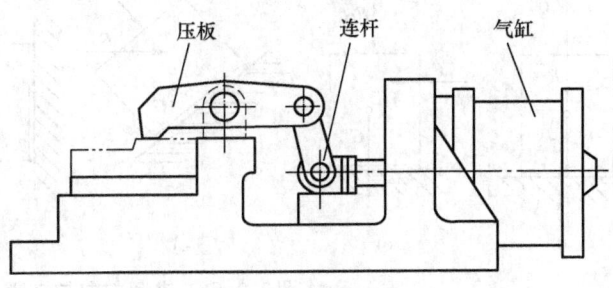

图 1-2-58　计算题图 5

图 1-2-59　夹紧装置组成示意图

（2）中间传力机构　介于力源和夹紧元件之间传递力的机构称为中间传力机构，如1-2-59图中的连杆2。在传递力的过程中，它能够改变作用力的方向和大小，起增力作用；还能使夹紧机构实现自锁，保证力源提供的原始力消失后，仍能可靠地夹紧工件，这对手动夹紧尤为重要。

（3）夹紧元件　夹紧装置的最终执行件称为夹紧元件，它与工件直接接触，完成夹紧作用，如图1-2-59中的压板3。

2. 夹紧力三要素确定

设计夹紧机构，必须首先合理确定夹紧力的三要素：大小、方向和作用点。

（1）夹紧力方向的确定　确定夹紧力作用方向时，应与工件定位基准的配置及所受外力的作用方向等结合起来考虑。其确定原则如下：

1）夹紧力的作用方向应垂直于主要定位基准面。图1-2-60a所示直角支座以 A、B 面定位镗孔，要求保证孔中心线垂直于 A 面。为此，应选择 A 面为主要定位基准面，夹紧力 F_Q 的方向垂直于 A 面。这样，无论 A 面与 B 面有多大的垂直度误差，都能保证孔中心线与 A 面垂直。否则，图1-2-60b所示夹紧力方向垂直于 B 面，则因 A、B 面间有垂直度误差（$\alpha > 90°$ 或 $\alpha < 90°$），使镗出的孔不垂直于 A 面而可能导致工件报废。

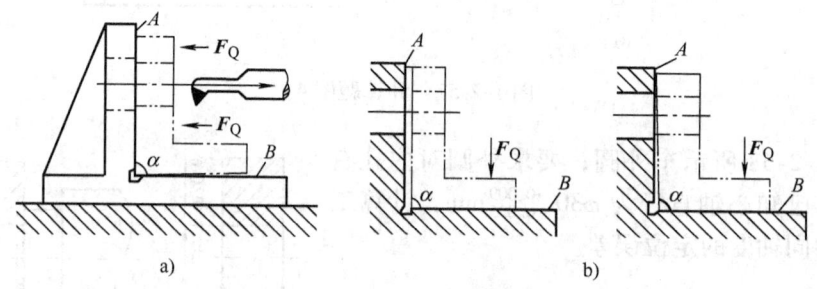

图1-2-60　夹紧力方向对镗孔垂直度的影响
a）合理的夹紧力方向　b）不合理的夹紧力方向

2）夹紧力作用方向应使所需夹紧力最小。这样可使夹紧机构轻便、紧凑，工件变形小，对于手动夹紧而言，可减轻工人劳动强度，提高生产率。为此，应使夹紧力 F_Q 的方向最好与切削力 F、工件的重力 G 的方向重合，这时所需要的夹紧力为最小。

图1-2-61所示为 F、G、F_Q 三力不同方向之间关系的几种情况。显然，图1-2-61a所示夹紧力最合理，图1-2-61f所示夹紧力最不合理。

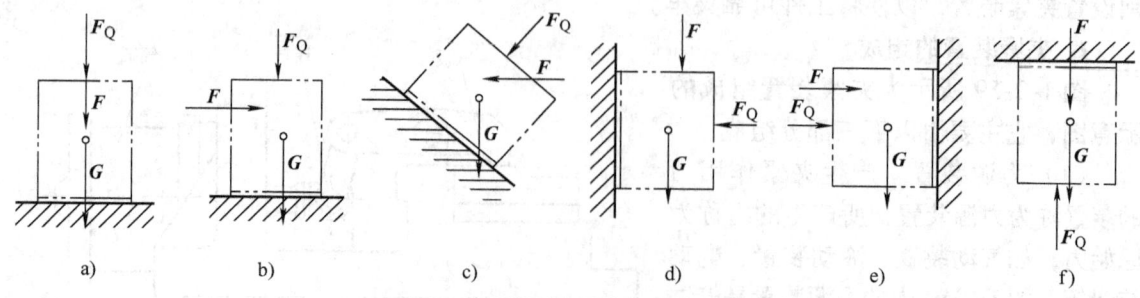

图1-2-61　夹紧方向与夹紧力大小的关系
a）最合理　b）较合理　c）可行　d）不合理　e）不合理　f）最不合理

3)夹紧力作用方向应使工件变形最小。由于工件不同方向上的刚度是不一致的,不同的受力表面也因其接触面积不同而变形各异,尤其在夹紧薄壁工件时,更需注意。

如图 1-2-62 所示套筒,用自定心卡盘夹紧外圆,显然要比用特制螺母从轴向夹紧工件的变形大得多。

(2)夹紧力作用点的确定 选择作用点的问题是指在夹紧方向已定的情况下,确定夹紧力作用点的位置和数目。应依据以下原则:

1)夹紧力作用点应落在支承元件上或几个支承元件所形成的支承面内。如图 1-2-63a 所示,夹紧力作用在支承面范围之外,会使工件倾斜或移动,是不合理的;而图 1-2-63b 所示则是合理的。

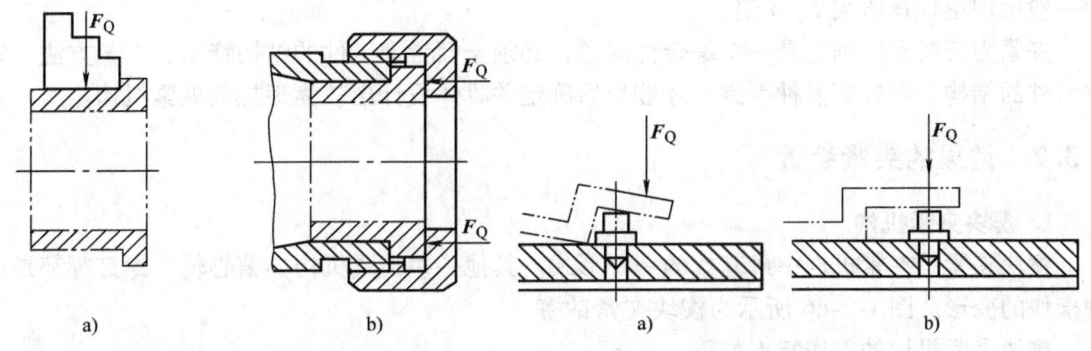

图 1-2-62 夹紧力方向与工件刚性关系
a)变形大 b)变形小

图 1-2-63 夹紧力作用点应在支承面内
a)不合理 b)合理

2)夹紧力作用点应落在工件刚性好的部位上。将作用在壳体中部的单点(图 1-2-64a)改成在工件外缘处的两点夹紧(图 1-2-64b),工件的变形大为改善,且夹紧也更可靠。该原则对刚度差的工件尤其重要。

3)夹紧力作用点应尽可能靠近被加工表面,以减小切削力对工件造成的翻转力矩。必要时应在工件刚性差的部位增加辅助支承并施加夹紧力,以免振动和变形。如图 1-2-65 所示,支承点 a 尽量靠近被加工表面,同时给予夹紧力 F_{Q2}。这样增加了工件的刚性,既可保证定位夹紧的可靠性,又可减小振动和变形。

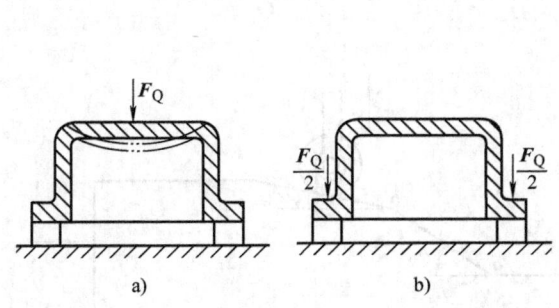

图 1-2-64 夹紧力作用点应在刚性较好部位
a)不合理 b)合理

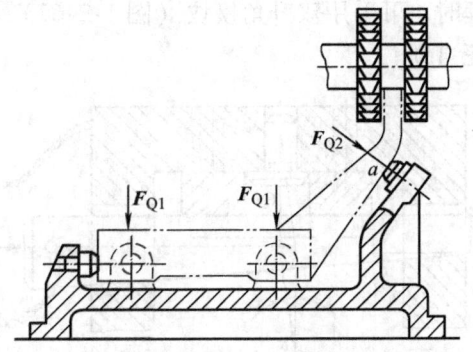

图 1-2-65 夹紧力作用点应尽可能靠近被加工表面

(3) 夹紧力大小的确定　夹紧力大小要适当，过大会使工件变形，过小会使工件在加工时松动，造成报废甚至发生事故。

采用手动夹紧时，可凭人力来控制夹紧力的大小，一般不需要算出所需夹紧力的确切数值，只是夹紧力作用点应靠近加工表面，必要时可进行概略的估算。

当设计机动（如气动、液压、电动等）夹紧装置时，则需要计算夹紧力的大小，以便决定动力部件（如气缸、液压缸直径等）的尺寸。

进行夹紧力计算时，通常将夹具和工件看作一刚性系统，以简化计算。根据工件在切削力、夹紧力（重型工件要考虑重力，高速时要考虑惯性力）作用下处于静力平衡，列出静力平衡方程式，即可算出理论夹紧力，再乘以安全系数，作为所需的实际夹紧力。实际夹紧力一般比理论计算值大2~3倍。

夹紧力三要素的确定是一个综合性问题，必须全面考虑工件的结构特点、工艺方法、定位元件的结构和布置等多种因素，才能最后确定并具体设计出较为理想的夹紧机构。

2.3.2　常见的夹紧装置

1. 楔块夹紧机构

楔块夹紧是夹紧机构中最基本的一种形式。其他一些夹紧机构如偏心轮、螺钉等都是这种楔块的变形。图1-2-66所示为楔块夹紧钻模。

楔块夹紧机构的工作特点如下：

1) 楔块夹紧有自锁性。当原始力 F_Q 一旦消失或撤除后，夹紧机构在纯摩擦力的作用下，仍应保持处于夹紧状态而不松开，以保证夹紧的可靠性。楔块的自锁条件为 $\alpha \leq \phi_1 + \phi_2$。为保证自锁可靠，取 $\alpha = 5° \sim 7°$。

2) 楔块能改变夹紧作用力的方向。

3) 楔块具有增力作用，增力比 $i = Q/F \approx 3$。

4) 楔块夹紧行程小。

5) 结构简单，夹紧和松开需要敲击大、小端，操作不方便。

对于楔块夹紧机构，由于增力比、行程大小和自锁条件是相互制约的，故在确定楔块升角 α 时，应兼顾三者在不同条件下的实际需要。当机构既要求自锁，又要有较大的夹紧行程时，可采用双升角楔块（图1-2-67），前部大升角用于夹紧前的快速行程，后部小升角保证自锁。

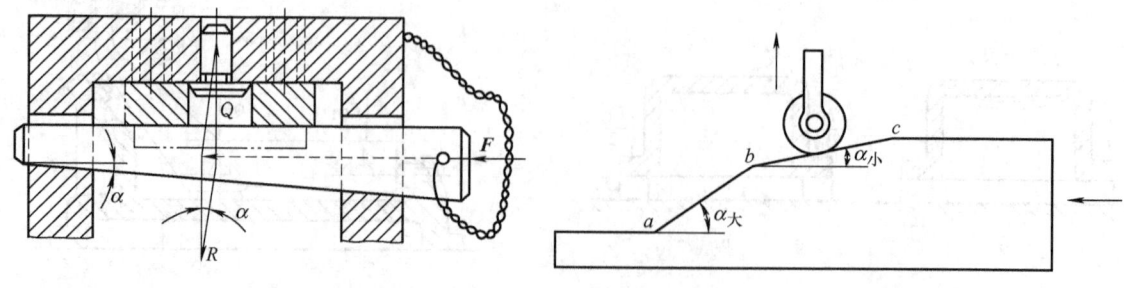

图1-2-66　楔块夹紧钻模　　　　　图1-2-67　双升角楔块

单一楔块夹紧机构夹紧力和增力比均较小且操作不便，夹紧行程也难满足实际需要，因此很少使用，通常用于机动夹紧或组合夹紧机构中。

2. 螺旋夹紧机构

将楔块的斜面绕在圆柱体上就成为螺旋面，因此螺旋夹紧的作用原理与楔块相同。

图 1-2-68 所示为最简单的单螺旋夹紧机构。夹具体上装有螺母 2，转动螺杆 1，通过压块 3 将工件夹紧。螺母为可换式，可通过螺钉防止其转动。压块可避免螺杆头部与工件直接接触，夹紧时带动工件转动，不易造成压痕。

螺旋夹紧机构的工作特点如下：

1) 自锁性能好。通常采用标准的夹紧螺钉，螺纹升角 ϕ 甚小，

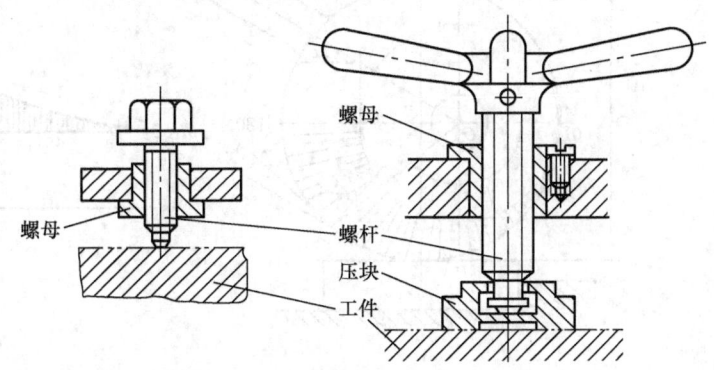

图 1-2-68 单螺旋夹紧机构

如 M8~M48 的螺钉，$\phi = 1°50' \sim 3°10'$，远小于摩擦角，故夹紧可靠，保证自锁。

2) 增力比大，$i \approx 75$。

3) 夹紧行程调节范围大。

4) 夹紧动作慢，工件装卸费时。

由于螺旋夹紧机构具有以上特点，很适用于手动夹紧，在机动夹紧机构中应用较少。针对其夹紧动作慢、辅助时间长的缺点，通常采用各种形式的快速夹紧机构，在实际生产中，螺旋压板组合夹紧机构比单螺旋夹紧机构用得更为普遍。

3. 圆偏心夹紧机构

圆偏心夹紧机构也称为偏心轮夹紧机构。图 1-2-69a 所示直径为 D、偏心距为 e 的偏心轮。偏心轮可以看作是一个绕在转轴上的弧形楔（图中径向阴影线部分）。将偏心轮上起夹紧作用的轮廓线展开，如图 1-2-69b 所示，圆偏心实质是一曲线斜楔，夹紧的最大行程为 $2e$，曲线上各点的升角不相等，P 点升角最大，夹紧力最小，但 P 点附近升角变化小，因而夹紧比较稳定。

圆偏心夹紧的工作特点如下：

1) 圆偏心夹紧的自锁条件为 $D/e \geq 14$。D/e 值称为偏心轮的偏心特性，表示偏心轮工作的可靠性。此值大，自锁性能好，但夹紧机构的结构尺寸也大。

2) 增力比 $i = 12 \sim 13$。

圆偏心夹紧机构的主要优点是操作方便、动作迅速、结构简单，其缺点是工作行程小、自锁性不如螺旋夹紧好、结构不抗振，适用于切削平稳且切削力不大的场合，常用于手动夹紧机构。由于偏心轮带手柄，所以在旋转的夹具上不允许用偏心夹紧机构，以防误操作。

4. 联动夹紧机构

联动夹紧机构是操作一个手柄或用一个动力装置在几个夹紧位置上同时夹紧一个工件（单件多位夹紧）或夹紧几个工件（多件多位夹紧）的夹紧机构。根据工件的特点和要求，为了减少工件装夹时间，提高生产率，简化结构，常采用联动夹紧机构。

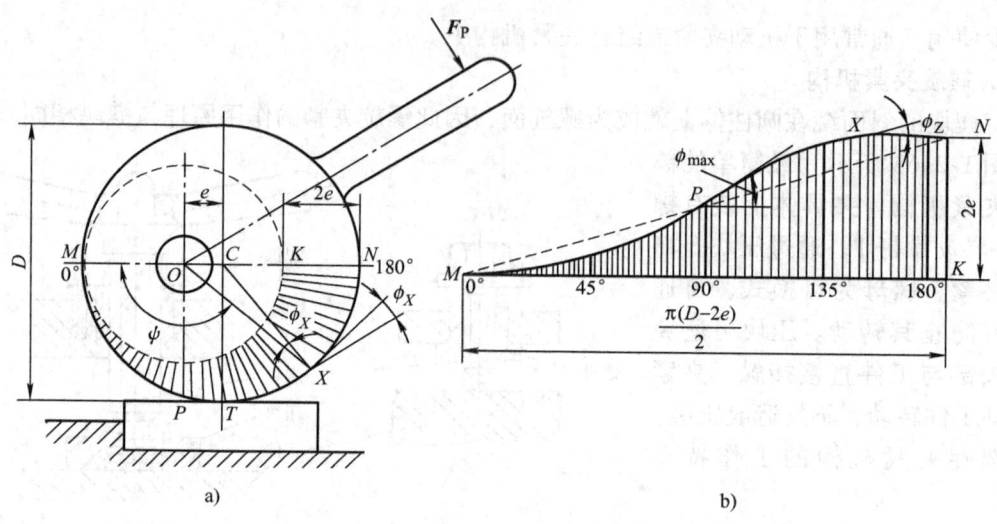

图 1-2-69 圆偏心夹紧及其圆偏心展开图
a）圆偏心夹紧 b）圆偏心展开图

5. 定心夹紧机构

当工件被加工面以中心要素（轴线、中心平面等）为工序基准时，为使基准重合以减少定位误差，需采用定心夹紧机构。

定心夹紧机构是指能保证工件的对称点（或对称线、面）在夹紧过程中始终处于固定准确位置的夹紧机构。它的特点是：夹紧机构的定位元件与夹紧元件合为一体，并且定位和夹紧动作是同时进行的。

定心夹紧机构按其工作原理分为两种类型：一种是按定位夹紧元件等速移动原理来实现定心夹紧的机构，自定心卡盘就是典型实例；另一种是按定位夹紧元件均匀弹性变形原理来实现定心夹紧的机构，如弹簧夹筒、膜片卡盘、液性塑料等。

2.3.3 夹具的选择原则

在选择夹具时，根据产品的生产批量、生产率、质量保证及经济性等并参照下列原则选用：

1）在单件或研制新产品，且零件较简单时，尽量采用机用平口钳和自定心卡盘等通用夹具。

2）在生产量小或研制新产品时，应尽量采用通用组合夹具。

3）成批生产时可考虑采用专用夹具，但应尽量简单。

4）在生产批量较大时，可考虑采用多工位夹具和气动、液动夹具。

2.3.4 训练题

一、选择题

1. 工件夹紧的目的在于（　　）。
   A. 确定工件装夹位置　　　　　　　　B. 增加工件的刚度
   C. 为保证工件的定位　　　　　　　　D. 为补充定位不足

2. 工件被夹紧后不能发生位置变动时,即说明工件（　　）完全定位。
   A. 是　　　　　　B. 不是　　　　　　C. 不一定
3. 夹紧力的方向应尽量垂直于工件的（　　）。
   A. 主要定位基准面　　　　　　B. 过渡表面
   C. 已加工表面　　　　　　　　D. 待加工表面
4. 在生产中得到广泛应用的夹紧机构为（　　）。
   A. 斜楔夹紧机构　　　　　　　B. 偏心夹紧机构
   C. 螺旋夹紧机构　　　　　　　D. 自定心夹紧机构
5. 夹紧操作最为方便的夹紧机构为（　　）夹紧机构
   A. 斜楔　　　　　　B. 螺旋　　　　　　C. 偏心
6. 斜楔的升角 $\phi \leq$（　　）时,则斜楔能自锁。
   A. 3°~5°　　　B. 5°~7°　　　C. 7°~10°　　　D. 6°~8°
7. 偏心轮直径 D 与偏心距 e 之比 $D/e \geq$（　　）时,偏心机构能保证自锁。
   A. 5　　　　　B. 10　　　　　C. 14　　　　　D. 20
8. 基本夹紧机构中自锁性能最为可靠的一般是（　　）夹紧机构。
   A. 斜楔　　　　　　B. 螺旋　　　　　　C. 偏心
9. 在三种基本夹紧机构中,自锁性能最差的是（　　）。
   A. 斜楔夹紧机构　　B. 偏心夹紧机构　　C. 螺旋夹紧机构
10. 当楔块夹紧机构既要求自锁,又要有较大的夹紧行程时,可采用（　　）。
    A. 螺旋式楔块　　　B. 双升角楔块　　　C. 偏心式楔块
11. （　　）夹紧装置夹紧力最小。
    A. 气动　　　　　　B. 气-液　　　　　　C. 液压
12. 真空夹紧装置是利用（　　）来夹紧工件的。
    A. 弹簧　　　　　　B. 液性塑料　　　　　C. 大气压力
13. 基本夹紧机构中,最适合用于手动夹紧的为（　　）夹紧机构。
    A. 斜楔　　　　　　B. 螺旋　　　　　　C. 偏心
14. 夹紧力作用方向的确定原则是（　　）。(多选题)
    A. 应垂直向下　　　　　　　　B. 应垂直于主要定位基准面
    C. 使所需夹紧力最小　　　　　D. 使工件变形尽可能小
    E. 应与工件重力方向垂直
15. 夹具设计中,夹紧装置夹紧力的作用点应尽量（　　）工件要加工的部位。
    A. 远离　　　　　　B. 靠近　　　　　　C. 远、近皆可
16. 圆偏心夹紧机构是依靠偏心轮在转动的过程中,轮缘上各工作点距回转中心不断（　　）的距离来逐渐夹紧工件的。
    A. 减少　　　　　　B. 增大　　　　　　C. 保持不变
17. 斜楔夹紧机构的自锁条件为:楔升角应（　　）斜楔与工件间的摩擦角、斜楔与夹具体之间摩擦角之和。
    A. 大于　　　　　　B. 小于　　　　　　C. 等于
18. 夹紧力的方向应尽量垂直于主要定位基准面,同时应尽量与（　　）方向一致。

A. 退刀　　　　　B. 振动　　　　　　C. 换刀　　　　　　D. 切削
19. 在保证夹紧的前提下，夹紧行程最大的基本夹紧机构为（　　）。
　　　A. 斜楔夹紧机构　　B. 螺旋夹紧机构　　C. 偏心夹紧机构
20. 在批量生产或大批量生产时，应考虑采用（　　）。
　　　A. 通用夹具　　　　B. 组合夹具　　　　C. 专用夹具

二、判断题

1. 设计夹紧机构，必须首先合理确定夹紧力的三要素：大小、方向和作用点。（　　）
2. 夹紧力的作用方向应平行于主要定位基准面。（　　）
3. 对于薄壁套筒零件加工时，必须考虑变形情况发生，最好采用轴向夹紧工件。
　　　　　　　　　　　　　　　　　　　　　　　　　　　　　　　　　（　　）
4. 夹紧力作用点应落在支承元件上或几个支承元件所形成的支承面内。（　　）
5. 应使夹紧力 F_Q 的方向与切削力 F、工件的重力 G 的方向一致。（　　）
6. 夹紧装置中，螺旋压板夹紧装置的结构最简单，夹紧最可靠。（　　）
7. 螺旋夹紧的缺点是夹紧动作慢。（　　）
8. 螺旋、偏心轮、凸轮等机构是斜楔夹紧的变化应用。（　　）
9. 电动动力夹紧装置因受停电因素影响，一般夹紧不稳定、不可靠。（　　）
10. 在生产量小或研制新产品时，应尽量采用通用组合夹具。（　　）

第 3 章 制订工艺规程

3.1 工艺规程的制订方法

3.1.1 工艺基本概念

1. 机械产品生产过程与机械加工工艺过程

（1）生产过程 从原材料到机械产品出厂的全部劳动过程，是原材料经毛坯制造、机械加工、装配的有关劳动过程的总和。它包括：生产技术准备工作（如产品的开发设计、工艺设计和专用工艺装备的设计与制造、各种生产资料及生产组织等方面的准备工作）；原材料及半成品的运输和保管；毛坯的制造；零件的各种加工、热处理及表面处理；产品的装配、调试、检测、涂装和包装等。

（2）机械加工工艺过程

机械加工工艺过程：用机械加工的方法直接改变毛坯形状、尺寸和表面质量等，使之变为合格零件的过程，称为机械加工工艺过程，又称工艺路线或工艺流程。

工艺过程：在生产过程中，凡是改变生产对象的形状、尺寸、相对位置和性质（物理性能、化学性能、力学性能）等，使其成为成品和半成品的过程，统称为工艺过程，如毛坯制造、机械加工、热处理、表面处理及装配等，是生产过程中的主要过程，其他过程称为辅助过程。

2. 机械加工工艺过程的组成

机械加工工艺过程由若干个按一定顺序排列的工序组成，如图 1-3-1 所示，也可以按图 1-3-2 所示排列组成。

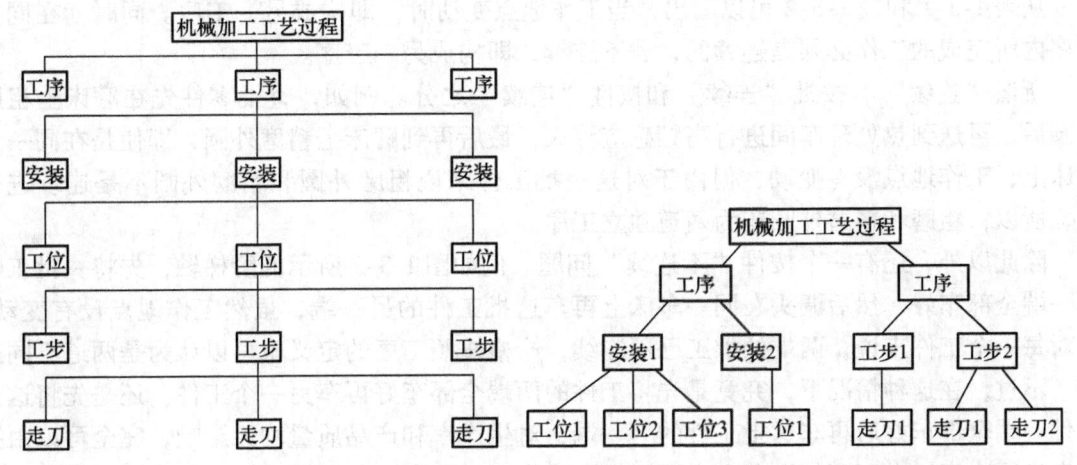

图 1-3-1 机械加工工艺过程组成　　　　图 1-3-2 机械加工工艺过程组成

(1) 工序　一个或一组工人，在一个工作地对同一个或同时对几个工件所连续完成的那部分工艺过程，称为工序。

工序是组成工艺过程的基本单元。一个工艺过程包含的工序取决于被加工零件的技术要求、生产类型和现有工艺条件。例如图 1-3-3 所示的阶梯轴零件图，不同生产类型的条件下该轴的机械加工工艺过程见表 1-3-1 和表 1-3-2。

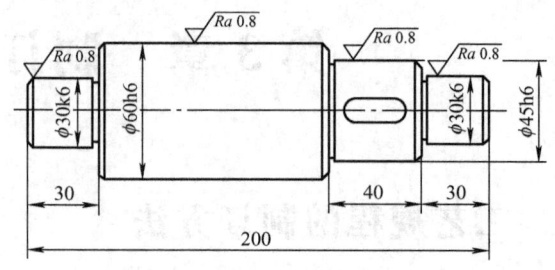

图 1-3-3　阶梯轴零件图

表 1-3-1　阶梯轴单件生产的工艺过程

工序号	工序内容	设备
1	车端面、钻中心孔、车全部外圆、车槽与倒角	车床
2	铣键槽、去毛刺	铣床
3	磨外圆	磨床

表 1-3-2　阶梯轴中批生产的工艺过程

工序号	工序内容	设备
1	车端面、钻中心孔	车床
2	车外圆、车槽与倒角	车床
3	铣键槽	铣床
4	去毛刺	平口钳
5	磨外圆	磨床

区分工序的主要依据是工作地点是否变动和加工是否连续。例如图 1-3-2 所示的阶梯轴，当加工数量较少时，可按表 1-3-1 划分工序；当加工数量较大时，可按表 1-3-2 划分工序。

从表 1-3-1 和表 1-3-2 可以看出，当工作地点变动时，即构成另一工序。同时，在同一工序内所完成的工作必须是连续的，若不连续，即构成另一工序。

所谓"连续"有按批"连续"和按件"连续"之分。例如，整批零件先在磨床上粗磨外圆后，再送到热处理车间进行高频感应淬火，最后再到磨床上精磨外圆，即使是在同一台磨床上，工作地点没有变动，但由于对这一批工件来说粗磨外圆和精磨外圆不是连续进行的，所以，粗磨和精磨外圆应为两道独立工序。

除此以外，还有一个按件"不连续"问题。例如图 1-3-2 所示的阶梯轴，先将一批工件的一端全部车好，然后调头在同一车床上再车这批工件的另一端，虽然工作地点没有变动，但对每一个工件来说，两端的加工已不连续，严格按照工序的定义也可以认为是两道不同工序。不过，在这种情况下，究竟是先将工件的两端全部车好再车另一个工件，还是先将这批工件一端全部车好后再车这批工件的另一端，对生产率和产品质量均无影响，完全可以由操作者自行决定，在工序的划分上也可以把它当作一道工序。

综上所述，如果工件在同一工作地点的前、后加工，按批不是连续进行的，肯定是两道不同工序；如果按批是连续的而按件不连续，究竟算一道工序还是两道工序，要视具体情况而定。

工序不仅是组成工艺过程的基本单元，而且是制订生产计划、进行经济核算的基本单元。实际生产中，工序还可细分为安装、工位、工步、走刀等组成部分，如图1-3-1所示。

（2）安装　如前所述，工件加工前，使其在机床或夹具中相对刀具占据正确位置并给予固定的过程称为装夹。安装是指工件（或装配单元）经一次装夹后所完成的那一部分工序。

例如，图1-3-3所示阶梯轴的第1道工序（表1-3-2），若对工件的两端连续进行车端面、钻中心孔，就需要两次安装（分别进行加工），每次安装有两个工步（车端面和钻中心孔）。

（3）工位　工位是指为了完成一定的工序部分，在一次装夹中，工件（或装配单元）与夹具或设备的可动部分一起相对刀具或设备的固定部分所占据的每一个位置。

图1-3-4所示为在三轴钻床上利用回转工作台在一次安装中顺次完成装卸工件、钻孔、扩孔和铰孔四工位加工示例。

（4）工步　在加工表面（或装配时的连接表面）和加工（或装配）工具不变的情况下，所连续完成的那部分工序，称为工步。工步是构成工序的基本单元。

为了提高生产率，常常用几把刀具同时加工几个表面，这样的工步称为复合工步，如图1-3-5所示。

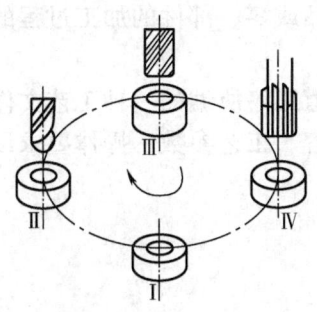

图1-3-4　工位示例

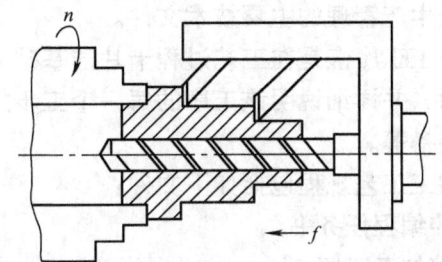

图1-3-5　复合工步示例

（5）进给　进给（又称工作行程）是指刀具相对工件加工表面进行一次切削所完成的那部分工作。每个工步可包括一次走刀或几次走刀。

3. 工艺规程

规定产品或零部件制造工艺过程和操作方法等的工艺文件称为工艺规程。机械加工工艺规程是规定零件机械加工工艺过程和操作方法等的工艺文件。数控加工工艺规程是规定零件数控加工工艺过程和操作方法等的工艺文件。

（1）工艺规程的作用

① 工艺规程是指导生产的主要技术文件。

② 工艺规程是生产组织和生产管理的依据，即生产计划、调度、工人操作和质量检验等的依据。

③ 工艺规程是新建或扩建工厂或车间的主要技术资料。

总之，零件的加工工艺规程是每个机械制造厂或加工车间必不可少的技术文件。它是生产前进行生产准备的依据，是生产中进行生产指挥的依据，是生产后进行生产检验的依据。

(2) 制订工艺规程时所需的原始资料
① 产品装配图和零件工作图。
② 产品的生产纲领。
③ 产品验收的质量标准。
④ 现有的生产条件和资料。
⑤ 国内、外同类产品的有关工艺资料等。

(3) 工艺规程的格式　为了适应工业发展的需要，加强科学管理和便于交流，要求各机械制造厂按照统一规定的格式填写工艺规程。按照规定，机械加工工艺规程包括如下文件：
① 机械加工工艺过程卡。
② 机械加工工序卡。
③ 标准件或典型零件工艺过程卡。
④ 单轴自动车床调整卡。
⑤ 多轴自动车床调整卡。
⑥ 机械加工工序操作指导卡。
⑦ 检验卡等。

最常用的是机械加工工艺过程卡和机械加工工序卡。

机械加工工艺过程卡是以工序为单位，简要说明产品或零、部件的加工过程的一种工艺文件。它是生产管理的主要技术文件。

机械加工工序卡是在工艺过程卡片的基础上按照每道工序所编的一种工艺文件，一般具有工序简图，并详细说明该工序的每一个工步的加工内容、工艺参数、操作要求以及所用设备和工艺装备等。

数控加工工艺规程包括如下文件：
① 数控编程任务书。
② 数控加工工序卡。
③ 数控加工刀具卡。
④ 数控加工走刀路线图。
⑤ 数控加工工件安装和坐标原点设定卡。
⑥ 数控程序单。

最常用的是数控加工工序卡和数控刀具卡。

(4) 数控加工工艺规程设计的内容及步骤
①分析零件图；②毛坯的选择；③定位基准的选择；④工艺路线的拟订；⑤加工余量的确定；⑥工序尺寸及其公差的确定；⑦机床及工艺装备的确定；⑧确定各工序的切削用量和工时定额；⑨填写数控加工工艺文件。

3.1.2　分析零件图及零件的结构工艺性

1. 分析零件图

1) 查看零件图的完整性。审查零件图上的尺寸标注是否完整，结构表达是否清楚。
2) 分析技术要求是否合理。

① 加工表面的尺寸精度要求是否合理。
② 主要加工表面的几何精度要求是否合理。
③ 主要加工表面的相互位置精度是否合理。
④ 表面质量要求是否合理。
⑤ 热处理要求是否合理。

零件图上的尺寸公差、几何公差和表面粗糙度的标注，应根据零件的功能经济、合理地决定。过高的要求会增加加工难度，过低的要求则会影响零件的工作性能，两者都是不允许的。

3) 审查零件材料选用是否适当。材料的选择既要满足产品的使用要求，又要考虑产品成本，尽可能采用常用材料，如45钢，少用贵重金属。

4) 零件的结构工艺性分析。所设计的零件在满足使用要求的前提下分析其制造的可行性和经济性。零件的结构工艺性包括零件在各个制造过程中的工艺性，如零件结构的铸造、锻造、冲压、焊接、热处理、切削加工等工艺性。由此可见，零件结构工艺性涉及面很广，具有综合性，必须全面综合地分析。

在制订数控加工工艺规程时，主要进行零件切削加工工艺性分析。

2. 分析零件结构工艺性

下面从零件的机械加工方面，对零件的结构工艺性进行分析。表1-3-3为零件机械加工结构工艺性示例。

表1-3-3 零件机械加工结构工艺性示例

序号	工艺性不好的结构A	工艺性好的结构B	说明
1	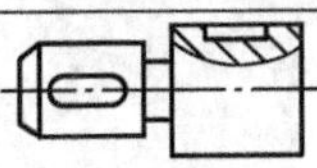	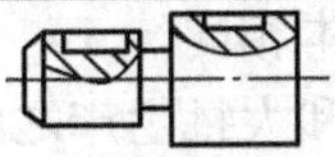	结构B中，键槽的尺寸、方位相同，则可在一次装夹中加工出全部键槽，以提高生产率
2	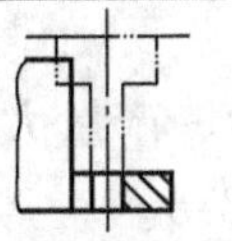	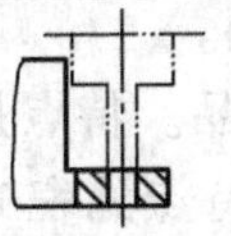	结构A在加工中不便引进刀具
3	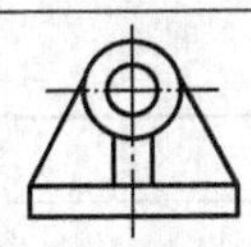		结构B的底面接触面积小，加工量小，稳定性好
4	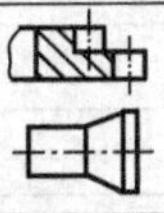	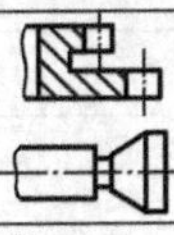	结构B有退刀槽，保证了加工的可能性，减少刀具（砂轮）的磨损
5	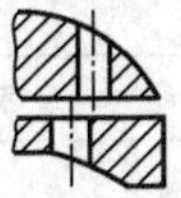	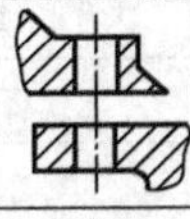	加工结构A上的孔时，钻头容易引偏或折断
6	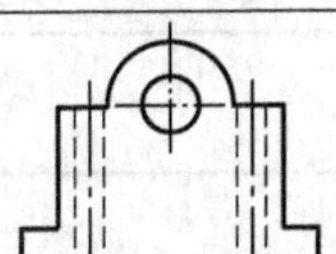	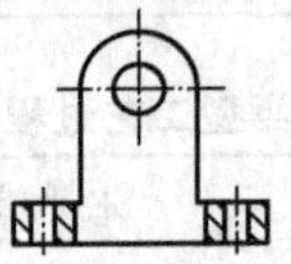	结构B避免了深孔加工，节约了零件材料，紧固连接稳定可靠
7	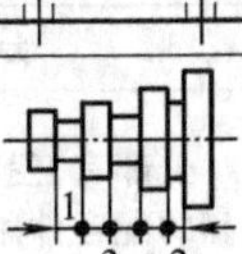	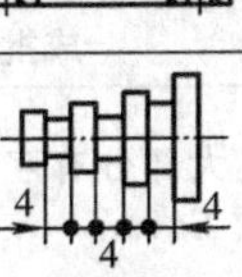	结构B凹槽尺寸相同，可减少刀具种类，减少换刀时间

3.1.3 确定生产类型

不同的生产类型，其生产过程和生产组织、车间的机床布置、毛坯的制造方法、采用的工艺装备、加工方法以及对工人的熟练操作程度要求等都有很大的不同，因此在制订工艺路线时必须明确该产品的生产类型。

1. 生产纲领

生产纲领指包括备品、备件在内的该产品的年产量。产品的年生产纲领就是产品的年产量。零件的年生产纲领由下式计算

$$N = Qn(1+a)(1+b)$$

式中　N——零件的生产纲领（件/年）；
　　　Q——产品的年产量（台/年）；
　　　n——单台产品该零件的数量（件/年）；
　　　a——备品率，以百分数计；
　　　b——废品率，以百分数计。

2. 生产类型

根据生产纲领的大小，生产可分为三种类型。

（1）单件生产　单个生产不同结构和不同尺寸的产品。特点是产品的种类繁多。

（2）成批生产　一年中分批、分期地制造同一产品。特点是生产品种较多，每种品种均有一定数量，各种产品分批、分期轮流生产。

1）小批生产。生产特点与单件生产基本相同。

2）中批生产。生产特点介于小批生产和大批生产之间。

3）大批生产。生产特点与大量生产相同。

（3）大量生产　全年中重复制造同一产品。特点是产品品种少、产量大。

各种生产类型的规范和工艺过程的主要特点见表 1-3-4、表 1-3-5。

表 1-3-4　各种生产类型的规范　　　　　　　　　　　　　（单位：件/年）

生产类型		零件的年生产纲领		
		重型机械	中型机械	小型机械
单件生产		<5	<20	<100
成批	小批生产	5～100	20～200	100～200
	中批生产	100～300	200～500	500～5000
	大批生产	300～1000	500～5000	5000～50000
大量生产		>1000	>5000	>50000

表 1-3-5　各种生产类型工艺过程的主要特点

工艺过程特点	生产类型		
	单件生产	成批生产	大量生产
工件的互换性	一般是配对制造，没有互换性，多用钳工修配	大部分有互换性，少数用钳工修配	全部有互换性，某些精度较高的配合件用分组选择装配法

(续)

工艺过程特点	生产类型		
	单件生产	成批生产	大量生产
毛坯的制造方法及加工余量	铸件用木模手工造型，锻件用自由锻 毛坯精度低，加工余量大	部分铸件用金属型铸造，部分锻件用模锻 毛坯精度中等，加工余量中等	铸件广泛采用金属型机器造型，锻件广泛采用模锻，以及其他高生产率的毛坯制造方法 毛坯精度高，加工余量小
机床设备	通用机床，或数控机床，或加工中心	加工中心或柔性制造单元。设备条件不够时，也采用部分通用机床、部分专用机床	专用生产线、自动生产线、柔性制造生产线或数控机床
工艺装置	通用刀具、量具和夹具，或组合夹具，找正法装夹工件	广泛采用夹具，部分靠找正装夹工件，较多采用专用量具和刀具	高效专用夹具，多用专用刀具、专用量具及自动检测装置
对工人的要求	需要技术熟练的工人	需要一定熟练程度的工人和编程技术人员	对操作工人的技术要求较低，要求生产线维护人员有高的素质
工艺规程	仅要工艺过程卡	工艺过程卡、关键零件的工序卡	详细的工艺文件，包括工艺过程卡、工序卡、刀具调整卡等
生产率	低	中	高
成本	高	中	低
发展趋势	成组技术、数控技术、加工中心	柔性制造系统（FMS）	计算机集成制造系统（CIMS）、加工自动化

3.1.4 确定毛坯类型

1. 毛坯的选择

正确选择合适的毛坯，对零件的加工质量、材料消耗和加工工时都有很大的影响。显然毛坯的尺寸和形状越接近成品零件，机械加工的劳动量就越少，但是毛坯的制造成本就越高，所以应根据生产纲领，综合考虑毛坯制造和机械加工的费用来确定毛坯，以求得最好的经济效益。

（1）毛坯的种类

1）铸件。铸件适用于形状较复杂的零件毛坯，其铸造方法有砂型铸造、精密铸造、金属型铸造、压力铸造等，较常用的是砂型铸造。铸件材料有铸铁、铸钢及铜、铝等有色金属。

2）锻件。锻件适用于强度要求高、形状比较简单的零件毛坯。其锻造方法有自由锻和模锻两种。自由锻毛坯精度低，加工余量大，生产率低，适用于单件小批生产以及大型零件毛坯生产。模锻毛坯精度高，加工余量小，生产率高，但成本也高，适用于中小型零件毛坯的大批大量生产。

3）型材。型材适合做轴、平板类零件的毛坯，按照截面形状可分为圆钢、方钢、六角钢、扁钢、角钢、槽钢及其他特殊截面的型材。型材有冷拉和热轧两种。热轧的型材精度低，价格较冷拉的便宜，用于一般零件的毛坯。冷拉的型材尺寸较小，精度高，易于实现自动送料，但价格贵，多用于批量较大并在自动机床上进行加工的情况。

4) 焊接件。焊接件适合做板料、框架类零件的毛坯。焊接件是根据需要将型材或钢板等焊接而成的，它制造简单方便，生产周期短，毛坯重量轻，但需经时效处理后才能进行机械加工。

5) 冲压件。冲压件毛坯可以非常接近成品要求，在小型机械、仪表、轻工电子产品方面应用广泛，但因冲压模具昂贵而仅用于大批大量生产。

(2) 选择原则　毛坯的形状和尺寸应尽量接近零件的形状和尺寸，以减少机械加工。

(3) 毛坯选择时应考虑的因素

1) 零件的材料及力学性能要求。零件材料的工艺特性和力学性能大致决定了毛坯的种类。例如铸铁零件用铸造毛坯；钢质零件当形状较简单且力学性能要求不高时常用棒料毛坯，对于重要的钢质零件，为获得良好的力学性能，应选用锻件毛坯，当形状复杂力学性能要求不高时用铸钢件毛坯；有色金属零件常用型材或铸造毛坯。

2) 零件的结构形状与外形尺寸。大型且结构较简单的零件毛坯多用砂型铸造或自由锻；结构复杂的毛坯多用铸造；小型零件可用模锻件或压力铸造毛坯；板状钢质零件多用锻件毛坯；轴类零件的毛坯，若台阶直径相差不大，可用棒料，若各台阶尺寸相差较大，则宜选择锻件。

3) 生产纲领的大小。大批大量生产中，应采用精度和生产率都较高的毛坯制造方法。铸件采用金属型机器造型和精密铸造，锻件用模锻或精密锻造。在单件小批生产中用木模手工造型或自由锻来制造毛坯。

4) 现有生产条件。确定毛坯时，必须结合具体的生产条件，如现场毛坯制造的实际水平和能力、外协的可能性等，否则不现实。

5) 充分利用新工艺、新材料。为节约材料和能源，提高机械加工生产率，应充分考虑精密铸造、精锻、冷轧、冷挤压、粉末冶金、异形钢材及工程塑料等在机械中的应用，这样，可大大减少机械加工量，甚至不需要进行加工，经济效益非常显著。

(4) 举例

1) 轴类零件。例如车床主轴用 45 钢模锻件作为毛坯，阶梯轴（直径相差不大）用棒料作为毛坯。

2) 箱体。铸造件或焊接件作为毛坯。

3) 齿轮。小齿轮用棒料作为毛坯；大多数中型齿轮用模锻件作为毛坯；大型齿轮用铸钢件作为毛坯。

2. 加工余量及其确定

(1) 工序（工步）余量与总加工余量　加工余量是指加工过程中从加工表面切去的金属层厚度。加工余量可分为工序（工步）余量和总加工余量。

工序（工步）余量是指某一表面在一道工序（工步）中所切除的金属层厚度，它取决于同一表面相邻工序（工步）或前后工序（工步）尺寸之差。

工序余量有单边余量和双边余量之分，如图 1-3-6 所示。

总加工余量是指零件从毛坯变为成品的整个加工过程中某一表面所切除金属层的总厚度，即零件上同一表面毛坯尺寸与零件尺寸之差。总加工余量等于各工序加工余量之和

（图1-3-7），即

总加工余量 $\sum z$ = 各工序加工余量之和 = 毛坯尺寸与零件尺寸之差 = 毛坯加工余量

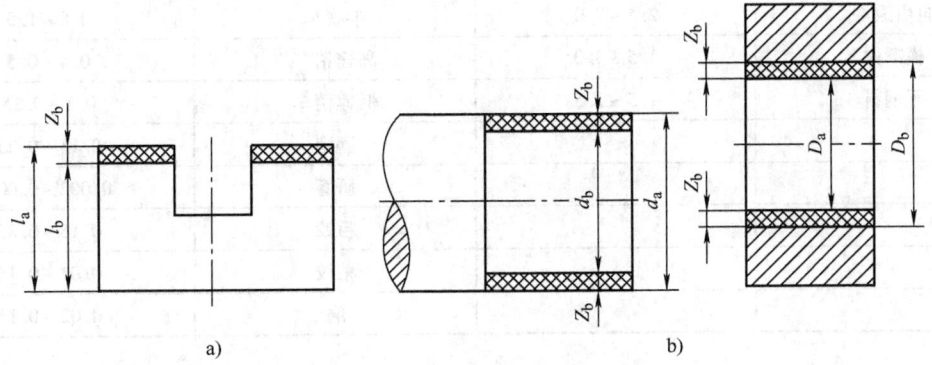

图1-3-6 单边余量和双边余量
a) 单边余量 b) 双边余量

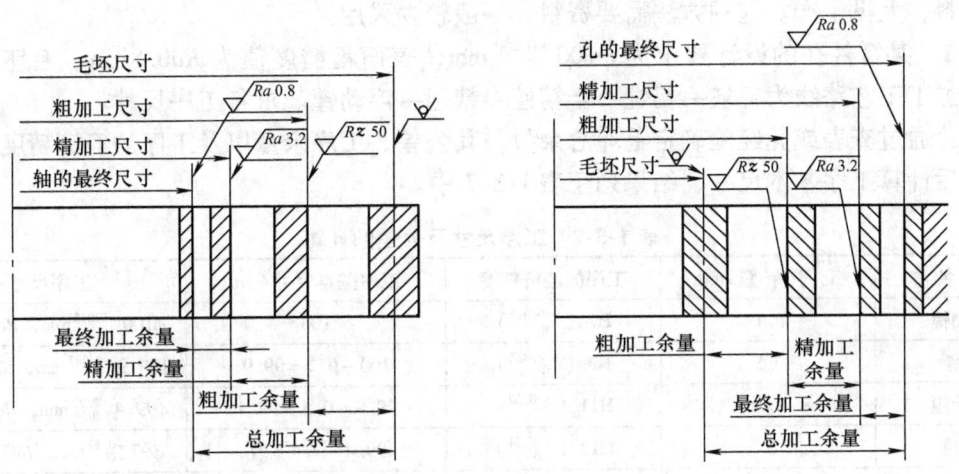

图1-3-7 加工余量的示例

余量过大，材料浪费，成本增大；余量过小：不能纠正加工误差，质量降低。因此，在保证质量的前提下，尽可能选择小余量。

确定加工余量的方法有查表法、经验估计法、分析计算法等，由于影响因素多，目前尚难以用分析计算法来确定加工余量的大小。在实际中，总加工余量的大小与所选择的毛坯制造精度有关，工序（工步）加工余量一般用查表法或经验估计法（单件小批生产）确定，粗加工工序余量由总加工余量减去其他各工序余量而得。

（2）加工余量的确定（采用计算法、查表法和经验估计法）

1）经验估算法。根据工艺人员的经验确定加工余量，从实际使用情况看，余量选择都偏大，适应于单件、小批生产。

单件小批生产中，加工中、小零件，其单边加工余量参考数据见表1-3-6。

表 1-3-6　经验估算单边加工余量参考数据　　　　　　　（单位：mm）

总加工余量		工序余量	
（手工造型）铸件	3.5~7.0	粗车	1.0~1.5
自由锻件	2.5~7.0	半精车	0.8~1.0
模锻件	1.5~3.0	高速精车	0.4~0.5
圆钢料	1.5~2.5	低速精车	0.1~0.15
		磨削	0.15~0.25
		研磨	0.002~0.005
		粗铰	0.15~0.35
		精铰	0.05~0.15
		磨	0.02~0.15

2）查表修正法。先查手册，然后根据实际情况进行适当修正（查工艺手册，广泛采用）。

3）分析计算法。根据实验资料和计算公式，综合确定，比较科学，数据较准确。用于贵重材料、大批生产。这种方法需要资料，一般较少采用。

例 1　某零件孔的设计要求为 $\phi 100^{+0.035}_{\ 0}$ mm，表面粗糙度值为 $Ra0.8\mu m$，毛坯为铸铁件，其加工工艺路线为毛坯→粗镗→半精镗→精镗→浮动镗。求各工序尺寸。

解：通过查表或凭经验确定毛坯总余量与其公差、工序余量以及工序的经济精度和公差值，然后计算工序基本尺寸，结果列于表 1-3-7 中。

表 1-3-7　工序尺寸及公差的计算

工序名称	工序余量/mm	工序的经济精度	工序基本尺寸/mm	工序尺寸
浮动镗	0.1	H7（$^{+0.035}_{\ 0}$）	100	$\phi 100^{+0.035}_{\ 0}$ mm, $Ra0.8\mu m$
精镗	0.5	H9（$^{+0.087}_{\ 0}$）	100-0.1=99.9	$\phi 99.9^{+0.087}_{\ 0}$ mm, $Ra1.6\mu m$
半精镗	2.4	H11（$^{+0.22}_{\ 0}$）	99.9-0.5=99.4	$\phi 99.4^{+0.22}_{\ 0}$ mm, $Ra6.3\mu m$
粗镗	5	H13（$^{+0.54}_{\ 0}$）	99.4-2.4=97	$\phi 97^{+0.54}_{\ 0}$ mm, $Ra12.5\mu m$
毛坯	8	±1.2mm	97-5=92 或 100-8=92	$\phi 92 \pm 1.2$ mm

3.1.5　拟订加工工艺路线

零件机械加工的工艺路线是指零件生产过程中，由毛坯到成品所经过的工序先后顺序。在拟订工艺路线时，必须充分考虑采用确保产品质量，并以最经济的办法达到所要求的生产纲领的必要措施，即应该做到技术上先进、经济上合理，并有良好、安全的劳动条件。

1. 经济加工精度

不同的加工方法如车、磨、刨、铣、钻、镗等，所能达到的精度和表面粗糙度也大不一样。即使是同一种加工方法，在不同的加工条件下所得到的精度和表面粗糙度也大不一样。这是因为在加工过程中，存在各种因素对精度和表面粗糙度产生影响，如工人的技术水平、切削用量、刀具的刃磨质量、机床的调整质量等。

经济加工精度是指在正常的工作条件下（包括完好的机床设备、必要的工艺装备、标准的工人技术等级、标准的耗用时间和生产费用)所能达到的加工精度。

2. 加工阶段的划分

当零件的加工质量要求较高时,往往不可能用一道工序来满足其要求,而要用几道工序才能达到所要求的加工质量。为保证加工质量和合理地使用设备、人力,零件的加工过程通常按照工序性质不同,分为粗加工、半精加工、精加工和光整加工4个阶段,见表1-3-8。

表1-3-8 加工阶段

粗加工阶段	在此阶段主要是尽量切除大部分余量,主要考虑生产率
半精加工阶段	在此阶段主要是为主要表面的精加工做准备,并完成一些次要表面的终加工,如钻孔、攻螺纹、铣键槽等
精加工阶段	在此阶段主要是保证各主要表面达到图样要求,保证加工质量,即达到要求的加工精度和表面粗糙度。此阶段切除的余量很少
光整加工阶段	本阶段的作用是提高加工表面的尺寸精度和表面质量,减小加工面粗糙度值,一般不用来纠正形状误差和位置误差。主要适于标准公差等级在IT6以上,表面粗糙度值在 $Ra0.2\mu m$ 以下的表面

划分加工阶段的原因如下:
① 保证加工质量。
② 合理使用设备。
③ 便于安排热处理。
④ 及时发现毛坯缺陷,保护精加工表面。

3. 加工方案的确定

加工方案的确定,就是为零件上每一个有质量要求的表面选择一套合理的加工方法。在选择时,一般先根据精度要求和表面粗糙度要求选定最终加工方法,然后再确定精加工前准备工序的加工方法。由于获得同一精度和表面粗糙度的加工方案往往有几种,在选择时一定要考虑生产率要求和经济效益。

表1-3-9~表1-3-12分别列出了外圆、内孔和平面的加工方案,以及经济公差等级和表面粗糙度值,供选择加工方法时参考。根据每个加工表面的精度要求,尺寸、形状、位置精度要求及表面粗糙度要求,对照各种加工方法能达到的精度及表面粗糙度值,选择最合理的加工方案。

表1-3-9 外圆表面加工方案

序号	加工方案	经济公差等级	表面粗糙度值/μm	适用范围
1	粗车	IT11以下	$Ra50~12.5$	
2	粗车→半精车	IT8~IT10	$Ra6.3~3.2$	适用于淬火钢以外的各种金属
3	粗车→半精车→精车	IT7~IT8	$Ra1.6~0.8$	
4	粗车→半精车→精车→滚压(或抛光)	IT7~IT8	$Ra0.2~0.025$	
5	粗车→半精车→磨削	IT7~IT8	$Ra0.8~0.4$	
6	粗车→半精车→粗磨→精磨	IT6~IT7	$Ra0.4~0.1$	主要用于淬火钢,也可用于未淬火钢,但不宜加工有色金属
7	粗车→半精车→粗磨→精磨→超精加工(或轮式超精磨)	IT5	$Ra0.1~Rz0.1$	

(续)

序号	加工方案	经济公差等级	表面粗糙度值/μm	适用范围
8	粗车→半精车→精车→金刚石车	IT6～IT7	Ra0.4～0.025	主要用于要求较高的有色金属加工
9	粗车→半精车→粗磨→精磨→超精磨或镜面磨	IT5以上	Ra0.025～Rz0.05	极高精度的外圆加工
10	粗车→半精车→粗磨→精磨→研磨	IT5以上	Ra0.1～Rz0.05	

表 1-3-10 内孔加工方案

序号	加工方案	经济公差等级	表面粗糙度值 Ra/μm	适用范围
1	钻	IT11～IT12	12.5	加工未淬火钢及铸铁的实心毛坯，也可用于加工有色金属（但表面粗糙度值稍大，孔径小于 φ15～20mm）
2	钻→铰	IT9	3.2～1.6	
3	钻→铰→精铰	IT7～IT8	1.6～0.8	
4	钻→扩	IT10～IT11	12.5～6.3	同上，但孔径大于 φ15～20mm
5	钻→扩→铰	IT8～IT9	3.2～1.6	
6	钻→扩→粗铰→精铰	IT7	1.6～0.8	
7	钻→扩→机铰→手铰	IT6～IT7	0.4～0.1	
8	钻→扩→拉	IT7～IT9	1.6～0.1	大批大量生产，精度由拉刀的精度而定
9	粗镗（或扩孔）	IT11～IT12	12.5～6.3	除淬火钢外各种材料，毛坯有铸出孔或锻出孔
10	粗镗（粗扩）→半精镗（精扩）	IT8～IT9	3.2～1.6	
11	粗镗（扩）→半精镗（精扩）→精镗（铰）	IT7～IT8	1.6～0.8	
12	粗镗（扩）→半精镗（精扩）→精镗→浮动镗刀精镗	IT6～IT7	0.8～0.4	
13	粗镗（扩）→半精镗→磨孔	IT7～IT8	0.8～0.2	主要用于淬火钢，也可用于未淬火钢，但不宜用于有色金属
14	粗镗（扩）→半精镗→粗磨→精磨	IT6～IT7	0.2～0.1	
15	粗镗→半精镗→精镗→金刚镗	IT6～IT7	0.4～0.05	主要用于精度要求高的有色金属加工
16	钻→（扩）→粗铰→精铰→珩磨 钻→（扩）→拉→珩磨 粗镗→半精镗→精镗→珩磨	IT6～IT7	0.2～0.025	精度要求很高的孔
17	以研磨代替上述方案中的珩磨	IT6以上		

表 1-3-11 平面加工方案

序号	加工方案	经济公差等级	表面粗糙度值 Ra/μm	适用范围
1	粗车→半精车	IT9	6.3～3.2	端面
2	粗车→半精车→精车	IT7～IT8	1.6～0.8	
3	粗车→半精车→磨削	IT8～IT9	0.8～0.2	

(续)

序号	加工方案	经济公差等级	表面粗糙度值 $Ra/\mu m$	适用范围
4	粗刨（或粗铣）→精刨（或精铣）	IT8~IT9	6.3~1.6	一般不淬硬平面（端铣表面粗糙度值较小）
5	粗刨（或粗铣）→精刨（或精铣）→刮研	IT6~IT7	0.8~0.1	精度要求较高的不淬硬平面；批量较大时宜采用宽刃精刨方案
6	以宽刃刨削代替上述方案刮研	IT7	0.8~0.2	
7	粗刨（或粗铣）→精刨（或精铣）→磨削	IT7	0.8~0.2	精度要求高的淬硬平面或不淬硬平面
8	粗刨（或粗铣）→精刨（或精铣）→粗磨→精磨	IT6~IT7	0.4~0.02	
9	粗铣→拉	IT7~IT9	0.8~0.2	大量生产，较小的平面（精度视拉刀精度而定）
10	粗铣→精铣→磨削→研磨	IT6以上	0.1~Ra0.05	高精度平面

表 1-3-12 各种加工方法所能达到的经济公差等级和表面粗糙度值（中批生产）

被加工表面	加工方法	经济公差等级	表面粗糙度值 $Ra/\mu m$
外圆和端面	粗车	IT11~IT13	50~12.5
	半精车	IT8~IT11	6.3~3.2
	精车	IT7~IT9	3.2~1.6
	粗磨	IT8~IT11	3.2~0.8
	精磨	IT6~IT8	0.8~0.2
	研磨	IT5	0.2~0.012
	超精加工	IT5	0.2~0.012
	精细车（金刚车）	IT5~IT6	0.8~0.05
孔	钻孔	IT11~IT13	50~6.3
	铸锻孔的粗扩（镗）	IT11~IT13	50~12.5
	精扩	IT9~IT11	6.3~3.2
	粗铰	IT8~IT9	6.3~1.6
	精铰	IT6~IT7	3.2~0.8
	半精镗	IT9~IT11	6.3~3.2
	精镗（浮动镗）	IT7~IT9	3.2~0.8
	精细镗（金刚镗）	IT6~IT7	0.8~0.1
	粗磨	IT9~IT11	6.3~3.2
	精磨	IT7~IT9	1.6~0.4
	研磨	IT6	0.2~0.012
	珩磨	IT6~IT7	0.4~0.1
	拉孔	IT7~IT9	1.6~0.8
平面	粗刨、粗铣	IT11~IT13	50~12.5
	半精刨、半精铣	IT8~IT11	6.3~3.2
	精刨、精铣	IT6~IT8	3.2~0.8
	拉削	IT7~IT8	1.6~0.8
	粗磨	IT8~IT11	6.3~1.6
	精磨	IT6~IT8	0.8~0.2
	研磨	IT5~IT6	0.2~0.012

4. 加工顺序的安排

（1）切削加工顺序的安排

1）基面先行。用作精基准的表面要首先加工出来。因此，第一道工序一般是进行定位面的粗加工和半精加工（有时包括精加工），然后再以精基准面定位加工其他表面，如轴类零件顶尖孔应首先加工出来。

2）先粗后精。先安排粗加工，中间安排半精加工，最后安排精加工和光整加工。

3）先主后次。先安排零件的装配基面和工作表面等主要表面的加工，后安排如键槽、紧固用的光孔和螺纹孔等次要表面的加工。由于次要表面加工工作量小，又常与主要表面有位置精度要求，所以一般放在主要表面的半精加工之后，精加工之前进行。

4）先面后孔。对于箱体、支架、连杆、底座等零件，先加工用作定位的平面和孔的端面，然后再加工孔。这样可使工件定位夹紧稳定可靠，利于保证孔与平面的位置精度，减小刀具的磨损，同时也给孔加工带来方便。

（2）热处理工序的安排

热处理可以提高材料的力学性能，改善金属的切削性能以及消除残余应力。在制订工艺路线时，应根据零件的技术要求和材料的性质，合理地安排热处理工序，如图1-3-8所示。

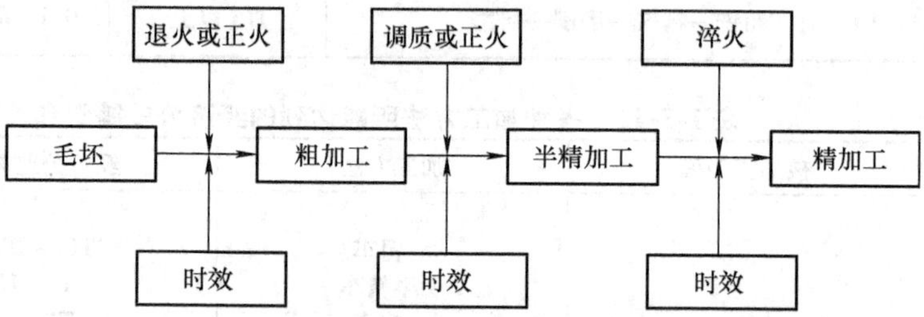

图 1-3-8 热处理工序的安排

1）退火。将钢加热到一定的温度，保温一段时间，随后由炉中缓慢冷却的一种热处理工序称为退火。其作用是消除内应力，提高材料的强度和韧性，降低硬度，改善切削加工性。应用：高碳钢采用退火，可以降低硬度；退火可放在粗加工前，毛坯制造出来以后。

2）正火。将钢加热到一定温度，保温一段时间后从炉中取出，在空气中冷却的一种热处理工序称为正火。注意：加热到的一定的温度与钢的含碳量有关，一般低于固相线200℃左右。正火的作用是提高钢的强度和硬度，使工件具有合适的硬度，改善其切削加工性。应用：低碳钢采用正火，以提高硬度；放在粗加工前，毛坯制造出来以后。

3）回火。将淬火后的钢加热到一定的温度，保温一段时间，然后置于空气或水中冷却的一种热处理方法称为回火，其作用是稳定组织，消除内应力，降低脆性。

4）调质处理（淬火后再高温回火）。可以消除内应力、改善加工性能并能获得较好的综合力学性能，一般安排在粗加工之后进行。对一些性能要求不高的零件，调质处理也常作为最终热处理工序。

5）时效处理。以消除毛坯制造和机械加工中产生的内应力、减少工件变形为目的。对于一般铸件，常在粗加工前或粗加工后安排一次时效处理；对于要求较高的零件，在半精加工后尚需再安排一次时效处理；对于一些刚性较差、精度要求特别高的重要零件（如精密丝杠、主轴等），常常在每个加工阶段之间都安排一次时效处理。

6）淬火。将钢加热到一定的温度，保温一段时间，然后在冷却介质中迅速冷却，以获得高硬度组织的一种热处理工艺称为淬火。其作用是提高零件的硬度和耐磨性，常安排在精加工（磨削）之前进行。

7) 渗碳和渗氮。可提高工件表面的硬度和耐磨性，安排在半精加工之前或之后进行。其中渗氮由于热处理温度较低，零件变形很小，也可以安排在精加工之后。

(3) 辅助工序的安排　检验工序是主要的辅助工序，除每道工序由操作者自行检验外，在粗加工之后、精加工之前、零件转换车间时，以及重要工序之后和全部加工完毕、进库之前，一般都要安排检验工序。

除检验外，其他辅助工序有表面强化和去毛刺、倒棱、清洗、防锈等。正确地安排辅助工序是十分重要的。如果安排不当或遗漏，将会给后续工序和装配带来困难，甚至影响产品的质量，所以必须给予重视。

5. 工序的集中与分散

根据上述内容，零件加工的工步顺序已经确定，如何将这些工步组成工序，就需要考虑采用工序集中还是工序分散的原则，其选用见表1-3-13。

(1) 工序集中　将零件的加工集中在少数几道工序中完成，每道工序加工内容多，工艺路线短。其主要特点如下：

1) 可以采用高效机床和工艺装备，生产率高。
2) 减少设备数量以及操作工人人数和占地面积，节省人力、物力。
3) 减少工件装夹次数，利于保证表面间的位置精度。
4) 采用的工装设备结构复杂，调整维修较困难，生产准备工作量大。

(2) 工序分散　将零件的加工分散到很多道工序内完成，每道工序加工的内容少，工艺路线很长。其主要特点如下：

1) 设备和工艺装备比较简单，便于调整，容易适应产品的变换。
2) 对工人的技术水平要求较低。
3) 可以采用最合理的切削用量，减少机动时间。
4) 所需设备和工艺装备的数目多，操作工人多，占地面积大。

表 1-3-13　工序集中与分散的选用

生产类型	工序集中与分散的选用	原因
单件小批生产	工序集中	便于组织管理
大批生产	工序集中	高效设备工装
大批生产	工序分散	自动线、流水线
多品种、中小批	工序集中	数控机床、加工中心等设备
重型零件	工序集中	不便于多次搬动与装夹
精密零件	工序分散	质量容易控制
现代生产	工序集中	发展趋势

3.1.6　填写工艺文件

工艺文件是工艺设计的内容之一，是加工和产品验收的依据，也是操作者应遵守和执行的规程。机械加工工艺文件主要包括机械加工工艺过程卡、数控加工工序卡、数控加工刀具卡、数控加工工件安装和坐标系原点设定卡、数控加工走刀路线图和数控编程任务书。数控加工工艺文件格式可根据企业实际情况自行设计。

1. 机械加工工艺过程

机械加工工艺过程卡主要列出零件加工所经过的整个工艺路线、工装设备和工时等内容，多为生产管理者所用，即是供组织生产、管理人员使用的，见表1-3-14。

表1-3-14　机械加工工艺过程卡

机械加工工艺过程卡		产品名称		零件名称		零件图号	
材料名称及牌号			毛坯种类或材料规格			总工时	
工序号	工序名称	工序简要内容		设备名称及型号	夹具	量具	工时
编制		审核		批准		共　页	第　页

2. 数控加工工序卡

数控加工工序卡是编制数控加工程序的主要依据和操作人员根据数控程序进行数控加工的主要指导性文件，主要包括工步顺序、工步内容、各工步所用刀具及切削用量等，见表1-3-15。当工序加工内容十分复杂时，也可把工序简图画在数控加工工序卡片上，其格式见表1-3-16。

表1-3-15　数控加工工序卡

单位名称		产品名称或代号	零件名称	零件图号
工序号	程序编号	夹具名称	使用设备	车间
工步号	工步内容	刀具号	刀具规格	主轴转速/ (r/min)	进给速度/ (m/min)	背吃刀量 /mm	备注
编制	审核	批准		年　月　日		共　页	第　页

表 1-3-16 带工序简图的数控加工工序卡

单位		产品名称或代号		零件名称	零件图号
		车间		使用设备	
	工序简图	工艺序号		程序编号	
		夹具名称		夹具编号	
工步号	工步内容	加工面	刀具号	刀补量 /min	主轴转速 /(r/min)	进给速度 /(m/min)	背吃刀量 /mm	备注
编制		审核		批准		年 月 日	共 页	第 页

3. 数控加工刀具卡

数控加工刀具卡是组装刀具和调整刀具的依据。一般要在机外对刀仪上预先调整刀具直径和长度。数控加工刀具卡的主要内容包括刀具号、型号规格、名称、刀具直径和刀长等,见表 1-3-17。

表 1-3-17 数控加工刀具卡

产品名称或代号		零件名称		零件图号		工序号	
序号	刀具号	刀具			加工表面		备注
		型号、规格、名称	数量	刀长/mm			
编制		审核		批准	年 月 日	共 页	第 页

3.1.7 训练题

一、选择题

1. 切削加工、磨削加工属于(   )。
   A. 机械加工工艺过程 B. 特种加工工艺过程

C. 热处理工艺过程　　　　　　D. 数控加工工艺过程
2. 产品检验属于（　　）过程。
　　A. 生产　　　B. 辅助　　　C. 工艺　　　D. 以上都不对
3. 编制零件机械加工工艺规程、生产计划和进行成本核算最基本的单元是（　　）。
　　A. 工步　　　B. 工位　　　C. 工序　　　D. 走刀
4. 某轴类零件在一台车床上车端面、车外圆和切断，此时应为（　　）个工序。
　　A. 一　　　　B. 二　　　　C. 三　　　　D. 四
5. 下述关于工步、工序、安装之间的关系的说法，正确的是（　　）。
　　A. 一道工序可分为几次安装，一次安装可分为几个工步
　　B. 一次安装可分为几道工序，一道工序可分为几个工步
　　C. 一道工序可分为几个工步，一个工步可分为几次安装
　　D. 一道工序只有两次安装，一次安装可分为几个工步
6. 加工阶梯轴时，某一工序为在专用铣钻床上用两把刀具同时铣左、右两端面，然后同时钻两中心孔，此工序可划分为（　　）个工步。
　　A. 四　　　　B. 一　　　　C. 二　　　　D. 不能确定
7. 中批生产中用以确定机加工余量的方法是（　　）。
　　A. 查表法　　B. 计算法　　C. 经验估算法
8. 在加工表面和加工刀具不变的情况下所连续完成的那一部分工序，称为（　　）。
　　A. 工步　　　B. 工位　　　C. 走刀　　　D. 安装
9. 每一次投入或产出的同一产品（或零件）的数量称为（　　）。
　　A. 生产类型　B. 生产纲领　C. 生产批量　D. 年产量
10. 回转体表面的加工余量是（　　）。
　　A. 双倍余量　B. 单边余量　C. 工序余量　D. 双边余量
11. 合理选择毛坯种类及制造方法时，主要应使（　　）。
　　A. 毛坯的形状尺寸与零件的尽可能接近
　　B. 毛坯方便制造，降低毛坯成本
　　C. 加工后零件的性能最好
　　D. 零件总成本低且性能好
12. 形状复杂和大型零件的毛坯多采用（　　）。
　　A. 热轧棒料　B. 冷拉棒料　C. 锻件　　　D. 铸件
13. 在半精加工和精加工时，一般要留加工余量，下列半精加工余量相对较为合理的是（　　）。
　　A. 5mm　　　B. 0.5mm　　C. 0.01mm　　D. 0.005mm
14. 高精度45钢轴类零件，精加工时采用（　　）加工方法。
　　A. 铣削　　　B. 精磨　　　C. 精车　　　D. 金刚石车
15. 在拟订零件机械加工工艺过程、安排加工顺序时，首先要考虑的问题是（　　）。
　　A. 尽可能减少工序数　　　　B. 精度要求高的主要表面的加工问题
　　C. 尽可能避免使用专用机床　D. 尽可能增加一次安装中的加工内容
16. 制订加工方案的一般原则为先粗后精、先近后远、先内后外，程序段最少，（　　）

及特殊情况特殊处理。
　　A. 走刀路线最短　　　　　　B. 将复杂轮廓简化成简单轮廓
　　C. 将手工编程改成自动编程　　D. 将空间曲线转化为平面曲线
17. 淬火处理一般安排在（　　）。
　　A. 毛坯制造之后　B. 粗车之后　　C. 精车之后　　D. 磨削之后
18. 零件上直径大于$\phi 30mm$的孔，公差等级要求为IT7，通常采用的加工方案为（　　）。
　　A. 钻→镗　　　B. 钻→铰　　　C. 钻→拉　　　D. 钻→镗→磨
19. 箱体上大尺寸的孔常采用（　　）精加工，较小尺寸的孔常采用（　　）精加工。
　　A. 钻→扩→镗　B. 铰→镗　　　C. 钻→铰　　　D. 钻→扩→拉
20. 调质处理一般安排在（　　）。
　　A. 毛坯制造之后　B. 粗加工之后　C. 半精加工之后　D. 精加工之后
21. 退火一般安排在（　　）之后。
　　A. 毛坯制造　　B. 粗加工　　　C. 半精加工　　D. 精加工
22. 为以后的工序提供定位基准的阶段的是（　　）。
　　A. 粗加工阶段　B. 半精加工阶段　C. 精加工阶段
23. 工序分散到极限时，一个简单工步的内容为（　　）工序。
　　A. 一个　　　　B. 三个　　　　C. 多个
24. 工序集中到极限时，把零件加工到图样规定的要求为（　　）工序。
　　A. 一个　　　　B. 二个　　　　C. 多个

二、判断题
1. 由于粗基准对精度要求不高，所以粗基准可多次使用。　　　　　　　　（　　）
2. 粗基准是指粗加工时所用的基准，精基准是指精加工时所用的基准。　（　　）
3. 数控加工中心的工艺特点之一就是"工序集中"。　　　　　　　　　　（　　）
4. 多品种、中小批生产日渐成为制造业的主流生产方式。　　　　　　　　（　　）
5. 为了提高生产率，用几把刀同时加工几个表面，也可以看作是一个工步。（　　）
6. 编制工艺规程不需考虑现有生产条件。　　　　　　　　　　　　　　　（　　）
7. 编制工艺规程时应先对零件图进行工艺性审查。　　　　　　　　　　　（　　）
8. 工序余量等于上道工序尺寸与本道工序尺寸之差的绝对值。　　　　　　（　　）
9. 生产类型的划分只取决于产品的生产纲领。　　　　　　　　　　　　　（　　）
10. 采用复合工步可以提高生产率。　　　　　　　　　　　　　　　　　（　　）
11. 未淬火钢零件的外圆表面，当精度要求为IT11～IT12，表面粗糙度值为$Ra3.2$～$6.3\mu m$时，终了加工应该是精车才能达到。　　　　　　　　　　　　　　（　　）
12. 调质热处理后的工件，表面硬度增高，切削加工困难，故应该安排在精磨之后，光整加工之前进行。　　　　　　　　　　　　　　　　　　　　　　　　　　　（　　）
13. 辅助工艺基准面指的是使用方面不需要，而为满足工艺要求在工件上专门设计的定位面。　　　　　　　　　　　　　　　　　　　　　　　　　　　　　　　　（　　）
14. 最大限度的工序集中是一个零件的加工集中在一道工序内完成。　　　（　　）
15. 工序卡主要用于大批大量生产中的所有零件，中批生产中的复杂产品的关键零件以及单件小批生产中的关键工序。　　　　　　　　　　　　　　　　　　（　　）

16. 对既有铣面又有镗孔的工件，一般先镗孔后铣面。   （   ）

三、分析题

试指出图 1-3-9 中所示结构工艺性方面存在的问题，并提出改进意见。

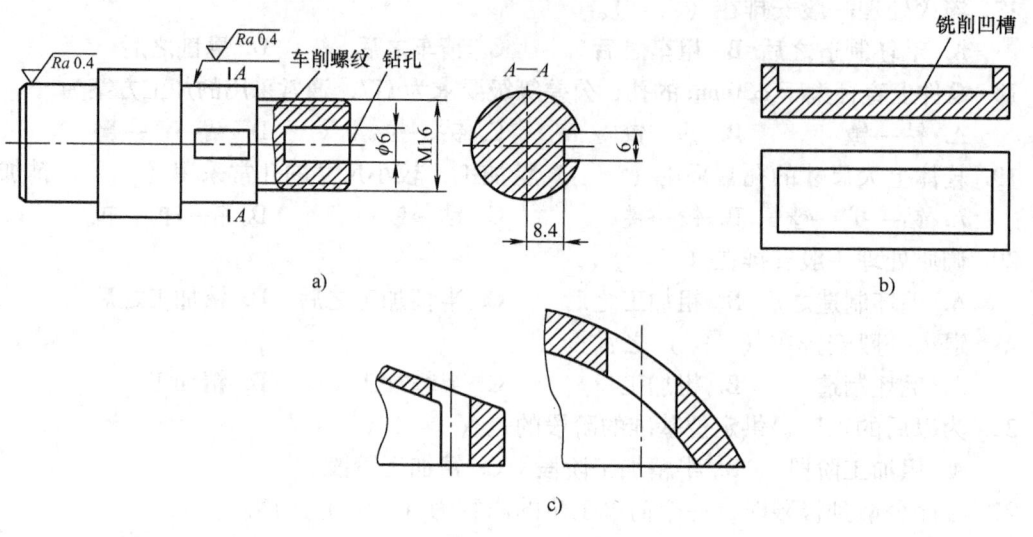

图 1-3-9　分析题图

3.2　工序尺寸及公差的确定

3.2.1　工艺尺寸链基本概念

每道工序完成后应保证的尺寸称为该工序的工序尺寸。工件上的设计尺寸及其公差是经过各加工工序后得到的。每道工序的工序尺寸都不相同，它们逐步向设计尺寸接近。为了最终保证工件的设计要求，各中间工序的工序尺寸及其公差需要计算确定。

工序余量确定后，就可以计算工序尺寸。工序尺寸及其公差的确定要根据工序基准或定位基准与设计基准是否重合，采用不同的计算方法。

1. 基准重合时工序尺寸及其公差的计算

基准重合是指工序基准或定位基准与设计基准重合。表面需经多次加工时，各工序的加工尺寸及公差的计算顺序为：采取由后向前逐个工序推算的办法，最终工序尺寸及公差一般取自零件图上规定的值（即设计尺寸），其他工序尺寸为该工序的后一道工序尺寸加（外表面）或减（内表面）后一道工序的加工余量，工序尺寸的公差取该工序加工方法的经济加工精度，并按"入体原则"确定其上、下极限偏差。

2. 基准不重合时工序尺寸及其公差的计算

工序基准或定位基准与设计基准不重合时，工序尺寸及其公差计算比较复杂，需通过工艺尺寸链来分析与计算。

（1）工艺尺寸链　在机器装配或零件加工过程中，互相联系且按照一定顺序排列的封闭尺寸组合，称为尺寸链。其中，由单个零件在加工过程中的各有关工艺尺寸所组成的尺寸链，称为工艺尺寸链。

如图 1-3-10a 所示，一批零件的 A 面、C 面已经加工完毕，并得尺寸 A_1，然后再以 A 面定位用调整法加工台阶面 B，得尺寸 A_2，要求保证 B 面与 C 面间尺寸 A_0，则 A_1、A_2 和 A_0 这三个尺寸构成了一个封闭尺寸组合，即尺寸链（图 1-3-10b）。

(2) 工艺尺寸链的组成 工艺尺寸链中的每一个尺寸称为尺寸链的环，图 1-3-10b 中的 A_1、A_2、A_0 都是工艺尺寸链的环，工艺尺寸链由一系列的环组成。

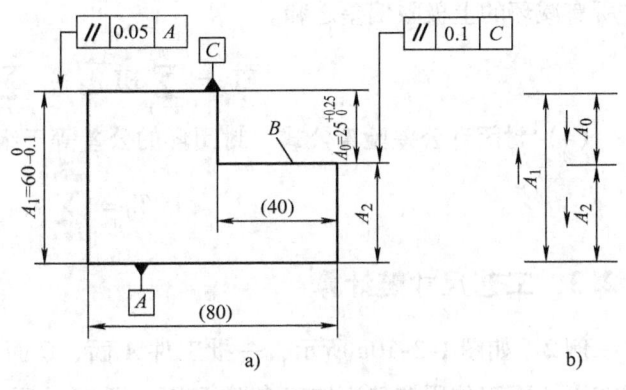

图 1-3-10 尺寸链示例
A) 零件图　B) 尺寸链图

工艺尺寸链的环又分为两种：封闭环和组成环。

1) 封闭环。在加工过程中间接获得的尺寸，称为封闭环。在图 1-3-10b 所示尺寸链中，A_0 是间接得到的尺寸，它就是尺寸链的封闭环。

2) 组成环。在加工过程中直接获得的尺寸，称为组成环。尺寸链中 A_1 与 A_2 都是通过加工直接得到的尺寸，A_1、A_2 都是尺寸链的组成环。组成环又有增环和减环之分。

增环：在尺寸链中，其他环不变，该环增大或减小，会使封闭环随之增大或减小的组成环。

减环：在尺寸链中，其他环不变，该环增大或减小，会使封闭环反而随之减小或增大的组成环。

3) 增环和减环的判别。在工艺尺寸链图上，先给封闭环任定一个方向并画出箭头，然后沿此方向环绕尺寸链回路，依次给每一个组成环画出箭头，凡是箭头方向与封闭环箭头方向相反的组成环为增环，相同的组成环为减环。在图 1-3-10b 所示尺寸链中，A_1 是增环，A_2 是减环。

4) 工艺尺寸链的建立。

封闭环：间接得到。

组成环：从定位面到加工面的尺寸，直接得到。

3.2.2 工艺尺寸链计算公式

(1) 封闭环基本尺寸公式 封闭环的基本尺寸等于所有增环基本尺寸之和减去所有减环基本尺寸之和，即

$$A_i = \sum_{i=1}^{m} \overrightarrow{A_i} - \sum_{j=m+1}^{n-1} \overleftarrow{A_{jj}}$$

(2) 封闭环上极限偏差公式 封闭环的上极限偏差等于所有增环的上极限偏差之和减去所有减环的下极限偏差之和。

$$\mathrm{ES}_0 = \sum_{i=1}^{m} \mathrm{ES}\overrightarrow{A_i} - \sum_{j=m+1}^{n-1} \mathrm{EI}\overleftarrow{A_j}$$

（3）封闭环下极限偏差公式 封闭环的下极限偏差等于所有增环的下极限偏差之和减去所有减环的上极限偏差之和。

$$EI_0 = \sum_{i=1}^{m} EI\vec{A_i} - \sum_{j=m+1}^{n-1} ES\overleftarrow{A_j}$$

（4）封闭环公差验算公式 封闭环的公差等于组成环公差之和。

$$T_0 = \sum_{i=1}^{n-1} T_i$$

3.2.3 工艺尺寸链计算

例2 如图 1-3-10a 所示，一批工件 A 面、C 面已经加工完毕，并已知 $A_1 = 60_{-0.1}^{\ 0}$ mm，现在以 A 面定位用调整法加工台阶 B 面，要求保证 B 面与 C 面间尺寸 $A_0 = 25_{\ 0}^{+0.25}$ mm，求 A_2 工序尺寸及其公差。

解：

1）画尺寸链图，如图 1-3-10b 所示。

2）封闭环为 $A_0 = 25_{\ 0}^{+0.25}$ mm；增环为 $A_1 = 60_{-0.1}^{\ 0}$ mm；减环为 A_2。

3）计算工序尺寸及其公差。（根据尺寸链计算公式）

① 由封闭环基本尺寸公式可知：25mm = 60mm − A_2，得 $A_2 = 35$mm。

② 由封闭环上极限偏差公式可知：+0.25mm = 0 − EI_2，得 $EI_2 = -0.25$mm。

③ 由封闭环下极限偏差公式可知：0 = −0.1mm − ES_2，得 $ES_2 = -0.1$mm。

故　　　　　　　　　　　$A_2 = 35_{-0.25}^{-0.10}$ mm

④ 封闭环公差验算公式

$T_0 = 0.25$mm　$T_1 + T_2 = 0.1$mm + 0.15mm = 0.25mm

故计算正确。

例3 如图 1-3-11a 所示套筒，在车床上已加工好外圆、内孔及各面，现在以端面 A 定位加工缺口，保证尺寸 $A_0 = 10_{\ 0}^{+0.2}$ mm，求试切调刀时的尺寸 A_3 及其公差。

解：

1）画尺寸链图，如图 1-3-11b 所示。

2）封闭环为 $A_0 = 10_{\ 0}^{+0.2}$ mm，增环为 $A_2 = 30_{\ 0}^{+0.05}$ mm、A_3，减环为 $A_1 = 60$mm ± 0.05mm

3）计算工序尺寸及其公差（根据尺寸链计算公式）

① 由封闭环基本尺寸公式可知，10mm = 30mm + A_3 − 60mm 得 $A_3 = 40$mm

② 由封闭环上极限偏差公式可知，+0.2mm = +0.05mm + ES_3 − (−0.05mm) 得 $ES_3 = +0.1$mm

③ 由封闭环下极限偏差公式可知，0 = 0 + EI_3 − 0.05mm 得 $EI_3 = +0.05$mm

故 $A_3 = 40_{+0.05}^{+0.10}$ mm

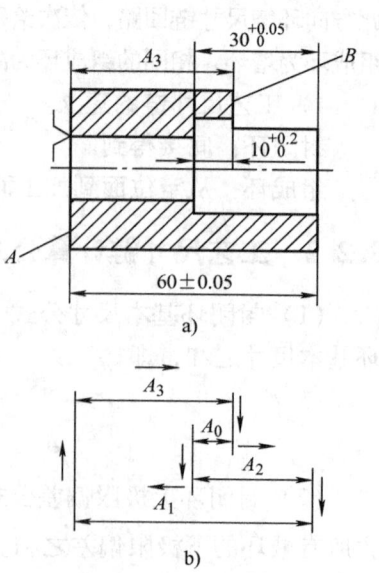

图 1-3-11　尺寸链示例
a）零件图　b）尺寸链图

④ 封闭环公差验算公式

$T_0 = 0.2$；$T_1 + T_2 + T_3 = 0.1\text{mm} + 0.05\text{mm} + 0.05\text{mm} = 0.2\text{mm}$

故计算正确。

3.2.4 训练题

1. 图 1-3-12a 所示为轴类零件图，其内孔、外圆和各端面均已加工好，试分别计算图 1-3-12b 所示三种定位方案加工小孔时的工序尺寸及其公差。

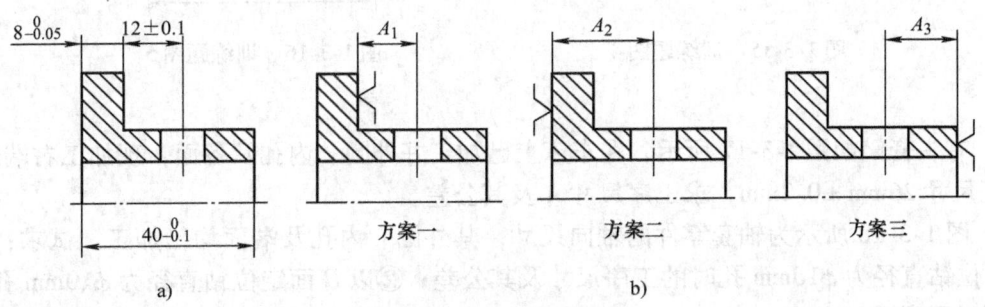

图 1-3-12　训练题图 1
a) 零件图　b) 尺寸链图

2. 图 1-3-13 所示零件的 $10_{-0.36}^{0}$mm 尺寸不便测量，可以采用深度卡尺测量大孔深度尺寸，由孔深尺寸间接保证该尺寸，求工序尺寸（孔深度尺寸）及其公差。

3. 如图 1-3-14 所示零件，镗孔前 A、B、C 面已经加工好。镗孔时，为便于装夹，选择 A 面为定位基准，并按照工序尺寸 L_4 进行加工。已知 $L_1 = 280_{0}^{+0.1}$mm，$L_2 = 80_{-0.06}^{0}$mm，$L_3 = 100\text{mm} \pm 0.15\text{mm}$。求工序尺寸 L_4 及其公差。

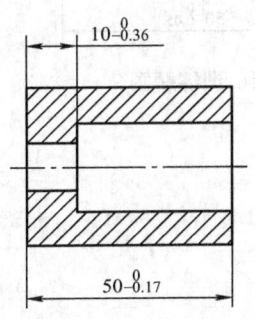

图 1-3-13　训练题图 2

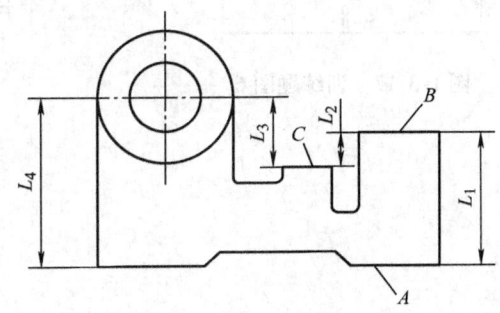

图 1-3-14　训练题图 3

4. 如图 1-3-15 所示，A、B 面已加工。工序一：以 A 面定位，铣槽 C 面，求工序尺寸及其公差。工序二：以 A 面定位，镗孔 $\phi30H7$，求工序尺寸及其公差。

5. 如图 1-3-16 所示零件，$A_1 = 70_{-0.07}^{-0.02}$mm，$A_2 = 60_{-0.04}^{0}$mm，$A_3 = 20_{0}^{+0.19}$mm。因 A_3 不便测量，试重新标出测量尺寸 A_4 及其公差。

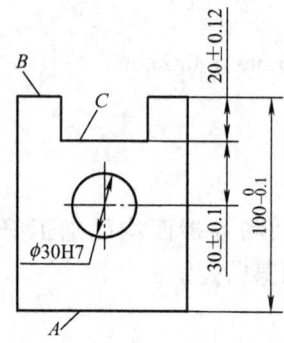
图 1-3-15　训练题图 4

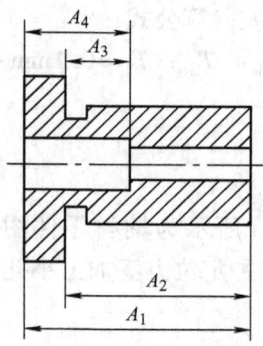
图 1-3-16　训练题图 5

6. 有一套筒如图 1-3-17 所示，在车床上已加工好外圆、内孔及各面，现加工右端缺口，并保证尺寸 26mm±0.2mm，求工序尺寸 A 及其公差。

7. 图 1-3-18 所示为轴套零件的轴向尺寸，其外圆、内孔及端面均已加工。试求：①以 A 面定位钻直径为 $\phi 10$mm 孔时的工序尺寸及其公差；②以 B 面定位钻直径为 $\phi 10$mm 孔时的工序尺寸及其公差。

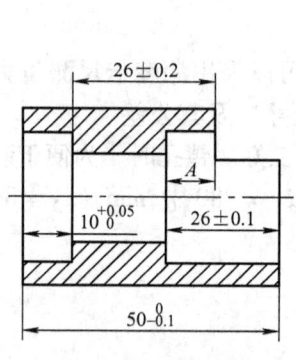
图 1-3-17　训练题图 6

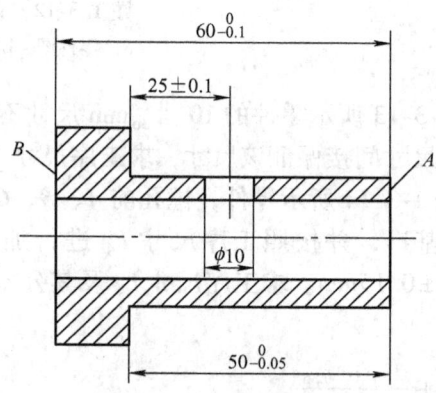
图 1-3-18　训练题图 7

第4章 数控车削工艺

4.1 数控车削加工对象

数控车削时，工件做回转运动，刀具做直线或曲线运动，刀尖相对工件运动的同时，切除一定的工件材料从而形成相应的工件表面。由于数控车床具有加工精度高、能进行直线和圆弧插补以及在加工过程中能自动变速，因此，同常规加工工艺相比，其工艺范围较宽，主要用于轴类和盘类回转体零件的多工序加工，具有高精度、高效率、高柔性化等综合特点。数控车削是数控加工中用得最多的加工方法之一。

1. 选用数控车削加工原则

1) 普通车床上无法加工的加工内容，优先选择数控车削加工。
2) 普通车床难加工，质量也难以保证的，可选择用数控车削加工。
3) 普通车床加工效率低、工人手工操作劳动强度大的加工内容，可在数控机床尚存在富裕加工能力时选择用数控加工。

2. 数控车削加工的主要对象

数控车削加工的主要对象包括精度要求高的回转体零件、表面粗糙度要求高的回转体零件、轮廓形状特别复杂的零件、带特殊螺纹的回转体零件等。

3. 不宜用数控车削的情况

1) 占机调整时间长，如以毛坯的粗基准定位加工第一个精基准，需用专用工装协调的加工内容。
2) 加工部位分散，需要多次安装、设置原点。不能在一次安装中加工完成的其他零星部位，采用数控加工很麻烦，效果不明显，可安排普通机床补加工。
3) 按照某些特定的制造依据（如样板、样件、胎模等）加工的型面轮廓。主要原因是获取数据困难，易于与检验依据发生矛盾，增加了程序编制的难度。
4) 必须按照专用工装协调的孔及其他加工内容。

此外，在选择和决定加工内容时，也要考虑生产批量、生产周期、工序间周转情况等。总之，要尽量做到合理，达到多、快、好、省的目的，要防止把数控机床降格为通用机床使用。

4.2 车削设备

4.2.1 普通车床

车床的通用性好，可完成各种回转表面、回转体端面及螺纹等表面加工，是一种应用最广泛的金属切削机床。

（1）主要用途　普通车床主要用于加工轴、盘、套和其他具有回转表面的工件，还可用钻头、扩孔钻、铰刀、丝锥、板牙和滚花工具等进行相应的加工。

（2）车床结构　图 1-4-1 所示为 CA6140 型卧式车床的组成。

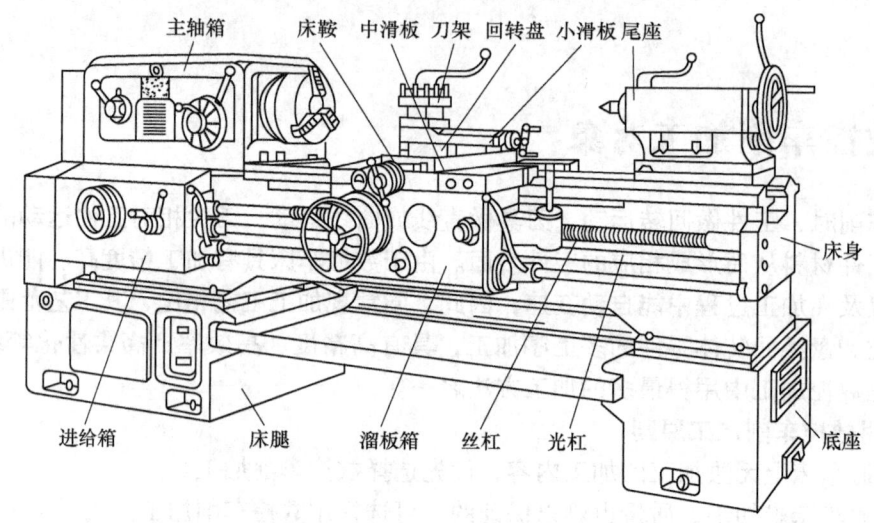

图 1-4-1　CA6140 型卧式车床的组成

4.2.2　数控车床

数控车床具有加工精度稳定性好、加工灵活、通用性强，能适应多品种、小批生产自动化的要求，特别适合加工形状复杂的轴类或盘类零件。数控车床的加工范围包括车外圆、车端面、车锥面和锥孔、钻孔、钻中心孔、镗孔、铰孔、切断、车槽、滚花、车螺纹、车成形面、绕弹簧等，如图 1-4-2 所示。

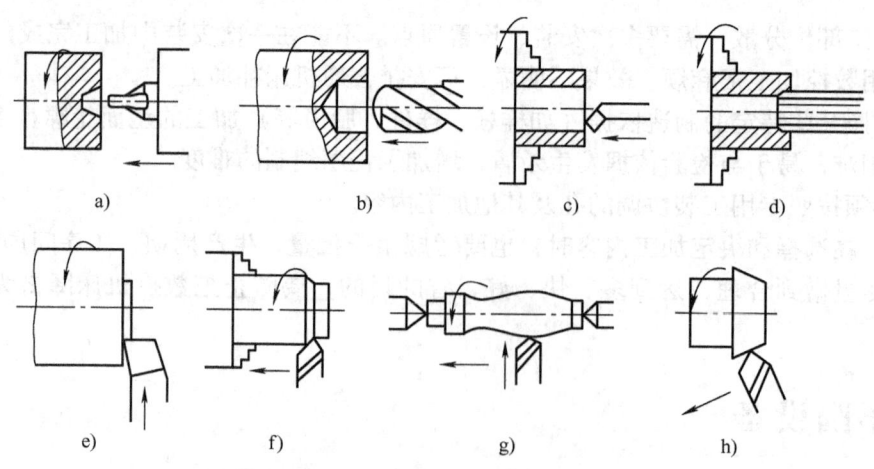

图 1-4-2　数控车削加工范围
a) 钻中心孔　b) 钻孔　c) 车孔　d) 铰孔　e) 车端面
f) 车外圆　g) 车成形面　h) 车锥面

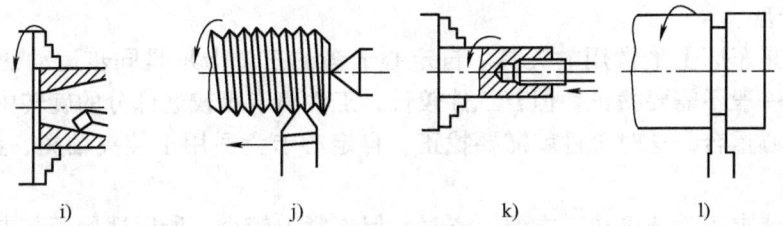

图 1-4-2 数控车削加工范围（续）
i) 车锥孔 j) 车螺纹 k) 攻螺纹 l) 车槽与切断

图 1-4-3 所示为典型的全功能数控车床 HM-077 外形和结构组成。

数控车床由机床主轴带动工件旋转实现主运动，切削刀具安装在转塔刀架或四方刀架上，沿平行于主轴轴线方向（Z 向）和垂直主轴轴线的横向（X 向）两个方向的导轨相对工件做进给移动。

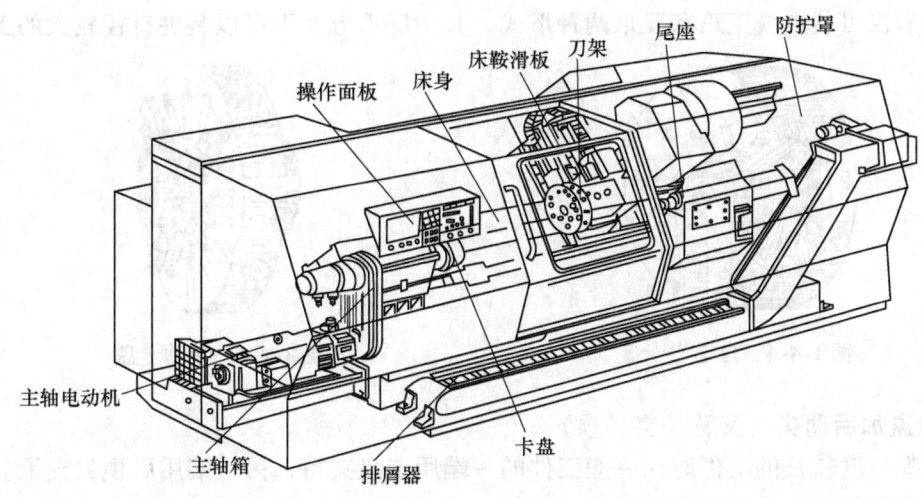

图 1-4-3 全功能数控车床 HM-077 外形和结构组成

4.3 工件的装夹

4.3.1 轴类零件装夹

车床主要用于加工内外圆柱面、圆锥面、回转成形面、螺纹及端面等。这些表面有一个共同的特点，都是一种母线绕轴线旋转而成的。根据这一加工特点和夹具在车床上的安装位置，车床夹具分为两种基本类型：一类是安装在车床主轴上的夹具，这类夹具和车床主轴相连并带动工件一起随主轴旋转，除了各种卡盘、顶尖等通用夹具或其他机床附件外，往往还根据加工需要设计出各种心轴或其他专用夹具；另一类是安装在滑板或床身上的夹具，对于某些形状不规则和尺寸较大的工件，常常把夹具安装在车床滑板上，刀具则安装在车床主轴上做旋转运动，夹具做进给运动。

1. 自定心卡盘

自定心卡盘是车床上最常用的夹具。自定心卡盘的三个卡爪是同步运动的，能自动定心，工件安装后一般不需要找正。但若工件较长，工件离卡盘较远部分的旋转中心不一定与车床主轴旋转中心重合，这时工件就需要找正。自定心卡盘适用于装夹轴类、盘套类零件，如图1-4-4所示。

自定心卡盘装夹工件速度快，方便，省时，但夹紧力较小，所以适用于装夹外形较规则的中小型工件，如截面为圆柱形、正三边形、正六边形的工件等。

自定心卡盘的直径有150mm、200mm、250mm等。

2. 单动卡盘

单动卡盘如图1-4-5所示，是车床上常用的夹具。单动卡盘的四个卡爪各自独立运动，因此工件安装后必须将工件的旋转中心找正到与车床主轴的旋转中心重合，才能车削。单动卡盘找正工件比较麻烦，但夹紧力较大，所以适用于安装大型或外形不规则、非圆柱体、偏心、有孔距要求（孔距不能太大）及位置与尺寸精度要求高的零件。

单动卡盘可装夹成正爪和反爪两种形式，其中反爪方式下可以装夹直径较大的工件。

图1-4-4 自定心卡盘　　　　　　　　图1-4-5 单动卡盘

3. 卡盘加后顶尖（又称一夹一顶）

在车削长度较长的工件时，一般工件的一端用卡盘夹持，另一端用后顶尖支承。为了防止工件由于切削力的作用而产生轴向位移，必须在卡盘内装一限位支承，如图1-4-6a所示；或者利用工件的台阶面进行限位，如图1-4-6b所示。此种装夹方法比较安全可靠，能够承受较大的轴向切削力，安装刚性好，轴向定位准确，所以在数控车削加工中应用较多。

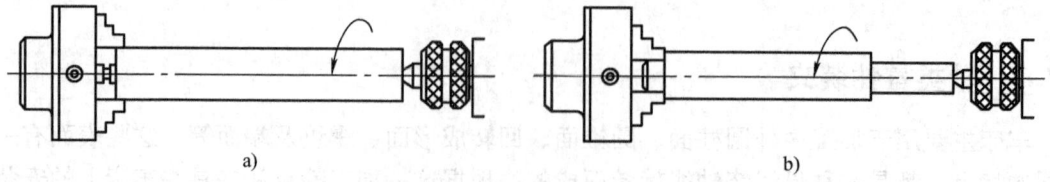

图1-4-6 一夹一顶
a）用限位支承　b）用工件台阶限位

两个或两个以上支承点重复限制同一个自由度，称为过定位。用一夹一顶方式装夹工件，当卡盘夹持部分较长时，卡盘限制了四个自由度 $\vec{Y}$、$\vec{Z}$、$\hat{Y}$、$\hat{Z}$，后顶尖限制了两个自

由度 $\hat{Y}$、$\hat{Z}$，重复限制了两个自由度 $\vec{Y}$、$\vec{Z}$。为了消除过定位，卡盘夹持部位应较短，只限制两个自由度 $\vec{Y}$、$\vec{Z}$，后顶尖限制两个自由度 $\hat{Y}$、$\hat{Z}$，此时是不完全定位，即可满足加工要求。

过定位对工件的形状和定位精度有影响，一般要消除过定位。只有工件的定位基准、夹具的定位元件精度很高时，方可允许过定位存在，以增加加工中的稳定性。

一夹一顶容易产生的问题和注意事项如下：

1) 一夹一顶车削，最好要求用轴向限位支承，否则在轴向切削的作用下，工件容易产生轴向移位。

2) 顶尖支承不能过松或过紧。过松，工件产生跳动，外圆变形；过紧，易产生摩擦热，烧坏顶尖和中心孔。

3) 后顶尖的中心线应在车床主轴轴线上，否则车出的工件会产生锥度。

4) 中心孔的形状应正确，表面粗糙度值要小。装入顶尖前，应清除中心孔内的切屑或异物。

4. 两顶尖拨盘（又称两顶尖装夹）

两顶尖装夹时，定心正确可靠，安装方便，并可多次调头装夹而不影响装夹精度，适合于两轴端同轴度、精度要求较高的场合。

顶尖作用是进行工件的定心，并承受工件的重量和切削力。顶尖分为前顶尖和后顶尖。前顶尖的安装如图 1-4-7 所示。

后顶尖有固定顶尖和回转顶尖两种，如图 1-4-8、图 1-4-9 所示。

(1) 固定顶尖　固定顶尖刚性好，定心准确，但与工件中心孔之间存在滑动摩擦而发热过多，容易将中心孔或顶尖烧坏。因此固定顶尖只适用于低速加工、精度要求较高的工件。

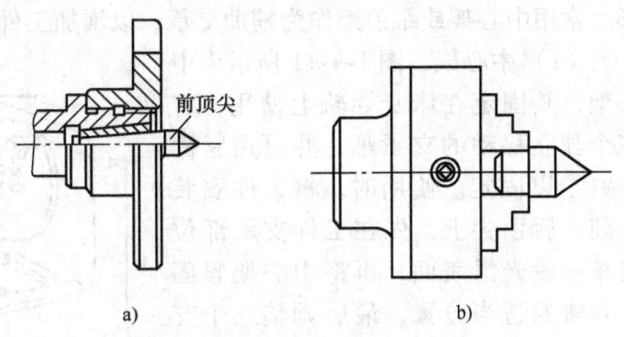

图 1-4-7　前顶尖
a) 插入主轴锥孔内　b) 夹在卡盘上

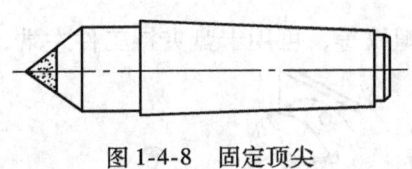

图 1-4-8　固定顶尖

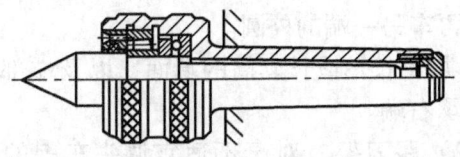

图 1-4-9　回转顶尖

(2) 回转顶尖　回转顶尖将工件与中心孔的滑动摩擦改变为顶尖内部轴承的滚动摩擦，能在很高的转速下正常工作，克服了固定顶尖的缺点，因此应用日益广泛。但回转顶尖存在一定的装配累积误差，以及当滚动轴承磨损后，回转顶尖会产生径向摆动，从而降低加工精度。

两顶尖装夹工件时，一般前、后顶尖是不能直接带动工件转动的，它必须借助拨盘和鸡心夹头来带动工件旋转。拨盘后端有内螺纹和车床主轴配合,盘面形式有两种:一种是带有U形槽的拨盘,用来与弯尾鸡心夹头相配带动工件旋转,如图1-4-10a所示;另一种拨盘装有拨杆,用来与直尾鸡心夹头相配带动工件旋转,如图1-4-10b所示。鸡心夹头的一端与拨盘相配,另一端装有方头螺钉,用来固定工件。

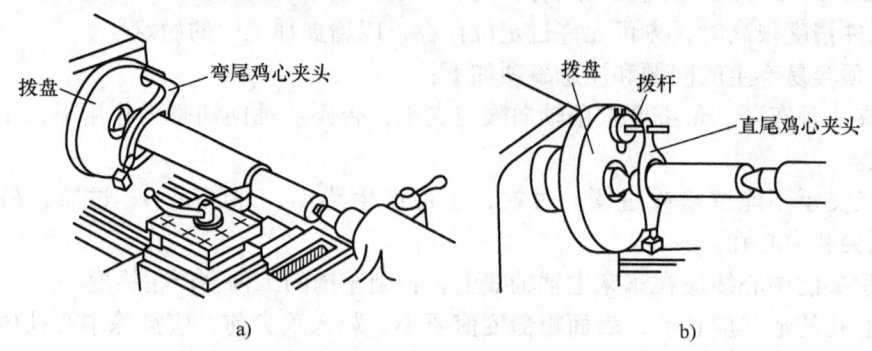

图1-4-10 两顶尖装夹工件

5. 中心架和跟刀架

加工细长轴(长径比 $L/D > 15$)时,为了防止工件受径向切削力的作用而产生弯曲变形,常用中心架或跟刀架作为辅助支承,以增加工件刚性。

(1)中心架 图1-4-11所示为中心架,其固定在床身导轨上使用,有三个独立移动的支承爪,并可用紧固螺钉予以固定。使用时,将工件安装在前、后顶尖上,先在工件支承部位精车一段光滑表面,再将中心架紧固于导轨的适当位置,最后调整三个支承爪,使之与工件支承面接触,并调整至松紧适宜。

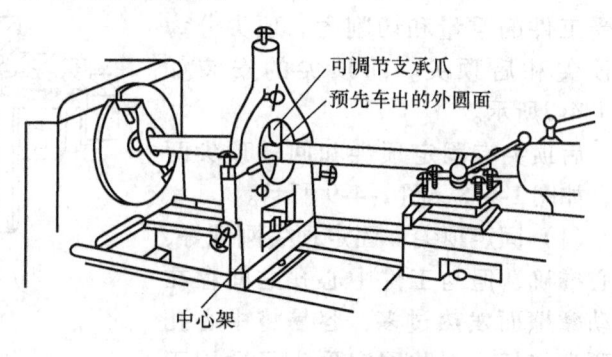

图1-4-11 中心架

中心架的应用有两种情况:

① 加工细长阶梯轴的各外圆,一般将中心架支承在轴的中间部位,先车右端各外圆,调头后再车另一端的外圆。

② 加工长轴或长套筒的端面,以及端部的孔和螺纹等,可用卡盘夹持工件左端,用中心架支承右端。

(2)跟刀架 对于不适宜调头车削的细长轴,不能用中心架支承,要用跟刀架支承进行车削,以增加工件的刚性。

跟刀架固定在大滑板侧面上,随刀架纵向运动,如图1-4-12所示。跟刀架有两个支承爪,紧跟在车刀后面起辅助支承作用,抵消径向切削力,提高车削细长轴的形状精度和减小表面粗糙度值。因此,跟刀

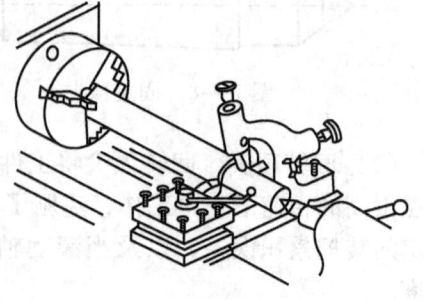

图1-4-12 跟刀架

架主要用于细长光轴的加工。使用跟刀架需先在工件右端车削一段外圆,根据外圆调整两支承爪的位置和松紧,然后即可车削光轴的全长。

使用中心架和跟刀架时,工件转速不宜过高,并需对支承爪加注滑润油。

4.3.2 套类零件装夹

套类零件的主要定位基准为内外圆中心轴线。加工中、小型套类零件的常用夹具有手动自定心卡盘、液压自定心卡盘等。当外圆表面与内孔中心有较高同轴度要求时,通常内孔精加工完成后,再以内孔作为定位基准面,装在心轴或弹簧心轴上加工外圆或端面,保证几何精度要求。加工大、中型套类零件的常用夹具有单动卡盘和花盘。

当工件用已加工过的孔作为定位基准,并要保证外圆轴线和内孔轴线的同轴度要求时,可采用心轴装夹。这种装夹方法可以保证工件内外圆柱表面的同轴度,适用于一定批量生产。心轴的种类很多,以下介绍几种常见的心轴。

1. 圆柱心轴和圆锥心轴

工件以圆柱孔定位常用圆柱心轴和小锥度心轴;对于带有锥孔、螺纹孔、花键孔的工件定位,常用相应的圆锥体心轴、螺纹心轴和花键心轴。工件在圆柱心轴上的定位装夹如图1-4-13所示。圆锥心轴定位装夹时与工件的接触情况,如图1-4-14所示。

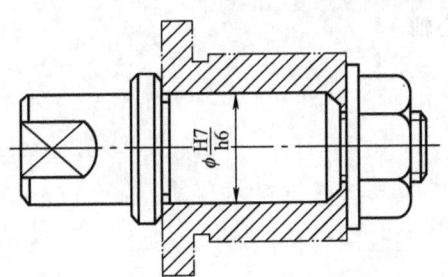

图1-4-13 工件在圆柱心轴上的定位装夹

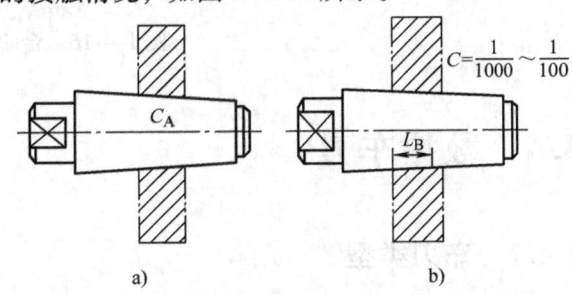

图1-4-14 圆锥心轴装夹时与工件的接触情况
a) 锥度太大 b) 锥度合适

圆柱心轴是以外圆柱面定心、端面压紧来装夹工件的,心轴与工件孔一般用 H7/h6、H7/g6 的间隙配合,所以工件能很方便地套在心轴上,但由于配合间隙较大,一般只能保证同轴度精度在 $\phi 0.02$mm 左右。为了消除间隙,提高心轴定位精度,心轴可以做成锥体,但锥体的锥度很小,否则工件在心轴上会产生歪斜,常用的锥度为 $C = 1/1000 \sim 1/100$。定位时,工件楔紧在心轴上,楔紧后孔会产生弹性变形,从而使工件不致倾斜。

当工件直径较大时,则应采用带有压紧螺母的圆柱形心轴,它的夹紧力较大,但对中精度比锥度心轴低。

2. 弹簧心轴

当工件用已加工过的孔作为定位基准,并能保证外圆轴线和内孔轴线的同轴度要求时,常采用弹簧心轴装夹。这种装夹方法可保证工件内、外圆柱表面的同轴度,较适合用于批量生产。弹簧心轴(又称胀心心轴)既能定心,又能夹紧,是一种定心夹紧装置。弹簧心轴一般分为直式弹簧心轴和台阶式弹簧心轴。

(1) 直式弹簧心轴 直式弹簧心轴如图1-4-15所示,它的最大特点是直径方向上膨胀较大，可达 1.5~5mm。

（2）台阶式弹簧心轴　台阶式弹簧心轴如图 1-4-16 所示，它的膨胀量较小，一般为 1.0~2.0mm。

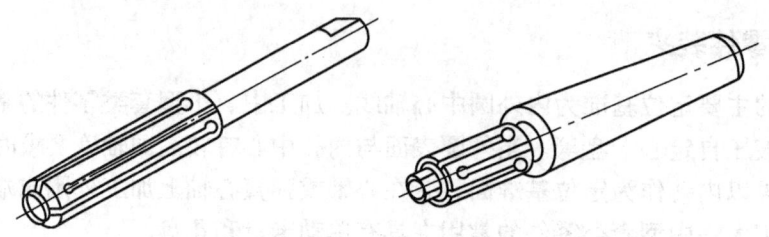

图 1-4-15　直式弹簧心轴

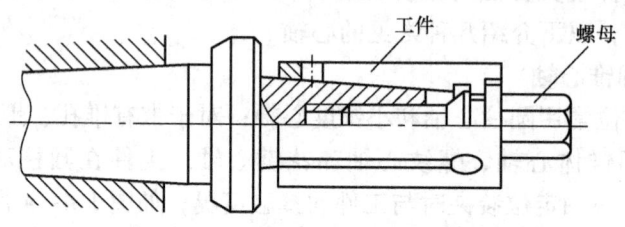

图 1-4-16　台阶式弹簧心轴

4.4　数控车刀

4.4.1　车刀类型

1. 根据刀尖形状分类

车刀按照刀尖的形状一般分成三类，即尖形车刀、圆弧形车刀和成形车刀，如图 1-4-17 所示。

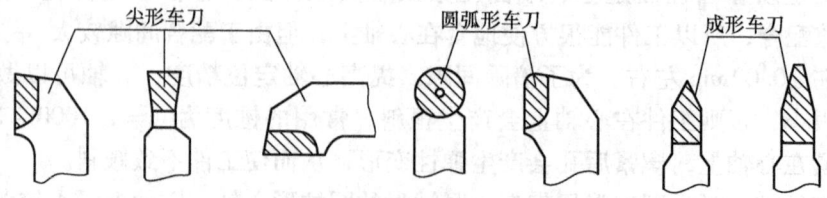

图 1-4-17　按照刀尖形状分类的数控车刀

2. 根据加工用途分类

数控车床主要用于回转表面的加工，如圆柱面、圆锥面、圆弧面、端面、槽、螺纹、内孔等。由此数控车刀可分为外圆车刀、端面车刀、切断车刀、切槽车刀、螺纹车刀和内孔车刀等，如图 1-4-18 所示。

3. 根据刀具结构分类

根据刀具结构，车刀可分为整体式、焊接式、机夹式和可转位式，如图 1-4-19 所示。

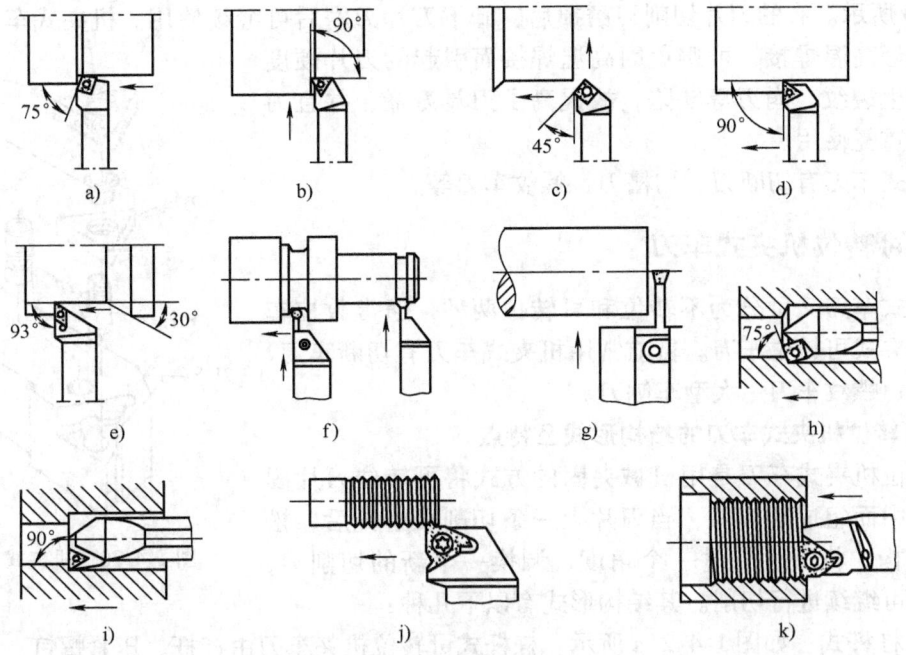

图 1-4-18 数控车刀分类
a) 75°外圆车刀 b) 90°端面车刀 c) 45°端面车刀 d) 90°外圆车刀 e) 93°外圆车刀
f) QC 系列切槽车刀、切断车刀 g) 机夹式切断车刀 h) 75°内孔车刀
i) 90°内孔车刀 j) 外螺纹车刀 k) 内螺纹车刀

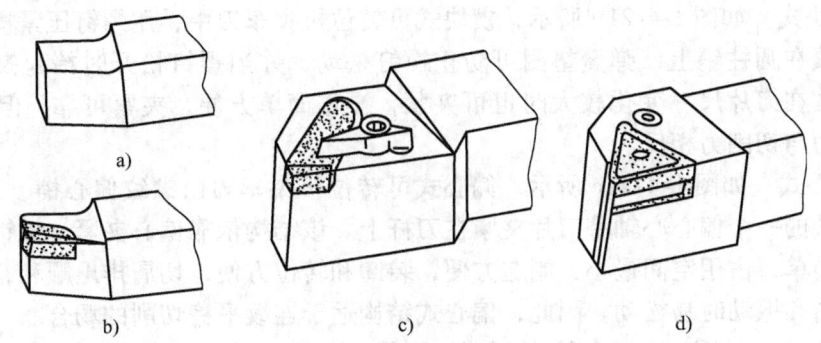

图 1-4-19 车刀的结构形式
a) 整体式车刀 b) 焊接式车刀 c) 机夹式车刀 d) 可转位式车刀

(1) 整体式车刀 整体式车刀主要指整体式高速钢车刀,通常为小型车刀、螺纹车刀和形状复杂的成形车刀,具有抗弯强度高、冲击韧性好、制造简单、刃磨方便、刃口锋利等优点。

(2) 焊接式车刀 焊接式车刀是将硬质合金刀片钎焊在碳素结刀柄刀槽内的车刀。优点:结构简单、紧凑;刚性好、抗振性能强;制造、刃磨方便;使用灵活。缺点:刀片经过高温焊接,强度、硬度降低,切削性能下降;刀片材料产生内应力,容易出现裂纹等缺陷;刀柄不能重复使用,浪费原材料;换刀及对刀时间较长,不适用于数控车床。

(3) 机夹式车刀 机夹式车刀是将硬质合金刀片用机械夹固的方法装夹在刀杆上,如

图 1-4-20 所示。有的刀片切削刃磨损后，卸下刀片刃磨后可继续使用。机夹式车刀的优点是刀片不经高温焊接，可避免因高温焊接而引起的刀片硬度下降和产生裂纹、崩刃等缺陷，故提高了刀具寿命，并且刀柄可多次重复使用。

机夹式车刀有切断刀、切槽刀、螺纹车刀等。

4.4.2 可转位机夹式车刀

机夹式车刀又可分为不转位和可转位两种，通常数控车刀采用机夹式可转位车刀。目前常用机夹式车刀有切断车刀、切槽车刀、螺纹车刀、大型车刨刀。

1. 可转位机夹式车刀的结构形式及特点

可转位机夹式车刀是用机械夹固的方式将可转位刀片固定在刀槽中而组成的车刀，当刀片上一条切削刃磨钝后，松开夹紧机构，将刀片转过一个角度，调换一个新的切削刃，夹紧后即可继续进行切削。其结构形式有以下几种：

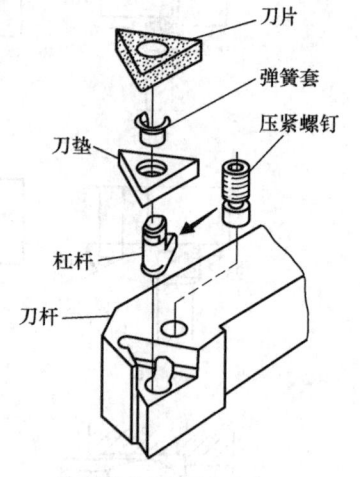

图 1-4-20 机夹式车刀

（1）杠杆式　如图 1-4-21a 所示，杠杆式可转位机夹车刀由杠杆、压紧螺钉、刀垫、刀片等组成。这种结构形式是利用杠杆原理对刀片进行夹紧的。当旋进螺钉时，通过杠杆产生夹紧力，从而将刀片定位在刀槽侧面上；旋出螺钉时，刀片松开，半圆筒形弹簧片可保持刀垫位置不动。结构特点：定位精度高、调节余量大，夹固牢靠，受力合理，拆卸方便，但工艺性较差。

（2）楔块式　如图 1-4-21b 所示，楔块式可转位机夹车刀中，用螺钉压紧楔块，使刀片的固定孔压紧在圆柱销上，弹簧垫圈可防止螺钉松动，并当螺钉松开时抬起楔块。结构特点：这种结构在刀片尺寸变化较大时也可夹紧，操作简单方便，夹紧可靠，但定位精度较低，且夹紧力与切削力相反。

（3）偏心式　如图 1-4-21c 所示，偏心式可转位机夹车刀由螺纹偏心销、刀片等组成，利用螺钉上端的一个偏心心轴将刀片夹紧在刀杆上。该结构依靠偏心夹紧，螺钉自锁。结构特点：结构简单，占用空间最小，制造方便，装卸和转位方便，切屑排出顺利，但定位精度不高，有冲击和振动时易松动。因此，偏心式结构适于连续平稳切削的场合。

（4）杠销式　如图 1-4-21d 所示，杠销式结构中，利用加力螺钉压紧在杠销的下端，杠销和刀杆孔壁的接触点为支点，将刀片夹紧。结构特点：这种结构的杠销比杠杆制造简单，定位精度高，夹紧可靠，结构紧凑，操作方便，但杠销刚度较差，夹紧力不大，且调整余量小，装卸刀片不如杠杆式的方便。

（5）上压式　如图 1-4-21e 所示，上压式结构是用来夹紧无固定孔的刀片的。这种结构形式夹紧力大，通过两定位侧面能获得稳定可靠的定位，而且元件小，装卸容易，但刀片上的压板使排屑受到一定的影响。

2. 可转位车刀刀片

可转位车刀刀片的形状有正三角形、正方形、菱形、平行四边形、矩形、五边形、六边形和圆形等，是由硬质合金厂压模成形的，刀片具有供切削时选用的几何参数（不需刃磨）；同时，刀片具有 3 个以上供转位用的切削刃，当一个切削刃磨损后，松开夹紧机构，将刀片转位到另一切削刃，即可进行切削，当所有切削刃都磨损后再取下，换上新的同类型的刀片。

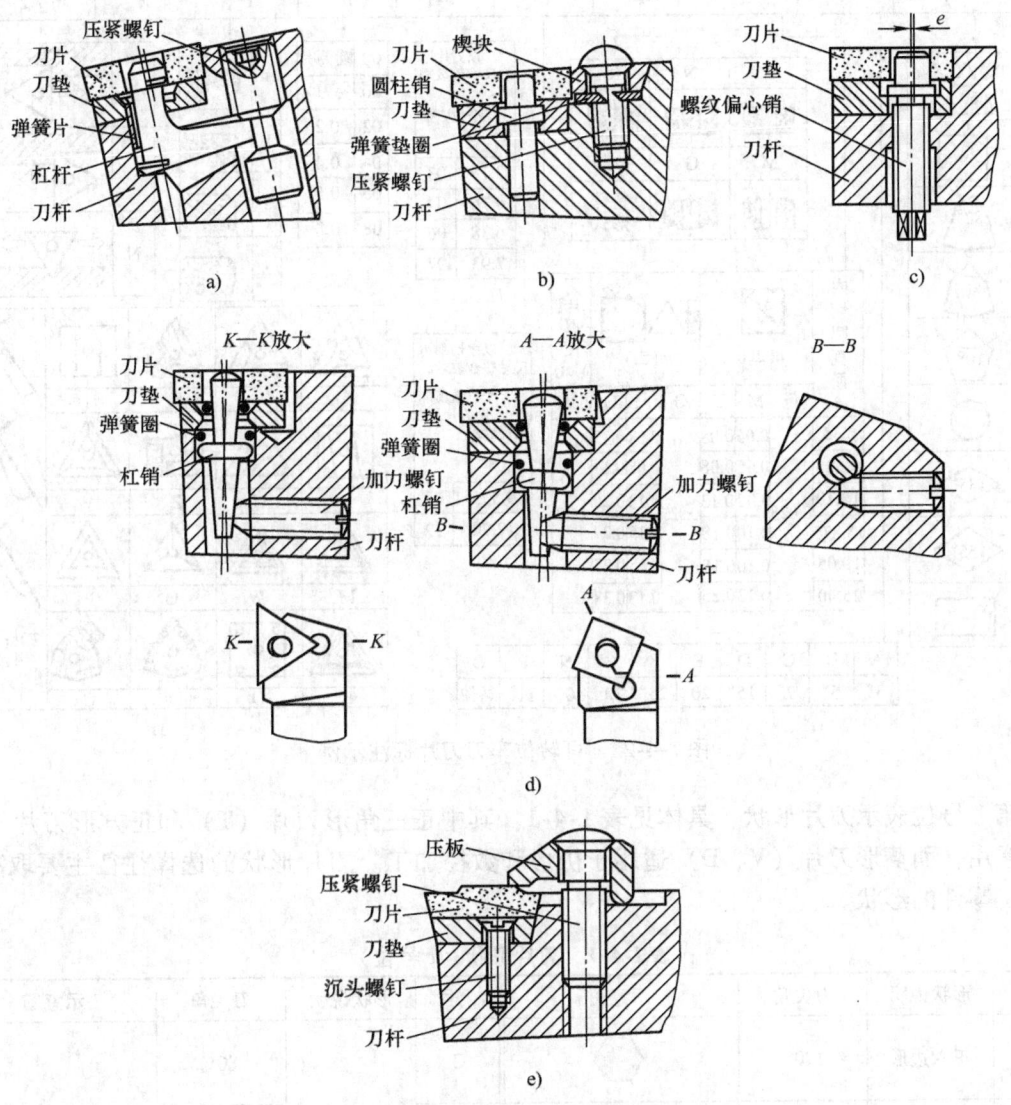

图 1-4-21 可转位车刀结构形式
a) 杠杆式　b) 楔块式　c) 偏心式　d) 杠销式　e) 上压式

可转位刀片型号可以用 10 个号位的内容来表示其主要特征参数。按照规定，任何一个型号的刀片都必须用前 7 个号位，后 3 个号位在必要时才使用。但对于车刀刀片，第 10 号位属于标准要求标注的部分。不论有无第 8、9 两个号位，第 10 号位都必须用短横线"-"与前面号位隔开，并且其字母不得使用第 8、9 两个号位已使用过的字母；当只使用其中一位时，则写在第 8 号位上，中间不需空格。例如：

T　N　U　M　16　04　08　E　R　- A2
① ② ③ ④ ⑤ ⑥ ⑦ ⑧ ⑨ ⑩

示例具体解释如图 1-4-22 所示。

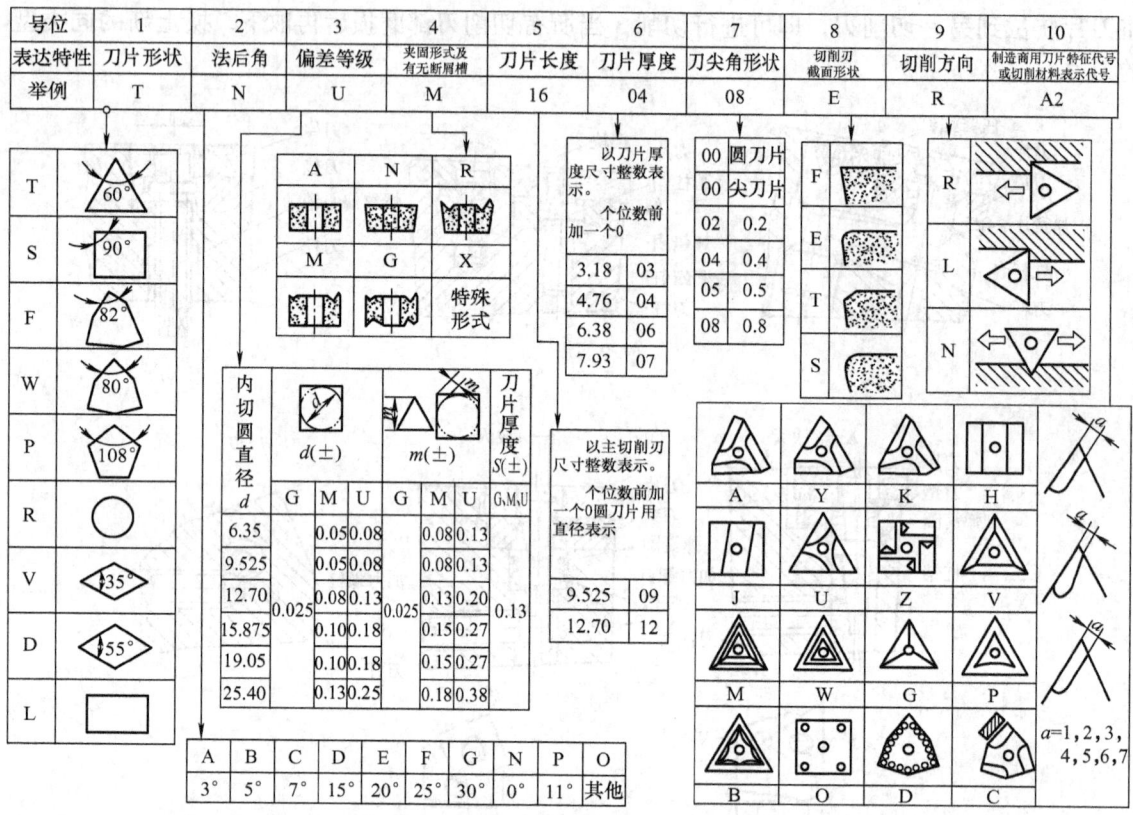

图 1-4-22 可转位车刀刀片标注示例

第1号位表示刀片形状,具体见表1-4-1。其中正三角形刀片(T)和正方形刀片(S)为最常用,而菱形刀片(V、D)适用于仿形和数控加工。刀片形状的选择往往主要取决于被加工零件的形状。

表 1-4-1 刀片形状(1号位)

代号	形状说明	刀尖角	示意图	代号	形状说明	刀尖角	示意图
H	正六边形	120°		C		80°	
O	正八边形	135°		D		55°	
P	正五边形	108°		E	菱形	75°	
S	正方形	90°		M		86°	
T	正三角形	60°		V		35°	
F	不等边不等角六边形	82°		W	等边不等角六边形	80°	

(续)

代号	形状说明	刀尖角	示意图	代号	形状说明	刀尖角	示意图
A	平行四边形	85°		L	矩形	90°	
B		82°		R	圆形		
K		55°					

第 2 号位表示刀片法后角,用一个英文字母表示,如图 1-4-22 所示。N 表示法后角为 0°,这一角度的刀片应用最广,一般用于粗车、半精车;法后角 5°、7°、11° 的刀片用于半精车、精车、仿形加工和内孔加工。

第 3 号位表示刀片主要尺寸允许偏差等级。刀片偏差等级共分 12 级,分别为 A、F、C、H、E、G、J、K、L、M、N、U。其中 U 级为普通级,J、K、L、M、N 级为中等级,A、F、C、H、E、G 都为精密级,M 级应用较多。对刀尖位置要求较高或数控车床用的车刀片选 M 级,普通车床粗车、半精车用 U 级,要求更高级时选 G 级。

第 4 号位表示刀片夹固形式及有无断屑槽。常见的有带孔和不带孔的,主要与采用的夹紧机构有关,见表 1-4-2。

表 1-4-2 可转位刀片有无固定孔和断屑槽的表示方法

代号	固定方式	断屑槽	示意图
N	无固定孔	无断屑槽	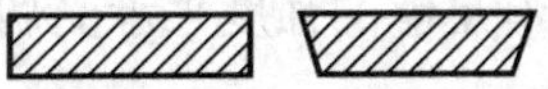
R	无固定孔	单面有断屑槽(台)	
F	无固定孔	双面有断屑槽(台)	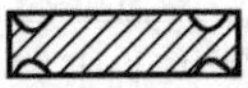
A	有圆形固定孔	无断屑槽	
M	有圆形固定孔	单面有断屑槽	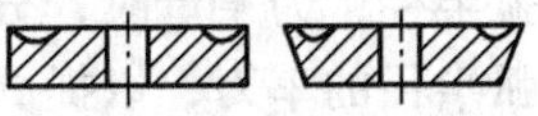
G	有圆形固定孔	双面有断屑槽	
W	单面有 40°~60° 固定沉孔	无断屑槽	
T	单面有 40°~60° 固定沉孔	单面有断屑槽	
Q	双面有 40°~60° 固定沉孔	无断屑槽	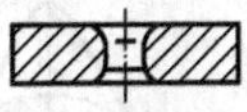
U	双面有 40°~60° 固定沉孔	双面有断屑槽	
B	单面有 70°~90° 固定沉孔	无断屑槽	
H	单面有 70°~90° 固定沉孔	单面有断屑槽	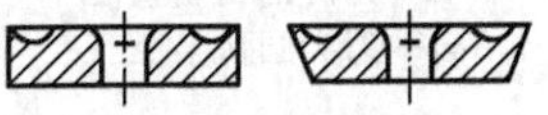

（续）

代号	固定方式	断屑槽	示意图
C	双面有70°~90°固定沉孔	无断屑槽	
J		双面有断屑槽	
X	其他尺寸和详情，需图形和附加说明		

第5号位表示刀片尺寸，常用的米制等边边和圆形刀片的代号见表1-4-3。刀片切削刃长度应该根据主切削刃参加工作长度来选择，即应根据背吃刀量进行选择，一般开口式刀片长度选≥$1.5a_p$，封闭式刀片切削刃长度选≥$2a_p$。

表1-4-3　常用的米制等边形和圆形刀片代号（5号位）

代　号	06	07	09	12
内切圆基本直径/mm	6.35	7.94	9.525	12.7
代号	15	19	25	31
内切圆基本直径/mm	15.875	19.05	25.4	31.75

第6号位表示刀片厚度，刀片厚度数值与代码见表1-4-4。刀片厚度根据在切削中承受最大负荷来确定，在刀片切削刃长度选定后，它也就可以确定了。刀片厚度的选用原则是使刀片有足够的强度来承受切削力，通常是根据工件材料的强度、背吃刀量和进给量的大小来选用。

表1-4-4　标准刀片的厚度表示代号（6号位）

代　号	01	T1	02	03	T3	04	05	06	07	09	12
刀片厚度值/mm	1.59	1.98	2.38	3.18	3.97	4.76	5.56	6.35	7.94	9.52	12.7

第7号位表示刀尖圆弧半径或刀尖角形状，见表1-4-5。为数字时，表示可转位刀片刀尖圆弧半径；为字母时，分别表示可转位刀片主偏角及修光刃法后角。粗车时应选择较大刀尖圆弧半径的车刀，以提高刀尖强度，但不宜过大，以免切削时引起振动，一般取略大于或等于最大进给量的1.25倍；精车时，应根据被加工零件的表面粗糙度与进给量来选择相应的刀尖圆弧半径。

表1-4-5　刀尖圆弧半径或刀片转角形状（7号位）

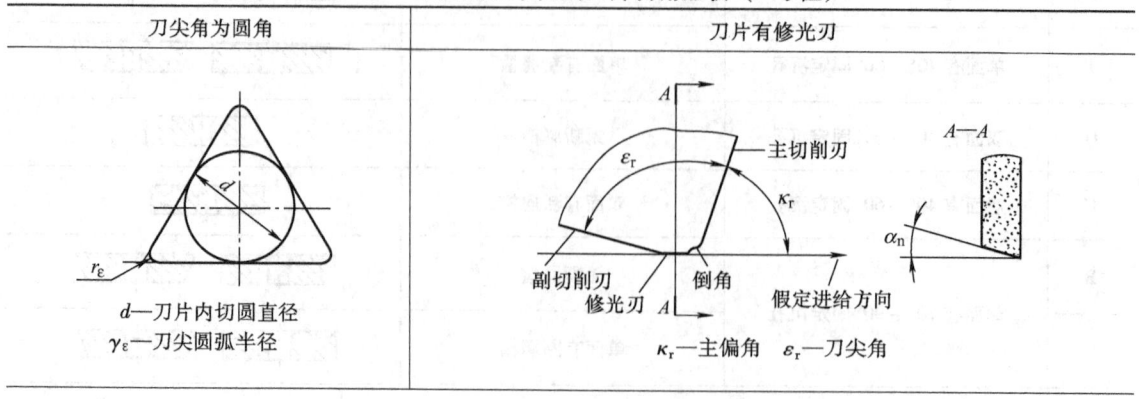

(续)

刀尖角为圆角		刀片有修光刃			
代号	γ_ε/mm	代号	κ_r/(°)	代号	α_n/(°)
00	刀片转角为尖角			A	3
02	0.2			B	5
04	0.4	A	45	C	7
08	0.8	D	60	D	15
12	1.2	E	75	E	20
16	1.6	F	85	F	25
20	2.0	P	90	G	30
24	2.4	Z	其他角度	N	0
32	3.2			P	11
				Z	其他角度

第8号位表示刀片切削刃截面形状。由F、E、T、S、Q、P六个代号表示，见表1-4-6。

表1-4-6 刀片切削刃截面形状（8号位）

符号	简图	说明	符号	简图	说明	符号	简图	说明
F	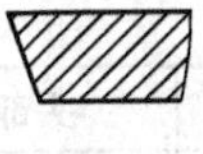	尖锐切削刃	T	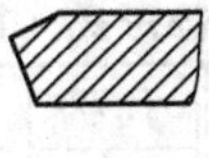	倒棱切削刃	Q	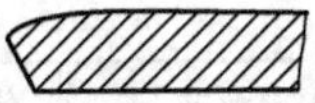	双倒棱切削刃
E	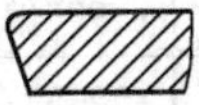	倒圆切削刃	S	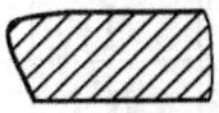	既倒棱又倒圆切削刃	P	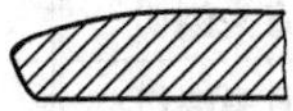	既双倒棱又倒圆切削刃

第9号位表示刀片的切削方向。R表示右切刀片，L表示左切刀片，N表示双向。

第10号位，是留给刀片厂家备用号位，常用来表示一个或两个刀片特征，以更好地描述其产品，如图4-22所示。例如：A2表示刀片断屑槽为A型槽，槽宽为2mm。不同生产厂家所定义的含义也不同，有些表示刀片材质型号，有些表示产品标识等，如：具体含义只能查阅生产厂家的说明资料。

3. 可转位车刀（刀杆）型号表示规则

可转位车刀（刀杆）型号也有10个号位，其中第2、第4、第5、第9号位与刀片型号中代号意义相同。

例如： P T G N R 20 20 K 16 Q
　　　 ① ② ③ ④ ⑤ ⑥ ⑦ ⑧ ⑨ ⑩

第1号位表示车刀刀片的夹紧方式（P表示杠杆偏心式夹紧），见表1-4-7。

第2号位表示车刀刀片形状（T表示正三角形刀片），与刀片型号中的号位意义相同。

第3号位表示车刀头部形状（G表示90°偏头外圆车刀），共20种，见表1-4-8。

第4号位表示车刀刀片法后角（N表示其法后角为0°），与刀片型号中的号位意义相同。

第5号位表示车刀的切削方向（R表示右切），与刀片型号中的号位意义相同。

第 6 号位表示车刀的刀尖高度（20 表示车刀刀尖高度为 20mm）；

第 7 号位表示车刀的刀杆宽度（20 表示车刀刀杆宽度为 20mm）；

第 8 号位表示车刀的长度（K 表示车刀长度为 125mm），当车刀长度为标准长度时，第 8 位用"-"表示；若车刀长度不适合标准长时，则用一个字母表示，每个字母代表不同长度（见表 1-4-9）。

第 9 号位表示车刀刀片的边长（16 表示车刀刀片边长为 16.5mm），与刀片型号中的号位意义相同。

第 10 号位表示不同测量基准的精密级车刀（Q 表示以车刀的外侧面和后端面为测量基准的精密级车刀），见表 1-4-10。

表 1-4-7 刀片夹紧方式代号（第 1 号位）

代 号	刀片夹紧方式
C	装无孔刀片，利用压板从刀片上方将刀片夹紧。如上压式
M	装圆孔刀片，从刀片上方并利用刀片孔将刀片夹紧。如楔块式
P	装圆孔刀片，利用刀片孔将刀片夹紧。如杠杆式、偏心式
S	装沉孔刀片，用螺钉直接穿过刀片孔将刀片夹紧。如压孔式

表 1-4-8 车刀头部形式（第 3 号位）

代号	头部形式	代号	头部形式	代号	头部形式	代号	头部形式
A	90°直头侧切	F	90°偏头端切	L	95°偏头侧切及端切	T	60°偏头侧切
B	75°直头侧切	G	90°偏头侧切	M	50°直头侧切	U	93°偏头端切
C	90°直头端切	H	107.5°偏头侧切	N	63°直头侧切	V	72.5°直头侧切
D	45°直头侧切	J	93°偏头侧切	R	75°偏头侧切	W	60°偏头端切
E	60°直头侧切	K	75°偏头端切	S	45°偏头端切	Y	85°偏头端切

表 1-4-9 车刀的长度（第 8 号位） (单位：mm)

代号	A	B	C	D	E	F	G	H	J	K	L	M
长度	32	40	50	60	70	80	90	100	110	125	140	150
代号	N	P	Q	R	S	T	U	V	W	X	Y	
长度	160	170	180	200	250	300	350	400	450	特殊尺寸	500	

表 1-4-10 精密级车刀的测量基准（第 10 号位）

代号	Q	F	B
测量基准	外侧面和后端面	内侧面和后端面	内、外侧面和后端面
图示			

注意：其中的第 1、2、5、6 号位必须要记住，它是直接配刀杆、选型时要用到的。

4.4.3 刀具材料

金属切削除了要求刀具具有适当的几何参数外,还要求刀具材料有良好的切削性能。

在金属切削加工中,刀具材料的切削性能直接影响着生产率、工件的加工精度、已加工表面质量、刀具消耗和加工成本。

正确选择刀具材料是设计和选用刀具的重要内容之一,特别是对某些难加工材料的切削来讲,刀具材料的选用显得尤为重要。以下主要介绍有关刀具切削部分的材料性能及其合理选用的知识。

1. 刀具材料应具备的性能

刀具在切削加工时,除要承受较大的切削力外,还要与切屑、工件之间产生剧烈的摩擦,因此会产生大量的热,承受很高的切削温度。当加工余量不均匀或断续切削时,刀具还要承受冲击载荷和振动。为避免迅速磨损或破损,刀具材料应该具有以下基本性能。

(1) 高硬度 硬度是指材料抵抗其他物体压入其表面的能力。刀具材料的硬度必须高于被加工材料的硬度,一般情况要求其常温下的硬度在62HRC以上。另外,刀具材料的硬度高低,在一定程度上决定了刀具的应用范围。工件材料硬度越高,就要求刀具材料的硬度相应提高。

目前,切削性能最差的刀具材料是碳素工具钢,其硬度在室温条件下也应在62HRC以上,高速钢的硬度为63~70HRC。

(2) 高耐磨性和耐热性 耐磨性是刀具材料抵抗机械摩擦和抵抗磨料磨损的能力。耐磨性是刀具材料强度、硬度、化学成分及显微组织结构的综合反应。通常刀具材料的硬度越高,耐磨性越好;组织中的硬质点的硬度越高,数量越多,颗粒越小,分布越均匀,则耐磨性越高。此外,耐磨性还取决于材料的组成成分和显微组织等。因此,耐磨性是衡量刀具材料性能的主要条件之一。

耐热性也称热硬性,即在高温下保持硬度、耐磨性、强度和韧性的能力。它是衡量刀具材料切削性能的主要标志。耐热性越好,说明刀具材料在高温时抗塑性变形的能力、抗磨损的能力也越强,允许的切削速度就越高。耐热性差的刀具材料,高温下硬度显著下降,会很快磨损乃至发生塑性变形,丧失切削能力。

(3) 足够的强度和韧性 刀具材料必须具备足够的强度和韧性,以能承受切削力、冲击和振动等。例如,车削45钢时,当$a_p = 4mm$,$f = 0.5mm/r$时,刀片要承受约4000N的切削力。

因此,刀具材料必须要有足够的强度和韧性。一般用刀具材料的抗弯强度(单位为MPa)表示它的强度大小。用冲击韧度(单位为J/m^2),表示其韧性的大小,它反映刀具材料抗脆性断裂和崩刃的能力。

(4) 良好的工艺性和经济性 良好的工艺性是为了便于制造,要求刀具材料有较好的可加工性,如热塑性(锻压成形)、焊接工艺性、切削加工性和热处理工艺性等。

经济性是评价新型刀具材料的重要指标之一,也是正确选用刀具材料、降低产品成本的主要依据之一。刀具材料的选用应尽可能结合本国资源,降低刀具材料价格和制造成本。生产中应根据不同的切削条件合理选择刀具切削部分材料,以充分发挥各种刀具材料的性能特点。各种刀具材料的主要性能指标见表1-4-11。

表 1-4-11 各种刀具材料的主要性能指标

材料种类		密度 /(g/cm³)	硬度	抗弯强度 /GPa	冲击韧度 /(MJ/m²)	导热系数 /[W/(m·K)]	耐热性 /℃	线膨胀系数 ×10⁻⁶/℃
工具钢	碳素工具钢	7.6~7.8	60~65HRC (81.2~84HRA)	2.16	—	~41.87	200~250	11.72
	合金工具钢	7.7~7.9	60~65HRC (81.2~84HRA)	2.35		~41.87	300~400	—
	高速钢	8.0~8.8	63~67 (83~85HRA)	2~4.5	0.098~0.588	16.75~25.1	600~700	9~12
硬质合金	钨钴类	14.3~15.3	(89~92HRA)	1.08~2.35	0.019~0.059	75.4~87.9	800	3~7.5
	钨钛钴类	9.35~13.2	(89~92.5HRA)	0.9~1.4	0.0029~0.0068	20.9~62.8	900	
	钨钛钽钴类		(~92HRA)	~1.5			1000~1100	
	TiC基类	5.56~6.3	(92~93.3HRA)	0.78~1.08			1100	8.2
陶瓷	氧化铝陶瓷	3.6~4.7	(91~95HRA)	0.44~0.69	0.0049~0.0117	4.19~20.93	1200	6.3~9
	氮化硅陶瓷	3.26		0.74~0.83		37.68	1300	3.2~3.7
超硬材料	立方氮化硼	3.44~3.49	8000~9000HV	~0.294	—	75.55	1400~1500	4.8
	人造金刚石	3.47~3.56	10000HV	0.21~0.48	—	146.54	700~800	0.9~1.2

2. 常用刀具材料

目前,生产中应用的刀具材料有碳素工具钢、合金工具钢、高速钢、硬质合金、陶瓷、立方氮化硼、金刚石等,其中应用最广泛的是硬质合金材料及其涂层技术。

(1) 碳素工具钢 碳素工具钢是一种含碳量较高的优质钢(碳的质量分数一般为0.65%~1.35%),淬火后硬度较高,可达 60~65HRC,热硬性为 200~250℃,价格低廉,不耐高温,切削速度因此而不能太高,允许切削速度 $v_c \leq 10m/min$,只能用于简单、低速的手工刀具,如锉刀、板牙、锯条和刮刀等。

碳素工具钢常用的牌号共有 8 个。其中碳含量较低的 T7 具有良好的韧性,但耐磨性不高,适于制作切削软材料的刀具和承受冲击载荷的工具,如木工工具、镰刀、錾子、锤子等;T8 具有较好的韧性和较高的硬度,适于制作冲头、剪刀,也可制作木工工具;锰含量较高的 T8Mn 淬透性较好,适于制作断口较大的木工工具、煤矿用錾、石工錾和要求变形小的手锯条、横纹锉刀;T10 耐磨性较好,应用范围较广,适于制作切削条件较差、耐磨性要求较高的金属切削工具,以及冷冲模具和测量工具,如车刀、刨刀、铣刀、搓丝板、拉丝模、刻纹錾子、卡尺和塞规等;T12 硬度高,耐磨性好,但是韧性低,可以用于制作不受冲击载荷的、硬度高、耐磨性好的切削工具和测量工具,如刮刀、钻头、铰刀、扩孔钻、丝锥、板牙和千分尺等;T13 是碳素工具钢中碳含量最高的钢种,其硬度极高,但韧性低,不能承受冲击载荷,只适于制作切削高硬度材料的刀具和加工坚硬岩石的工具,如锉刀、刻刀、拉丝模、雕刻工具等。

(2) 合金工具钢 合金工具钢是在碳素工具钢中加入一定量的硅(Si)、铬(Cr)、钨(W)、锰(Mn)、钒(V)等合金元素以提高材料的耐热性、耐磨性和韧性,同时还可以减少热处理变形的一类钢种。其淬火后的硬度可达 60~65HRC，热硬性为 300~400℃，允许切削速度 v_c = 10~15m/min，常用于制造形状较复杂、低速加工和要求热处理变形较小的刀具，如板牙、拉刀、手用铰刀（孔的精加工）等。常用的合金工具钢牌号有 9SiCr、CrWMn。

其中，9SiCr 是应用广泛的工具钢，用于制作要求变形小的各种薄刃低速切削刀具，如板牙、丝锥、铰刀等。

（3）高速钢 高速钢是一种加入了较多的钨（W）、钼（Mo）、铬（Cr）、钒（V）等合金元素的高合金工具钢，又称白钢或锋钢。高速钢中钨和钼的质量分数为 10%~20%，铬的质量分数为 4%，钒的质量分数在 1% 以上，且钼和钨的作用基本相同，1% 的钼可代替 2% 的钨。但钼能减少钢中碳化物的不均匀性，细化碳化物晶粒，提高材料韧性。另外，在某些高速钢中，为了提高耐热性，还添加钴、铝、硅、铌等元素；为了提高耐磨性，可适当增加钒含量。

高速钢常温下的硬度为 63~67HRC，耐热性为 500~650℃，允许切削速度为 40m/min 左右，并具有较高的抗弯强度和冲击韧度，具有相当好的工艺性，能锻造，易磨成锋利切削刃，因此常用于制造各种形状复杂的成形刀具和精加工刀具，如钻头、铰刀、铣刀、拉刀、齿轮刀具等。常用高速钢的牌号有 W18Cr4V、W6Mo5Cr4V2 等。

高速钢种类有普通高速钢、高性能高速钢、粉末冶金高速钢。

1) 普通高速钢。普通高速钢按成分可分为钨系高速钢和钨钼系高速钢等。

① 钨系高速钢。典型牌号为 W18Cr4V（简称 W18），表示 W 的质量分数为 18%，Cr 的质量分数为 4%，V 的质量分数为 1%，是应用最早的高速钢，具有较好的综合力学性能，但由于钨是稀有金属，现在使用已经较少。另一种钨系高速钢为 W9Mo3Cr4V（简称 W9），是近年我国研制出的一种钨系高速钢，其性能接近于 W6Mo5Cr4V2。这种钢具有良好的力学性能和热塑性，热处理温度范围宽，脱碳倾向比 M2 钢小得多，刀具寿命有一定程度的提高。

② 钨钼系高速钢。钨钼系高速钢是以钼代钨、含钨较少的高速钢，典型的牌号为 W6Mo5Cr4V2（简称 M2），表示 W 的质量分数为 6%，Mo 的质量分数为 5%，Cr 的质量分数为 4%，V 的质量分数为 2%。M2 的碳化物颗粒细小，分布均匀，具有良好的力学性能，抗弯强度和韧性比 W18 钢高，能承受较大的冲击力。M2 钢的耐热性稍低于 W18 钢，但热塑性特别好，常用于轧制和扭制等热成形工艺的刀具（如麻花钻），也可用于制作大尺寸刀具，是目前使用最多的普通高速钢。

2) 高性能高速钢。高性能高速钢是在普通高速钢中添加一些碳、钒及钴、铝等合金元素而形成的新钢种，如钴高速钢 W6Mo5Cr4V2Co8、W18Cr4V2Co8、W2Mo9Cr4VCo 及我国研制的铝高速钢 W6Mo5Cr4V2Al 等。这类钢的耐热性高于普通高速钢，因此具有更好的切削性能。高性能高速钢常用于加工奥氏体不锈钢、高温合金、钛合金、超高强度钢等难加工材料。

① 钴高速钢。其中应用最广的是 W2Mo9Cr4VCo8（M42），它具有良好的综合力学性能，硬度接近 70HRC，高温硬度居首位，因而能允许较高的切削速度。这种钢韧性好，耐磨性也好。在加工耐热合金、不锈钢时，这种材料刀具寿命较普通高速钢刀具寿命有明显提高。

② 铝高速钢。铝高速钢 W6Mo5Cr4V2Al（我国独创的无钴高速钢）是在 W6Mo5Cr4V2 基础上增加了铝和碳而形成的一种高性能高速钢，它在 600℃时的硬度能达到 55HRC，其切

削性能接近 M42 钢。缺点：耐磨性略低于 M42，热处理温度较难控制；优点：这种钢立足于我国资源，不含钴，性能好，生产成本较低，故已逐步推广使用。

3）粉末冶金高速钢。粉末冶金高速钢是将熔炼的高速钢液用高压惰性气体（氩气或纯氮气）雾化成细小粉末，再将粉末在高温高压下制成致密的刀坯，然后轧制（或锻造）成型的一种刀具材料。

粉末冶金高速钢颗粒细小，有良好的各向同性的力学性能，热处理变形小，耐磨性也显著改善，适用于制造切削难加工材料的刀具，特别适于制造各种精密刀具和形状复杂的刀具。但粉末冶金高速钢的冶炼成本高，价格较贵，所以在国内应用较少。常用高速钢的牌号及其主要性能见表 1-4-12。

表 1-4-12 常用高速钢的牌号及其主要性能

类型	高速钢牌号	常温硬度（HRC）	抗弯强度/GPa	冲击韧性/(MJ/m^2)	600℃下的硬度（HRC）	主要性能和适用范围
普通高速钢	W18Cr4V（W18）	63~66	3.0~3.4	0.18~0.32	48.5	综合力学性能好，通用性强，适用于制造加工轻合金、碳素钢、合金钢、普通铸铁的精加工刀具及复杂刀具，如螺纹车刀、成形车刀、拉刀等
	W6Mo5Cr4V2（M2）	63~66	3.5~4.0	0.30~0.40	47~48	强度和韧性略高于 W18，热硬性低于 W18，热塑性好，适用于制造加工轻合金、碳钢、合金钢的热成形刀具及承受冲击载荷、结构薄弱的刀具
高性能高速钢	W6Mo5Cr4V3（M3）	65~67	~3.2	~0.25	51.7	属于高钒高速钢，耐磨性很好，适合切削对刀具磨损极大的材料，如纤维、硬橡胶、塑料等，也用于加工不锈钢、高强度钢和高温合金等，效果也很好
	W6Mo5Cr4V2Al（501 钢）	68~69	3.0~4.1	0.23~0.35	54~55	属于我国独创，具有较高的综合力学性能和优良的切削性能，价格便宜，货源充足，但耐磨性能差，故不宜用其制造刃形复杂的刀具。在有些情况下，可以代替王牌 M42
	W2Mo9Cr4VCo8（M42）	67~69	2.7~3.8	0.23~0.30	55	属于含钴超硬高速钢，有很高的常温和高温硬度，适合加工高强度耐热钢、高温合金、钛合金等难加工材料，M42 耐磨性好，适用于制造精密复杂刀具，但不宜在有冲击载荷的切削条件下工作
	W10Mo4Cr4V3Co10（HSP-15）	67~69	~2.35	~0.15	56	

（4）硬质合金 硬质合金是以高硬度难熔金属的碳化物（WC、TiC、TaC 及 NbC 等）微米级粉末为主要成分，以 Co（钴）或 Ni（镍）、Mo（钼）为金属粘结剂高压成形，在真空炉或氢气还原炉中烧结而成的粉末冶金制品。这些难熔金属碳化物具有硬度高、耐磨性好、耐热性和化学稳定性好等优点。

1）硬质合金的主要性能。硬质合金的硬度为 89~93HRA，耐热性可达 800~1000℃，

抗弯强度为 $1\sim1.75$GPa，冲击韧度约为 0.4MJ/m^2，故而具有高硬度、良好的耐磨性和耐热性。允许使用的切削速度可达 $100\sim300$m/min，为高速钢的 $4\sim10$ 倍。但是抗弯强度、韧性比高速钢低，工艺性也比高速钢差。

2) 硬质合金分类。我国生产的硬质合金主要有碳化钨基类硬质合金和碳化钛基类硬质合金两大类。

碳化钨基类硬质合金分为三大类：第一类是以 WC 为主，加上粘结剂而形成的钨钴类硬质合金，牌号为"YG"；第二类是以 WC+TiC 为主，加上粘结剂而形成的钨钴钛类硬质合金，牌号为"YT"；第三类是在 YG 类、YT 类硬质合金的基体上加入少量的 TaC（碳化钽）、NbC（碳化铌）等碳化物，形成的硬质合金新品种，牌号为"YA""YW"，其中 YW 类硬质合金又称为通用硬质合金。

碳化钛基类硬质合金是以 TiC 为主，Ni 与 Mo 为粘结剂，并加入少量其他碳化物而形成的一种硬质合金，牌号为"YN"。

① 普通硬质合金。国际标准化组织对硬质合金制定了国际标准（ISO）分类，分为三大类：

K 类，相当于国内的 YG 类（俗称"钨钴类"），主要成分为 WC+Co，用红色作为标志。

P 类，相当于国内的 YT 类（俗称"钨钛钴类"），主要成分为 WC+TiC+Co，用蓝色作为标志。

M 类，相当于国内的 YW 类（俗称"钨钛钽钴类"），主要成分为 WC+TiC+TaC、NbC+Co，用黄色作为标志。

a. K 类硬质合金相当于我国 YG 类硬质合金，由 WC 和 Co 组成，即（90%～97%）WC+（3%～10%）Co，也称钨钴类硬质合金。这类硬质合金刀具主要用来加工短切屑的黑色金属、有色金属和非金属材料。

常用 K 类硬质合金牌号有 K01、K10、K20、K30、K40 等，数字越大，Co 含量越多，耐磨性越低，韧性越高。精加工时可用 K01；半精加工时可用 K10、K20；粗加工时选用 K30、K40。

国内常用的同类硬质合金牌号有 YG3、YG3X、YG6、YG8、YG8C 等。牌号含义如下。

YG3：碳化钨（WC）97%+钴（Co）3%。

YG3X：碳化钨（WC）97%+钴（Co）3%，X 表示细晶粒。

YG8：碳化钨（WC）92%+钴（Co）8%。

YG8C：碳化钨（WC）92%+钴（Co）8%，C 表示粗晶粒。

随着钴质量分数增多，韧性增加，而硬度、耐热性和耐磨性降低，适于粗加工；相反，含碳化钨越多，硬度、耐热性和耐磨性越好，而韧性越低，适于精加工。

b. P 类硬质合金相当于我国 YT 类硬质合金，由 WC、TiC 和 Co 组成，也称钨钛钴类硬质合金。由于加入了 TiC 后，钢的粘结温度及防扩散性能提高，故而 P 类硬质合金刀具主要用于加工长切屑的黑色金属。

常用 P 类硬质合金牌号有 P01、P10、P20、P30、P40 等。数字越大，TiC 的含量越多，耐热性和耐磨性越好，但韧性越差。粗加工选用含 TiC 少的牌号，如 P01；精加工可选用含 TiC 多的牌号，如 P40。

国内常用的同类硬质合金牌号有 YT5、YT15、YT30 等。

YT5：碳化钛（TiC）5% + 碳化钨（WC）85% + 钴（Co）10%，适于制作粗加工刀具。

YT30：碳化钛（TiC）30% + 碳化钨（WC）66% + 钴（Co）4%，适于制作精加工刀具。

随着 TiC 质量分数的提高，钴质量分数相应减少，硬度、耐热性和耐磨性增高，但韧性下降，故适于制作精加工刀具；相反，TiC 质量分数越低，则含 Co 量越多，韧性越好，但硬度、耐热性和耐磨性越低，适于制作粗加工刀具。P 类硬质合金不宜加工不锈钢和钛合金。

c. M 类硬质合金相当于我国 YW 类硬质合金，是在 WC、TiC、Co 的基础上再加入 TaC（或 NbC）而成的。加入 TaC（或 NbC）后，硬质合金的综合力学性能得到改善。这类合金既可以加工铸铁、有色金属和非金属材料，也可以加工黑色金属，还可以加工高温合金和不锈钢等难加工材料，有通用硬质合金之称。

常用的 M 类硬质合金牌号有 M10、M20、M30、M40 等，数字越大，耐磨性越低而韧性越大。精加工用刀具选用 M10，半精加工用刀具选用 M20，粗加工用刀具选用 M30。

国内常用的同类硬质合金牌号有 YW1、YW2 等。

为了便于了解国内外硬质合金生产厂家生产的其他常用牌号的特点和性能，可参考产品说明书等资料，对照此硬质合金牌号与国际标准分类分组代号，即可知道此牌号的硬质合金特点和性能。例如山特维克公司的 H10F 牌号和东芝公司的 T536 牌号相当于 K30，因此，它们与 YG8 牌号有相似的特点和性能。表 1-4-13 列出了国内常用硬质合金的牌号、性能和用途。

表 1-4-13　国内常用各类合金的牌号、性能和用途

类型	牌号	类别	力学性能		用途
			硬度（HRA）	抗弯强度/GPa	
钨钴类	YG3	K 类	91 (78HRC)	1.08	铸铁、有色金属及其合金的精加工、半精加工，要求无冲击
	YG6X		91 (78HRC)	1.37	铸铁、冷硬铸铁、高温合金的精加工、半精加工
	YG6		89.5 (76HRC)	1.42	铸铁、有色金属及其合金的半精加工及粗加工
	YG8		89 (74HRC)	1.47	铸铁、有色金属及其合金的粗加工，也可用于断续切削
钨钛钴类	YT30	P 类	92.5 (80.5HRC)	0.88	碳钢、合金钢的精加工
	YT15		91 (78HRC)	1.13	碳钢、合金钢的连续切削粗加工、半精加工，也可用于断续切削时精加工
	TY14		90.5 (77HRC)	1.2	碳钢、合金钢的粗加工，也可用于断续 切削
	TY5		89 (74HRC)	1.37	碳钢、合金钢的粗加工，也可用于断续 切削

(续)

类型	牌号	类别	力学性能		用途
			硬度（HRA）	抗弯强度/GPa	
钨钛钽（铌）类	YW1	M、K类 M10	91.5 (79HRC)	1.18	不锈钢、高强度钢与铸铁的半精加工与精加工
	YW2	M20	90.5 (77HRC)	1.38	不锈钢、高强度钢与铸铁的半精加工与精加工
	YG6A (YA6)	K10	91.5 (79HRC)	1.37	冷硬铸铁、有色金属及合金的精加工，合金钢半精加工
TiC基类	YN05	P类 P01	93.5 (82HRC)	0.78~0.93	低碳钢、高碳钢、合金钢的高速精车
	YN10	P01	92 (80HRC)	1.08	碳钢、合金钢、工具钢、淬硬钢连续表面的精加工

② 特殊硬质合金。

a. TiC、TiN基硬质合金又称为金属陶瓷，是以碳化钛（TiC）、氮化钛（TiN）以及碳氮化钛（TiCN）为基体，以镍（Ni）、钼（Mo）作为粘结剂，加入少量其他材料（如Cr、W等）构成的复合材料。它相当于ISO中的P类硬质合金，国内常用牌号有YN5、YN10等。

TiC、TiN基硬质合金的性能介于硬质合金和陶瓷之间，其硬度和热硬性高于WC基硬质合金，低于陶瓷；硬度为92~93.5HRA，其抗弯强度高于陶瓷，低于硬质合金；化学稳定性很好，具有良好的抗氧化能力和抗月牙洼磨损的性能；但冲击韧性较差。这类合金制成的刀具主要用于合金钢、淬火钢精加工和半精加工。

目前，金属陶瓷刀片在实际应用中逐渐代替硬质合金刀片或陶瓷刀片，提高了生产率，降低了生产成本，在机夹可转位刀片中占有较大比重。

b. 超细晶粒硬质合金。普通硬质合金的WC粒度为几个微米，用细化晶粒方法使WC晶粒可达到0.2~1μm（大部分在0.5μm以下），这便成为超细晶粒硬质合金。由于其硬质相和粘结剂高度分散，所以硬度和耐磨性提高，同时强度和韧性增加。由于晶粒细，可磨出锋利的切削刃，因此超细晶粒硬质合金具有良好的切削性能，用它制成的刀具适用于不锈钢、钛合金等难加工材料的断续加工，并允许用较低的速度进行切削加工。

(5) 陶瓷　陶瓷材料是在氧化铝（Al_2O_3）或氮化硅（Si_3N_4）基体内加入微量添加剂（或助烧粘结剂）高温下烧结而成的无机非金属材料。

1) 陶瓷材料性能。陶瓷刀具材料具有很高的硬度及耐磨性，其硬度可达91~95HRA；有很高的耐热性，在1200℃时硬度仍有80HRA，而且强度、韧性降低较少；有很好的化学稳定性，抗氧化能力特别好；陶瓷与金属的亲和力小，抗粘结和抗扩散能力好；摩擦因数小，切屑不易粘结，加工表面质量好，刀具寿命长。陶瓷刀具材料的最大缺点是强度低，韧性差，强度只有硬质合金的1/2，抗弯强度仅为硬质合金的1/3~1/2；导热系数低，只有硬质合金的1/2~1/5；线胀系数大，比硬质合金高10%~30%，在力、热冲击下易破裂。

用陶瓷材料制作的刀具适用于钢、铸铁及塑性大的材料（如纯铜）的半精加工和精加工，对于冷硬铸铁、淬硬钢等高硬度材料加工特别有效，但不适于机械冲击和热冲击大的加工场合。

2）陶瓷材料的分类。陶瓷刀具材料主要有氧化铝（Al_2O_3）基陶瓷和氮化硅（Si_3N_4）基陶瓷两类。

① 氧化铝（Al_2O_3）基陶瓷。氧化铝（Al_2O_3）基陶瓷是在高纯度氧化铝（Al_2O_3）中加入微量添加剂，经压制（冷压或热压）烧结而成的。由于其强度低，韧性差，故只适用于300HBW以下的铸铁及钢的连续表面精加工及半精加工。

氧化铝基陶瓷目前已经被各种Al_2O_3基复合陶瓷所代替。Al_2O_3基复合陶瓷是在Al_2O_3基体中加入一定量的碳化物（一般为TiC），可有效提高陶瓷的强度和韧性，改善耐磨性和抗热振性，可在中等切削速度下加工冷硬铸铁、淬硬钢等难加工材料。如添加Mo、Ni、Co、W等金属作为粘结剂，可提高氧化铝和碳化物的粘结强度，用于粗、精加工300HBW以上的冷硬铸铁及淬硬钢和高强度钢，也可用于加工某些有色金属和非金属材料以及Ni或Ni基合金、钢结硬质合金等，但不宜加工铝及铝合金、钛合金、钽合金等。

② 氮化硅（Si_3N_4）基陶瓷。氮化硅（Si_3N_4）基陶瓷是在氮化硅（Si_3N_4）粉末中加入少量的助烧粘结剂热压后烧结而成的。其硬度可达91~93HRA，抗弯强度可达0.6~0.8GPa，韧性好，比氧化铝（Al_2O_3）基陶瓷和聚晶立方氮化硼有明显的提高。它的耐热性、抗氧化性能好，与碳和金属化学反应小，摩擦因数较低。

采用氮化硅（Si_3N_4）基陶瓷刀具对铝、铟钢、无氧铜、45钢及镍基高温合金进行精车的实验证明，不易产生积屑瘤，加工表面质量好；对铸铁、球墨铸铁、可锻铸铁进行高速切削和大进给切削时，车削速度可达500~600m/min。氮化硅（Si_3N_4）基陶瓷刀具既可以用于精车、半精车，也可以用于精铣、半精铣；精车铝合金时可以以车代磨；还适用于加工冷硬铸铁及淬火钢、高速钢、合金钢、钢结硬质合金、镍基合金和钛合金等难加工材料。

（6）立方氮化硼　立方氮化硼（CBN）是由软的六方氮化硼（白石墨）在高温高压下加入催化剂转变而成的，是20世纪70年代出现的新材料。立方氮化硼作为一种新型超硬磨料和刀具材料，用于加工钢铁等黑色金属，特别是加工高温合金、淬火钢和冷硬铸铁等难加工材料，具有比其他超硬刀具材料（如金刚石刀具）更广泛的用途。

1）主要性能。立方氮化硼的硬度高达8000~9000HV，仅次于金刚石；其耐热性却比金刚石好得多，耐热温度高达1400~1500℃，因而也具有有良好的耐磨性，可在高温下高速切削，切削速度比硬质合金的高4~6倍。立方氮化硼还具有良好的化学稳定性，与铁系材料在1200~1300℃高温下也不易起化学作用，表现出良好的抗氧化性和抗化学侵蚀性能。

2）主要类型。立方氮化硼在分子结构构成上主要有单晶体和聚晶体两大类。单晶体立方氮化硼主要用于制造砂轮，聚晶体立方氮化硼用作制造切削刀具，可制成圆形、方形、三角形等各种形状的无孔刀片。聚晶立方氮化硼可做成整体刀片，也可做成复合刀片，即以硬质合金为基体，在高温高压下，使聚晶CBN和硬质合金形成一个整体；在硬质合金上烧结一层厚度为0.5mm左右的聚晶CBN，构成复合刀片。这种刀片既具有CBN的硬度和耐磨性，又兼有硬质合金的韧性，所以具有良好的使用性能。根据加工中需要的形状和尺寸，可制成复合CBN的各种可转位刀片。

3）应用场合。立方氮化硼刀片主要用于精加工与半精加工，一般适用于加工硬度大于45HRC的冷硬铸铁、合金结构钢、工具钢、高速钢、轴承钢以及硬度大于35HRC的镍基合金、钴基合金、高钴粉末冶金零件。其寿命高达硬质合金刀具的十几倍，目前得到了广泛的应用。近些年来，国内外刀具生产厂家新研制的 CBN 复合刀片韧性和强度得到进一步提高，已用于粗加工，特别在成形面加工用的成形刀具和加工淬硬齿面齿轮的齿轮刀具等方面取得很好的应用效果。

由于 CBN 刀具硬度高，韧性不足，所以在使用立方氮化硼刀片时应选择刚性好、功率足够的机床，刀柄的伸出量尽可能小，避免刀柄振动，听到颤声时要立即停止切削。

(7) 金刚石 金刚石是碳的同素异形体，是目前已知的最硬物质，其显微硬度可达 10000HV，同时也是目前硬度最高的刀具材料。金刚石刀具材料分为天然单晶金刚石和人造金刚石（PCD）。天然单晶金刚石价格昂贵，很少使用。

人造金刚石（PCD）是在高温（约 1800℃）、高压（5～6MPa）下，由一层人造金刚石微粉加入金属结合剂和催化剂聚合而成的多晶体材料。人造金刚石（PCD）刀具的性能特点如下：

1) 有极高的硬度和耐磨性。硬度高达 9000～10000HV，比硬质合金和陶瓷的硬度（1300～1800HV）要高好几倍，是世界目前已发现的最硬材料。人造金刚石的耐磨性为硬质合金的 60～80 倍。

2) 有锋利的切削刃。切削刃钝圆半径很小，能进行超精密微量切削，使已加工表面冷硬层很小，尺寸精度和几何形状精度可达到 3～1μm，表面粗糙度值可达 Ra0.02～0.06μm，可实现镜面加工。

3) 有很高的导热性。有较低的线胀系数和摩擦因数。其导热系数约为硬质合金的 2～7 倍，为陶瓷的 7～36 倍，而线胀系数只有硬质合金的 1/11 和陶瓷的 1/8。因此，切削热变形小，尺寸精度稳定。

4) 耐热性较差。金刚石在温度超过 700～800℃ 时就会炭化而失去切削能力；与铁有较强的化学亲和力。高温时金刚石中的碳元素会很快扩散到铁中去，而使刃口"破裂"。因此，金刚石刀具一般不适于加工铁系金属。

5) 强度很低。金刚石刀具脆性大，抗冲击能力差，对振动很敏感，故而要求机床精度高，平稳性好，且只适于切削层面积不大的精细加工。

使用场合：目前主要用于制作磨具和磨料，也可用作刀具材料，多用于精细加工有色金属及非金属材料（如铜、铝等有色金属及其合金、陶瓷、未烧结的硬质合金、各种纤维、复合材料、塑料、橡胶、石墨、玻璃、各种耐磨木材、胶合板和 MDF 等）。尤其是加工硬质合金、陶瓷、高硅铝合金及耐磨塑料等高硬度、高耐磨性的材料时，金刚石刀具具有很大的优越性。

(8) 涂层刀具 涂层刀具是在韧性较好的硬质合金或高速钢刀具基体上，采用化学气相沉积（CVD）或物理气相沉积（PVD）的工艺方法，涂覆一薄层（5～10μm）高硬度、高耐磨性、难熔金属化合物（TiN、TiN、Al_2O_3 等）而获得的。这样既可使刀片保持普通硬质合金基体的强度和韧性，又可使刀片表面有更高的硬度（可达 1500～3000HV）和耐磨性，具有更小的摩擦因数和更高的耐热性（达 800～1200℃）。未涂层高速钢的硬度仅为 63～67HRC（770～900HV），硬质合金的硬度仅为 89～93.5HRA（1300～1850HV）；而涂层后的刀具表面硬度可达 2000～3000HV 以上。实践证明，涂层刀片在高速切削钢件和铸铁时能获得良好效果，比未涂层刀片的刀具寿命提高 1～3 倍，甚至可达 5～10 倍。

1) 涂层高速钢刀具。采用 PVD 方法在高速钢刀具基体上涂覆 TiN、TiCN、TiAlN 等硬膜，可制成涂层高速钢刀具，沉积温度为500℃左右。由于涂层具有很高的硬度和耐磨性，有较高的热稳定性，与钢的摩擦因数较低，与高速钢涂层结合牢固，所以涂层高速钢刀具寿命可成倍提高。涂层高速钢刀具特别适合加工钢材，适于制作可转位刀片、切齿刀具、钻头、成形铣刀、丝锥等结构较复杂的工具。

涂层高速钢刀具在用钝后一般经过重磨后可再用。重磨后的涂层刀具切削效果虽然有降低，但仍有很好的切削性能。目前常用的涂层材料有TiN、TiCN、TiAlN等。此外，涂层除单涂层外还有多涂层及复合涂层。

2）涂层硬质合金刀具。采用CVD方法在硬质合金刀片上涂覆TiC或TiN、TiN、Al_2O_3等薄层，形成表面涂层硬质合金。涂层硬质合金制造的可转位刀片广泛应用于数控机床刀具上。

涂层材料一般为晶粒极细的碳化物、氮化物等。TiC硬度高，耐磨性好，TiC涂层刀片的平均切削速度可增加40%，且切削时很少产生积屑瘤，因此加工表面质量好。TiC涂层与基体之间粘结性较高，但基体与涂层之间易产生脆性脱碳层，导致刀片抗弯强度降低，切削时容易崩刃。目前单涂层刀具已经很少应用，大多数采用TiN - TiC、TiC - Al_2O_3、TiC - Al_2O_3 - TiN等复合涂层。

① TiN - TiC复合涂层。接近基体的涂层是厚度很小（$0.5 \sim 1\mu m$）的TiC，与基体牢固连结；表层为TiN涂层，可以减少表层与工件的摩擦，提高抗粘结磨损的性能。

② TiC - Al_2O_3复合涂层。接近基体的涂层是厚度很小（约$0.5 \sim 1\mu m$）的TiC，与基体牢固连结；表层为Al_2O_3涂层，从而使表层具有良好的化学稳定性和抗氧化性能。

近年来开发的TiCN、TiAlN、TiAlCN等新型涂层材料，具有更加优越的性能，如TiAlN涂层硬质合金刀片可用于高速切削。

涂层硬质合金刀片的可靠性受基体成分影响很大。作为涂层刀片的基体，在加工钢时，宜选择加工钢材的P类硬质合金；在加工铸铁和非铁材料时，宜选K类硬质合金为基体。

涂层硬质合金刀具主要适用于各种钢材、铸铁的精加工和半精加工，载荷较轻的粗加工也可以使用。但含Ti的涂层刀具不适于加工奥氏体不锈钢、高温合金及钛合金等材料。

3. 数控刀具材料的合理选择

目前对于数控加工来说，一般会选择高硬度、高耐磨性的刀具材料。CBN、陶瓷刀具、涂层硬质合金及TiCN基硬质合金刀具适用于钢铁等黑色金属的数控加工；而PCD刀具适合于Al、Mg、Cu等有色金属材料及其合金和非金属材料的加工。表1-4-14列出了上述刀具材料适合加工的一些工件材料。

表1-4-14 刀具材料适合加工的一些工件材料

刀具材料	碳钢	高硬钢	铸铁	铝合金	耐热合金	钛合金	镍基高温合金	FRP复合材料
PCD	×	×	×	●	×	●	×	●
CBN	○	●	●	×	●	◎	●	○
陶瓷刀具	○	●	●	×	●	×	●	×
涂层硬质合金	●	◎	●	×	●	●	○	○
TiCN基硬质合金	○	○	●	×	×	×	×	×

注：●—优；◎—良；○—尚可；×—不合适。

4.4.4 训练题

一、选择题

1. 以下不适合在数控车床上加工的是（　　）。
    A. 精度要求高的回转体零件　　　　　B. 表面粗糙度要求高的回转体零件
    C. 轮廓形状特别复杂的零件　　　　　D. 需要多次装夹的回转体零件
2. 普通车床不适合用于加工（　　）。
    A. 外圆台阶　　　B. 圆柱体端面　　　C. 外圆曲面　　　D. 梯形螺纹
3. 单动卡盘装夹工件时，具有（　　）特点。
    A. 能自动定心　　B. 装夹方便　　　　C. 夹紧力小　　　D. 需要找正
4. 单动卡盘最适合装夹加工（　　）。
    A. 普通三角螺纹　B. 外圆台阶　　　　C. 圆柱体端面　　D. 偏心
5. 车削中的细长轴一般指长度和直径之比是（　　）。
    A. $L/D>10$　　　B. $L/D>15$　　　　C. $L/D>20$　　　D. $L/D>30$
6. 当工件外圆表面与内孔中心有较高同轴度要求时，应采用（　　）装夹。
    A. 自定心卡盘　　B. 两顶尖　　　　　C. 一夹一顶　　　D. 心轴
7. 为了消除圆柱心轴间隙存在，一般采用圆锥心轴，其锥度一般为（　　）。
    A. $1/500\sim1/100$　B. $1/1000\sim1/500$　C. $1/1000\sim1/100$　D. $1/1200\sim1/500$
8. 以下刀具最具有锋利特点的是（　　）。
    A. 整体式车刀　　B. 焊接式车刀　　　C. 机夹式车刀
9. 以下刀具使用时最经济的（　　）。
    A. 整体式车刀　　B. 焊接式车刀　　　C. 机夹式车刀
10. 数控机床一般采用机夹可转位刀具，与普通刀具相比机夹可转位刀具有很多特点，但（　　）不是机夹可转位刀具的特点。
    A. 刀片或刀具寿命及其经济寿命指标的合理化
    B. 刀片和刀具几何参数和切削参数的规范化、典型化
    C. 刀片及刀柄高度的通用化、规则化、系列化
    D. 刀具要经常进行重新刃磨
11. 可转位车刀（　　）式的刀片夹固结构所占空间位置最小，故较适合于内孔镗刀。
    A. 偏心　　　　　B. 杠杆　　　　　　C. 楔销　　　　　D. 上压
12. 机夹式可转位刀片标注时的代号有（　　）位。
    A. 8　　　　　　 B. 9　　　　　　　 C. 10　　　　　　D. 13
13. 可转位刀片代号中的第 1 号位表示（　　）。
    A. 刀片形状　　　B. 刀片长度　　　　C. 刀片厚度　　　D. 刀片精度
14. （　　）为较适合同时使用于粗车削端面及外径的刀片。
    A. 菱形 55°　　　B. 三角形　　　　　C. 菱形 35°　　　D. 菱形 80°
15. 刀片形状的选择往往主要取决于（　　）。
    A. 被加工零件的加工余量　　　　　　B. 被加工零件的形状
    C. 数控车床型号　　　　　　　　　　D. 被加工零件的精度要求

16. 金属切削刀具切削部分的材料应具备（　　）要求。
    A. 高硬度、高耐磨性、高耐热性
    B. 高耐磨性、高韧性、高强度
    C. 高硬度、高耐热性、足够的强度和韧性和良好的工艺性
17. 刀具材料在高温下能够保持较高硬度的性能称为（　　）。
    A. 硬度　　　　　B. 热硬性　　　　　C. 耐磨性　　　　　D. 韧性和硬度
18. 刀具切削部分材料的硬度要高于被加工材料的硬度，其常温硬度应为（　　）。
    A. 45~50HRC　　B. 50~60HRC　　C. 60HRC 以上　　D. 30HRC 以上
19. 切削刃形状复杂的刀具采用（　　）材料制造较合适。
    A. 硬质合金　　　B. 人造金刚石　　　C. 陶瓷　　　　　D. 高速钢
20. 普通高速钢的常温硬度约可达（　　）。
    A. 40~45HRC　　B. 50~55HRC　　C. 60~67HRC　　D. 70~75HRC
21. 高速钢刀具的主要合金成分中，（　　）含量最高。
    A. 镍　　　　　　B. 钛　　　　　　C. 钨　　　　　　D. 钽
22. W6Mo5Cr4V2 是（　　）类刀具材料。
    A. 钨系高速钢　　B. 钨钼系高速钢　C. 合金工具钢　　D. 硬质合金
23. M42 属于（　　）高速钢。
    A. 钨系普通高速钢　B. 钨钼系普通高速钢　C. 钴高速钢　　D. 铝高速钢
24. YG 类硬质合金主要用于加工（　　）材料。
    A. 铸铁和有色金属　　　　　　　　B. 合金钢
    C. 不锈钢和高硬度钢　　　　　　　D. 工具钢和淬火钢
25. 钨钴钛类硬质合金主要用于加工（　　）材料。
    A. 铸铁和有色金属　　　　　　　　B. 碳素钢和合金钢
    C. 不锈钢和高硬度钢　　　　　　　D. 工具钢和淬火钢
26. YG3X 属于（　　）硬质合金。
    A. 钨钴类　　　　B. 钨钴钛类　　　C. 通用类　　　　D. TiC 基
27. 下列硬质合金牌号中哪种韧性最高？（　　）
    A. YG3　　　　　B. YG3X　　　　　C. YG6　　　　　D. YG8
28. 下列硬质合金牌号中哪种硬度最高？（　　）
    A. YG3　　　　　B. YG3X　　　　　C. YG6　　　　　D. YG6X
29. YT30 属于（　　）硬质合金。
    A. 钨钴类　　　　B. 钨钛钴类　　　C. 通用类　　　　D. TiC 基
30. 下面最适合用于铸件粗加工的刀具材料是（　　）。
    A. 钨钴类硬质合金　　　　　　　　B. 钨钴钛类硬质合金
    C. TiC 基硬质合金　　　　　　　　D. 金刚石
31. 下列硬质合金牌号中哪种硬度最高？（　　）
    A. YT5　　　　　B. YT15　　　　　C. YT14　　　　　D. YT30
32. YT 类硬质合金适用于加工钢材，其中（　　）适合于精加工。
    A. YT1　　　　　B. YT5　　　　　C. YT15　　　　　D. YT30

33. 铸铁一般使用 K 类硬质合金刀片来加工，则牌号（　　）的硬度为最高。
    A. K01　　　　　　B. K10　　　　　　C. K15　　　　　　D. K30
34. CBN 刀具是指（　　）材料。
    A. 人造金刚石　　　B. 立方氮化硼　　　C. 金属陶瓷　　　　D. 陶瓷
35. 聚晶金刚石刀具可以用于加工（　　）材料。
    A. 铸铁　　　　　　B. 碳素钢　　　　　C. 合金钢　　　　　D. 有色金属
36. 金刚石刀具与铁元素的亲和力强，通常不能用于加工（　　）。
    A. 有色金属　　　　B. 黑色金属　　　　C. 非金属　　　　　D. 陶瓷制品
37. 在加工中碳钢时，下列刀具材料中抗粘结性最好的是（　　）。
    A. 硬质合金　　　　B. 金刚石　　　　　C. 陶瓷　　　　　　D. 立方氮化硼
38. 下列刀具材料硬度最高的是（　　）。
    A. 金刚石　　　　　B. 硬质合金　　　　C. 立方氮化硼　　　D. 陶瓷

二、判断题

1. 自定心卡盘装夹工件时，能自动定心，装夹方便。（　　）
2. 单动卡盘能装夹四方体形的零件。（　　）
3. 一夹一顶装夹工件时，后顶尖一定要用力顶紧。（　　）
4. 两顶尖装夹工件时，调头装夹不会影响加工精度。（　　）
5. 两顶尖装夹工件时，需要靠拨杆或鸡心夹头来带动工件运转才能车削工件。（　　）
6. 车削细长轴时，必须使用跟刀架或中心架，否则工件因受径向切削力会产生弯曲变形。（　　）
7. 圆柱心轴比圆锥心轴装夹精度高。（　　）
8. 焊接式车刀比较适合于数控车床加工。（　　）
9. 可转位式车刀用钝后，只需要将刀片转过一个位置，即可使新的切削刃投入切削。当几个切削刃都用钝后，需更换新刀片。（　　）
10. 粗车时应选择较大刀尖圆弧半径，以提高刀尖强度，一般取略大于或等于最大进给量的 1.25 倍。（　　）
11. 高速钢材料的刀具一般用于高速切削。（　　）
12. 高速钢比硬质合金更具有硬度较高、热硬性和耐磨性较好等特点。（　　）
13. 高速钢最大的一个优点就是工艺性非常好。（　　）
14. 钨系高速钢比钨钼系高速钢经济性好，所以钨系高速钢是目前使用最多的普通高速钢。（　　）
15. 粉末冶金高速钢在化学成分上与普通高速钢有较大的差异。（　　）
16. YG 类硬质合金刀具主要用于加工铸铁、有色金属及非金属材料。（　　）
17. YG 类硬质合金中含钴量较高的牌号耐磨性好，硬度较高。（　　）
18. YG3 硬质合金刀具比 YG6 硬质合金刀具更适宜于铸件的粗加工。（　　）
19. YG3X 硬质合金刀具比 YG3 硬质合金刀具的强度高。（　　）
20. YT 类硬质合金刀具中含钴量多，承受冲击性能好，适合粗加工。（　　）
21. YT5 硬质合金刀具比 YT14 硬质合金刀具更适宜于钢件的粗加工。（　　）
22. ISO 标准中，P 类硬质合金相当于我国的 YG 类。（　　）

23. P类硬质合金刀片的耐冲击性比K类的差。( )
24. K类硬质合金刀具适用于加工长切屑及短切屑的黑色金属及有色金属。( )
25. 陶瓷刀具硬度高，但脆性大，所以一般不宜用于粗重加工。( )
26. 金刚石刀具主要用于加工各种有色金属、非金属及黑色金属。( )
27. 立方氮化硼刀具硬度极高，适用于高温合金、淬火钢、冷硬铸铁等加工。( )
28. 涂层硬质合金刀具只适宜于加工铸铁。( )

三、解释题

1. 解释可转位车刀刀片型号 TNUM160308ER – A4、CNMG120408 – KM、VCGG160404 – UM 等表示含义。
2. 解释可转位铣刀刀片型号 SPAN1203EDTL 表示的含义。
3. 解释可转位车刀刀杆型号 CTGNR2020K12 表示的含义。

四、简答题

1. 目前采用的刀具材料有哪几种？说出高速钢刀具和硬质合金刀具的切削性能有哪些主要区别。
2. 常用高速钢有哪些牌号？性能特点如何？
3. 比较硬质合金 YG 类和 YT 类的性能、化学成分、用途，并举出常用牌号。
4. 涂层硬质合金有什么优点？有几种涂层材料？它们各有何特点？

五、分析题

按照下列条件选择刀具材料类型和牌号：①45 号钢锻件粗车；②HT200 铸铁精车；③低速精车合金钢蜗杆；④高速精车调质钢长轴；⑤高速精密镗削铝合金缸套；⑥中速车削淬火钢轴；⑦加工 65HRC 冷硬铸铁。

4.5 车削方法

4.5.1 车外圆面

工件旋转，车刀做纵向进给运动，并且运动轨迹严格地与工件轴线平行，就能车出外圆柱面。

1. 车刀的选择

一般车削外圆表面常用的车刀有 90°外圆车刀、75°外圆车刀。

（1）90°外圆车刀 又称偏刀，主偏角为 90°（实际使用中通常为 93°~95°），可分为右偏刀和左偏刀两种，如图 1-4-23 所示。

对于前置刀架来说，右偏刀是车刀从车床尾座向主轴箱方向进给的车刀，一般用来车削工件的外圆、端面和右向台阶，如图 1-4-24a 所示。车外圆时，因其主偏角较大，作用于工件的径向切削力小，不易将工件顶弯。

对于前置刀架来说，左偏刀是车刀从车床主轴箱向尾座方向进给的车刀，一般用来车削左向台阶和工件的外圆，如图 1-4-24b 所示；也可以车削直径较大、长度较短的工件端面，如图 1-4-24c 所示。

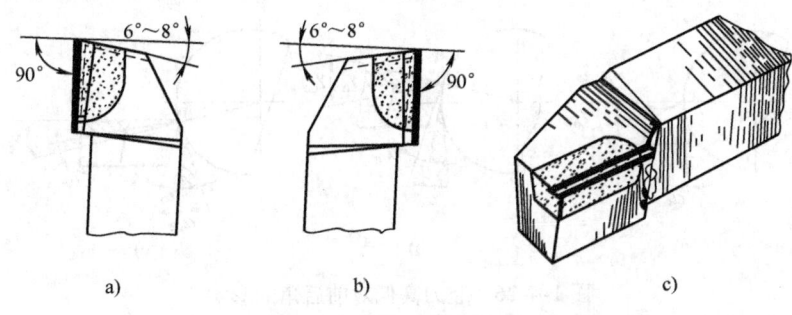

图 1-4-23 90°外圆车刀
a) 右偏刀　b) 左偏刀　c) 右偏刀外形

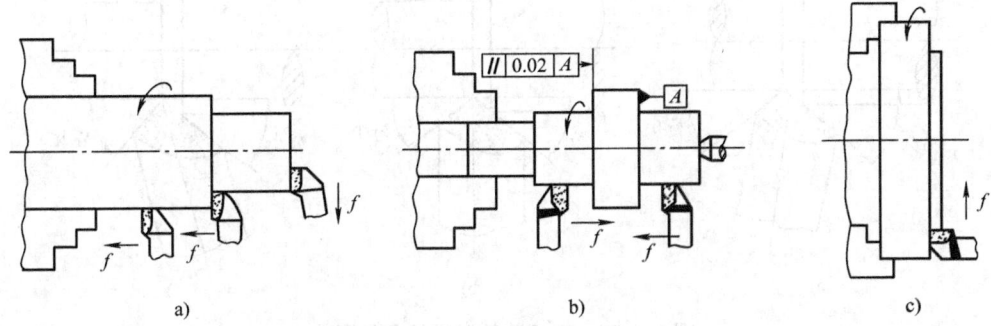

图 1-4-24 偏刀的使用
a) 右偏刀的使用　b) 左、右偏刀车台阶和外圆　c) 左偏刀车端面

(2) 75°车刀　主偏角为75°，刀尖角大于90°。刀头强度好，较耐用，因此适用于粗车轴类工件的外圆以及强力切削铸件、锻件等余量较大的工件。图 1-4-25 所示为75°右偏刀车削外圆。

2. 车刀的安装

车刀安装的正确与否，将直接影响切削能否顺利进行和工件的加工质量。因此安装车刀时应注意下列几个问题：

1) 车刀安装在刀架上，伸出部分不宜过长，一般为刀杆高度的 1~1.5 倍。伸出过长会使刀杆刚性变差，切削时易产生振动，影响工件的表面质量。

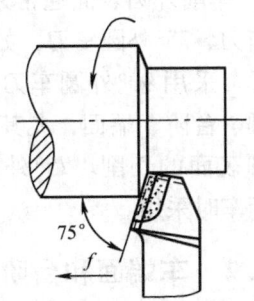

图 1-4-25 右偏刀车外圆

2) 对于用垫铁的车刀来说，车刀垫铁要平稳，数量要少，垫铁应与刀架对齐。车刀至少要用两个螺钉压紧在刀架上，并逐个拧紧。

3) 车刀刀尖一般应与工件轴线等高，如图 1-4-26 所示，否则会因基面和切削平面的位置发生变化，而改变车刀工作时的前角和后角的数值。

4) 车刀刀杆中心应与进给方向垂直，否则会使主偏角和副偏角的数值发生变化，如图 1-4-27 所示。

3. 外圆表面的车削

外圆表面是轴类、套类和盘类等回转体零件的主要表面，车外圆表面的大致工艺顺序为：（荒车）→粗车→半精车→精车→（精细车）。具体加工时应根据图样的技术要求选择加工工序，不一定经过全部的加工阶段。

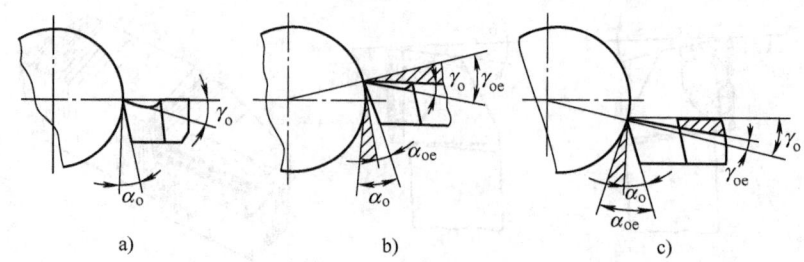

图 1-4-26 装刀高低对前后角的影响
a) 正确 b) 太高 c) 太低

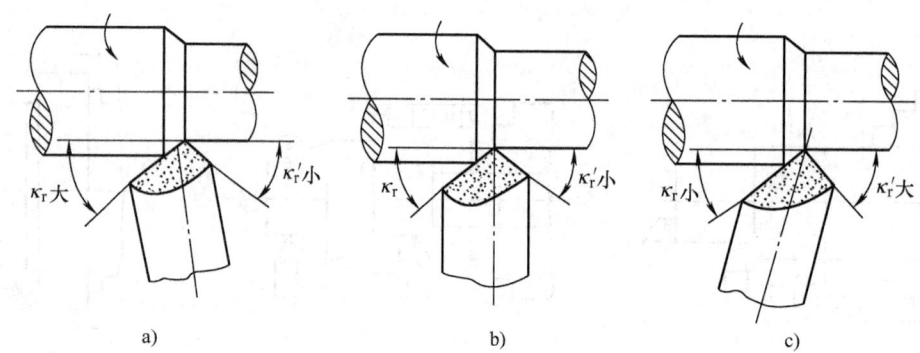

图 1-4-27 车刀装偏对主偏角的影响
a) 主偏角增大 b) 装夹正确 c) 主偏角减小

车削外圆表面通常采用90°外圆车刀、75°外圆车刀，如图1-4-28所示。采用90°外圆车刀可以车削外圆、台阶、端面，尤其是细长轴外圆表面的切削。75°外圆车刀一般粗车时采用。

4.5.2 车端面和台阶

1. 车刀的选择

一般车削端面和台阶常用的车刀为45°车刀、90°的左偏刀和右偏刀。

2. 车刀的安装

车端面时，车刀的刀尖要对准工件的中心，否则车削后工件端面中心处留有凸头，如图1-4-29a所示。使用硬质合金车刀时，如果不注意这一点，车削到中心处会使刀尖碰碎，如图1-4-29b所示。

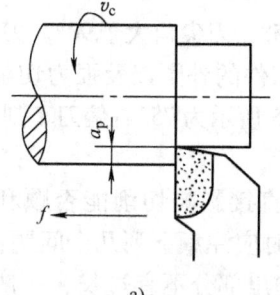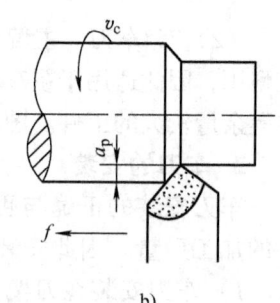

图 1-4-28 外圆表面的车削
a) 90°外圆车刀 b) 75°外圆车刀

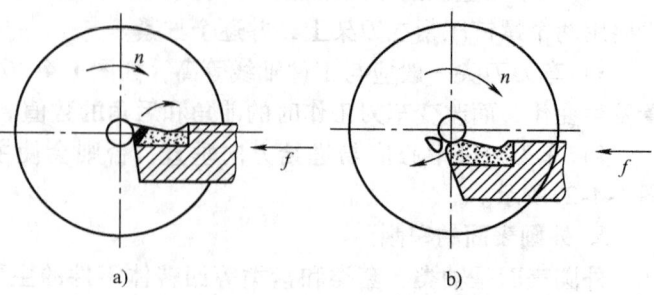

图 1-4-29 车刀刀尖不对准工件中心
a) 刀尖高于工件中心 b) 刀尖低于工件中心

3. 车削端面和台阶的方法

（1）端面的车削

1）采用45°车刀。45°车刀的刀头强度和散热条件比90°车刀好，常用于车削工件的端面、倒角。但由于45°车刀主偏角较小，车削外圆时，径向切削力较大，所以一般只用于车削长度较短的外圆端面。

2）采用90°右偏刀。用90°右偏刀车削端面时，如果车刀由工件的外缘向中心进给，则是副切削刃切削，当背吃刀量较大时，切削力会使车刀扎入工件而形成凹面，如图1-4-30a所示。为了防止产生凹面，可改为由中心向外缘进给，用切削刃切削，但背吃刀量要小，如图1-4-30b所示；或者在车刀副切削刃上磨出前角，使之成为主切削刃来车削，如图1-4-30c所示。

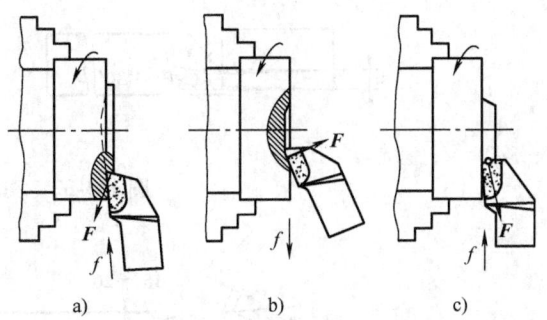

图1-4-30 用90°右偏刀车端面
a）向中心进给 b）由中心向外进给
c）在副切削刃上磨前角

（2）台阶的车削 当车削相邻两个直径相差不大的台阶时，可用90°偏刀（图1-4-31a），这样既能车外圆又能车端面，只要控制住台阶长度，就可以得到台阶面，但应当注意车刀安装后的主偏角必须等于或大于90°。

如果车削相邻两个直径相差较大的台阶，可以先用主偏角小于90°的车刀粗车，再把90°偏刀的主偏角装成93°~95°，分几次进给车削，并且进给时应留精车外圆和端面的余量，如图1-4-31b所示。

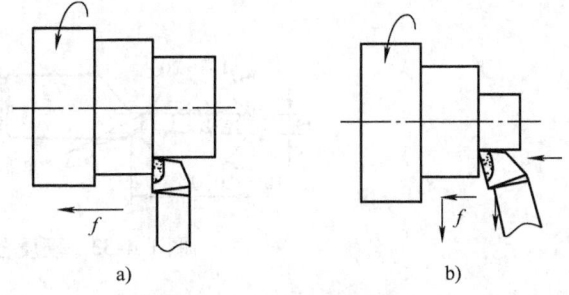

图1-4-31 台阶车削法
a）车削小台阶 b）车削大台阶

4.5.3 切断及车槽

在车削加工中，如果棒料较长，需要按照要求切断后再车削，或者在车削完成后把工件从原材料上切割下来，称为切断。车削外圆、内孔及轴肩部分的沟槽称为车槽。

1. 车刀的选择

（1）切断车刀 切断车刀以横向进给为主，前端的切削刃为主要切削刃，两侧的切削刃为副切削刃。一般切断车刀的主切削刃较窄，刀头较长，所以刀头强度较差。常见的切断车刀有高速钢切断车刀（图1-4-32）、硬质合金切断车刀（图1-4-33）、反切刀（图1-4-34）和弹性切断车刀（图1-4-35）。

（2）切槽车刀 车一般外沟槽的车刀角度和形状与切断车刀基本相同。在车较窄的外沟槽时，切槽车刀的主切削刃宽度应与槽宽相等，刀头长度稍微大于槽深。车内沟槽和斜沟槽时可用专用车刀。

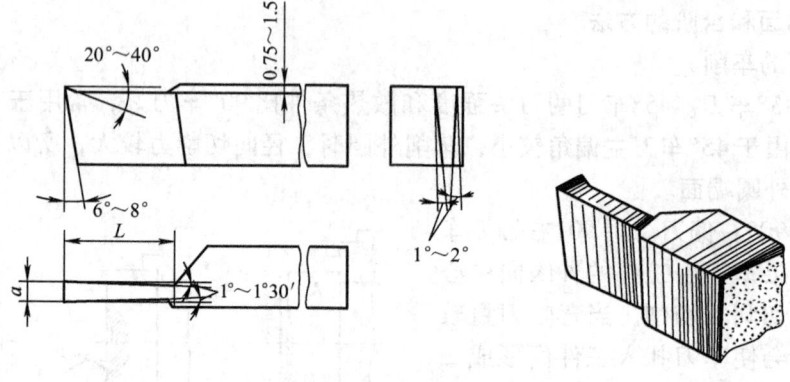

图 1-4-32 高速钢切断车刀

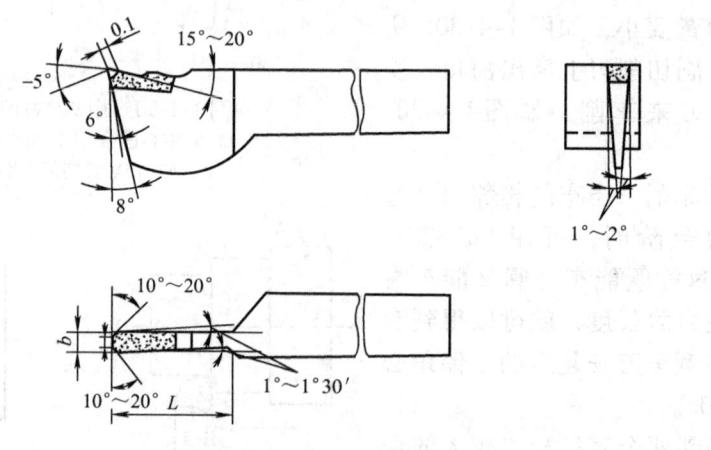

图 1-4-33 硬质合金切断车刀

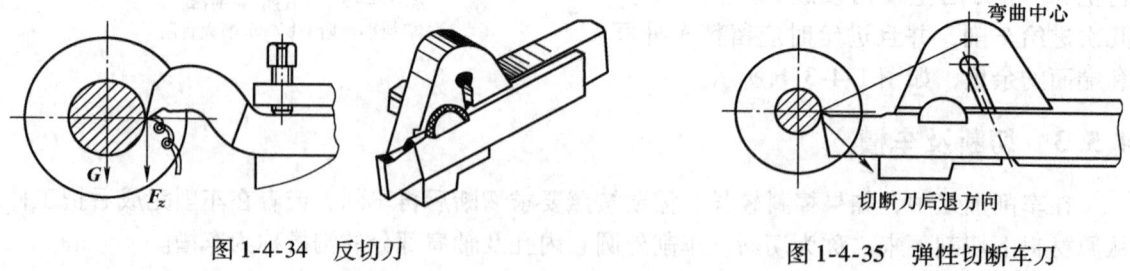

图 1-4-34 反切刀　　　　　图 1-4-35 弹性切断车刀

2. 外沟槽的车削

（1）直沟槽的车削　车削宽度较窄的外沟槽时，可用刀头宽度等于槽宽的车刀一次直进车出。车削较宽的外沟槽时，可以分两次车削。第一次用刀头宽度小于槽宽的切断车刀粗车，在槽的两侧和底面留有精车余量；第二次用精车刀精车至要求的尺寸。

（2）斜沟槽的车削　车削45°外沟槽时，可把小滑板转过45°，用小滑板进给车削成形，如图1-4-36a所示。车圆弧沟槽时，可把车刀的刀头磨成相应的圆弧切削刃进行车削，如图1-4-36b所示。车削外圆端面沟槽时，刀头形状如图1-4-36c所示，操作与车台阶一样。

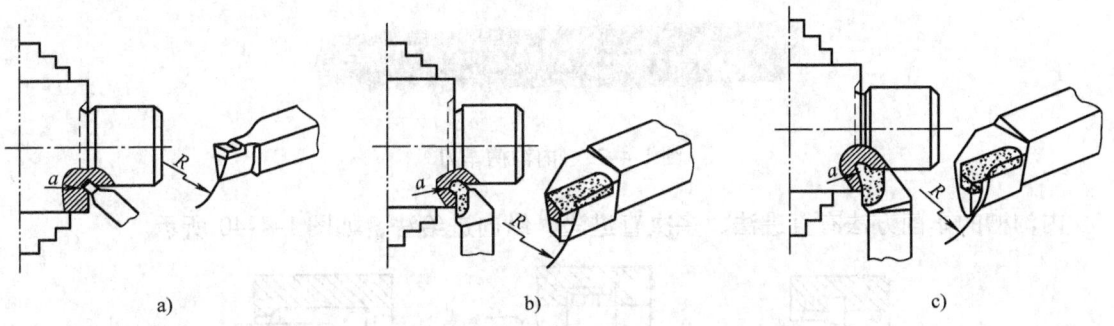

图 1-4-36 斜沟槽的车削
a) 45°外沟槽车削 b) 圆弧沟槽车削 c) 外圆端面沟槽车削

(3) 端面直槽车削　若槽的精度要求不高，宽度较小、较浅且为直槽时，通常采用等宽刀直进法一次车出，如图 1-4-37 所示。如果精度要求较高，通常采用先粗切、后精切的方法进行。切割较宽的端面直槽时，可采用多次直进法切割。

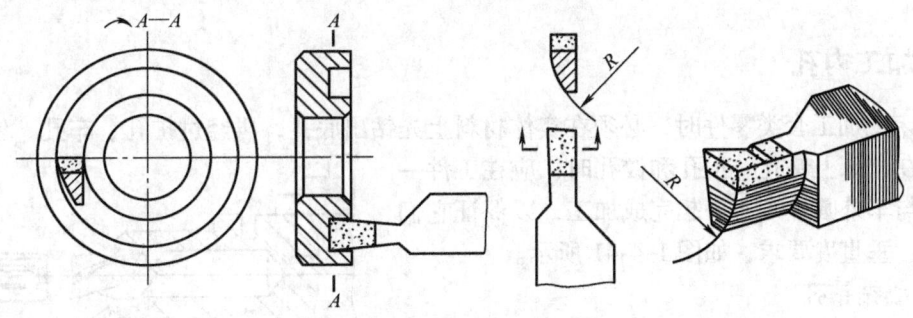

图 1-4-37 端面直槽车削

3. 内沟槽的车削

内沟槽车刀与切断车刀的几何形状相似，只是装夹方向相反，且在内孔中车槽。车刀在装夹时，应使主切削刃与内孔中心等高或略高，两侧副偏角必须对称。

内沟槽的常见截面形状有矩形、圆弧形、梯形等几种，按照其用途分类，主要类型如图 1-4-38 所示。

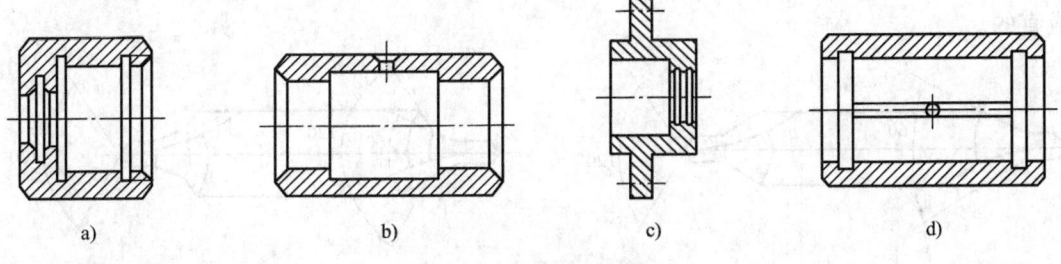

图 1-4-38 内沟槽类型
a) 退刀槽 b) 空刀槽 c) 密封槽 d) 通油槽

内沟槽车刀与内孔车刀一样，刀杆形状呈圆柱形，装夹内切槽车刀时，一般也必须在刀杆上套一个弹簧夹套，再用刀夹通过弹簧夹套夹住内切槽车刀。内沟槽车刀刀片与外沟槽车刀片一样。常见内沟槽车刀如图 1-4-39 所示。

图 1-4-39 内沟槽车刀

内沟槽的车削方法有直进法、多次直进法、纵向进给法，如图 1-4-40 所示。

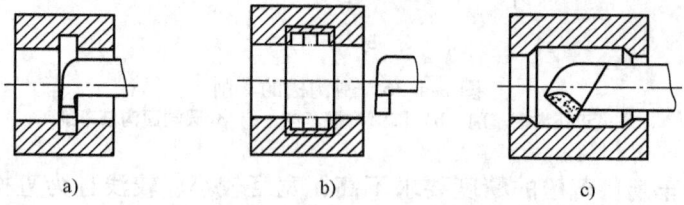

图 1-4-40 内沟槽加工方法
a）直进法 b）多次直进法 c）纵向进给法

4.5.4 加工内孔

在车床上加工套类零件时，必须在实体材料上先钻出底孔，再经过扩孔、车孔、铰孔等达到要求。在车床上钻孔、扩孔和铰孔时，应在工件一次装夹中与车外圆、端面一起完成加工，以保证它们的同轴度、垂直度要求，如图 1-4-41 所示。

1. 中心钻钻孔

中心钻主要用于加工轴类零件的中心孔或钻孔前的定位，在结构上与麻花钻类似，根据结构特点常用的可分为不带护锥的中心钻（图 1-4-42a）、带护锥的中心钻（图 1-4-42b）两种。一般用于中心孔的加工，也可作为钻孔前的定位加工，有利于钻头的导向，防止孔的偏斜。

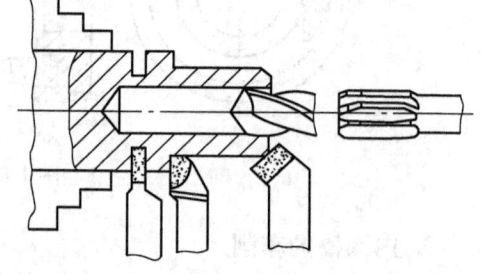

图 1-4-41 一次装夹中加工完成

带护锥的中心钻其倒锥度及钻尖几何参数锪孔部制成 60°锥度，保护锥制成 120°锥度。为节约刀具材料，复合中心钻常制成双端的，工作部分由钻孔部分和锪孔部组成，钻沟一般制成直的。

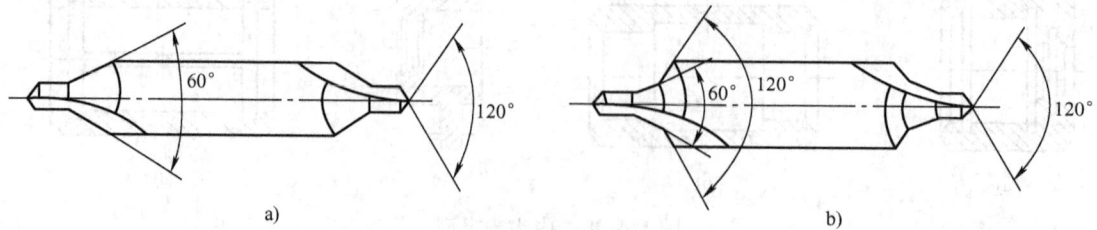

图 1-4-42 中心钻
a）不带护锥的中心钻 b）带护锥的中心钻

2. 麻花钻钻孔

麻花钻是孔加工刀具中应用最为广泛的刀具，它主要是用来在实心材料上钻孔，有时也可用于扩大已有孔的直径。其常用的规格有 ϕ0.1~ϕ80mm。按照柄部形状的不同,麻花钻可分为直柄麻花钻和锥柄麻花钻;按照刀具材料的不同,麻花钻可分为高速钢（HSS）麻花钻和硬质合金麻花钻。在车床上加工一般使用锥柄麻花钻。

麻花钻由切削部分、导向部分和柄部组成,如图 1-4-43 所示。切削部分主要承担的是切削工作,其结构主要有主切削刃、前面、后面、横刃、副切削刃、刀尖;导向部分在切削过程中起导向作用并作为切削的后备部分,包含沟槽、刃带等;柄部用于装夹和动力传递。

通常麻花钻钻孔前,用中心孔钻预钻一个小孔,用于引正麻花钻开始钻孔时的定位和钻削方向。

麻花钻钻孔时切下的切屑体积大,钻孔时排屑困难,产生的切削热大而冷却效果差,使得切削刃容易磨损,因而钻孔的进给量和切削速度受到限制,钻孔的生产率降低。

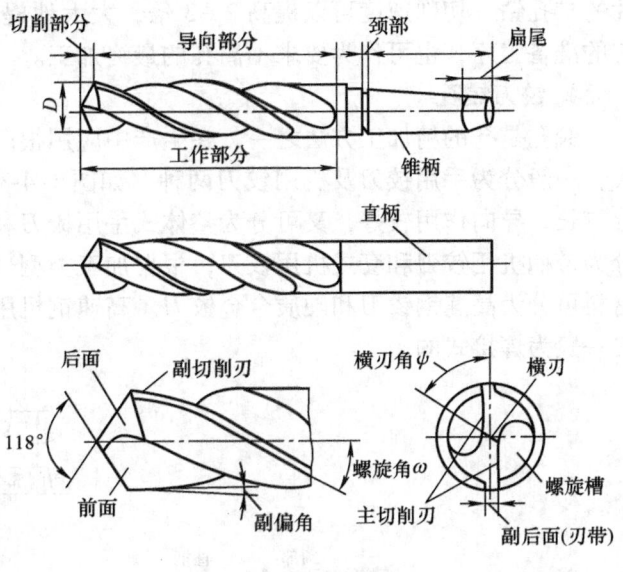

图 1-4-43 麻花钻结构

钻孔加工达到的标准公差等级低（IT12~IT13）,表面粗糙度值大（Ra12.5μm）,一般只能作粗加工。钻孔后,可以通过扩孔、铰孔或车孔等方法来提高孔的加工精度和减小表面粗糙度值。

3. 扩孔钻扩孔

扩孔是用扩孔钻对已钻或铸、锻出的孔进行加工,通常用于铰或磨前的预加工或毛坯孔的扩大。扩孔钻的外形与麻花钻相类似,如图 1-4-44 所示。扩孔钻通常有 3~4 个主切削刃,每个主切削刃的切削载荷较小;棱刃多,使得导向性好,切削过程平稳。扩孔钻无横刃,切削时轴向力小,因而可以采用较大的进给量和切削速度。

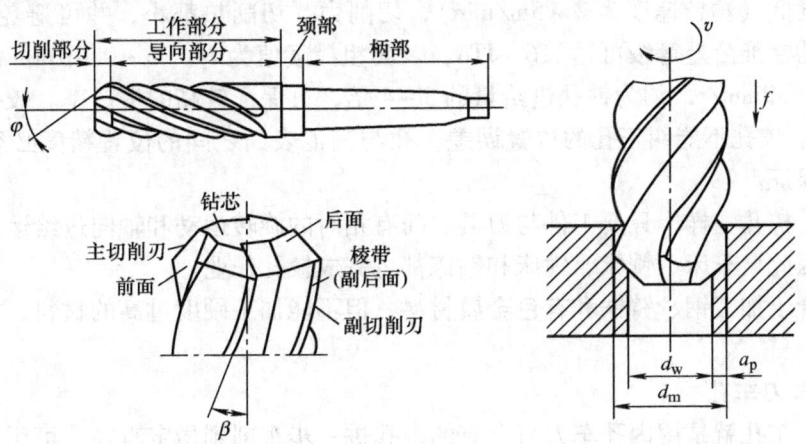

图 1-4-44 扩孔钻

扩孔时的背吃刀量为0.85~4.5mm，切削厚度小，排屑较为方便，因而扩孔钻的容屑槽较浅而钻芯较粗，刀具刚性好，能修正孔轴线的歪斜；扩孔的加工质量和生产率比钻孔高，加工孔标准公差等级可达IT10，表面粗糙度值为$Ra6.3~3.2\mu m$。采用镶有硬质合金刀片的扩孔钻，切削速度可以提高2~3倍，大大地提高了生产率。扩孔常常用作铰孔等精加工的准备工序，也可作为要求不高孔的最终加工。

4. 铰刀铰孔

铰孔是孔的精加工方法之一，在生产中应用很广。铰孔用的铰刀种类很多，根据使用方式，一般分为手用铰刀及机用铰刀两种，如图1-4-45所示。手用铰刀柄部为直柄，工作部分较长，导向作用较好，又可分为整体式手用铰刀和外径可调式手用铰刀两种。机用铰刀可分为带柄机用铰刀和套式机用铰刀，根据加工类型也可分为圆形铰刀和锥度铰刀，根据制造材料可分为高速钢铰刀和硬质合金铰刀。高速钢机用铰刀一般为整体式的，硬质合金机用铰刀一般为焊接式的。

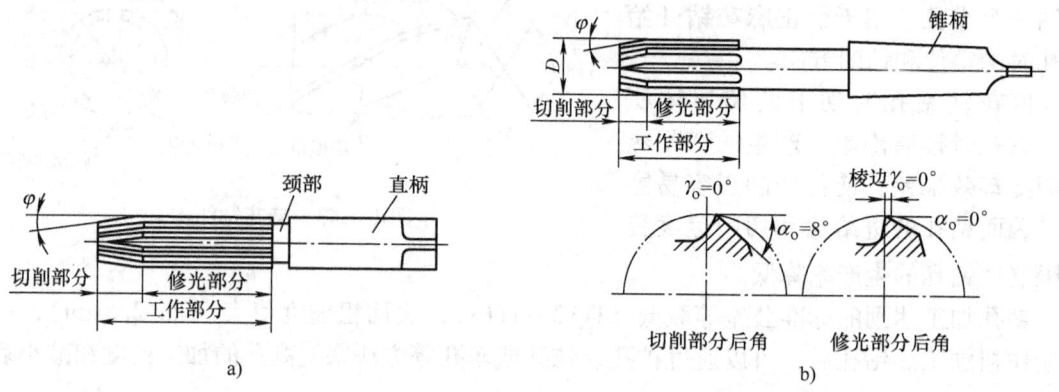

图1-4-45 铰刀
a) 手用铰刀 b) 机用铰刀

铰孔的加工余量小（粗铰为0.15~0.35mm，精铰为0.05~0.15mm），铰刀的容屑槽浅，刚性好，切削刃数目多（6~12个），导向可靠性好，切削刃的切削载荷均匀。铰刀制造精度高，其圆柱校准部分具有校准孔径和修光孔壁的作用。铰孔时排屑和冷却润滑条件好，切削速度低（精铰速度为2~5m/min），切削力、切削热都小，并可避免产生积屑瘤。因此，铰孔的标准公差等级可达IT6~IT8，表面粗糙度值为$Ra1.6~0.4\mu m$。铰孔的进给量一般为0.2~1.2mm/r，约为钻孔进给量的3~4倍，可保证较高的生产率。铰孔直径一般不大于$\phi 80mm$。铰孔不能纠正孔的位置误差，孔与其他表面之间的位置精度必须由铰孔前的加工工序来保证。

与钻孔、扩孔一样，只要工件与刀具之间有相对的旋转运动和轴向进给运动，就可进行铰削加工。因此，车床、铣床、镗床和钻床都可完成铰孔作业。

铰削适合于加工钢、铸铁和有色金属材料，但不能加工硬度过高的材料，如淬火钢、冷硬铸铁等。

5. 内孔车刀车孔

在车床上车孔就是用内孔车刀将已有的内孔进一步车削到指定直径，可用于加工尺寸精度、直线度及表面粗糙度均要求较高的孔。

内孔车刀与其他车刀的刀杆形状不一样。外圆车刀、端面车刀、外螺纹车刀、外沟槽车刀、切断车刀刀杆截面形状呈四方形，而内孔车刀刀杆截面形状呈圆柱形，且装夹内孔车刀时，一般必须在刀杆上套一个弹簧夹套，再用刀夹通过弹簧夹套夹住内孔车刀。常见内孔车刀、刀片与弹簧夹套如图1-4-46所示。

图1-4-46 常见内孔车刀、刀片与弹簧夹套

车孔时，内孔车刀的刀头截面尺寸要小于被加工的孔径尺寸，而刀杆的长度要大于孔深，因而刀具刚性差。切削时在背向力的作用下，内孔车刀刀杆容易产生变形和振动，影响车孔质量。特别是加工孔径小、长度大的孔时，更不如铰孔容易保证质量。因此，车孔时多采用较小的切削用量，以减小切削力的影响。图1-4-47、图1-4-48所示为车通孔和不通孔的刀具参数。

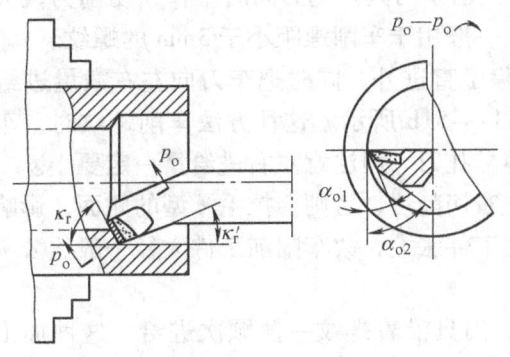

图1-4-47 车通孔

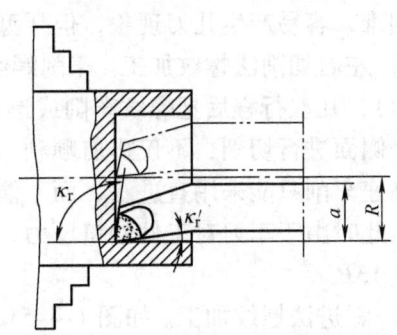

图1-4-48 车不通孔

4.5.5 车螺纹

螺纹按照牙型可分为三角形、矩形、梯形、锯齿形等几种。车削前应按照牙型选择对应的刀具，或者将刀头磨成与螺纹牙型相同的形状。车削时，应保证车刀的轴向位移与工件的角位移成正比，每当工件转一圈，车刀则轴向移动一个螺距（对于单线螺纹）或一个导程（对于多线螺纹）。

1. 外螺纹车削

（1）螺纹车刀的选用 螺纹车刀分为外螺纹车刀和内螺纹车刀，如图1-4-49所示。

（2）螺纹车刀的安装

1）装夹螺纹车刀时，刀尖一般应对准工件中心（用弹性刀杆应略高于轴线约0.2mm）。

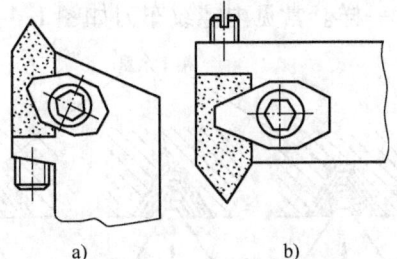

图1-4-49 机夹式螺纹车刀
a）外螺纹车刀 b）内螺纹车刀

2）螺纹车刀刀尖角的对称中心线必须与工件轴线垂直，装刀时可用样板来对刀。如果车刀装歪，就会产生牙型歪斜，如图1-4-50所示。

3）刀头伸出不要过长，一般为20~25mm（约为刀杆厚度的1.5倍）。

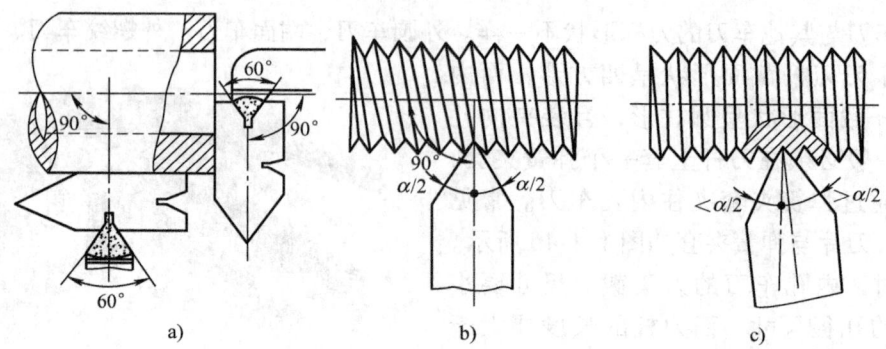

图 1-4-50　车刀安装方法
a）用样板来对刀　b）刀尖角对中安装　c）刀尖角装歪

（3）螺纹车削方法

1）直进法螺纹加工。车削过程是在每次往复行程后车刀沿横向进给，通过多次行程把螺纹车削好，如图 1-4-51a 所示。这种加工方法由于刀具两侧刃同时工作，切削力较大，但排屑困难，容易产生扎刀现象，但牙型正确，一般用于车削螺距小于 3mm 的螺纹。

2）左右切削法螺纹加工。车削螺纹时，除了直进外，同时把车刀向左右微量进给（俗称赶刀），几次行程后把螺纹车削成形，如图 1-4-51b 所示。这种方法车削螺纹时，车刀只有一个侧面进行切削，不仅排屑顺利，还不容易扎刀，但注意左右进给量一定要小。

高速车削只能采用直进法，而不能采用左右切削法，否则会拉毛牙型的侧面，影响螺纹精度。此时由于车刀对工件的挤压力，容易使工件胀大，故车削前工件大径一般比公称直径小约 $0.13P$。

3）斜进法螺纹加工。如图 1-4-51c 所示，刀具沿着螺纹一侧顺次进给。这种加工方法适合于大螺距螺纹加工，在螺纹精度要求不是很高的情况下加工更为方便，可以做到一次加工成形。在加工较高精度螺纹时，可以先采用斜进法粗加工，然后用直进法进行精加工。但要注意刀具起始点定位要准确，否则会产生"乱牙"现象，造成零件报废。

2. 内螺纹车削

内螺纹车刀与内沟槽车刀一样，刀杆截面形状呈圆柱形。装夹内螺纹车刀时，一般也必须在刀杆上套一个弹簧夹套，再用刀夹通过弹簧夹套夹住内螺纹车刀，刀片与外螺纹车刀刀片一样。常见内螺纹车刀如图 1-4-52 所示。

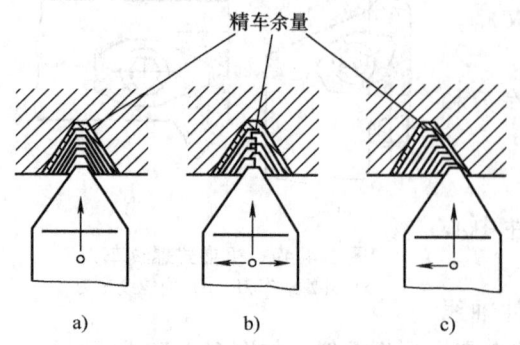

图 1-4-51　螺纹车削方法
a）直进法　b）左右切削法　c）斜进法

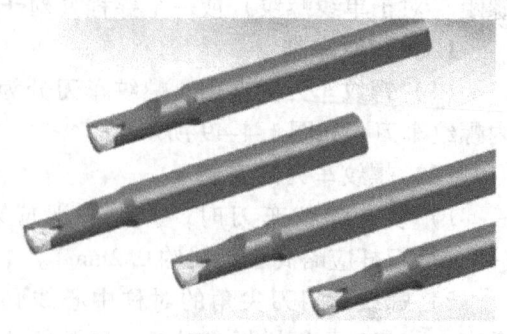

图 1-4-52　内螺纹车刀

4.6 数控车削工艺路线的拟订

4.6.1 车削方案的确定

一般根据零件的加工精度、表面粗糙度、材料、结构形状、尺寸及生产类型确定零件表面的数控车削加工方法及加工方案。

1. 外表面及端面数控车削方案的确定

1)标准公差等级为 IT7~IT8、表面粗糙度值为 $Ra0.8~1.6\mu m$,除淬火钢以外的常用金属,可采用普通型数控车床,按照粗车、半精车、精车的方案加工。

2)标准公差等级为 IT5~IT6、表面粗糙度值为 $Ra0.2~0.63\mu m$,除淬火钢以外的常用金属,可采用精密型数控车床,按照粗车、半精车、精车、细车的方案加工。

3)标准公差等级高于 IT5、表面粗糙度值 $<Ra0.08\mu m$,除淬火钢以外的常用金属,可采用高档精密型数控车床,按照粗车、半精车、精车、精密车的方案加工。

4)对淬火钢等难车削材料,淬火前可采用粗车、半精车的方法,淬火后安排磨削精加工。

2. 内表面数控车削方案的确定

1)标准公差等级为 IT8~IT9、表面粗糙度值为 $Ra1.6~3.2\mu m$,除淬火钢以外的常用金属,可采用普通型数控车床,按照粗车、半精车、精车的方案加工。

2)标准公差等级为 IT6~IT7、表面粗糙度值为 $Ra0.2~0.63\mu m$,除淬火钢以外的常用金属,可采用精密型数控车床,按照粗车、半精车、精车、细车的方案加工。

3)标准公差等级为 IT5、表面粗糙度值 $<Ra0.2\mu m$,除淬火钢以外的常用金属,可采用高档精密型数控车床,按照粗车、半精车、精车、精密车的方案加工。

4)对淬火钢等难车削材料,淬火前可采用粗车、半精车的方法,淬火后安排磨削精加工。

4.6.2 加工顺序的确定

加工顺序应根据工件的结构和毛坯状况,以及工件的定位和安装方式来确定,重点保证工件的刚度不被破坏,尽量减少变形。因此,制订零件数控车削加工顺序需遵循下列原则:

(1)先粗后精 为了提高生产率并保证零件的精加工质量,在切削加工时,应先安排粗加工工序,在较短的时间内,将精加工前大量的加工余量(图 1-4-53 中的细双点画线内部分)去掉,同时尽量满足精加工的余量均匀性要求。

当粗加工工序安排完后,应接着安排换刀后进行的半精加工和精加工。其中,安排半精加工的目的是:当粗加工后所留余量的均匀性满足不了精加工要求时,则可安排半精加工作为过渡性工序,以便使精加工余量小而均匀。

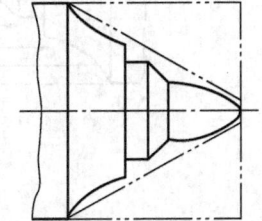

图 1-4-53 先粗后精示例

(2)先近后远 先近后远的原则是按照加工部位相对于对刀点的距离大小而言的。在一般情况下,特别是粗加工时,通常安排离对刀点近的部位先加工,离对刀点远的部位后加工，以便缩短刀具移动距离，减少空行程时间。对于车削加工，先近后远有利于保持毛坯件或半成品件的刚性，改善其切削条件。

例如，当加工图1-4-54所示零件时，如果按 φ38mm→φ36mm→φ34mm 的次序安排车削，不仅会增加刀具返回对刀点所需的空行程时间，而且还可能使台阶的外直角处产生毛刺（飞边）。对这类直径相差不大的台阶轴，当第一刀的背吃刀量（图1-4-54中最大背吃刀量可为3mm左右）未超限时，宜按 φ34mm→φ36mm→φ38mm 的次序先近后远地安排车削。

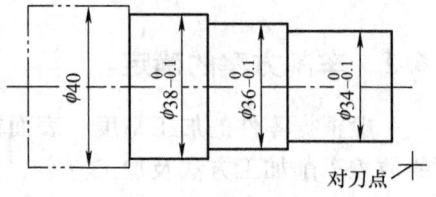

图1-4-54 先近后远示例

（3）内外交叉 对既有内表面（内型腔），又有外表面需加工的零件，确定加工顺序时，应先进行内、外表面粗加工，后进行内、外表面精加工。切不可将零件上一部分表面（外表面或内表面）加工完毕后，再加工其他表面（内表面或外表面）。

（4）基面先行 用作精基准的表面应优先加工出来，因为定位基准的表面越精确，装夹误差就越小。例如，轴类零件加工时，总是先加工中心孔，再以中心孔精基准定位来加工外圆表面。

4.6.3 进给路线的确定

确定进给路线的工作重点主要在于确定粗加工及空行程的进给路线，因为精加工切削过程的进给路线基本上都是沿零件轮廓顺序进行的。

1. 确定粗加工进给路线

（1）常用的粗加工进给路线

1）矩形循环进给路线。图1-4-55a所示为利用数控系统具有的矩形循环功能安排的矩形循环进给路线。适用于棒料毛坯，进给路线较短的场合。

2）三角形循环进给路线。图1-4-55b所示为利用数控系统具有的三角形循环功能安排的三角形循环进给路线。适用于棒料毛坯，进给路线较长的场合。

3）仿形循环进给路线。图1-4-55c所示为利用数控系统具有的封闭式复合循环功能控制车刀沿着零件轮廓等距线循环的进给路线。适用于铸件、锻件毛坯时进给路线较短的场合。

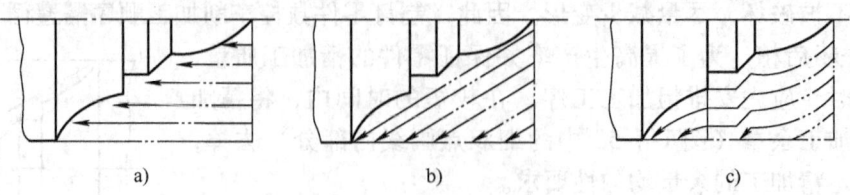

图1-4-55 粗加工进给路线

4）阶梯切削路线。车削大余量工件时，图1-4-56a所示是错误的阶梯切削路线，图1-4-56b所示是按1—5的顺序切削，每次切削所留余量相等，是正确的阶梯切削路线。根据以上两种切削路线特点，还可以改用依次从轴向和径向进刀、顺工件毛坯轮廓走刀的路线，此时余量最均匀，如图1-4-56c所示。

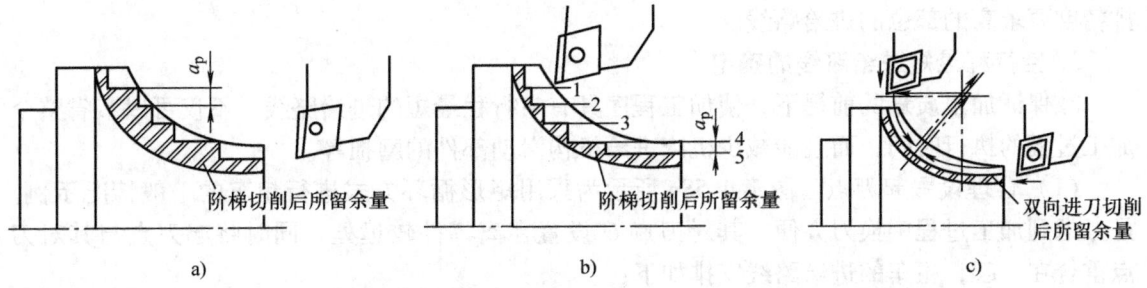

图 1-4-56 车削大余量工件的加工路线

（2）最短的粗加工切削进给路线　对以上三种切削进给路线进行分析和判断可知，矩形循环进给路线的进给长度总和最短。因此，在同等条件下，其切削所需时间（不含空行程）最短，刀具的损耗最少，为常用粗加工切削进给路线，但它有粗加工后的精车余量不够均匀的缺点，所以一般需安排半精加工。

2. 确定精加工进给路线

（1）最终轮廓的进给路线　在安排一刀或多刀进行的精加工进给路线时，其零件的最终轮廓应由最后一刀连续加工而成，并且加工刀具的进刀、退刀位置要考虑妥当，尽量不要在连续的轮廓中切入和切出或换刀及停顿，以免因切削力突然变化而造成弹性变形，致使光滑连接的轮廓表面上产生表面划伤、形状突变或滞留刀痕等缺陷。

（2）换刀加工时的进给路线　主要根据工步顺序要求决定各刀加工的先后顺序及各刀进给路线的衔接。

（3）切入、切出及接刀点位置的选择　应选在有空刀槽或表面间有拐点、转角的位置，而曲线要求相切或光滑连接的部位不能作为切入、切出及接刀点位置。例如，数控车床车削端面时加工路线如图 1-4-57a 所示，$A \rightarrow B \rightarrow C \rightarrow O_p \rightarrow D$，其中 A 点为换刀点，B 点为切入点，$C \rightarrow O_p$ 为刀具切削轨迹，O_p 点为切出点，D 点为退刀点。数控车床车削外圆表面的加工路线如图 1-4-57b 所示，为 $A \rightarrow B \rightarrow C \rightarrow D \rightarrow E \rightarrow F$，其中 A 点为换刀点，B 点为切入点，$C \rightarrow D \rightarrow E$ 为刀具切削轨迹，E 点为切出点，F 点为退刀点。

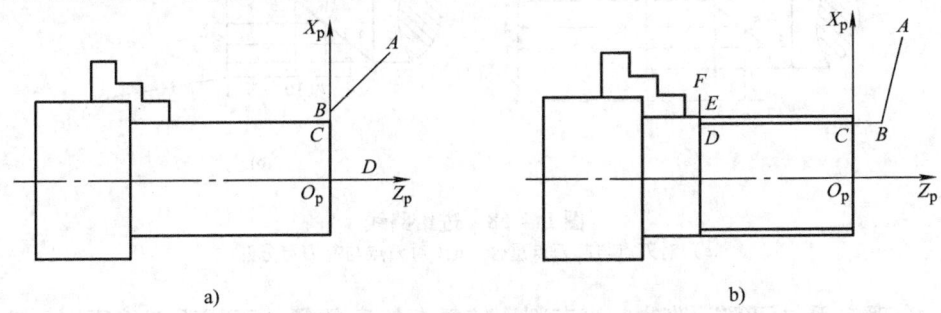

图 1-4-57　切入、切出及接刀点位置
a）车端面　b）车外圆表面

（4）各部位精度要求不一致的精加工进给路线　若各部位精度要求相差不是很大时，应以精度要求最高的为准，连续进给加工所有部位；若各部位精度要求相差很大，则精度要求接近的表面安排在同一个进给路线内加工，并先加工精度要求较低的部位，最后再单独安

排精度要求高的部位的进给路线。

3. 空行程最短进给路线的确定

在保证加工质量的前提下，使加工程序具有空行程最短的进给路线，不仅可以节省整个加工过程的执行时间，而且能减少机床进给机构滑动部件的磨损等。

（1）合理设置起刀点　图 1-4-58a 所示为采用矩形循环方式进行粗车的一般情况示例。是考虑到加工过程中换刀方便，其对刀点 O 设置在离零件较远处，同时将起刀点与其对刀点重合在一起，粗车的进给路线安排如下：

第一刀　$O→1→2→3→O$。

第二刀　$O→4→5→6→O$。

第三刀　$O→7→8→9→O$。

图 1-4-58b 所示则是将循环加工的起刀点与对刀点分离，将起刀点设置在 1 点，将对刀点设置在 O 点，仍按相同的切削量进行粗车，其进给路线如下：

循环加工的起刀点与对刀点分离的空行程 $O→1$。

第一刀　$1→2→3→4→1$。

第二刀　$1→5→6→7→1$。

第三刀　$1→8→9→10→1$。

显然，图 1-4-58b 所示的进给路线短。该方法也可用在其他循环（如螺纹车削）切削加工中。

（2）合理设置换刀点　为了考虑换刀的方便和安全，有时也可将换刀点设在离零件较远的位置处（如图中 1-4-58a 的 O 点），那么当换第二把刀后，精车的空行程路线必然也较长；如果将第二把刀的换刀点也设置在图 1-4-58b 中的 1 点位置上（因工件已去掉一定的余量），则可缩短空行程距离，但一定要注意换刀过程中不能发生碰撞。

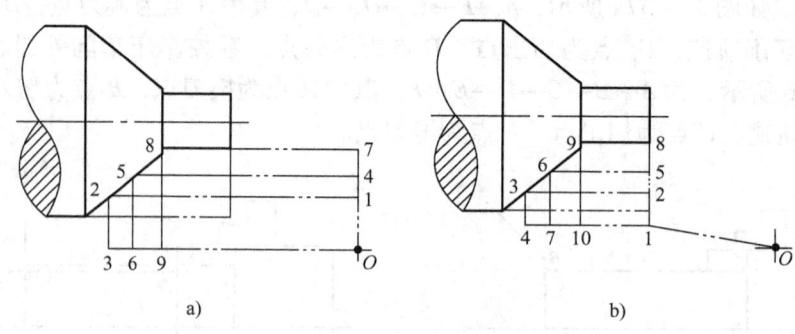

图 1-4-58　进给路线
a）对刀点与起刀点重合　b）对刀点与起刀点分开

（3）合理应用"回零"路线　当车削比较复杂轮廓的零件而用手工编程时，为使计算过程尽量简化，既不出错，又便于校核，编程者有时会将每一刀加工完后的刀具终点通过执行"回零"（即返回对刀点）指令返回到对刀点位置，然后再执行后续程序。这样会增加进给路线的距离，从而降低生产率。因此，在合理安排"回零"路线时，应尽量缩短前一刀终点与后一刀起点间的距离，或者使其为零，即可满足进给路线为最短的要求。另外，选择返回对刀点指令时，在不发生加工干涉现象的前提下，宜尽量采用 X、Z 坐标轴双向同时

"回零"指令,则该指令功能的"回零"路线将是最短的。

4.6.4 训练题

一、选择题

1. 加工外圆及台阶时,选用(　　)刀具车削。
   A. 90°外圆车刀　　B. 75°外圆车刀　　C. 45°端面车刀　　D. 切断车刀
2. (　　)适用于粗车轴类工件的外圆以及强力切削铸件、锻件等余量较大的工件。
   A. 90°外圆车刀　　B. 75°外圆车刀　　C. 45°端面车刀　　D. 切断车刀
3. 车端面时,硬质合金车刀刀尖必须要(　　)工件的中心,否则车削到工件中心处会使刀尖碰碎。
   A. 对齐　　B. 略高于或对齐　　C. 低于　　D. 高于
4. 在数控车床上,一般作为套类零件孔的最终精加工的是(　　)。
   A. 用中心钻打孔　　B. 用铰刀铰孔　　C. 用扩孔钻扩孔　　D. 用内孔车刀车孔
5. 扩孔的加工质量和生产率比钻孔高,加工尺寸标准公差等级可达(　　),表面粗糙度值可达(　　)。
   A. IT10　　B. IT7　　C. IT8　　D. $Ra3.2\mu m$
   E. $Ra1.6\mu m$　　F. $Ra6.3\mu m$
6. 铰孔的加工余量小,粗铰时选(　　),精铰时选(　　)。
   A. 0.10mm　　B. 0.30mm　　C. 0.03mm　　D. 0.50mm
7. 车普通外螺纹时,选用外螺纹车刀的牙型角应该等于(　　)。
   A. 55°　　B. 60°　　C. 30°　　D. 80°
8. 加工小螺距螺纹时,一般采用(　　)螺纹车削。
   A. 直进法　　B. 斜进法　　C. 左右切削法　　D. 混合切削
9. 加工标准公差等级为IT7~IT8、表面粗糙度为$Ra0.8~1.6\mu m$的碳素钢工件外圆表面时,一般采用(　　)达到要求。
   A. 普通车床　　B. 普通型数控车床　　C. 精密型数控车床　　D. 数控磨床
10. 加工标准公差等级为IT5、表面粗糙度值<$Ra0.2\mu m$的中碳钢工件外圆表面时,一般采用(　　)加工方案达到要求。
    A. 粗车→精车
    B. 粗车→半精车→精车
    C. 粗车→半精车→精车→精密车
    D. 粗车→半精车→精车→细车
11. 制订零件数控车削加工顺序需遵循(　　)原则。(多选题)
    A. 先粗后精　　B. 先近后远　　C. 内外交叉　　D. 基面先行
12. 确定进给路线的工作重点,主要在于确定(　　)的进给路线。
    A. 粗加工和半精加工　　B. 粗加工和精加工
    C. 精加工和空行程　　D. 粗加工和空行程
13. 若各部位精度要求相差不是很大时,应以(　　)为准,连续进给加工所有部位。
    A. 精度要求最高　　B. 精度要求最低　　C. 均中精度
14. 若各部位精度要求相差很大,则可先加工(　　)的部位,最后再单独安排(　　)

的部位的进给路线。

  A. 精度要求较高 B. 精度要求较低 C. 随便哪个尺寸精度

二、判断题

1. 90°外圆车刀不能用来车削工件的端面。（ ）
2. 车削台阶面时，应当注意车刀安装后的主偏角必须小于或等于90°。（ ）
3. 用切断车刀车槽时，如果刀具宽度过大，则容易引起振动。（ ）
4. 麻花钻也可以用于扩孔加工。（ ）
5. 用麻花钻钻孔时，所达到的标准公差等级低（IT12～IT13）、表面粗糙度值大（$Ra12.5\mu m$），一般只能用于粗加工。（ ）
6. 在淬火钢内孔精加工时，可选用铰刀来进行铰削。（ ）
7. 车孔时，内孔车刀的刀头截面尺寸一定要小于被加工的孔径尺寸。（ ）
8. 车孔时，尽量选较小的切削用量，否则容易引起振动。（ ）
9. 螺纹车刀刀尖角的对称中心线如果与工件轴线不垂直，将会产生振动。（ ）
10. 装夹内螺纹车刀时，一般也必须在刀杆上套一个弹簧夹套，再用刀夹通过弹簧夹套夹住内螺纹车刀。（ ）
11. 半精加工的目的主要是精加工时获得更均匀的余量。（ ）
12. 在合理安排"回零"路线时，应尽量缩短前一刀终点与后一刀起点间的距离，或者使其为零，即可满足进给路线为最短的要求。（ ）

第 5 章　数控铣削工艺

5.1　数控铣削加工对象

数控铣削加工是数控加工中最为常见的加工方法之一，广泛应用于机械设备制造、模具加工等领域。它以普通铣削加工为基础，同时结合数控机床的特点，不但能完成普通铣削加工的全部内容，而且还能完成普通铣削加工难以完成，甚至无法完成的加工工序。数控铣削加工设备主要有数控铣床和加工中心，可以对零件进行平面轮廓铣削、曲面轮廓铣削加工，还可以进行钻、扩、铰、镗、锪等孔加工及螺纹加工等。

1. 适宜于数控铣削的加工对象

1）工件上的曲线轮廓内、外形，特别是由数学表达式给出的非圆曲线与列表曲线等曲线轮廓。

2）已给出数学模型的空间曲线。

3）形状复杂、尺寸繁多、划线与检测困难的部位。

4）用通用铣床加工时难以观察、测量和控制进给的内、外凹槽。

5）以尺寸协调的高精度孔或面。

6）能在一次装夹中铣出的简单表面或形状。

7）采用数控铣削能成倍提高生产率，大大减轻体力劳动的一般加工内容。

2. 数控铣削/加工中心的主要加工对象

数控铣削/加工中心的主要加工对象为：平面轮廓类零件；变斜角类零件；曲面类零件；箱体类零件；盘、套、板类零件；结构形状复杂、普通机床难加工的零件；外形不规则的异形零件等。

3. 不宜选用数控铣削的情况

1）需要进行长时间占机和进行人工调整的粗加工内容，如以毛坯粗基准定位划线并找正的加工。

2）必须按照专用工装协调的加工内容，如标准样件、协调平板、胎模等。

3）毛坯上的加工余量不太充分或不太稳定的部位。

4）简单的粗加工面。

5）必须用细长铣刀加工的部位，一般指狭长深槽或高肋板小转接圆弧部位。

5.2　铣削设备

5.2.1　普通铣床

在普通铣床上可以加工水平面、台阶面、垂直面、齿轮、齿条、各种沟槽（直槽、T 形槽、燕尾槽、V形槽）或成形面等。铣削加工的尺寸标准公差等级为IT7~IT8，表面粗糙度值可达 $Ra1.6~6.3\mu m$。在切削加工中，铣削的应用仅次于车削，在成批大量生产中，除加工狭长的平面外，铣削几乎代替刨削。

普通铣床的类型很多，生产中最常用的是立式升降台铣床和卧式升降台铣床。

1. 立式升降台铣床

立式升降台铣床与卧式升降台铣床的最大区别是主轴垂直布置。如图1-5-1所示，立式升降台铣床的立铣头在垂直平面内可以向右或向左在±45°范围内倾斜，以扩大工艺范围。立式升降台铣床上多用面铣刀或立铣刀加工平面、台阶、沟槽及各类成形面。

2. 卧式升降台铣床

卧式升降台铣床的主轴是水平的，如图1-5-2所示，床身固定在底座上，内装主运动的变速、操纵等机构和主轴。刀杆上装有铣刀，它安装在主轴和刀杆支架之间。升降台沿床身垂直导轨升降，床鞍在升降台上做横向进给运动，工作台可在床鞍上做纵向进给运动。升降台、工作台和床鞍都可进行快速移动。在卧式铣床上可用各种铣刀铣削平面、沟槽、台阶面或成形面。

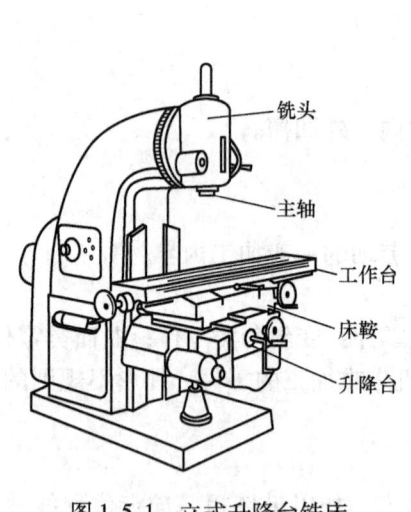

图1-5-1 立式升降台铣床

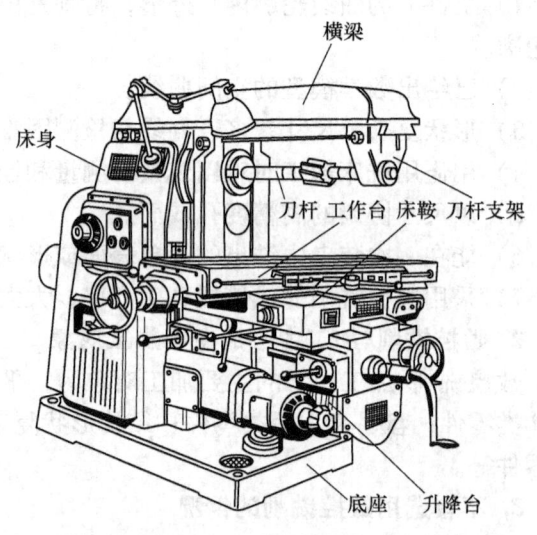

图1-5-2 卧式升降台铣床

5.2.2 数控铣床

数控铣床是机床设备中应用非常广泛的一类机床，它可以进行平面铣削、型腔铣削、外形轮廓铣削、三维及三维以上复杂型面铣削，还可进行钻削、镗削、螺纹切削等孔加工。加工中心、柔性制造单元等都是在数控铣床的基础上产生和发展起来的。

数控铣床如同传统的通用铣床一样，按照主轴在空间所处的状态，可分为立式和卧式以及立卧两用数控铣床。主轴在空间处于垂直状态的，称为立式数控铣床；主轴在空间处于水平状态的，称为卧式数控铣床；主轴可做垂直和水平转换的，称为立卧两用数控铣床。图1-5-3所示为立式数控铣床。

数控铣床中被CNC所控制的坐标轴一般为三坐标轴，即有三个沿导轨方向的直线运动，如左右、前后、上下方向，用 X、Y、Z 分别对这三个直线运动的方向命名。

若数控铣床三个沿导轨方向的运动中，只能其中两个方向的运动可以联动，称为两轴半数控铣床，即在 X、Y、Z 三个坐标轴中，任意两轴可以联动。一般情况下，两轴半控制的数控铣床上只能用来加工平面曲线轮廓。

若数控铣床三个沿导轨方向的运动能同时联动，即数控铣床能进行 X、Y、Z 三个坐标轴联动加工，称为三轴数控铣床。目前三轴数控立式铣床占大多数，可以加工空间曲面。

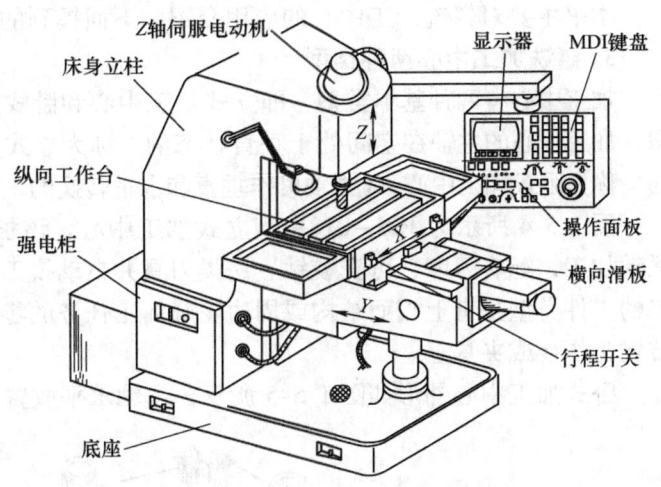

图 1-5-3　立式数控铣床

对于有特殊要求的数控铣床，还可以加进一个绕轴回转的进给运动，即增加一个数控分度头或数控回转工作台，这时机床的数控系统为四坐标的数控系统，可用来加工螺旋槽、叶片等立体曲面零件。

5.2.3　加工中心

加工中心（Machining Center，MC）是适应省力、省时和节能时代要求而迅速发展起来的自动换刀数控机床。相对那些普通数控机床，加工中心更具有灵活性和适应性，并且效率更高，工艺能力更强，自动化程度更高。

1. 加工中心分类

加工中心种类较多，根据加工方式分为以下几类。

（1）车削加工中心　车削加工中心以车削为主，主体是数控车床，机床上配备有转塔刀库或由换刀机械手和链式刀库组成的大容量刀库。车削加工中心还配置有铣削动力头。

（2）镗铣加工中心　将数控铣床、数控镗床、数控钻床的功能集成在一台加工设备上，且增设有自动换刀装置。镗铣加工中心是机械加工行业应用较多的一类数控设备，其工艺范围主要是铣削、钻削和镗削。

（3）复合加工中心　在一台设备上可以完成车削、铣削、镗削和钻削等多种工序加工的加工中心称为复合加工中心，它可代替多台机床实现多工序的加工。复合加工中心多以车、铣加工的加工中心为多。

2. 加工中心特点

加工中心的一个最为明显的特点是：加工中心是一种比数控铣床多加装了刀库和自动换刀装置的数控机床，刀库容量一般为几十甚至上百把。其数控系统能控制机床自动地更换刀具。

加工中心与数控铣床相比另一个更为重要的特征是：它利用机床刀库的多刀具和自动换刀能力，能够实现将几个不同的操作组合在一次装夹中并连续加工，即集中工序加工。

例如镗铣加工中心上，对工件连续进行的钻削、镗削、背镗、加工螺纹、铰孔以及轮廓铣削等加工都可编制为同一个数控程序。加工中心一次装夹多工序的加工方式，有效地避免了零件多次装夹造成的定位误差,减少了机床台数和占地面积,有利于提高加工精度。

本书主要对镗铣加工中心的应用介绍,下面提到的加工中心一般是指镗铣加工中心。

3. 镗铣加工中心两种类型

加工中心有两种基本类型,即立式加工中心和卧式加工中心。按照主轴在空间所处的状态,加工中心的主轴在空间处于垂直状态的,称为立式加工中心;主轴在空间处于水平状态的,称为卧式加工中心。(主轴可作垂直和水平转换的,称为立卧加工中心或复合加工中心。)

图 1-5-4 所示为 JCS-018A 型立式加工中心。该加工中心能进行 X、Y、Z 三个坐标轴联动加工,配有刀库,可安装钻、铣类刀具并自动换刀。对立式加工中心来说,其最适合加工的工件类型是有上端面结构或周边轮廓加工任务的零件,如盘、盖、板类零件。工件可安装在工作台或夹具上。

卧式加工中心外形如图 1-5-5 所示,主轴水平放置。一般卧式加工中心配备一个旋转坐

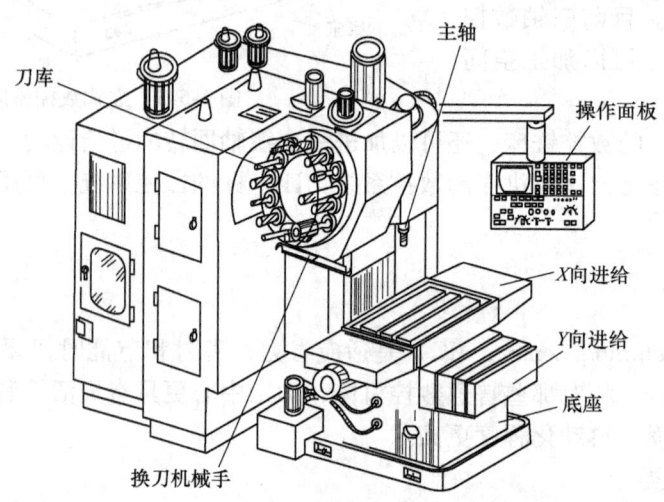

图 1-5-4　JCS-018A 型立式加工中心

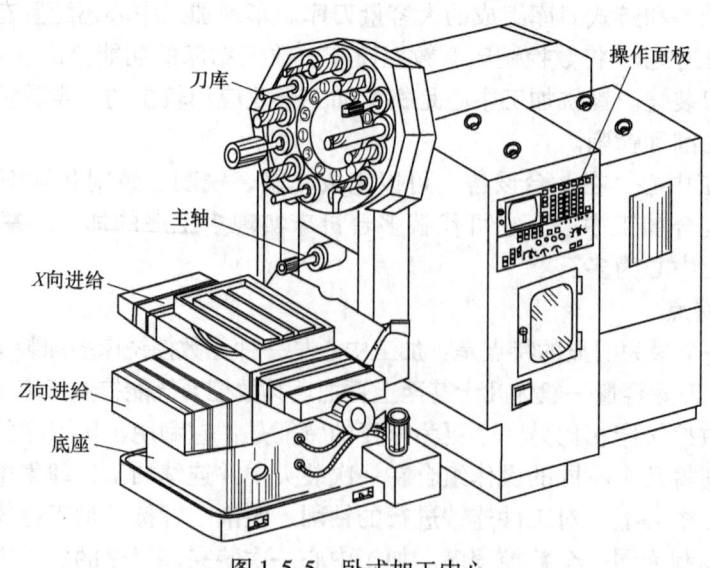

图 1-5-5　卧式加工中心

标轴（回转工作台）。卧式加工中心适宜加工箱体类零件，一次装夹可对工件的多个面进行铣削、钻削、镗削、攻螺纹等的加工，特别适合孔与定位基面或孔与孔之间相对位置精度要求较高的零件加工，容易保证其加工精度。卧式加工中心的刀库一般比立式加工中心容量大，其结构也比立式加工中心复杂，占地面积比立式加工中心大，柔性比立式加工中心强，但制造成本比立式加工中心高，市场拥有量较少。

此外还有数控钻床、数控镗床、数控插床等，在此不做一一介绍。

5.3 工件装夹

5.3.1 常用夹具

1. 机用平口钳

数控铣床常用夹具是机用平口钳，如图 1-5-6 所示。装夹时，先把机用平口钳固定在工作台上，找正钳口，再把工件装夹在机用平口钳上。这种夹具装夹方便，应用广泛，适于装夹形状规则的小型工件。

2. 压板

对中型、大型和形状比较复杂的零件，一般采用压板将工件紧固在数控铣床工作台台面上。压板装夹工件时所用工具比较简单，主要是压板、垫铁、T 形螺栓及螺母。为满足不同形状零件的装夹需要，压板的形状种类也较多。例如在工作台上安装箱体零件时，通常用三面安装法，或者采用一个平面和两个销孔的安装定位，而后用压板压紧固定。

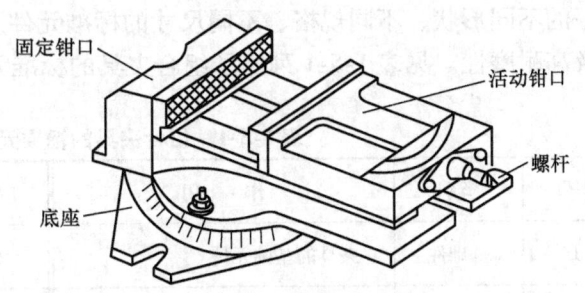

图 1-5-6 机用平口钳

图 1-5-7 所示为采用圆柱销定位块定位工件，用压板夹紧工件。

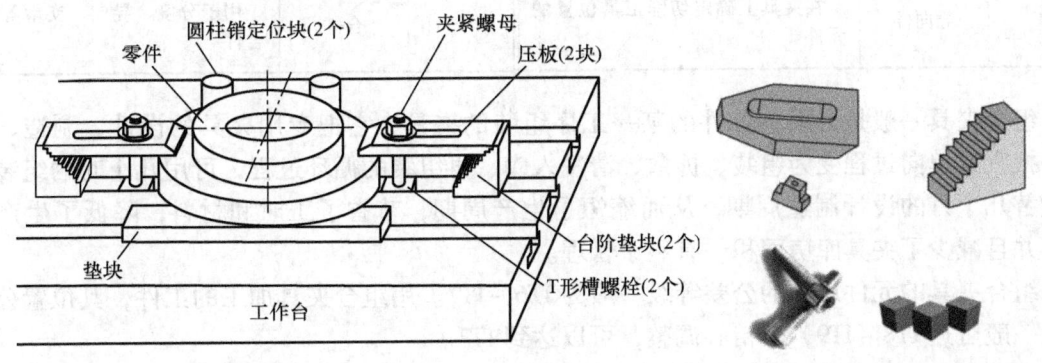

图 1-5-7 压板夹紧工件

3. 自定心卡盘

在铣床或加工中心需要夹紧工件圆柱表面时，采用三爪卡盘最为适合。如果已经完成圆柱表面的加工，应在卡盘上安装一套软卡爪。图1-5-8所示为在工作台上安放自定心卡盘，并用卡盘定位、夹紧圆柱工件。

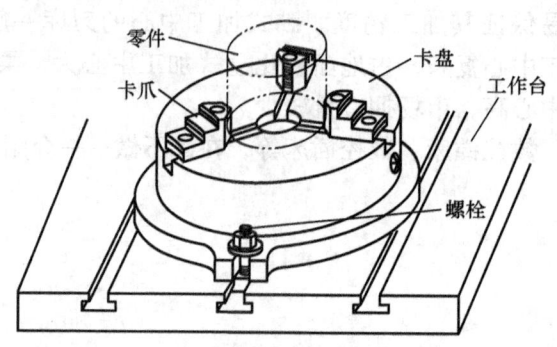

图1-5-8 自定心卡盘的应用

5.3.2 组合夹具

组合夹具是一种标准化、系列化、通用化程度很高的工艺装备。组合夹具由一套预先制造好的不同形状、不同规格、不同尺寸的标准元件及部件组装而成，这些元件具有完全互换性及高耐磨性。见表1-5-1列出了组合夹具的标准元件、部件及作用。

表1-5-1 组合夹具的标准元件、部件及作用

序号	类别	作用	序号	类别	作用
1	基础件	夹具的基础元件	5	压紧件	作压紧元件或工件的元件
2	支承件	作夹具骨架的元件	6	紧固件	作紧固元件或工件的元件
3	定位件	元件间定位和工件正确安装用的元件	7	其他件	在夹具中起辅助作用的元件
4	导向件	在夹具上确定切削工具位置的元件	8	合件	用于分度、导向、支承等组合件

组合夹具一般是为某一工件的某一工序组装的夹具，它把专用夹具的设计、制造、使用、报废的单向过程变为组装、拆散、清洗入库、再组装的循环过程，可用几小时的组装周期代替几个月的设计制造周期，从而缩短了生产周期，节省了工时和材料，降低了生产成本，并且减少了夹具库房面积，有利于管理。

组合夹具的元件尺寸的公差等级一般为IT6~IT7。用组合夹具加工的工件，其位置公差等级一般可达IT8~IT9，若精心调整，可以达到IT7。

由于组合夹具有很多优点，又特别适用于新产品试制和多品种小批生产，所以近年来发展迅速，应用较广。组合夹具的主要缺点是体积较大，刚度较差，一次投资多，成本高，这使得其推广应用受到一定限制。

组合夹具可分为槽系组合夹具和孔系组合夹具两大类。

1. 槽系组合夹具

槽系组合夹具是元件间主要靠键和槽定位的组合夹具。槽系组合夹具根据T形槽宽度分为大（16mm）、中（12mm）、小（8mm）三种系列，由八大类元件组成，即基础件、合件、定位件、紧固件、压紧件、支承件、导向件和其他件。槽系组合夹具应用示例如图 1-5-9 所示。

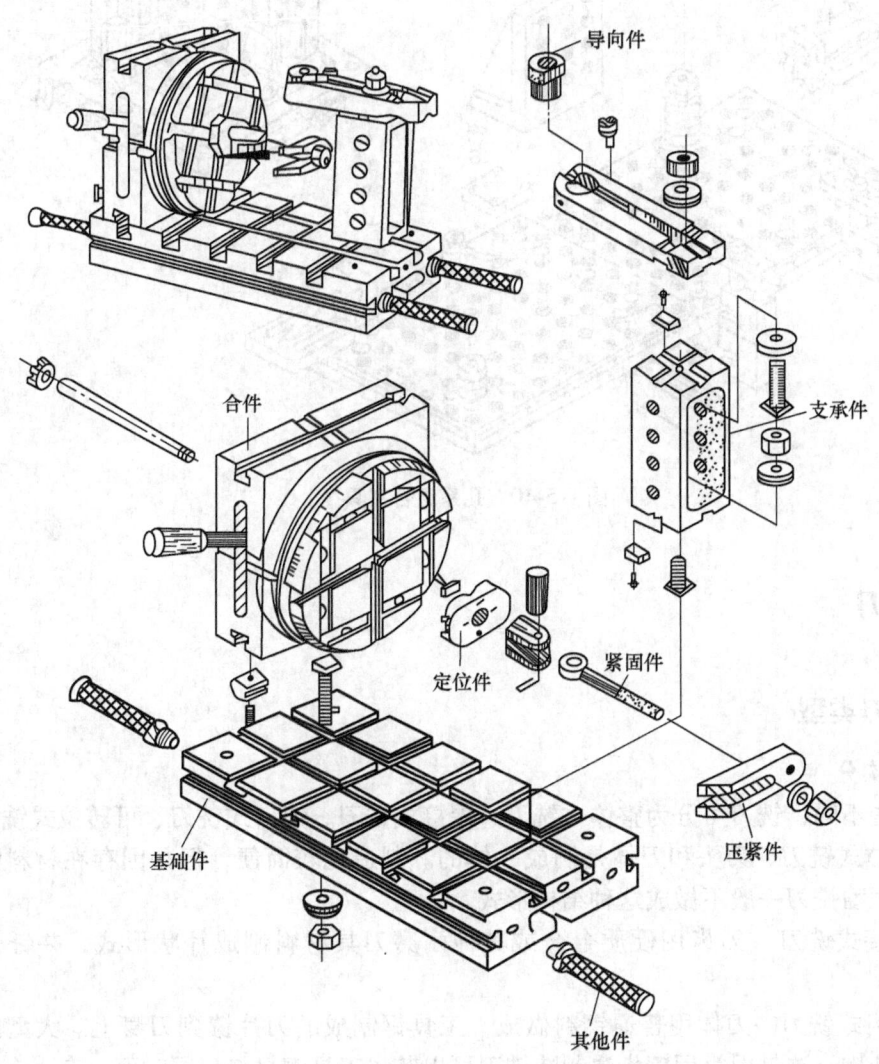

图 1-5-9　槽系组合夹具

2. 孔系组合夹具

孔系组合夹具中，元件间通过孔与销来定位。孔系组合夹具根据孔径分为四种系列（d =10mm、12mm、16mm、24mm）。孔系组合夹具的元件类别与槽系组合夹具相仿，也分为八大类元件，但没有导向件，而是增加了辅助件。图 1-5-10 所示为孔系组合夹具示意图。

孔系组合夹具用一面两销定位，允许使用过定位；其定位精度高，刚性比槽系组合夹具好，组装可靠，体积小，元件的工艺性好，成本低，易于组装，可用作数控机床夹具。

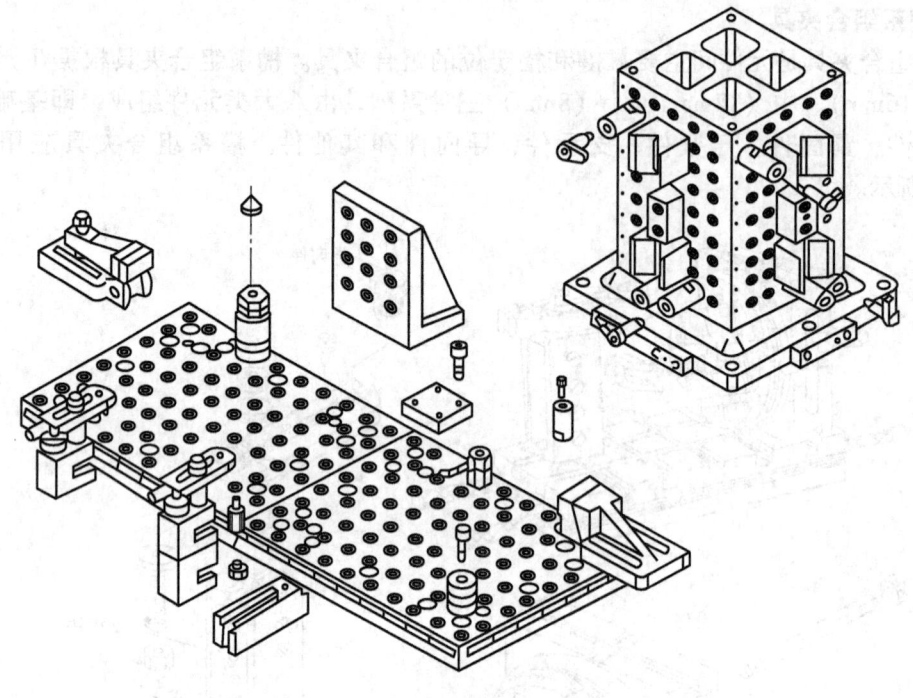

图 1-5-10 孔系组合夹具

5.4 铣刀

5.4.1 铣刀类型

1. 按结构分

按照结构不同,铣刀可分为整体式铣刀、焊接式铣刀、镶齿式铣刀、可转位式铣刀等。

(1) 整体式铣刀　刀头和刀体是制成一体的。制造比较简便,但是因存在材料浪费较多的缺点,大型铣刀一般不做成这种结构形式。

(2) 焊接式铣刀　刀齿用硬质合金或其他耐磨刀具材料制成片状形式,并钎焊在刀体上。

(3) 镶齿式铣刀　刀体用普通钢料做成,工具钢制成的刀片镶到刀身上。大型的铣刀多采用这种结构。这是因为用镶齿法制造铣刀可以节省工具钢材料,同时万一有一个刀齿用坏,还可以拆下来重新换一个好的刀齿,不必"牺牲"整个铣刀。

(4) 可转位式铣刀　将可转位使用的多边形刀片用机械方法夹固在刀杆或刀体上的铣刀即为可转位式铣刀。切削加工中,当一个刃尖磨钝后,可将刀片转位后使用另外的刃尖。这种刀片用钝后不再重磨。

2. 按用途分

按照用途不同,铣刀可分为圆柱铣刀、面铣刀、立铣刀、键槽铣刀、三面刃铣刀、模具铣刀、角度铣刀、成形铣刀等。图 1-5-11 所示为部分铣刀。在数控机床上常用的铣刀有面铣刀、立铣刀、键槽铣刀、模具铣刀等。

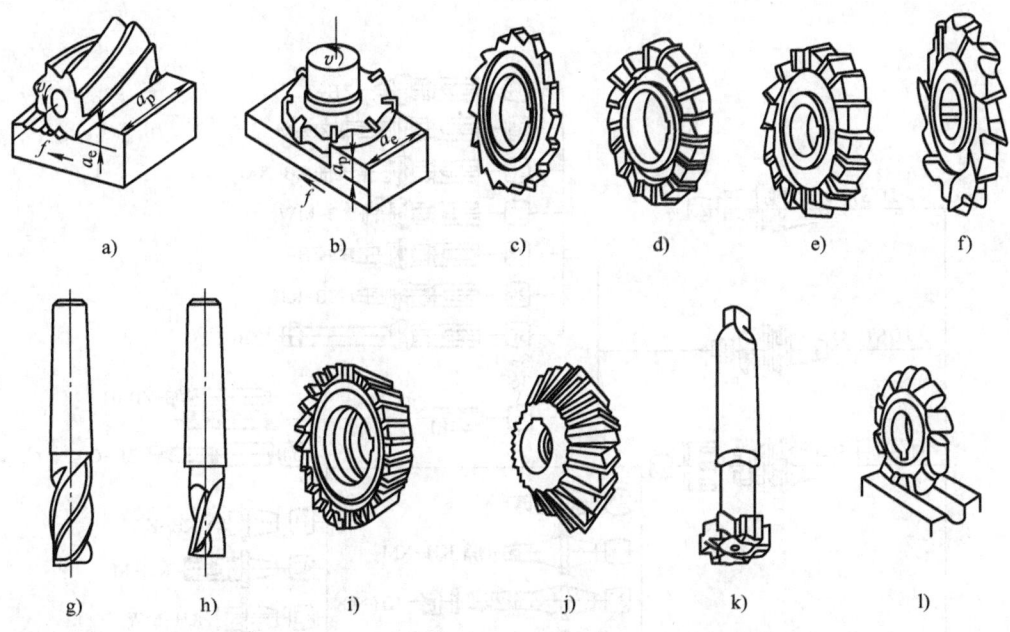

图 1-5-11 铣刀类型

a）圆柱铣刀 b）面铣刀 c）、d）、e）、f）三面刃铣刀 g）立铣刀 h）键槽铣刀
i）、j）角度铣刀 k）T形槽铣刀 l）成形铣刀

5.4.2 工具系统

工具系统是指机床主轴和刀具的连接系统，它主要由两部分组成：一是刀具部分，二是刀具柄部（刀柄）、接杆（接柄）和夹头等装夹工具部分。也就是说把通用性较强的刀具（如铣刀、镗刀、铰刀、钻头和丝锥等）和配套装夹工具系列化、标准化，这就成为通常所说的工具系统。

目前我国建立的工具系统主要是镗铣类工具系统。镗铣类工具系统按照结构不同，可分为整体式工具系统（TSG工具系统）和模块式工具系统（TMG工具系统）两大类。

1. 整体式工具系统（TSG工具系统）

整体式工具系统把刀具刀柄和装夹刀具的工作部分做成一体，是专门为加工中心和镗铣类数控机床配套的工具系统，也可以用于普通镗铣床中。其优点是结构简单、整体刚性强、使用方便、工作可靠、更换迅速等；缺点是所用的刀柄规格品种和数量较多。图1-5-12所示为TSG82工具系统图；表1-5-2为TSG82工具系统用途代码的含义。选用时一定要按照图示进行配置。

工具系统的型号由三个部分组成，各部分之间用横线"-"隔开。第一部分表示工具柄部形式和柄部尺寸，由英文大写字母组成；第二部分表示工具用途代号和工具规格，由英文大写字母组成；第三部分表示工作长度，均由数字组成，其表示方法如图1-5-13所示。

（1）工具柄部形式 数控工具柄部形式已经标准化、系列化。目前在我国应用较为广泛的标准有国际标准ISO 7388、中国国家标准GB/T 10944.1~2—2010、日本工业标准JIS B6339、美国标准ANSI B5.50、德国标准DIN 69871等多种标准。

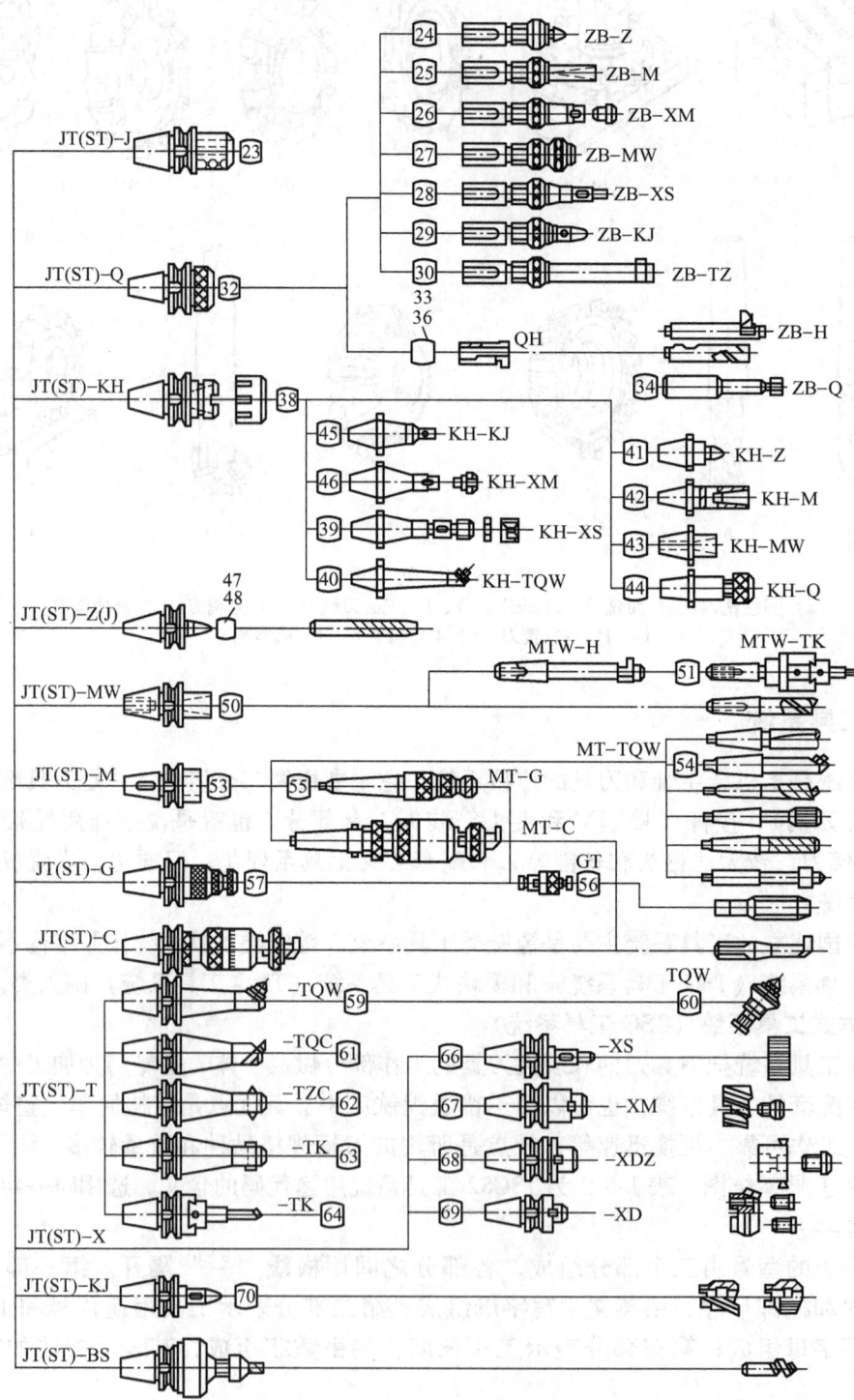

图 1-5-12 TSG82 工具系统图

第5章 数控铣削工艺

表1-5-2 TSG82工具系统用途代码的含义

代码	含义	代码	含义	代码	含义
J	装接长刀杆用锥柄	KJ	用于装扩、铰刀	TF	浮动镗刀
Q	弹簧夹头	BS	倍速夹头	TK	可调镗刀头
KH	7:24锥柄快换夹头	H	倒锪端面刀	X	用于装铣削刀具
Z(J)	装钻夹头（莫氏锥度注J）	T	镗孔刀具	XS	装三面刃铣刀
MW	装无扁尾莫氏锥柄刀具	TZ	直角镗刀	XM	装面铣刀
M	装有扁尾莫氏锥柄刀具	TQW	倾斜型微调镗刀	XDZ	装直角端铣刀
G	攻螺纹夹头	TQC	倾斜型粗镗刀	XD	装面铣刀
C	切内槽刀具	TZC	直角型粗镗刀		

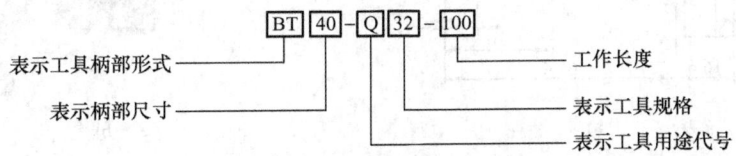

图1-5-13 工具系统表示方法

工具柄部形式可以分为两大类：普通工具柄部形式和高速工具柄部形式。

1）普通工具柄部形式

普通工具柄部形式有JT、BT、ST三种，它们可以直接与机床主轴联接。柄部一般采用7:24大锥度、长锥柄结构，并采用相应形式的拉钉拉紧。这类刀柄不能自锁，换刀比较方便，与直柄相比具有较高的定心精度与刚度。

JT表示采用国际标准ISO 7388制造的加工中心机床所使用的锥柄（柄部带机械手夹持槽）；BT表示采用日本标准JIS B6339制造的加工中心机床所使用的锥柄（柄部带有机械手夹持槽）；ST表示按国家标准GB/T 3837—2001制造的数控机床用的锥柄（柄部无机械手夹持槽）。

镗刀类刀柄自己带有刀柄，可用于粗、精镗，有的刀柄则需要接杆才能组装成一把完整的刀具。接杆分为KH、ZB、MT和MTW四类，其作用是改变刀具长度。TSG工具系统柄部形式见表1-5-3。

表1-5-3 TSG工具系统柄部形式

代号	柄部形式	类别	标准	柄部特征
JT	加工中心用锥柄，带机械手夹持槽	刀柄	GB/T 10944.1~2—2010	ISO锥度号7:24
BT	加工中心用锥柄，带机械手夹持槽	刀柄	JIS B6339	ISO锥度号7:24
XT	一般镗铣床用工具柄	刀柄	GB/T 3837—2001	ISO锥度号7:24
ST	数控机床用锥柄，无机械手夹持槽	刀柄	GB/T 3837—2001	ISO锥度号7:24
MT	带扁尾莫氏圆锥工具柄	接杆	GB/T 1443—1996	莫氏锥度号
MW	不带扁尾莫氏圆锥工具柄	接杆	GB/T 1443—1996	莫氏锥度号
XH	7:24锥度的锥柄连接杆	接杆	JB/GQ 5010—1996	锥柄锥度号
ZB	直柄工具柄	接杆	GB/T 6131—2006	直径尺寸

目前国内机床以 BT 系列刀柄使用较多。根据机床大小，BT 系列刀柄又可分为 BT30、BT40、BT50 等，图 1-5-14 所示为 BT40 刀柄；根据不同的需求，BT 系列刀柄有很多种，如弹性刀柄、强力型刀柄、平面铣刀柄、莫氏刀柄、钻夹头刀柄、攻螺纹刀柄、侧固式刀柄、热胀刀柄。

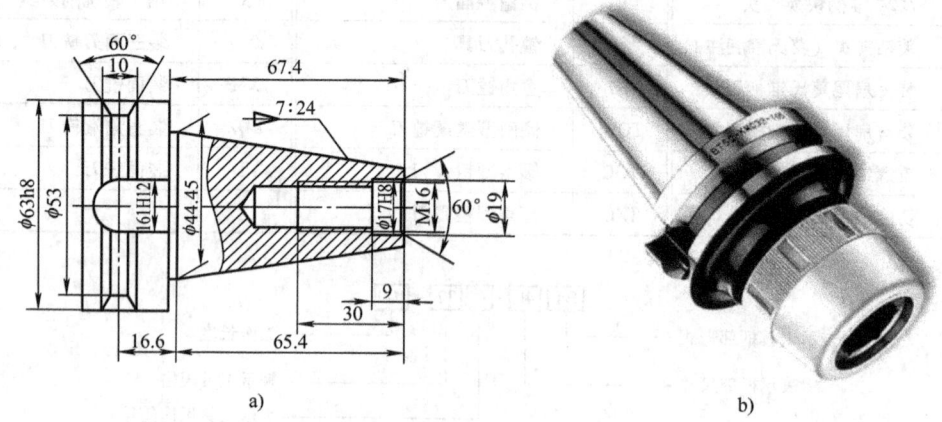

图 1-5-14 BT40 刀柄
a) 结构　b) 外观

① BT/ER 刀柄，即弹性刀柄。它通用性好，但夹持力不大，一般适用于加工中受力不大的场合，通常用来装夹钻头、铣刀、丝锥、铰刀等，特别适合小直径刀具的装夹。

弹性刀柄需要配上相应的 ER 弹簧筒夹才能使用。刀柄规格有 ER16、ER20、ER25、ER32、ER40、ER50，则相应配套弹簧筒夹是 ER16、ER20、ER25、ER32、ER40、ER50 等。每种系列的筒夹都有一个夹持范围，如弹簧筒夹规格为 ER16-4，则夹持刀具的直径为 $\phi4mm$。每个系列弹簧套筒夹持范围见表 1-5-4。

表 1-5-4 弹簧筒夹夹持范围

序号	弹簧筒夹规格	夹持范围/mm	序号	弹簧筒夹规格	夹持范围/mm
1	ER16	0.5~10	4	ER32	2~20
2	ER20	1~3	5	ER40	3~26
3	ER25	1~16	6	ER50	6~34

② BT/MLC 刀柄，即强力型刀柄。它通用性很好；夹持力要比弹性刀柄的大；在精度上，强力型刀柄比弹性刀柄精度高。

强力型刀柄有三个规格：MLC20、MLC32、MLC42，分别表示最大夹持直径为 $\phi20mm$、$\phi32mm$、$\phi42mm$，此时不用装筒夹，直接装在刀柄上；如果夹持刀柄直径小于 $\phi20mm$、$\phi32mm$、$\phi42mm$ 时，要配上相应的直筒夹 SSC20、SSC32、SSC42。

例如 BT40*MLC20-100 的强力刀柄，要配上相应的 SSC20-8 直筒夹，则夹持刀柄为 $\phi8mm$。

③ BT/FMA、FMB 刀柄，即平面铣刀柄。它分为米制 FMB、英制 FMA 两种型号的刀柄，这两种都有粗柄和细柄之分。

平面铣刀柄是与面铣刀盘配套使用的。在选取平面铣刀柄时，应该注意接口型号。例如刀盘 KM-200-FMB22，其中 FMB22 为米制接口型号，要用相应的平面铣刀柄 BT40-FMB22-100 与之相配套；刀盘也有英制接口型号，相对应的选英制平面铣刀柄。

④ 莫氏刀柄。莫氏刀柄可分为 MTA 和 MTB 两种。

MTA 为莫氏钻头刀柄，带有扁尾的莫氏钻头直接装在刀柄上即可；MTB 为莫氏铣刀刀柄，没有扁尾，装夹时先把莫氏铣刀装在刀柄上，再用螺钉从后面拉紧。每支刀柄都有螺钉配在里面。

莫氏刀柄与 ER 刀柄、强力型刀柄不一样。它装的不是直柄刀具，而是莫氏刀具，分为莫氏 1 号、2 号、3 号、4 号、5 号，相应装的刀具也是莫氏 1 号、2 号、3 号、4 号、5 号。

例如 BT40-MTA5-105L 为莫氏 5 号钻头刀柄。

⑤ 钻夹头刀柄。主要用于夹持柄部为直柄的刀具，一般用于直柄钻头的装夹，在装夹时刀柄前面有三个爪可伸进、伸出，用来调节夹持大小，另配一只扳手夹紧时使用。

例如 BT40-SPU13-100L 为直柄式钻夹头刀柄，可夹持 $\phi 1\sim\phi 13mm$ 直径大小的刀具；BT40-APU13-100L 为一体式钻夹头刀柄，也可夹持 $\phi 1\sim\phi 13mm$ 直径大小的刀具。

⑥ 攻螺纹刀柄。可分为 ETP 攻螺纹刀柄（刚性攻螺纹刀柄）和 TER 伸缩攻螺纹刀柄（柔性攻螺纹刀柄）。

ETP 攻螺纹刀柄要配上相应的攻螺纹筒夹才能使用。例如 BT40-ETP20A-100，此刀柄攻螺纹能力为 M3~M13，若是 M8 螺纹，它所配的筒夹为 ER20-8。选筒夹时应注意，同一种规格的丝锥，如 M8，因各国标准不一样，丝锥的柄径也不一样，可分为国内标准、日本标准、欧洲标准，选取时请参照样本选取。

选攻螺纹刀柄的关键：如果批量大和材料稳定的话，最好用刚性攻螺纹刀柄；若材料不稳定的，最好用柔性攻螺纹刀柄，这样会在过载时保护刀具。

⑦ 侧固式刀柄。夹持力最大的刀柄，其结构简单，但通用性不好，每一种刀柄只能装同柄径的刀具，常用于螺纹铣刀、铣刀、钻头等，适用于精加工、粗加工、平面加工、端面加工、槽加工、切入加工、重切削等加工工艺。

刀柄有三个型号：BT30、BT40、BT50，分别指夹持范围为 $\phi 6\sim 25mm$、$\phi 6\sim 32mm$、$\phi 6\sim 42mm$，BT30 型号最大只能配到 SLN25，BT40 型号最大只能配到 SLN32，BT50 型号最大只能配到 SLN42。

例如 BT50-SLN32-105 为侧固式刀柄，SLN32 表示可夹持的刀具直径是 $\phi 32mm$，外形总长是 105mm。

⑧ 热胀刀柄。德国原装锐耐克热胀刀柄，其柄部形式为 HSK63A、HSK50E、HSK63E、BT40 等一系列不同型号。

在使用热胀刀柄时，需配上加热器。热胀刀柄的原理是加热膨胀，把刀具放入刀柄，冷却收缩后，刀具跟刀柄就成一个整体。之所以有这样的功能，是因为热胀刀柄的刚性与精度都是最好的。使用时应注意：如果使用我国台湾省生产的加热器加热，此刀柄不能装白钢、工具钢材料的刀具；在使用德国原装加热器时，所有刀具都能装夹。

⑨ 拉钉。拉钉是机床主轴与刀柄联接的一部分，由于机床接口型号的不同，拉钉也有所不同。

例如，BT40 机床接口要配 BT40 拉钉，它分为 BT40-45°、BT40-60°、BT40-90°，其中常用的是前两种。选取拉钉之前应先了解机床接口。HSK 柄部形式的机床接口就不需要配拉钉。

2）高速工具柄部形式。用于高速切削的刀柄柄部形式有 HSK（德国）、KM（美国）、NC5（日本）、BIG – PLUS（日本）、CAPTO（瑞典）、H. F. C 刀柄、SHOWA D – F – C（日本）、3LOCK（日本）、WSU（美国）等，目前 HSK 刀柄在高速切削中的应用最为广泛。高速切削的各种刀柄柄部形式，如图 1-5-15 所示。

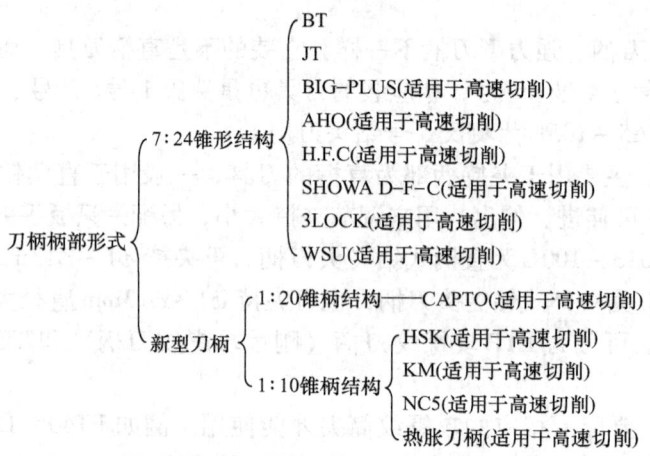

图 1-5-15　高速切削各种柄部形式

HSK 刀柄（德文 Hohl Schaft Kegel 缩写）是一种新型的高速锥形刀柄，其接口采用锥面和端面同时定位的方式，刀柄为中空，锥体长度较短，锥度为 1∶10。由于采用空心锥体和端面定位，补偿了高速加工时主轴孔与刀柄的径向变形差异，并完全消除了轴向定位误差，使高速、高精度加工成为可能。

HSK 刀柄有六种标准和规格，即 HSK – A、HSK – B、HSK – C、HSK – D、HSK – E 和 HSK – F，常用的有三种：HSK – A（带内冷自动换刀）、HSK – C（带内冷手动换刀）和 HSK – E（带内冷自动换刀，高速型）。

（2）柄部尺寸　柄部形式代号后面的数字为柄部尺寸。对于锥柄，该数字表示相应的 ISO 锥度号，对圆柱柄，表示直径。

7∶24 锥柄的锥度号规格有 25、30、40、45、50 和 60 等。大规格 50、60 锥柄适用于重型切削机床，小规格 25、30 锥柄适用于高速轻切削机床。

（3）工具用途代号　表示工具的用途，如 XP 表示装削平型铣刀刀柄。

（4）工具规格　用途代码后面的数字表示工具的工作特性，其含义随工具不同而异。对于有些工具，该数字为轮廓尺寸（$D-L$）；对另一些工具，该数字表示应用范围；还有表示其他参数值的，如锥度号等。

（5）工作长度　表示工具的设计工作长度，如锥柄大端直径处到端面的距离。

2. 模块式工具系统（TMG 工具系统）

把工具的柄部和工作部分分开，制成系列化的主柄模块、中间模块和工作模块，每类模块中又分为若干小类和规格，然后用不同规格的中间模块，组装成不同用途、不同规格的模块式工具。这样既方便制造，也方便使用和保管，大大减少了用户的工具储备。目前，模块式工具系统已经成为数控加工刀具发展的方向。

国内常见的镗铣类模块式工具系统有 TMG10、TMG21、TMG28 等。

图 1-5-16 所示为 TMG 工具系统的示意图。主柄模块是直接与机床主轴联接的工具模块；中间模块是为了加长工具轴向尺寸和变换联接的工具模块；工作模块是为了装夹各种切削刀具的模块。

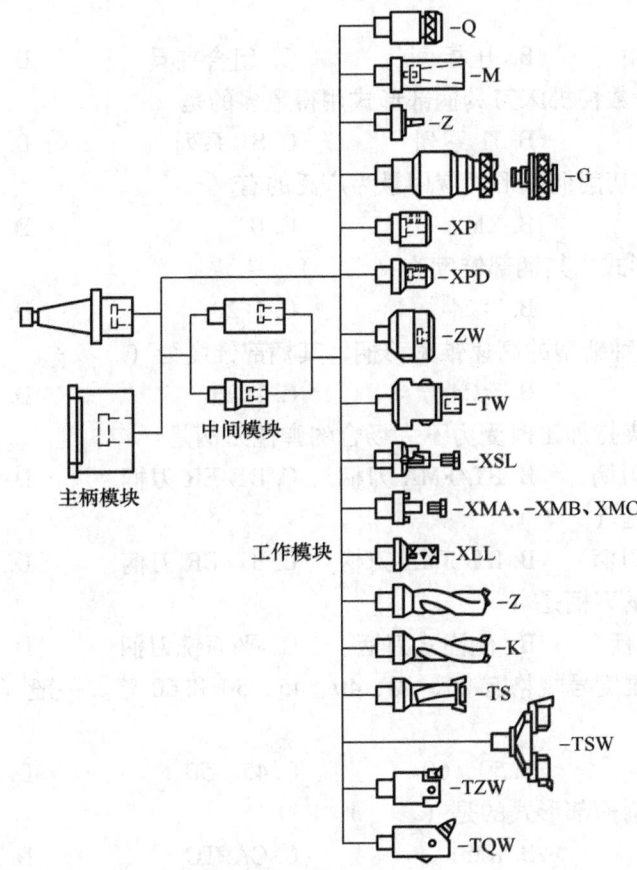

图 1-5-16 TMG 工具系统的示意图

5.4.3 训练题

一、选择题

1. 不适合数控铣削加工的是（　　）。
   A. 复杂曲面类零件　B. 箱体类零件　C. 平面轮廓类零件　D. 特殊螺纹类零件
2. 普通铣床铣削加工的尺寸标准公差等级为（　　），表面粗糙度值可达（　　）。
   A. IT7～IT8　　　　　　　　　B. Ra1.6～6.3μm
   C. IT8～IT9　　　　　　　　　D. Ra0.8～1.6μm
3. 卧式加工中心适宜加工（　　），一次装夹可对工件的多个面进行铣削、钻削、镗削、攻螺纹等工序加工。
   A. 平面轮廓类零件　　　　　　B. 复杂曲面类零件
   C. 孔系类零件　　　　　　　　D. 箱体类零件

4. 在数控铣床、加工中心上装夹工件时，对中型、大型和形状比较复杂的零件一般选用（　　）装夹。
　　A. 机用平口钳　　　　B. 压板　　　　　　C. 组合夹具　　　　D. 专用夹具
5. 在数控铣床、加工中心上装夹工件时，特别适用于新产品试制和多品种小批生产的夹具是（　　）。
　　A. 机用平口钳　　　　B. 压板　　　　　　C. 组合夹具　　　　D. 专用夹具
6. 目前国内一般数控机床刀具柄部形式用得最多的是（　　）。
　　A. BT 系列　　　　　B. JT 系列　　　　　C. ST 系列　　　　　D. HSK 系列
7. 目前作为高速切削柄部形式应用最为广泛的有（　　）。
　　A. HSK　　　　　　 B. KM　　　　　　　C. BT　　　　　　　D. BIG-PLUS
8. BT 系列刀柄形式，其柄部锥度为（　　）。
　　A. 1∶10　　　　　　B. 7∶24　　　　　　C. 1∶20　　　　　　D. 24∶7
9. HSK 刀柄是一种新型的高速锥型刀柄，其柄部锥度为（　　）。
　　A. 1∶10　　　　　　B. 7∶24　　　　　　C. 1∶20　　　　　　D. 24∶7
10. 一般适用于夹持加工时受力不大场合的弹性刀柄是（　　）。
　　A. BT/MLC 刀柄　　 B. BT/FMA 刀柄　　C. BT/ER 刀柄　　　D. 莫氏刀柄
11. 强力型刀柄是（　　）。
　　A. BT/MLC 刀柄　　 B. BT/FMA 刀柄　　C. BT/ER 刀柄　　　D. 莫氏刀柄
12. 夹持力最大的刀柄是（　　）。
　　A. 强力型刀柄　　　　B. 侧固式刀柄　　　C. 平面铣刀柄　　　D. 弹性刀柄
13. 7∶24 锥柄的锥度号规格有 25、30、40、45、50 和 60 等。一般（　　）适用于高速轻切削机床。
　　A. 30、40　　　　　　B. 50、60　　　　　C. 45、50　　　　　D. 25、30
14. 不是高速切削柄部形式的是（　　）
　　A. HSK　　　　　　 B. KM　　　　　　　C. CAPTO　　　　　D. JT
15. 国内常见的镗铣类模块式工具系统有（　　）等。
　　A. TMG18、TMG21、TMG28　　　　　　B. TMG10、TMG21、TMG32
　　C. TMG10、TMG21、TMG28　　　　　　D. TMG10、TMG25、TMG28

二、判断题
1. 加工中心可以简单地理解为数控铣床加装了刀具库和自动换刀装置而构成的数控机床。　　　　　　　　　　　　　　　　　　　　　　　　　　　　　　　　　　（　　）
2. 卧式加工中心的制造成本比立式加工中心高，市场拥有量较少。　　　　（　　）
3. 卧式加工中心适宜加工孔与定位基面或孔与孔之间相对位置精度要求较高的零件。
　　　　　　　　　　　　　　　　　　　　　　　　　　　　　　　　　　（　　）
4. 数控铣床上选用机用平口钳装夹，特别适合外形简单规则的零件装夹。　（　　）
5. 槽系组合夹具比孔系组合夹具刚性要好、体积要小、成本要低。　　　　（　　）
6. 孔系组合夹具的元件可以用一面两销定位，允许过定位。　　　　　　　（　　）
7. 工具系统是指机床主轴和刀具的联接系统。　　　　　　　　　　　　　（　　）
8. 模块式工具系统比整体式工具系统刚性要强。　　　　　　　　　　　　（　　）

9. 整体式工具系统其缺点是所用的刀柄规格品种和数量较多。（   ）
10. HSK 柄部形式的机床接口需要配特制的拉钉。（   ）
11. 弹性刀柄通常用来装夹钻头、铣刀、丝锥、铰刀等，特别适合小直径刀具的装夹。（   ）
12. 弹性刀柄需要配上相对应的 ER 弹簧筒夹才能使用。（   ）
13. BT40 - MTA5 - 105L 为莫氏 5 号钻头刀柄。（   ）
14. ETP 攻螺纹刀柄必须配上相应的攻螺纹筒夹才能使用。（   ）

5.5 铣削方法

5.5.1 平面铣削

1. 刀具选用

（1）面铣刀　面铣刀如图 1-5-17 所示，端面和圆周上均有刀齿，主切削刃分布在圆周表面上，端面切削刃为副切削刃，铣刀的轴线垂直于加工表面。面铣刀主要用在立式铣床或卧式铣床上加工台阶面和平面，特别适合较大平面的加工，其中主偏角为 90°的面铣刀可铣削底部较宽的台阶面。

按刀齿材料，面铣刀可分为高速钢面铣刀和硬质合金面铣刀两大类，多制成套式镶齿结构，刀体材料为 40Cr。高速钢面铣刀按国家标准规定，直径 $d = 80 \sim 250$mm，螺旋角 $\beta = 10°$，刀齿数 $z = 10 \sim 26$，结构为整体式。硬质合金面铣刀按刀片和刀齿的安装方式不同，可分为焊接式和可转位式两种。可转位式面铣刀结构简单，成本低，制作方便，切削刃用钝后可直接在机床上转换切削刃和更换刀片。

硬质合金面铣刀与高速钢面铣刀相比，铣削速度较高，加工效率高，加工表面质量也较好，并可加工带有硬皮和淬硬层的工件，在提高产品质量和加工效率等方面都具有明显的优越性。

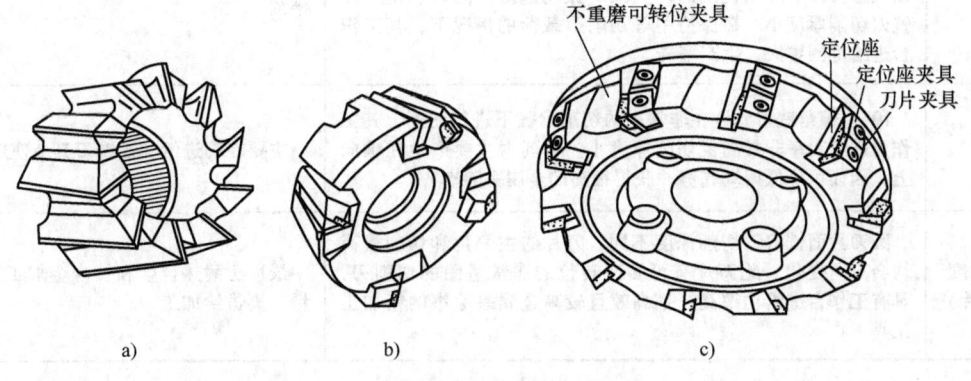

图 1-5-17　面铣刀
a）整体式面铣刀　b）焊接式面铣刀　c）可转位式面铣刀

（2）直径选用　平面铣削时，面铣刀直径尺寸的选择是重点考虑问题之一。对于面积不太大的平面，宜用直径比平面宽度大的面铣刀实现单次平面铣削，面铣刀最理想的直径应为材料宽度的 1.3~1.6 倍,因为此比例可以保证切屑较好地形成和排出。

对于面积太大的平面,由于受到多种因素的限制,如考虑到机床功率、刀具和可转位刀片几何尺寸、安装刚度、每次切削的深度和宽度以及其他加工因素,面铣刀刀具直径不可能比加工平面宽度更大时,宜选用直径大小适当的面铣刀,分多次走刀铣削平面。特别是平面粗加工时,切削深度大,余量不均匀,考虑到机床功率和工艺系统的受力,铣刀直径不宜过大。对于较小面积的平面,可选用直径较小的立铣刀铣削。

铣削平面时,应尽量避免面铣刀的全部刀齿参与铣削,因面铣刀整个宽度全部参与铣削(全齿铣削)会迅速磨损镶刀片的切削刃,并容易使切屑粘结在刀齿上。此外工件表面质量也会受到影响,严重时会造成镶刀片过早报废,从而增加加工成本。

(3) 面铣刀刀齿选用　面铣刀齿数对铣削生产率和加工质量有直接影响,齿数越多,同时参与切削的齿数也越多,生产率越高,铣削过程越平稳,加工质量越好。但要考虑到其负面的影响:刀齿越密,容屑空间小,排屑不畅。因此,只有在精加工余量小和切屑少的场合用齿数相对多的铣刀。

可转位面铣刀的齿数根据直径不同可分为粗齿可转位面铣刀、细齿可转位面铣刀、密齿可转位面铣刀三种。其中粗齿可转位面铣刀主要用于粗加工;细齿可转位面铣刀用于平稳条件下的铣削加工;密齿可转位面铣刀的每齿进给量较小,主要用于薄壁铸铁件的加工。

面铣刀主要以端齿加工各种平面,刀齿主偏角一般为 90°、45°、10°、其他角度(圆刀片)。表 1-5-5 对常用面铣刀的主偏角、特点及应用作了介绍。

表 1-5-5　常用面铣刀主偏角、特点及应用

主偏角	特　　点	应　用
90°	90°主偏角面铣刀铣削力主要产生在背向力,进给力较小。这对于铣削低强度结构或薄壁工件有积极意义	主要用于薄壁零件及装夹较差零件的铣削,也可用于要求获得直角场合及方肩铣
45°	45°主偏角面铣刀的背向力和进给力大小接近一致,切削平稳并对机床功率的要求较小。在切削开始时切削更轻便。当以大悬伸或小刀柄铣削时,会减弱振动趋势,同时该角度面铣刀切削厚度小,在保持中等切削刃载荷的情况下,其工作台进给范围更大,生产率高	用于普通用途的面铣及短切削材料的铣削
10°	10°主偏角铣刀允许在非常高的切削参数下进行切削,其工作台进给功率非常高但切削厚度小。切削力主要产生在轴向上,因而可降低振动趋势并获得很高的金属去除率	主要在高进给和插铣刀具上使用
其他角度(圆刀片)	圆刀片面铣刀随切削深度不同,刀片的主偏角和切削载荷均会有所变化。此刀片有可多次转位的非常坚固的切削刃,具有工作台进给功率高,是高效且较高金属去除率的粗加工工具	最适于耐热合金和钛合金加工及大余量、高进给加工

2. 平面铣削方法

平面铣削方法根据加工时刀具参与切削部位不同,可将铣削分为周铣和端铣两种方式,如图 1-5-18 所示。

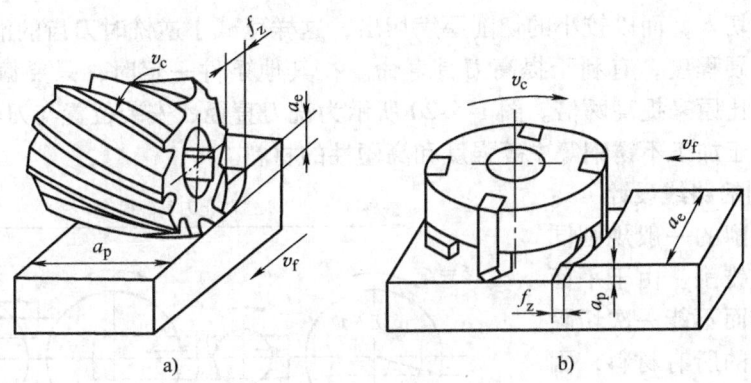

图 1-5-18 周铣和端铣
a) 周铣 b) 端铣

(1) 周铣 用圆柱铣刀的圆周刀齿加工零件的方法称为周铣法，如图 1-5-18a 所示。周铣时，同时参与加工的齿数较少。侧吃刀量 a_e 越大，同时参与加工的刀齿越多。

(2) 端铣 用铣刀的端面刀齿加工零件的方法称为端铣法，如图 1-5-18b 所示。端铣时，同时参与加工的齿数较多。侧吃刀量 a_e 越大，同时参与加工的刀齿越多。

端铣时，根据铣刀与工件相对位置的不同，可分为对称铣削、不对称逆铣和不对称顺铣削三种方式，如图 1-5-19 所示。

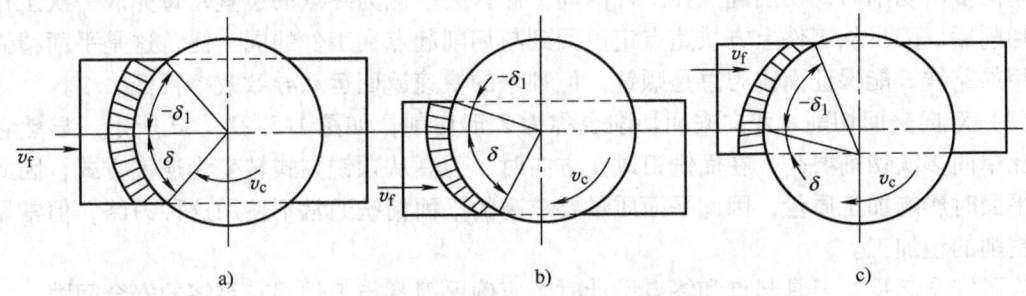

图 1-5-19 端铣的三种方式
a) 对称端铣 b) 不对称逆铣 c) 不对称顺铣

1) 对称端铣。铣削过程中，面铣刀轴线始终位于铣削弧长的对称中心位置，上面的顺铣部分等于下面的逆铣部分，此种铣削方式称为对称端铣，如图 1-5-19a 所示。采用该方式时，由于铣刀直径大于铣削宽度，故刀齿切入和切离工件时切削厚度均大于零，这样可以避免下一个刀齿在前一刀齿切过的冷硬层上工作。一般端铣多用此种铣削方式，尤其在铣削淬硬钢时。

2) 不对称逆铣。当面铣刀轴线偏置于铣削弧长对称中心的一侧，且逆铣部分大于顺铣部分时，这种铣削方式称为不对称逆铣，如图 1-5-19b 所示。该种铣削方式的特点是刀齿以较小的切削厚度切入，又以较大的切削厚度切出，切入冲击较小，适用于端铣普通碳钢和高强度低合金钢，这刀具寿命较对称铣削可提高一倍以上。此外，由于刀齿接触角较大，同时参加切削的齿数较多，切削力变化小，切削过程较平稳，加工表面粗糙度值较小。

3) 不对称顺铣。当面铣刀轴线偏置于铣削弧长对称中心的一侧，且顺铣部分大于逆铣部分时，这种铣削方式称为不对称顺铣，如图 1-5-19c 所示。该种铣削方式的特点是刀齿以较大的切削厚度切入，而以较小的切削厚度切出，这样可减小逆铣时刀齿的滑行、挤压现象和加工表面的冷硬程度，有利于提高刀具寿命。在其他条件一定时，只要偏置距离选取合适，刀具寿命可比原来提高两倍。图 1-5-20 所示为铣刀直径、安装位置与刀具寿命的关系。不对称顺铣适合于加工不锈钢等中等强度和高塑性的材料。

3. 平面铣削的路线设计

单次平面铣削的一般规则同样也适用于多次铣削。由于平面铣刀直径的限制而不能一次切除较大平面区域内的所有材料，因此在同一深度需要多次走刀。

铣削大面积工件平面时，分多次铣削的路线有好几种，如图 1-5-21 所示，最为常见的方法为同一深度上的单向多次切削和双向多次切削。

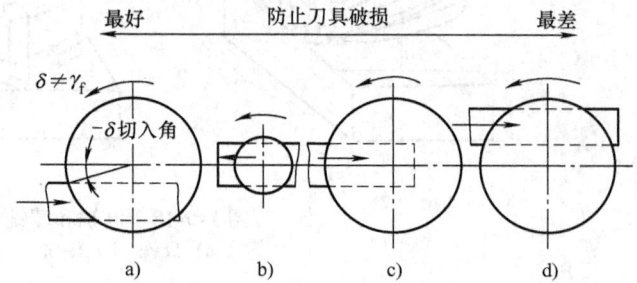

图 1-5-20　铣刀直径、安装位置与刀具寿命关系
a）不对称顺铣　b）对称铣削
c）大直径铣刀对称铣削　d）大直径铣刀不对称铣削

（1）单向多次切削粗、精加工的路线设计　图 1-5-21a、b 所示为单向多次切削粗、精加工的路线设计。

单向多次切削时，切削起点在工件的同一侧，另一侧为终点的位置，每完成一次工作进给的切削后，刀具从工件上方快速点定位回到与切削起点在工件的同一侧。这是平面精铣削时常用的路线，能保证面铣刀总是顺铣，但频繁的快速返回运动导致效率很低。

（2）双向来回切削　双向来回切削也称为 Z 形切削，如图 1-5-21c、d 所示。显然它的效率比单向多次切削要高，在面铣刀改变方向时，刀具从顺铣方式转变为逆铣方式，因此在精铣平面时影响加工质量，因此平面质量要求高的平面精铣通常不使用这种刀路，但常用于平面铣削的粗加工。

为了安全起见，刀具起点和终点设计时，应确保刀具与工件间有足够的安全间隙。

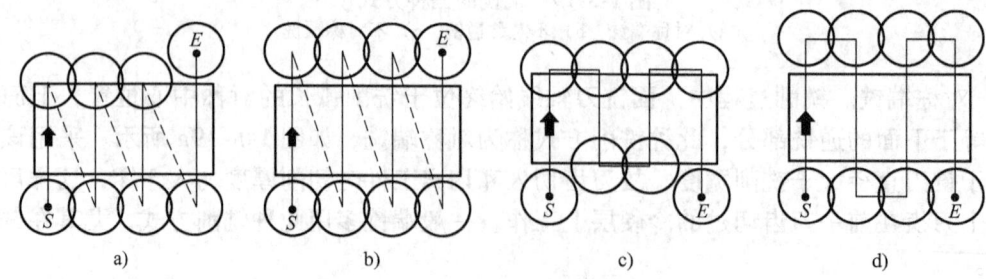

图 1-5-21　面铣的多次切削路线
a）粗加工　b）精加工　c）粗加工　d）精加工

4. 平面铣削用量

平面铣削分为粗铣、半精铣、精铣三种情况。粗铣时，铣削用量的选择侧重考虑刀具性能、工艺系统刚性、机床功率、加工效率等因素；精铣时，铣削用量的选择侧重考虑加工精度和表面质量的要求。

(1) 平面粗铣用量 粗铣时,余量较大,为了提高加工效率,首先确定较大的 Z 向切削深度和切削宽度。铣削无硬皮的钢料时,Z 向切削深度一般选择 2~5mm;铣削铸钢或铸铁时,Z 向切削深度一般选择 4~7mm。切削宽度可根据工件加工面的宽度尽量一次铣出,当切削宽度较小时,Z 向切削深度可相应增大。

选择较大的每齿进给量有利于提高粗铣效率,但应考虑到当选择了较大的 Z 向切削深度和切削宽度后,工艺系统刚性是否足够。

当 Z 向切削深度、切削宽度、每齿进给量较大时,受机床功率和刀具寿命的限制,一般选择较低的铣削速度。

(2) 平面精铣用量 当表面粗糙度要求在 $Ra1.6~3.2\mu m$ 范围时,平面一般采用粗铣、精铣两次加工。经过粗铣加工,精铣加工的余量为 0.5~2mm,考虑到表面质量要求,选择较小的每齿进给量,此时加工余量比较少,因此尽量选较大的铣削速度。

表面质量要求较高($Ra0.4~0.8\mu m$),表面精铣时的切削深度选择 0.5mm 左右。每齿进给量一般选较小值,采用高速钢铣刀时选择 0.02~0.05mm,采用硬质合金铣刀时选择 0.10~0.15mm。铣削速度在推荐范围内选最大值。当采用高速钢铣刀铣削一般中碳钢或灰口铸铁时,铣削速度在 20~60m/min 之间且尽量选择大值;当采用硬质合金铣刀铣削上述材料时,铣削速度在 90~200m/min 之间且尽量选大值。

粗铣平面后的精加工余量、硬质合金粗、精加工进给量推荐值见表 1-5-6、表 1-5-7。

表 1-5-6 粗铣平面后的精加工余量 (单位:mm)

加工面长度	加工面宽度					
	≤100		>100~300		>300~1000	
	余量	公差	余量	公差	余量	公差
≤300	1.0	0.3	1.5	0.5	2.0	0.7
>300~1000	1.5	0.5	2.0	0.7	2.5	1.0

表 1-5-7 硬合金刀具粗、精加工时的进给量推荐值

	钢		铸铁及铜合金	
粗加工每齿进给量/(mm/z)	YT15	YT5	YG6	YG8
	0.09~0.18	0.12~0.24	0.14~0.24	0.20~0.29
精加工每转进给/(mm/r)	$Ra3.2\mu m$	$Ra1.6\mu m$	$Ra0.8\mu m$	$Ra0.4\mu m$
	0.5~1.0	0.4~0.6	0.2~0.3	0.15

5.5.2 轮廓铣削

1. 刀具选用

(1) 立铣刀 立铣刀是数控铣床/加工中心机床上用得最多的一种铣刀,主要用于加工外形轮廓、沟槽、内腔、台阶面、孔、曲面等,其中外形轮廓铣削一般选用立铣刀。立铣刀可分为整体式立铣刀、焊接式立铣刀、机夹可转位式立铣刀及套式立铣刀等,其结构特点如图 1-5-22 所示。

直径较小的立铣刀一般制成带柄形式。$\phi 2~71mm$ 的立铣刀为直柄;$\phi 6~63mm$ 的立铣

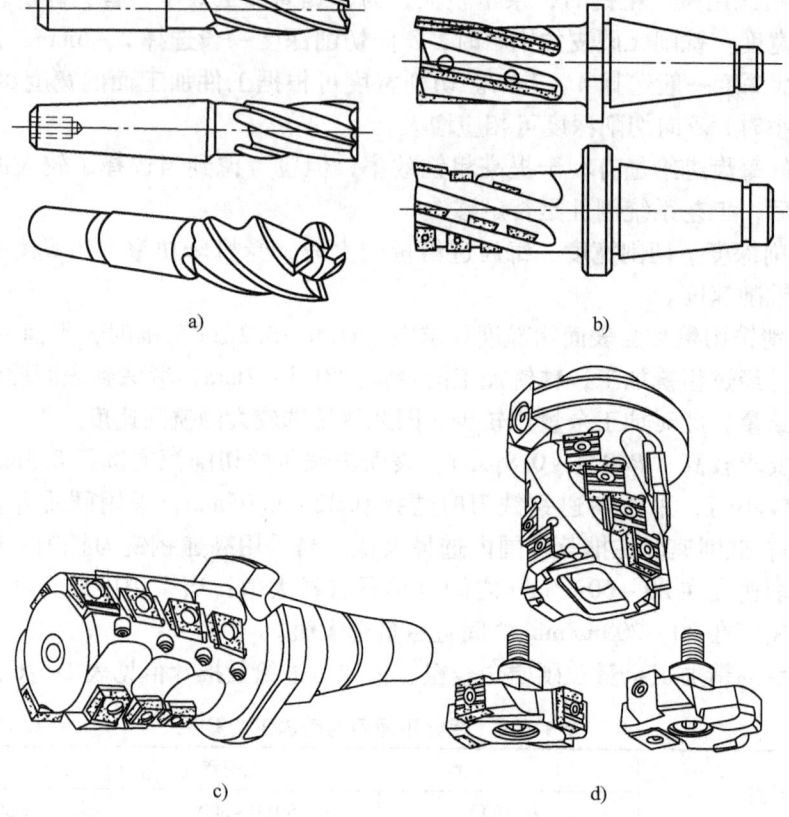

图 1-5-22 立铣刀
a) 整体式立铣刀 b) 焊接式立铣刀 c) 机夹可转位式立铣刀 d) 套式立铣刀

刀为莫氏锥柄；$\phi 25 \sim 80$mm 的立铣刀为带有螺孔的 7:24 锥柄，螺孔用来拉紧刀具。直径大于 $\phi 40 \sim 160$mm 的立铣刀可做成套式结构。

为了改善切屑卷曲情况，增大容屑空间，防止切屑堵塞，立铣刀齿数应比较少，容屑槽圆弧半径则应较大些。一般粗齿立铣刀齿数 $z = 3 \sim 4$，细齿立铣刀齿数 $z = 5 \sim 8$，套式结构立铣齿数 $z = 10 \sim 20$，容屑槽圆弧半径 $r = 2 \sim 5$mm。

由于立铣刀端面中心处无切削刃，所以立铣刀工作时不能直接轴向进给，端面刃主要用来加工与侧面相垂直的底平面。

常见的立铣刀有以下几种。

1) 整体式立铣刀。图 1-5-23 所示为整体式立铣刀，其圆柱面上的切削刃是主切削刃，端面上分布着副切削刃。主切削刃一般为螺旋齿，这样可以增加切削平稳性，提高加工精度。

标准立铣刀的螺旋角 β 有 30°、45°、60°三种类型，如图 1-5-24 所示。

2) 波形刃立铣刀（简称波刃刀）。数控铣床/加工中心常用波形刃立铣刀进行切削余量大的粗加工，能显著地提高铣削效率。波形刃立铣刀与普通立铣刀的最大区别是其切削刃为波形，如图 1-5-25 所示。波形刃能将狭长的薄切屑变为厚而短的碎块切屑，使排屑顺畅，有利于自动加工的连续进行；由于切削刃是波形，锐刀与工件接触的切削刃长度较短，刀具不易产生振动；切削刃的波形特征还使切削刃的长度增大，有利于散热，并有利于切削液渗入切削区，能充分发挥切削液的效果。

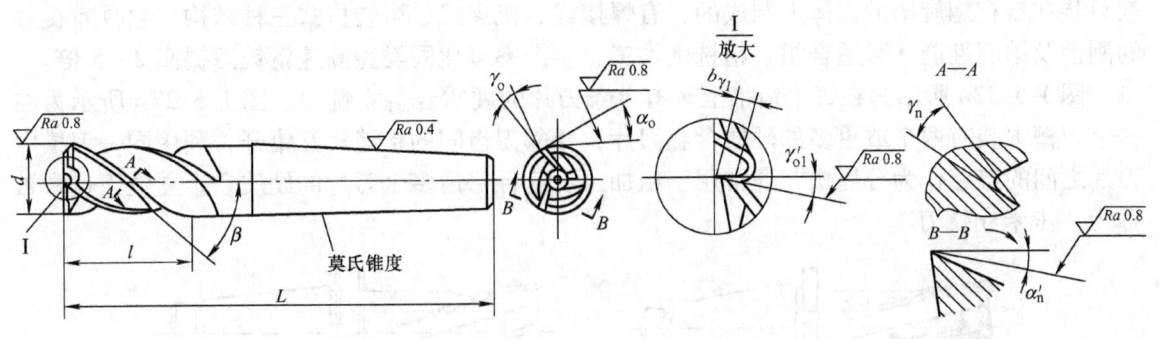

图 1-5-23 整体式立铣刀及其几何参数

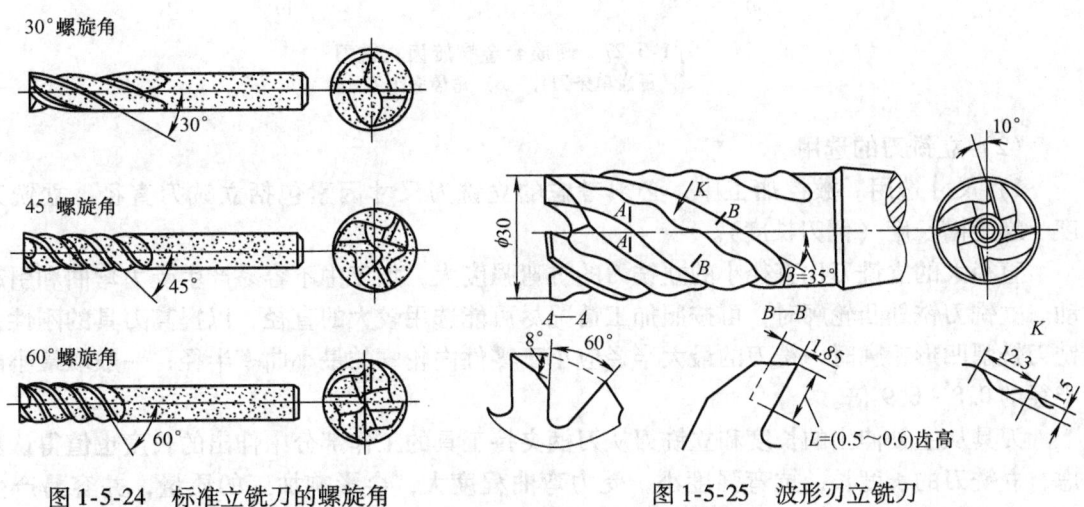

图 1-5-24 标准立铣刀的螺旋角

图 1-5-25 波形刃立铣刀

3）可转位立铣刀。常用的可转位立铣刀有普通可转位立铣刀、端刃过中心可转位立铣刀、圆刀片立铣刀、钻铣刀等，如图 1-5-26 所示。

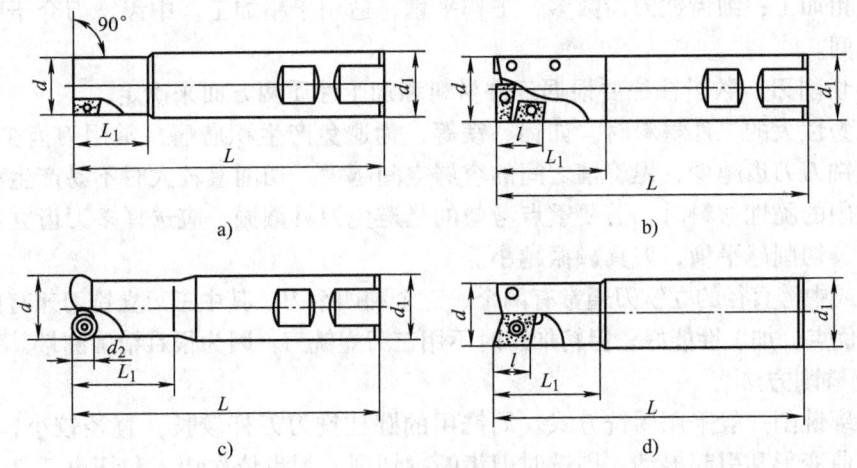

图 1-5-26 普通可转位立铣刀
a) 普通可转位立铣刀 b) 端刃过中心可转位立铣刀 c) 圆刀片立铣刀 d) 钻铣刀

4）硬质合金螺旋齿立铣刀。图 1-5-27 所示为硬质合金螺旋齿立铣刀，是将硬质合金切削刃装在具有螺旋槽的刀体上制成的，有焊接式、机夹式、可转位式三种结构。它具有良好的刚性及排屑性能，可适合粗、精铣削加工，生产率可比同类型高速钢铣刀提高 2～5 倍。

图 1-5-27a 所示为在每个齿槽上装有单条刀片的硬质合金立铣刀。图 1-5-27b 所示为在一个刀槽中装有两个或更多的硬质合金刀片，相邻刀齿间的接缝相互错开，利用同一刀槽中刀片之间的接缝作为分屑槽，通常用于粗加工。这种每齿多个刀片的硬质合金立铣刀也常被称为"玉米立铣刀"。

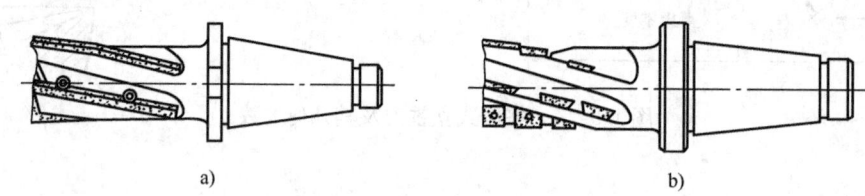

图 1-5-27　硬质合金螺旋齿立铣刀
a）每齿单条刀片　b）每齿多个刀片

（2）立铣刀的选用

1）尺寸选用。数控加工中，必须考虑的立铣刀尺寸因素包括立铣刀直径、立铣刀长度、螺旋槽长度（侧刃长度）。

直径大的立铣刀比直径小的立铣刀的抗弯强度大，加工中不容易产生受力弯曲和引起振动。立铣刀铣外凸轮廓时，可按照加工情况尽可能选用较大的直径，以提高刀具的刚性；立铣刀铣削凹形轮廓时，铣刀的最大半径应小于零件内轮廓的最小曲率半径，一般取最小曲率半径的 0.8～0.9 倍。

刀具从主轴伸出的长度和立铣刀从刀柄夹持工具的工作部分中伸出的长度也值得认真考虑，立铣刀的长度长，抗弯强度小，受力弯曲程度大，会影响加工的质量，并容易产生振动，加速切削刃的磨损。

2）立铣刀刀齿选用。根据其刀齿（切削刃）数目，立铣刀可分为粗齿（$z=3$、4、6）、中齿（$z=6$、8、10）和细齿（$z=8$、10、12）。粗齿铣刀刀齿数目少，强度高，容屑空间大，适用于粗加工；细齿铣刀齿数多，工作平稳，适用于精加工。中齿铣刀介于粗齿铣刀和细齿铣刀之间。

刀齿（切削刃）数量往往要根据工件材料和加工性质两方面来确定。

在加工塑性大的工件材料时，如铝、镁等，为避免产生积屑瘤，常用刀齿少的立铣刀。这是因为立铣刀刀齿越少，螺旋槽之间的容屑空间越大，切削量较大时不易产生积屑瘤。

加工较硬的脆性材料时，需要重点考虑的是避免刀具颤振，应选择多刀齿立铣刀。立铣刀刀齿越多，切削越平稳，刀具颤振越小。

小直径或中等直径的立铣刀通常有两个、三个和四个刃。其中三刃立铣刀兼有两刃刀具与四刃刀具的优点，加工性能好，但精加工时不用三刃立铣刀，因为很难精确测量其直径尺寸。

2. 轮廓铣削方法

外形轮廓铣削一般采用周铣方式。周铣用的圆柱铣刀刀杆较长，直径较小，刚性较差，容易产生弯曲变形和引起振动。周铣时刀齿断续切削，刀齿依次切入和切离工件，易引起周期性的冲击振动。为了减小振动，可选用大螺旋角铣刀。

(1) 轮廓分层铣削　螺旋槽长度（侧刃长度）决定切削的最大深度，实际应用中，Z 向切削深度不宜超过刀具直径的 1.5 倍，侧向的切削深度不宜超过刀具半径值。对于直径较小的立铣刀，切削深度可选择得更小些，以保证刀具有足够的刚性。

工件轮廓粗铣时，力求用最短的时间切除工件大部分余量，但当工件 X 向、Y 向或 Z 向有较大余量时，受工艺系统刚度和强度限制，刀具不可能一次进给就切削完成该余量，应根据工艺系统刚度和强度的实际情况分多次切削。例如，当工件表面有硬皮，第一刀铣削量宜大些，以避开硬皮。

轮廓是否分层切削，还取决于工件的表面质量要求。当工件上要求的表面粗糙度值为 $Ra3.2 \sim 6.3\mu m$ 时，可分粗铣、精铣两次加工，且粗铣后留有 0.5~1mm 的余量给精加工；当工件上要求的表面粗糙度值为 $Ra0.8 \sim 1.6\mu m$ 时，可分粗铣、半精铣、精铣三次加工，精加工余量为 0.5mm，半精加工余量为 1.5~2mm。

(2) 顺铣和逆铣　在周铣平面轮廓时，立铣刀的旋转方向一般是不变的，但进给方向是变化的，这就出现铣削加工中常见的两种现象：顺铣和逆铣，如图 1-5-28 所示。

1) 顺铣。铣刀与工件接触部位的旋转方向与工件进给方向相同。顺铣时，铣刀切削刃的切削厚度由最大到零，不存在滑行现象，刀具磨损较小，工件冷硬程度较轻。垂直分力 F_{f_n} 向下，对工件有一个压紧作用，有利于工件的装夹。水平分力 F_f 向左，与工件进给方向相同，当水平分力大到一定程度时会推动工作台和丝杠一起向左窜动，右侧留有间隙；随着丝杠继续转动，间隙又恢复到左侧，在这一瞬间工作台停止运动；当水平分力又大到一定程度时又会推动工作台和丝杠再次向左窜动。这种周期性的窜动使得工作台运动很不平稳，切削时振动大，容易造成刀齿损坏。但是顺铣表面质量较好，适合精加工。

2) 逆铣。铣刀与工件接触部位的旋转方向与工件进给方向相反。逆铣时，铣刀切削刃不能立刻切入工件，而是在工件已加工表面滑行一段距离，刀具磨损加剧，工件表面产生冷硬现象，垂直分力 F_{f_n} 对工件有一个上抬作用，不利于工件的装夹。但是水平分力 F_f 方向与工件进给方向相反，有利于消除工件台丝杠和螺母之间的间隙，切削平稳，振动小。逆铣的表面质量较差，适合粗加工。

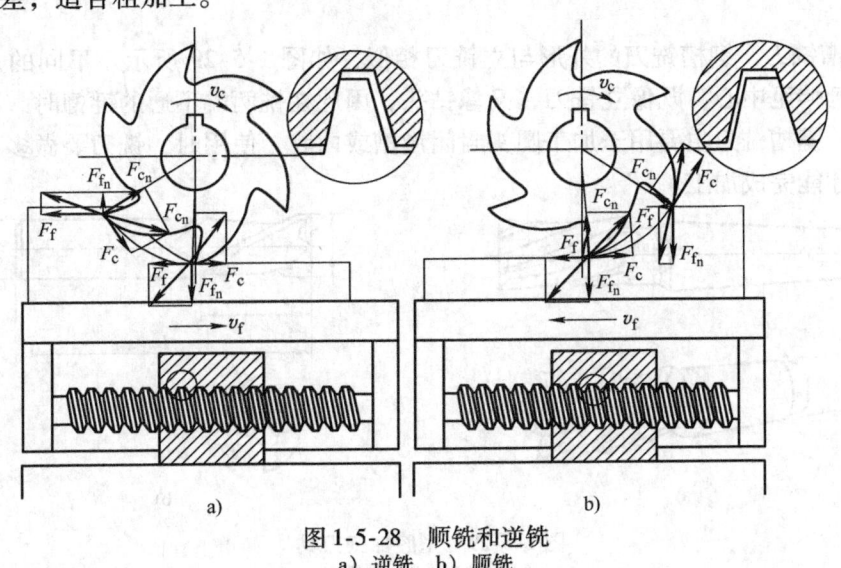

图 1-5-28　顺铣和逆铣
a) 逆铣　b) 顺铣

3）顺铣和逆铣的选择技巧。

1）尽可能多使用顺铣。因为数控铣床的结构特点，丝杠和螺母的间隙很小，若采用滚珠丝杠副，基本可消除间隙，因而不存在间隙引起工作台窜动问题。同时，数控铣削加工应尽可能采用顺铣，以便提高铣刀寿命和加工表面的质量。

2）当工件表面有硬皮时，应采用逆铣。因为逆铣时刀齿是从已加工表面切入的，不会崩刃。若工件表面没有硬皮，可采用顺铣加工。

3）粗加工一般采用逆铣，精加工一般采用顺铣。顺铣和逆铣的对比见表1-5-8。

表1-5-8 顺铣和逆铣对比

项目名称	切削厚度	滑行现象	刀具磨损	工件表面冷硬现象	对工件作用	消除丝杠与螺母间隙	振动	损耗能量	表面质量	适用场合
顺铣	从大到小	无	慢	无	压紧	否	大	小	好	精加工
逆铣	从小到大	有	快	有	抬起	是	小	大 5%~15%	差	粗加工

5.5.3 型腔铣削

型腔是采用数控铣床、加工中心加工工件中常见的铣削加工中的内部结构。铣削型腔时，需要在由边界线确定的一个封闭区域内去除材料，该区域由侧壁和底面围成，其侧壁和底面可以是斜面、凸台、球面以及其他形状。型腔内部可以全空或有孤岛。

型腔的主要加工要求有：侧壁和底面的尺寸精度；表面粗糙度；二维平面内轮廓的尺寸精度。

1. 型腔铣削刀具选用

适合于型腔铣削的刀具有平底立铣刀、键槽铣刀、模具铣刀、圆角刀、球头铣刀等，其中型腔的斜面、曲面区域要用圆角刀或球头铣刀加工。型腔开粗时，一般选择键槽铣刀或圆角刀。

（1）键槽铣刀 键槽铣刀的外形与立铣刀相似，如图1-5-29所示，不同的是其端面刀齿的切削刃延伸至中心，既像立铣刀，又像钻头，因此在铣两端不通的键槽时，可以做适量的轴向进给。键槽铣刀主要用于加工圆头封闭键槽或内腔，使用时，铣刀要做多次垂直进给和纵向进给才能完成加工。

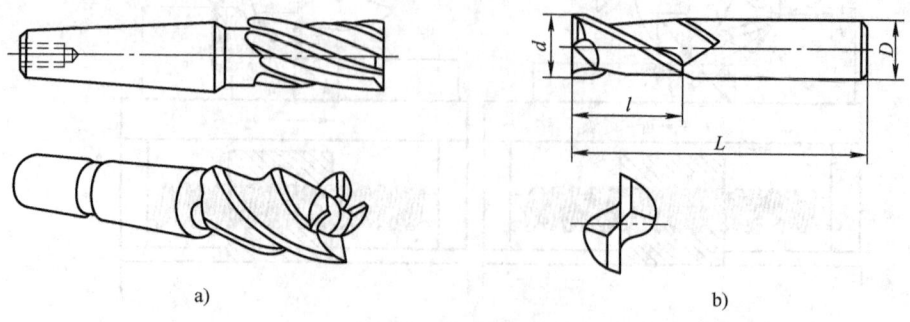

图1-5-29 型腔加工刀具
a）立铣刀 b）键槽刀

国家标准规定，直柄键槽铣刀直径 $d = 2 \sim 22\text{mm}$，锥柄键槽铣刀直径 $d = 14 \sim 50\text{mm}$。键槽铣刀的圆周切削刃仅在靠近端面的一小段长度内发生磨损，重磨时，只需刃磨端面切削刃，因此重磨后铣刀直径不变。

（2）模具铣刀 由立铣刀演变而成，主要用于加工模具型腔或凸模成形表面。按照工作部分外形，模具铣刀可分为圆锥形平头、圆柱形球头、圆锥形球头三种，如图 1-5-30 所示。

2. 型腔铣削方法

对于较浅的型腔，可用键槽铣刀插削到底面深度，先铣型腔的中间部分，然后再利用刀具半径补偿对垂直侧壁轮廓进行精铣加工。

对于较深的内部型腔，应在深度方向分层切削，常用的方法是预先钻削一个到所需深度孔，接着使用立铣刀从孔上方 Z 向进入预定深度，然后进行侧面铣削加工，将型腔扩大到所需的尺寸和形状。

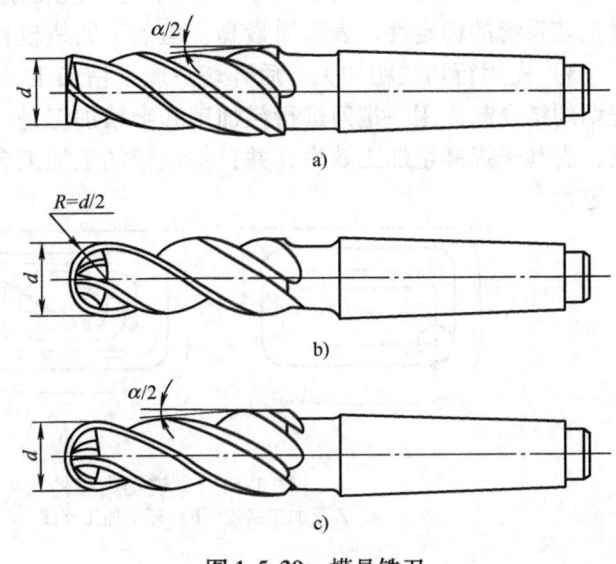

图 1-5-30 模具铣刀
a) 圆锥形平头 b) 圆柱形球头 c) 圆锥形球头

型腔铣削时要考虑如下三个重要工艺要素：

（1）刀具下刀的方法

1）使用键槽铣刀沿 Z 轴垂直向下进刀切入工件。

2）先预钻一个孔，再用直径比孔径小的平底立铣刀切削。

3）斜插式下刀或螺旋式下刀。使用立铣刀时，由于端面刃不过中心，一般不宜直接垂直下刀，但可以采用此两种方式实现 Z 轴方向下刀。

采用斜插式下刀，即在两个切削层之间，刀具从上一层的高度沿斜线以渐近的方式切入工件，直到下一层的高度，然后开始正式切削，如图 1-5-31 所示。采用斜插式下刀时要注意斜向切入的位置和角度的选择应适当，一般进刀角度为 $5° \sim 10°$。

采用螺旋式下刀，即在两个切削层之间，刀具从上一层的高度沿螺旋线以渐近的方式切入工件，直到下一层的高度，然后开始正式切削，如图 1-5-32 所示。

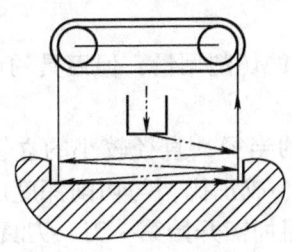

图 1-5-31 斜插式下刀

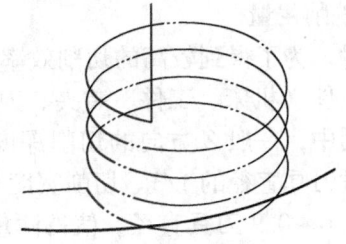

图 1-5-32 螺旋式下刀

(2) 粗、精加工路线设计　常见的型腔粗加工路线有：

1) Z形加工路线。如图 1-5-33a 所示，刀具循 Z 字形路线行切，粗加工效率高；相邻两行路线的起点和终点间留下凹凸不平的残留，残留高度与行距有关。

2) 环切加工路线。图 1-5-33b 所示为环绕切削，加工余量均匀、稳定，有利于精加工时工艺系统的稳定性，表面质量高，但加工路线较长，不利于提高切削效率。

3) 先用行切法粗加工，后环切一周半精加工。如图 1-5-33c 所示，把 Z 字形切削和环绕切削结合起来用一把刀进行粗加工和半精加工是一个很好的方法，因为它集中了两者的优点，有利于提高粗加工效率，并且保证精加工加工余量均匀，从而保证精加工时工艺系统的稳定性。

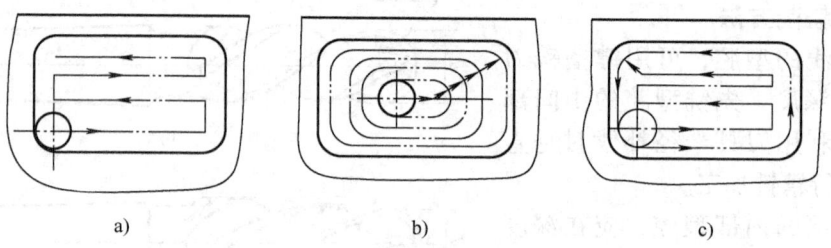

图 1-5-33　铣切内腔的三种加工路线比较
a) Z形加工路线　b) 环切加工路线　c) 先行切后环切加工路线

常用精加工刀具路径如图 1-5-34 所示。

(3) 零件结构工艺性分析

1) 零件的内型和外形最好采用统一的几何类型和尺寸，这样可以减少刀具规格和换刀、对刀次数，提高生产率。

2) 内槽圆角和内轮廓圆弧不应太小，如图 1-5-35 所示。

当内轮廓圆弧半径 R 较大时，可用直径较大的铣刀加工，底面的走刀次数较少，也可减少刀杆的变形，表面质量较好，因此工艺性较好。反之如图 1-5-35a 所示，铣削工艺性较差。

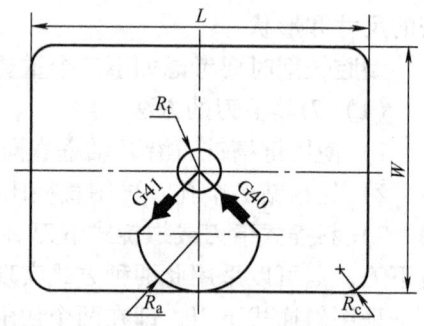

图 1-5-34　精加工刀具路径

3) 铣槽底平面时，槽底圆角半径 r 不要过大，如图 1-5-36 所示。

当槽底圆角半径 R 较小时，铣刀端刃铣削平面的面积越大，则加工平面的能力越强，因而铣削工艺性越好。

3. 型腔铣削用量

粗加工时，为了得到较高的切削效率，应选择较大的切削用量，但刀具的切削深度与宽度应与加工条件（机床、工件、装夹、刀具）相适应。

实际应用中，一般 Z 方向的切削深度不超过刀具的半径；直径较小的立铣刀，切削深度一般不超过刀具直径的 1/3。切削宽度与刀具直径大小成正比，与切削深度成反比，一般切削宽度取 0.6~0.9 刀具直径。值得注意的是：型腔粗加工开始第一刀，刀具为全宽切削，切削力大，切削条件差，应适当减小进给量和切削速度。

精加工时，为了保证加工质量，避免工艺系统受力变形和减小振动，精加工切削深度应

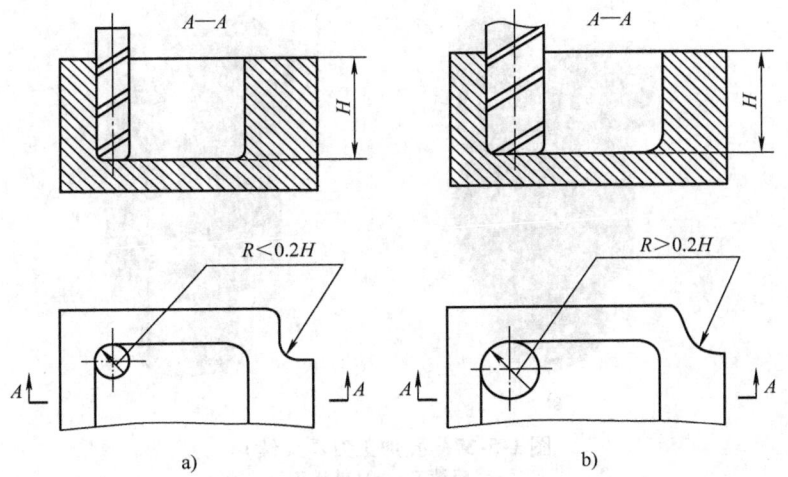

图 1-5-35 内槽圆角对加工工艺的影响
a) 工艺性不好 b) 工艺性好

小,数控机床的精加工余量可略小于普通机床,一般在深度、宽度方向留 0.2~0.5mm 余量进行精加工。精加工时,进给量大小主要受表面粗糙度要求限制,切削速度大小主要取决于刀具寿命。

5.5.4 孔系加工

在数控铣床或加工中心进行孔系加工时,按照不同的工艺类型,孔系加工可以分为钻孔、扩孔、锪孔、铰孔、镗孔、攻螺纹、磨孔等。

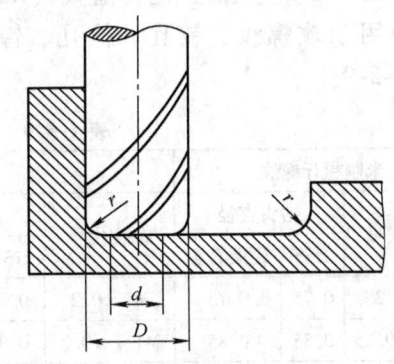

图 1-5-36 槽底圆角对加工工艺的影响

1. 刀具选用

孔加工的刀具一般可以分为两大类:一类是从实体材料中加工孔的刀具,常用的有中心钻、麻花钻、快速钻、深孔钻等;另一类则是在工件的预先加工孔的基础上进行半精加工、精加工的刀具,常用的有扩孔钻、铰刀、镗刀及丝锥等。孔加工刀具如图 1-5-37 所示,其具体的结构与参数可以参考前面 4.5 节。

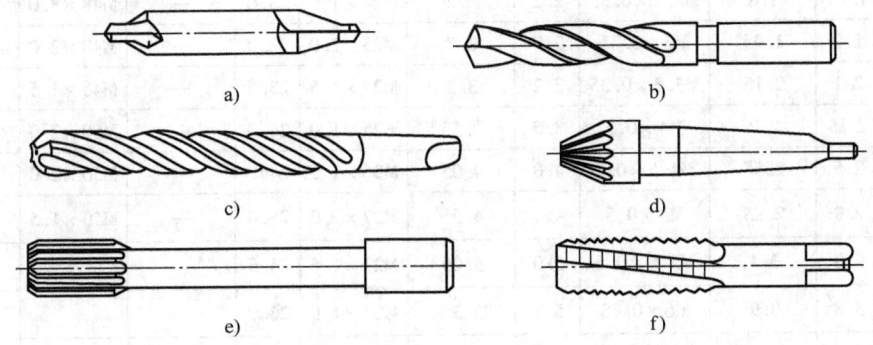

图 1-5-37 孔加工刀具
a) 中心钻 b) 麻花钻 c) 扩孔钻 d) 锪钻 e) 铰刀 f) 丝锥

图 1-5-37 孔加工刀具（续）
g）粗镗刀 h）精镗刀

（1）麻花钻 麻花钻是一种形状较复杂的双刃钻孔或扩孔的标准刀具。钻孔加工精度低（IT12~13）、表面粗糙度值大（$Ra12.5\mu m$），一般只能作孔的粗加工，在铣床/加工中心也可用于攻螺纹、铰孔、拉孔、镗孔、磨孔的预制孔。米制螺纹钻底孔用钻头直径见表 1-5-9。

表 1-5-9 米制螺纹钻底孔用钻头直径

米制粗牙螺纹			米制细牙螺纹							
螺纹代号	钻头直径		螺纹代号	钻头直径		螺纹代号	钻头直径		螺纹代号	钻头直径
	HSS	硬质合金		HSS	硬质合金		HSS	硬质合金		HSS
M1×0.25	0.75	0.75	M1×0.2	0.8	0.8	M20×2.0	18.0	18.3	M42×3.0	39.0
M1.1×0.25	0.85	0.85	M1.1×0.2	0.9	0.9	M20×1.5	18.5	18.7	M42×2.0	40.0
M1.2×0.25	0.95	0.95	M1.2×0.2	1.0	1.0	M20×1.0	19.0	19.1	M42×1.5	40.5
M1.4×0.3	1.10	1.10	M1.4×0.2	1.2	1.2	M22×2.0	20.0	—	M45×4.0	41.0
M1.6×0.35	1.25	1.3	M1.6×0.2	1.4	1.4	M22×1.5	20.5	—	M45×3.0	42.0
M1.7×0.35	1.35	1.4	M1.8×0.2	1.6	1.6	M22×1.0	21.0	—	M45×2.0	43.0
M1.8×0.35	1.45	1.5	M2×0.25	1.75	1.75	M24×2.0	22.0	—	M45×1.5	43.5
M2×0.4	1.60	1.65	M2.2×0.25	1.95	2.0	M24×1.5	22.5	—	M48×4.0	44.0
M2.2×0.45	1.75	1.8	M2.5×0.35	2.2	2.2	M24×1.0	23.0	—	M48×3.0	45.0
M2.3×0.4	1.9	1.95	M3×0.35	2.7	2.7	M25×2.0	23.0	—	M48×2.0	46.0
M2.5×0.45	2.1	2.15	M3.5×0.35	3.2	3.2	M25×1.5	23.5	—	M48×1.5	46.5
M2.6×0.45	2.15	2.2	M4×0.5	3.5	3.55	M25×1.0	24.0	—	M50×3.0	47.0
M3×0.5	2.5	2.55	M4.5×0.5	4.0	4.05	M26×1.5	24.5	—	M50×2.0	48.0
M3.5×0.6	2.9	2.95	M5×0.5	4.5	4.55	M27×2.0	25.0	—	M50×1.5	48.5
M4×0.7	3.3	3.4	M5.5×0.5	5.0	5.05	M27×1.5	25.5	—		
M4.5×0.75	3.8	3.9	M6×0.75	5.3	5.35	M27×1.0	26.0	—		
M5×0.8	4.2	4.3	M7×0.75	6.3	6.35	M28×2.0	26.0	—		

(续)

米制粗牙螺纹			米制细牙螺纹							
螺纹代号	钻头直径		螺纹代号	钻头直径		螺纹代号	钻头直径		螺纹代号	钻头直径
	HSS	硬质合金		HSS	硬质合金		HSS	硬质合金		HSS
M6×1.0	5.0	5.1	M8×1.0	7.0	7.1	M28×1.5	26.5	—		
M7×1.0	6.0	6.1	M8×0.75	7.3	7.35	M28×1.0	27.0	—		
M8×1.25	6.8	6.9	M9×1.0	8.0	8.1	M30×3.0	27.0	—		
M9×1.25	7.8	7.9	M9×0.75	8.3	8.35	M30×2.0	28.0	—		
M10×1.5	8.5	8.7	M10×1.25	8.8	8.9	M30×1.5	28.5	—		
M11×1.5	9.5	9.7	M10×1.0	9.0	9.1	M30×1.0	29.0	—		
M12×1.75	10.3	10.5	M10×0.75	9.3	9.35	M32×2.0	30.0	—		
M14×2.0	12.0	12.2	M11×1.0	10.0	10.1	M32×1.5	30.5	—		
M16×2.0	14.0	14.2	M11×0.75	10.3	10.3	M33×3.0	30.0	—		
M18×2.5	15.5	15.7	M12×1.5	10.5	10.7	M33×2.0	31.0	—		
M20×2.5	17.5	17.7	M12×1.25	10.8	10.9	M33×1.5	31.5	—		
M22×2.5	19.5	19.7	M12×1.0	11.0	11.1	M35×1.5	33.5	—		
M24×3.0	21.0	—	M14×1.5	12.5	12.7	M36×3.0	33.0	—		
M27×3.0	24.0	—	M14×1.0	13.0	13.1	M36×2.0	34.0	—		
M30×3.5	26.5	—	M15×1.5	13.5	13.7	M36×1.5	34.5	—		
M33×3.5	29.0	—	M15×1.0	14.0	14.1	M38×1.5	36.5	—		
M36×4.0	32.0	—	M16×1.5	14.5	14.7	M39×3.0	36.0	—		
M39×4.0	35.0	—	M6×1.0	15.0	15.1	M39×2.0	37.0	—		
M42×4.5	37.5	—	M17×1.5	15.5	15.7	M39×1.5	37.5	—		
M45×4.5	40.5	—	M17×1.0	16.0	16.1	M40×3.0	37.0	—		
M48×5.0	43.0	—	M18×2.0	16.0	16.3	M40×2.0	38.0	—		
			M18×1.5	16.5	16.7	N40×1.5	38.5	—		
			M18×1.0	17.0	17.1	N42×4.0	38.0	—		

生产中钻螺纹底孔公式：

① 底孔直径的确定。

钢和塑性大的材料　　　　　　$D_{底孔} = D - P$

铸铁和塑性小的材料　　　　　$D_{底孔} = D - (1.05 \sim 1.1)P$

式中　$D_{底孔}$——螺纹底孔直径（mm）；

　　　D——螺纹公称直径（mm）；

　　　P——螺距（mm）。

② 不通孔螺纹底孔深度。

$$不通孔螺纹底孔深度 = 螺纹孔深度 + 0.7d$$

式中　d——钻头的直径（mm）。

（2）锪钻　锪钻用于加工各种螺钉沉孔、锥孔和凸台面。锪钻有高速钢锪钻、硬度合金锪钻、可转位锪钻。图1-5-38a所示，为带导柱平底锪钻，适用于加工圆柱形沉孔；图1-5-38b所示为带导柱90°锥面锪钻，适用于加工锥形沉孔；图1-5-38c所示为锥面锪钻，钻尖角为60°、90°、120°，用于钻中心孔或孔口倒角；图1-5-38d所示为端面锪钻，仅在端面上有切削齿，用于加工平面。

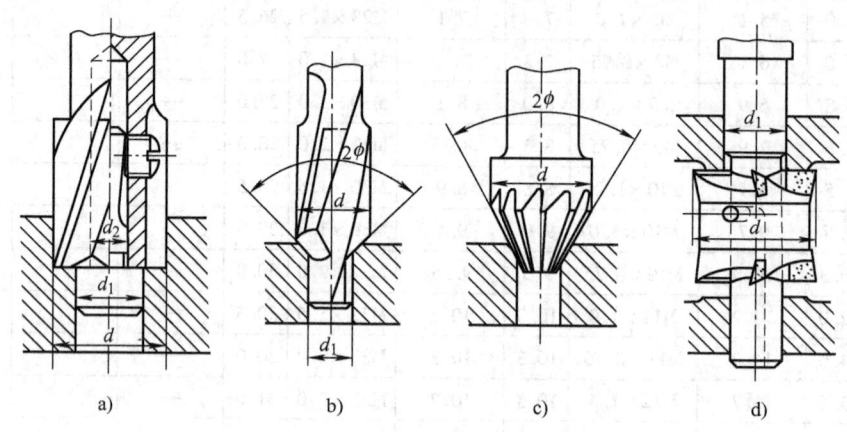

图1-5-38 锪孔钻
a）带导柱平底锪钻 b）带导柱90°锥面锪钻 c）锥面锪钻 d）端面锪钻

（3）镗削刀具 镗刀用于加工各类直径较大的孔，特别是位置精度要求较高的孔和孔系。镗刀的类型按功能可分为粗镗刀、精镗刀；按切削刃数量可分为单刃镗刀、双刃镗刀和多刃镗刀；按照工件加工表面特征可分为通孔镗刀、不通孔镗刀、阶梯孔镗刀和端面镗刀；按刀具结构可分为整体式镗刀、模块式镗刀等。

① 粗镗刀。应用于孔的粗加工及半精加工。常用的粗镗刀按结构可分为单刃粗镗刀和双刃粗镗刀；根据不同的加工场合，还有通孔专用粗镗刀和不通孔加工粗镗刀。

如图1-5-39所示，单刃粗镗刀结构简单，制造方便，通用性很强。但是这种刀具刚性较差，易引起振动，镗刀尺寸调节不方便，生产率低，对工人技术水平要求较高。在镗不通孔或阶梯孔时，为了镗刀头在镗杆内有较大的安装长度，并具有足够的位置压紧螺钉和调节螺钉，镗刀头在刀杆上的安装斜角一般取45°。镗通孔

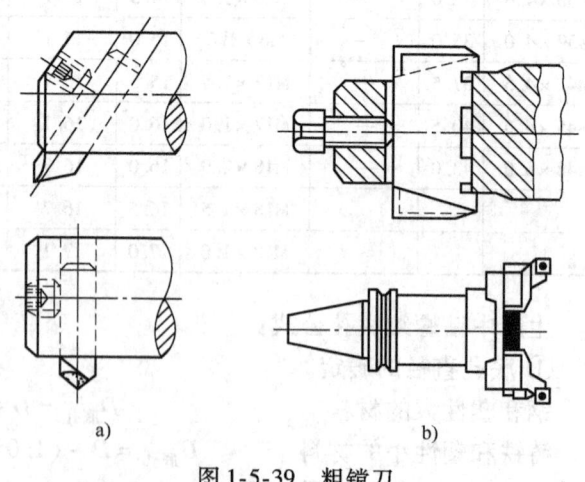

图1-5-39 粗镗刀
a）单刃粗镗刀 b）双刃粗镗刀

时该斜角取0°，以便于镗刀杆的制造。通常通孔镗刀压紧螺钉从镗刀杆的端面来压紧镗刀头，不通孔镗刀则从侧面压紧镗刀头。

如图1-5-40所示，双刃粗镗刀两端都有切削刃，切削时受力均匀，可消除背向力对镗刀杆的影响，在数控镗铣床上使用得越来越多，适用范围广泛，通过调整可发挥不同的作用。例如，将一刃调小后可做单刃镗刀，在刀夹下加垫片可做高低台阶刃镗刀，镗孔范围可

达 $\phi 25\sim\phi 450$mm。可调式双刃粗镗刀最适合在各类加工中心或数控铣床上使用，通常为模块式，可配合延长杆延伸至所需长度，其侧面的刻度让使用者调整起来更加简单方便。

② 精镗刀。应用于孔的精加工场合，能获得较高的尺寸精度、位置精度和表面质量。为了在孔加工中能获得更高的精度，一般精镗刀采用的都是单刃形式，刀头带有微调结构，以获得更高的调整精度和调整效率。根据其结构，精镗刀可分为整体式精镗刀、模块式精镗刀和小径精镗刀。

整体式精镗刀主要用于批量产品的生产线，但实际上的规格有多种多样：NT（传统型）、MT、BT、IV、CV、DV等。即使规格一样，大小也有不同。即使规格、大小都一样，有可能拉钉形状、

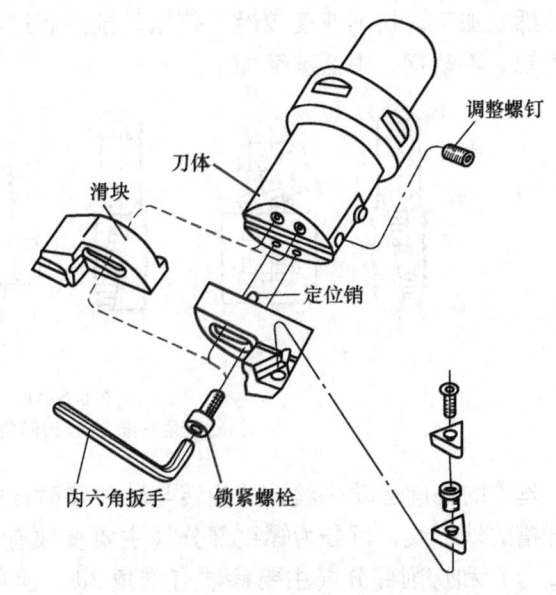

图 1-5-40 可调式双刃粗镗刀

螺纹不一样，或者法兰面形状不一样。这些都使得整体式精镗刀在应用上遇到很大的困难。特别是近些年来，市场需要日新月异，产品周期日益缩短，这就要求加工机械以及加工刀具具有更充分的柔性。因此在实际应用中，尽管整体式精镗刀价格比较低廉，我们并不特别推荐。

模块式精镗刀由基础柄、延长杆、变径杆、镗头、刀片座等多个部分组成，然后根据具体的加工内容（粗镗、精镗；孔的直径、深度、形状；工件材料等）进行自由组合。这样不但大大地减少了刀柄的数量，降低了成本，也可以迅速应对各种加工要求，并延长刀具整体的寿命。现在市场上存在着各种各样的模块式精镗刀系统，它们的连接方式各有区别。BIG-KAISER 方式：它只靠一颗锥度为 15°的锥形螺钉来联接，固定时也只需要一支六角小扳手，操作非常方便。侧固式：这种连接方式仅仅是达到固定的目的，它的旋紧力的绝大部分都向着径向，不但连接体的端面不能连接，径向位置也会发生变化。旋入式：虽然端面得到连接，但刀尖在圆周上的相位会发生变化。后部拉紧式：端面的连接和跳动都较好，但操作性很差。

小径精镗刀是通过更换前部刀杆和调整刀杆偏心来调整直径的。由于调整范围广，且可加工小径孔，所以在工具、模具和产品的单件小批生产中得以广泛的应用。这种刀具的特点是：通过更换不同的刀杆，可以加工 $\phi 8\sim\phi 50$mm 的孔，可调范围大，所以成本较低；对于长径比比较大的孔，可采用钨钢防振刀杆进行加工；对于 $\phi 20$mm 以上的孔，由于其刚性和稳定性不如模块式镗刀，所以如果在批量生产的情况下，尽量使用模块式镗刀。

（4）丝锥 丝锥是加工各种中、小尺寸内螺纹的刀具，其结构简单，使用方便，既可手工操作，也可以在机床上工作，在生产中的应用非常广泛。对于小尺寸的内螺纹来说，丝锥几乎是唯一的加工刀具。根据丝锥的结构和用途的差异，常用丝锥的种类有螺旋角丝锥、刃倾角丝锥、挤压丝锥、直槽丝锥等，如图 1-5-41 所示。螺旋角丝锥适合不通孔加工，向

上排屑；刃倾角丝锥适合于通孔加工，向下排屑；直槽丝锥一般用于普通车床、钻床及攻丝机的螺纹加工，切削速度较慢；挤压丝锥是通过金属的塑性形变加工螺纹，没有切屑，适用于铜铝、不锈钢、中低碳钢加工。

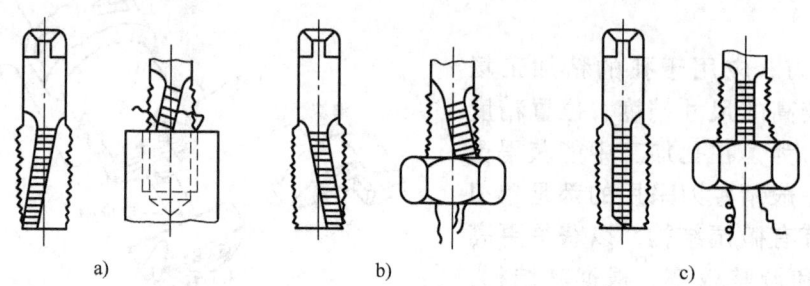

图 1-5-41 丝锥
a) 螺旋角丝锥 b) 刃倾角丝锥 c) 直槽丝锥

丝锥的切削运动是丝锥的旋转与轴向移动合成的螺旋运动。丝锥的基本结构即是一个轴向开槽的外螺纹，可分为螺纹部分（主要参数有大径 d、中径 d_2、小径 d_1、螺距 P 及牙型角 α 等）和切削部分（主要参数有锥角 2ϕ、前角 γ_o、后角 α_o、槽数 z）等两个部分组成，如图 1-5-42 所示。

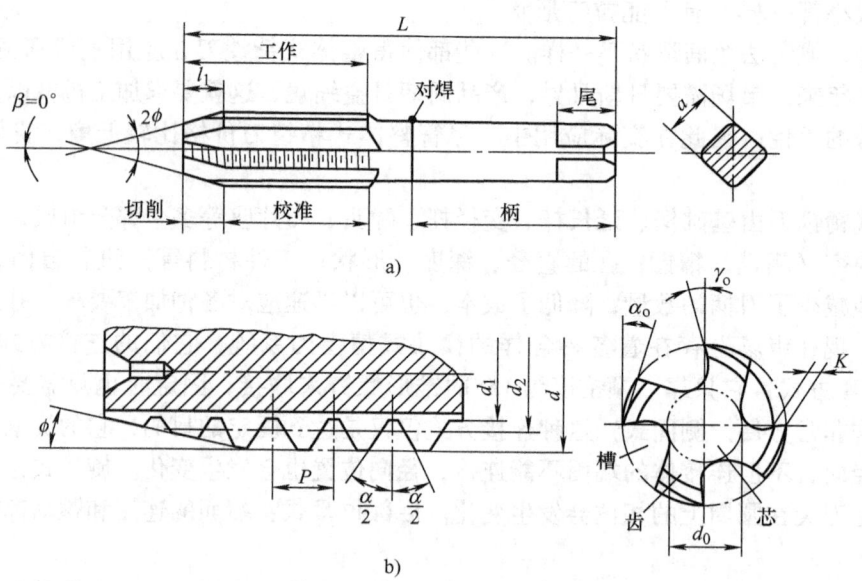

图 1-5-42 丝锥基本结构与几何参数

工件材料的可加工性是攻螺纹难易的关键。对于高强度的工件材料，丝锥的前角和下凹量（前面的下凹程度）通常较小，以增加切削刃强度；下凹量较大的丝锥则用在切削扭矩较大的场合，长屑材料需较大的前角和下凹量，以便卷屑和断屑。加工较硬的工件材料需要较大的后角，以减小摩擦和便于切削液到达切削刃；加工软材料时，太大的后角会导致螺孔扩大。螺旋角丝锥主要用于不通孔的螺纹加工。加工硬度、强度高的工件材料，所用的螺旋槽丝锥螺旋角较小，这可改善其结构强度。

（5）螺纹铣刀 用来加工螺纹的铣刀。传统的螺纹加工方法主要为采用螺纹车刀车削螺纹或采用丝锥、板牙手工攻螺纹及套螺纹。螺纹铣削加工与传统螺纹加工方式相比，在加工精度、加工效率方面具有极大优势，且加工时不受螺纹结构和螺纹旋向的限制，如一把螺纹铣刀可加工多种不同旋向的内、外螺纹。对于不允许有过渡或退刀槽结构的螺纹，采用传统的车削方法或丝锥、板牙很难加工，但采用数控铣削却十分容易实现。此外，螺纹铣刀寿命是丝锥的十多倍甚至数十倍，而且在数控铣削螺纹过程中，对螺纹直径尺寸的调整极为方便，这是采用丝锥、板牙难以做到的。

以下介绍几种常见的螺纹铣刀类型。

① 圆柱螺纹铣刀。圆柱螺纹铣刀的外形很像是圆柱立铣刀与丝锥的结合体，但它的螺纹切削刃与丝锥不同，刀具上无螺旋升程，加工中的螺旋升程靠机床运动实现。由于这种特殊结构，该刀具既可加工右旋螺纹，也可加工左旋螺纹，但不适用于较大螺距螺纹的加工。

常用的圆柱螺纹铣刀可分为单齿和多齿两种，如图 1-5-43 所示。出于对加工效率和刀具寿命的考虑，螺纹铣刀大都采用硬质合金材料制造，并可涂覆各种涂层，以适应特殊材料的加工需要。

圆柱螺纹铣刀适用于钢、铸铁和有色金属材料的中小直径螺纹铣削，切削平稳，刀具寿命长。其缺点是刀具制造成本较高，结构复杂，价格昂贵。

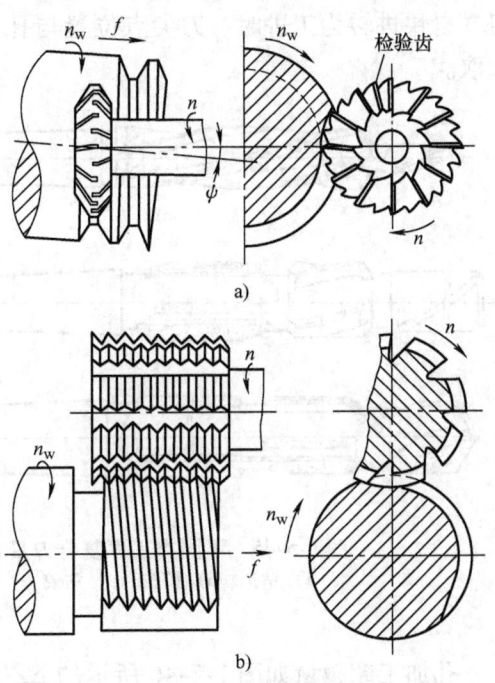

图 1-5-43 螺纹铣刀
a) 单齿螺纹铣刀　b) 多齿螺纹铣刀

② 机夹螺纹铣刀及刀片。机夹螺纹铣刀适用于较大直径（如 $D>25\mathrm{mm}$）的螺纹加工。其特点是刀片易于制造，价格较低，有的螺纹刀片可双面切削，但抗冲击性能较整体螺纹铣刀稍差。因此，该刀具常推荐用于加工铝合金材料。

(6) 孔加工复合刀具　孔加工复合刀具是将两把或两把以上的同类或不同类的孔加工刀具组合成一体的专用刀具，它能在一次加工的过程中，完成钻孔、扩孔、铰孔、锪孔和镗孔等多工序不同工艺的复合加工，具有高效率、高精度、高可靠性的成形加工特点。

复合刀具的结构形式有：整体式、装配式、可转位式、组合式。组合类型有：复合钻、复合扩、复合铰、复合镗、复合锪，钻锪、钻扩、钻倒角、扩镗、

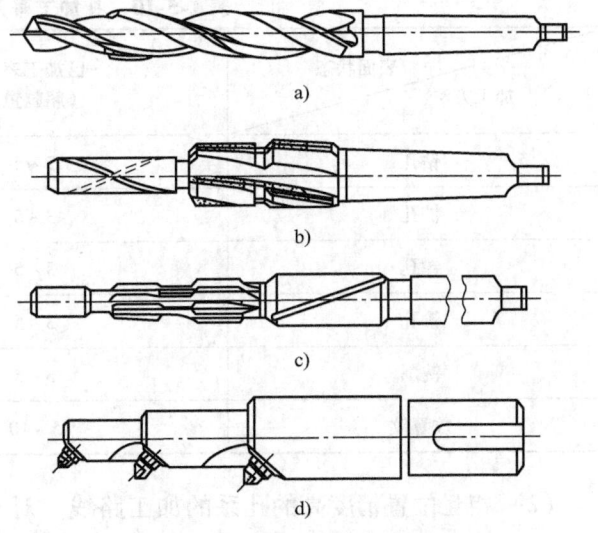

图 1-5-44 同类工序复合刀具
a) 复合钻　b) 复合扩　c) 复合铰　d) 复合镗

钻铰、扩铰、扩锪、钻镗、钻扩锪,图 1-5-44、图 1-5-45 所示分别为部分同类工序复合刀具和不同类工序复合刀具。

2. 孔加工路线安排

(1) 孔加工导入量与超越量　孔加工导入量(图 1-5-46 中 ΔZ)是指在孔加工过程中,刀具自快进转为工进时,刀尖点位置与孔上表面间的距离。孔加工导入量可参照表 1-5-10 选取。

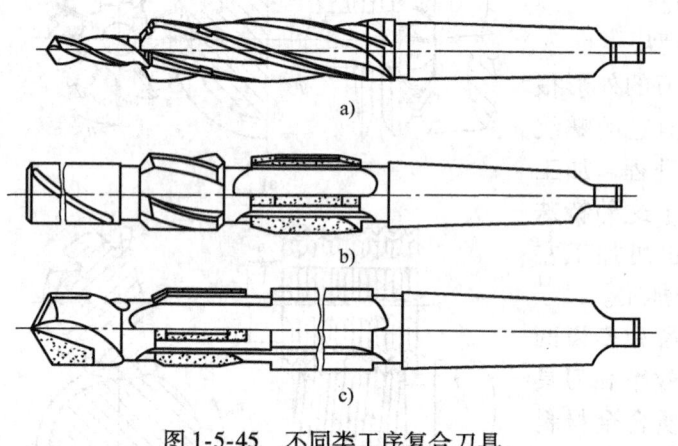

图 1-5-45　不同类工序复合刀具
a) 钻扩　b) 扩铰　c) 钻铰

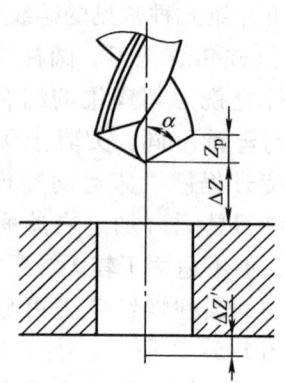

图 1-5-46　孔加工导入量与超越量

孔加工超越量如图 1-5-46 所示的 $\Delta Z'$。当钻通孔时,超越量通常取 Z_p + (1~3) mm,Z_p 为钻尖高度(通常取 0.3 倍钻头直径);铰通孔时,超越量通常取 3~5mm;镗通孔时,超越量通常取 3~5mm;攻螺纹时,超越量通常取 5~10mm。孔加工超越量可参考表 1-5-10 选取。

表 1-5-10　孔加工导入量和超越量　　　　(单位:mm)

加工方法	表面状态	已加工表面 (超越量)	毛坯表面 (导入量)
钻孔		2~3	5~8
扩孔		3~5	5~8
镗孔		3~5	5~8
铰孔		3~5	5~8
铣削		3~5	5~8
攻螺纹		5~10	5~10

(2) 相互位置精度高的孔系的加工路线　对于位置精度要求较高的孔系加工,特别要注意孔的加工顺序的安排,避免将坐标轴的反向间隙带入,影响位置精度。

(3) 拟订孔的加工方案　孔加工方案见表 1-5-11。

表 1-5-11　孔加工方案

序号	加工方案	经济公差等级	表面粗糙度值 $Ra/\mu m$	适用范围
1	钻	IT11~IT12	12.5	加工未淬火钢及铸铁的实心毛坯，也可用于加工有色金属，但表面粗糙度值稍大，孔径小于$\phi 15$~$\phi 20$mm
2	钻→铰	IT9	1.6~3.2	
3	钻→铰→精铰	IT7~IT8	0.8~1.6	
4	钻→扩	IT10~IT11	6.3~12.5	同上，但孔径大于$\phi 15$~$\phi 20$mm
5	钻→扩→铰	IT8~IT9	1.6~3.2	
6	钻→扩→粗铰→精铰	IT7	0.8~1.6	
7	钻→扩→机铰→手铰	IT6~IT7	0.1~0.4	
8	钻→扩→拉	IT7~IT9	0.1~1.6	大批大量生产，精度由拉刀的精度确定
9	粗镗（或扩孔）	IT11~IT12	6.3~12.5	除淬火钢外各种材料，毛坯有铸出孔或锻出孔
10	粗镗（粗扩）→半精镗（精扩）	IT8~IT9	1.6~3.2	
11	粗镗（扩）→半精镗（精扩）→精镗（铰）	IT7~IT8	0.8~1.6	
12	粗镗（扩）→半精镗（精扩）→精镗→浮动镗刀精镗	IT6~IT7	0.4~0.8	
13	粗镗（扩）→半精镗→磨孔	IT7~IT8	0.2~0.8	主要用于淬火钢，也可用于未淬火钢，但不宜用于有色金属
14	粗镗（扩）→半精镗→粗磨→精磨	IT6~IT7	0.1~0.2	
15	粗镗→半精镗→精镗→金刚镗	IT6~IT7	0.05~0.4	主要用于精度要求高的有色金属加工
16	钻→（扩）→粗铰→精铰→珩磨 钻→（扩）→拉→珩磨 粗镗→半精镗→精镗→珩磨	IT6~IT7	0.025~0.2	精度要求很高的孔
17	以研磨代替上述方案中的珩磨	IT6 以上		

（4）孔加工切削用量　孔加工的切削用量见表 1-5-12。

表 1-5-12　孔加工的切削用量

刀具名称	刀具材料	切削速度/(m/min)	进给量/(mm/r)	背吃刀量/mm
中心钻	高速钢	20~40	0.05~0.10	0.5D
标准麻花钻	高速钢	20~40	0.15~0.25	0.5D
	硬质合金	40~60	0.05~0.20	0.5D
扩孔钻	硬质合金	45~90	0.05~0.40	≤2.5
机用铰刀	硬质合金	6~12	0.3~1	0.10~0.30
机用丝锥	硬质合金	6~12	P	0.5P
粗镗刀	硬质合金	80~250	0.10~0.50	0.5~2.0
精镗刀	硬质合金	80~250	0.05~0.30	0.3~1

（5）孔加工路线的安排　孔加工时，应使进给路线最短，减少刀具空行程时间，提高加工效率，如图 1-5-47 所示。

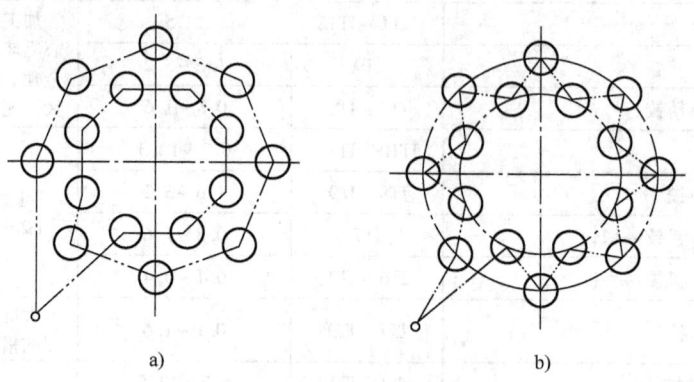

图 1-5-47　孔加工进给路线
a）进给路线长　　b）进给路线短

5.5.5　训练题

一、选择题

1. 对于面积不太大的平面，面铣刀最理想的直径为材料宽度的（　　）倍。
   A. 0.5~1　　　　　B. 1~3　　　　　C. 2~4　　　　　D. 1.3~1.6
2. 粗铣表面时，一般会选用（　　）的面铣刀。
   A. 主偏角为 90°　　B. 主偏角为 45°　　C. 主偏角为 10°　　D. 圆刀片
3. 在面铣刀端铣淬硬钢时，一般采用的加工方式为（　　）。
   A. 对称铣　　　　B. 不对称逆铣　　C. 不对称顺铣　　D. 都可以
4. 在面铣刀端铣时，一般采用的加工方式为（　　），此方式下刀具寿命最长。
   A. 对称铣　　　　B. 不对称逆铣　　C. 不对称顺铣　　D. 都一样
5. 平面粗铣中碳钢时，铣削用量中 Z 向切削深度一般取（　　）mm。
   A. 0.3~0.5　　　　B. 3~5　　　　　C. 5~7　　　　　D. 7~10
6. 在数控铣/加工中心上铣削外形轮廓时，通常选用（　　）。
   A. 面铣刀　　　　B. 球头铣刀　　　C. 立铣刀　　　　D. 圆角刀
7. 在数控铣/加工中心上宜选用（　　）进行外形轮廓开粗。
   A. 键槽铣刀　　　B. 波刃刀　　　　C. 球头铣刀　　　D. 面铣刀
8. 在数控铣/加工中心上加工型腔时，宜选用（　　）进行型腔开粗。
   A. 圆角刀　　　　B. 波刃刀　　　　C. 钻头　　　　　D. 球头铣刀
9. 立铣刀铣外凸轮廓时，应该按加工情况尽可能选用（　　）的立铣刀来加工。
   A. 较大直径　　　B. 较小直径　　　C. 适中直径
10. 用立铣刀加工内轮廓时，铣刀半径应（　　）工件内轮廓最小曲率半径。
    A. 大于　　　　　B. 小于　　　　　C. 与内轮廓曲率半径无关　　D. 大于或等于
11. 铣削封闭键槽时，应采用（　　）加工。
    A. 模具铣刀　　　B. 键槽铣刀　　　C. 鼓形铣刀　　　D. 球头铣刀

第 5 章 数控铣削工艺

12. 在铣床/加工中心上外形轮廓精加工时，宜选用（　　）立铣刀。
    A. 2 刃　　　　　　B. 3 刃　　　　　　C. 4 刃

13. 立铣刀铣削时，Z 方向的切削深度不宜超过刀具直径的（　　）倍，侧向的切削深度不宜超过刀具（　　）倍。
    A. 1.5　　　　　　B. 直径值　　　　　C. 2　　　　　　D. 半径值

14. 铣削精加工时，为了减小工件表面粗糙度值，应该采用（　　）。
    A. 顺铣　　　　　　　　　　　　　　B. 逆铣
    C. 顺铣和逆铣都一样　　　　　　　　D. 依被加工材料决定

15. 采用立铣刀型腔铣削时，斜插式下刀要注意斜向切入的位置和角度的选择应适当，一般进刀角度为（　　）。
    A. 3°~5°　　　　　B. 5°~10°　　　　C. 10°~15°

16. 在铣床/加工中心上加工 M8 的螺纹时，螺纹预钻孔（底孔）直径为（　　）mm。
    A. 6　　　　　　　B. 7.8　　　　　　C. 8　　　　　　D. 6.8

17. 在铣床/加工中心上加工 M6 的螺纹时，螺纹预钻孔（底孔）直径为（　　）mm。
    A. 5　　　　　　　B. 6　　　　　　　C. 4.8　　　　　D. 5.2

18. 铰孔对孔的（　　）纠正能力较差。
    A. 表面粗糙度　　　B. 尺寸精度　　　　C. 位置精度　　　D. 形状精度

19. 双刃镗刀的好处是（　　）得到平衡。
    A. 进给力　　　　　B. 背向力　　　　　C. 扭矩　　　　　D. 振动力

20. 螺纹铣刀是用铣削方式加工（　　）螺纹的刀具。
    A. 内　　　　　　　B. 外　　　　　　　C. 内、外

21. 对于精加工各类直径较大的深孔，并且位置精度要求较高时，宜选用（　　）加工。
    A. 键槽铣刀　　　　B. 镗刀　　　　　　C. 铰刀　　　　　D. 立铣刀

22. 对于小尺寸的内螺纹加工，一般选用（　　）进行加工。
    A. 螺纹铣刀　　　　B. 丝锥　　　　　　C. 板牙　　　　　D. 螺纹滚压刀具

23. 圆柱螺纹铣刀适用于（　　）螺纹的加工。
    A. 小螺距　　　　　B. 中小直径　　　　C. 大螺距　　　　D. 较大直径

24. 机夹螺纹铣刀适用于（　　）的螺纹加工。
    A. 中小直径　　　　B. 大螺距　　　　　C. 较大直径　　　D. 小螺距

二、判断题

1. 面铣刀一般是采用端铣的方式铣平面。　　　　　　　　　　　　　　　　（　　）
2. 主偏角为 90°的面铣刀可以铣削直角面。　　　　　　　　　　　　　　　（　　）
3. 高速钢面铣刀与硬质合金面铣刀相比，高速钢面铣刀加工效率高，加工表面质量也较好。　　　　　　　　　　　　　　　　　　　　　　　　　　　　　　（　　）
4. 面铣刀铣削时，尽可能要保持刀具整个宽度全部参与铣削，以提高加工效率。
　　　　　　　　　　　　　　　　　　　　　　　　　　　　　　　　　（　　）
5. 由于立铣刀端面中心处无切削刃，所以立铣刀工作时不能直接轴向进给。（　　）
6. 选用立铣刀时，尽量选用直径较大的，以提高刀具的刚性。　　　　　　（　　）

7. 立铣刀粗铣时，一般选用刀具齿数较多的铣刀。( )
8. 选用大螺旋角立铣刀可以减小振动并使加工平稳。( )
9. 镗孔时，无法纠正孔的位置误差。( )
10. 精加工 ϕ30mm 以上孔时，通常采用铰孔。( )
11. 圆柱螺纹铣刀既可加工右旋螺纹，也可加工左旋螺纹。( )
12. 圆柱螺纹铣刀不适用于较大螺距螺纹的加工。( )

第6章 其他机械加工方法

零件加工是一种用加工设备对工件的外形尺寸或性能进行改变的过程,根据加工零件能源不同可分为传统加工(机械加工)和非传统加工(特种加工)。

传统加工也称为机械加工,按照被加工零件处于不同温度状态,分为冷加工和热加工。一般在常温下加工,并且不引起工件的化学或物相变化的加工,称为冷加工。一般在高于金属再结晶温度,会引起工件的化学或物相变化的加工,称为热加工。常见热加工有铸造、热轧、锻造、焊接和金属热处理等。冷加工按照加工方式的差别可分为切削加工和压力加工。本课程只涉及切削加工部分,其切削加工设备(金属切削机床)可分为普通机床、数控机床、先进制造系统等。

非传统加工为称为特种加工,泛指用电能、热能、光能、电化学能、化学能、声能及特殊机械能等能量达到去除或增加材料的加工方法,从而实现材料被去除、变形、改变性能或被镀覆等。常见的特种加工有电火花加工、电火花线切割加工、电化学加工、激光加工、电子束和离子束加工、超声加工、快速成形技术等。

6.1 钻削

钻床与镗床相似都是孔加工机床,在钻床上可用钻头在实体材料上钻孔,或在原有底孔的基础上扩孔、铰孔、攻螺纹、倒角、锪孔和平面等。图1-6-1所示为部分钻床加工内容。

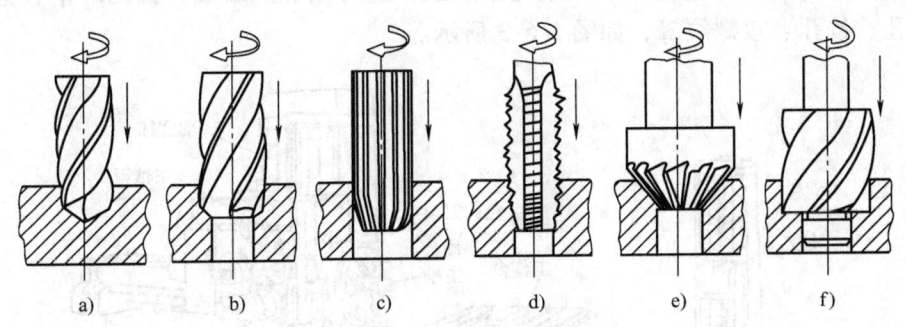

图1-6-1 钻床加工内容
a) 钻孔 b) 扩孔 c) 铰孔 d) 攻螺纹 e) 倒角 f) 锪孔

钻床分为:立式钻床、摇臂钻床、台式钻床等。

(1) 立式钻床 一般用来加工工件上单一的孔或在单件小批生产中加工中小型工件上的多个孔,如图1-6-2所示。

(2) 摇臂钻床 适合单件、中小批生产中加工中、大型零件或多孔零件上的孔。此外,在摇臂钻床的主轴上换上铰刀、锪刀、丝锥等也可以铰孔、锪孔或端面、攻螺纹等。

(3) 台式钻床 一般用于钻直径在$\phi 16mm$以下的孔,主要用于小型零件上各种小孔的加工,也可用于攻螺纹。

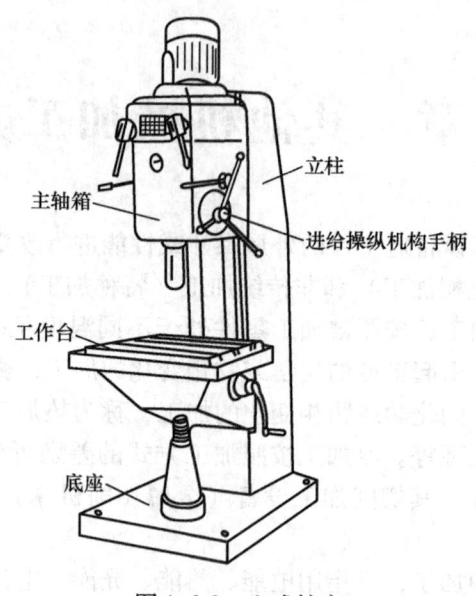

图 1-6-2 立式钻床

6.2 镗削

利用镗刀在镗床上对已经铸出或钻出的孔进一步加工的方法称为镗削,它可以达到增大孔径、提高孔的精度和降低表面粗糙度值的目的。

生产中常用的镗床主要有卧式镗床、坐标镗床和金刚镗床等。

(1) 卧式镗床 可以进行中、大型孔的加工,还可以加工端面、镗内环槽、镗内螺纹、钻孔、扩孔、铰孔、攻螺纹等,如图 1-6-3 所示。

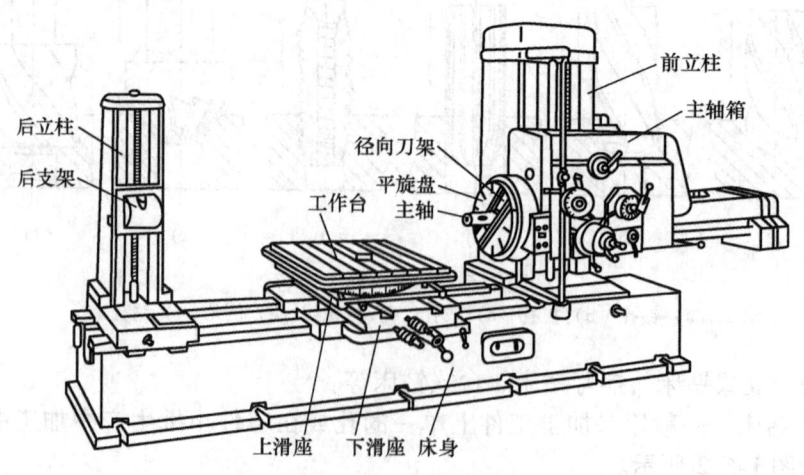

图 1-6-3 卧式镗床

(2) 坐标镗床 坐标镗床是一种高精度机床。其主要特点是具有坐标位置的精密测量装置,能够通过坐标测量装置精确地确定工作台、主轴箱等移动部件的位移量,实现工件和刀具的精确定位。

加工工艺范围：主要用于精密孔和位置精度要求很高的孔系的加工。除了镗孔外，还可以进行钻孔、扩孔、铰孔、精铣以及精密刻线、直线和孔距尺寸的精密测量等。

坐标镗床主要用于工具车间进行单件生产，也可用于成批生产具有精密孔系的零件，如飞机、机床等行业中各种箱体类零件。

（3）金刚镗床　金刚镗床的主轴通常短且粗，在镗杆的端部设有消振器；主轴采用精密轴承支承，电动机经带轮直接带动主轴旋转，从而保证主轴具有良好的刚性和稳定性。在这类机床上加工时，切削速度很高，背吃刀量 a_p 和进给量 f 极小（一般 a_p 不超过 0.1mm，f 为 0.01~0.14mm/r），加上主轴系统高的回转精度和平稳性，可以获得很高的加工精度（孔径标准公差级一般可达 IT6~IT7，镗孔的圆度误差不大于 3~5μm）和表面质量（表面粗糙度值一般为 Ra0.08~1.25μm）。

加工工艺范围：金刚镗床在成批、大量生产中得到广泛应用，特别适合于有色金属和铸铁的光整加工，常用于发动机气缸、连杆、活塞等零件上的精密孔的加工。

6.3　刨削

刨床是用刨刀对工件的平面、沟槽或成形表面进行刨削的直线运动机床。使用刨床加工，刀具较简单，但生产率较低（加工长而窄的平面除外），因而主要用于单件，小批生产及机修车间，在大批生产中往往被铣床所代替。

刨削是使刀具和工件之间产生相对的直线往复运动来达到刨削工件表面的目的。往复运动是刨床的主运动。除此之外，还有辅助运动，也称为进给运动，即工作台（或刨刀）的间歇移动，如图 1-6-4 所示。

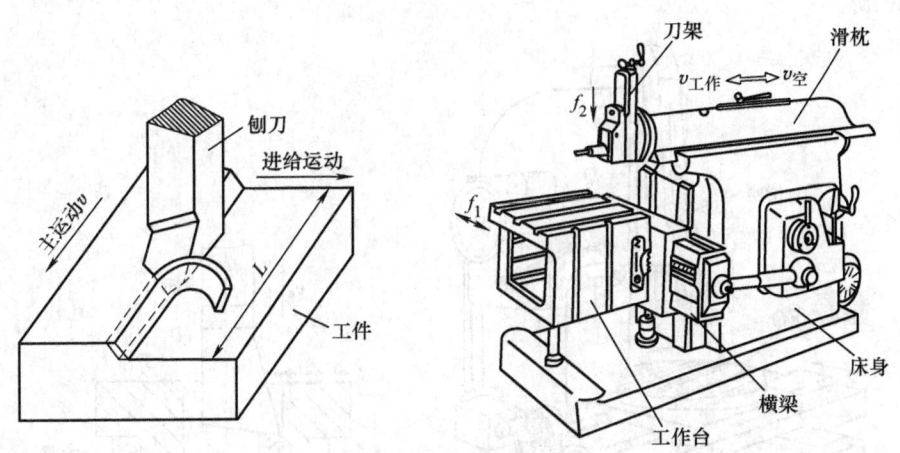

图 1-6-4　刨削运动及刨床

在刨床上可以刨削水平面、垂直面、斜面、曲面、台阶面、燕尾槽、T 形槽、V 形槽，也可以刨削孔、齿轮和齿条等。如果对刨床进行适当的改装，刨床的适应范围还可以扩大。用刨床刨削窄长表面时具有较高的效率，它适用于中小批生产和维修车间。

6.4 插削

插床是利用插刀的竖直往复运动插削键槽和型孔的直线运动机床，图 1-6-5 所示为其加工范围。插床与刨床一样，也是使用单刃刀具（插刀）来切削工件的，但刨床是卧式布局，插床是立式布局。插床的生产率和精度都较低，多用于单件或小批生产中加工内孔键槽或花键孔，也可以加工平面、方孔或多边形孔等，在批量生产中常被铣床或拉床代替。但在加工不通孔或有障碍台肩的内孔键槽时，就只有利用插床了。

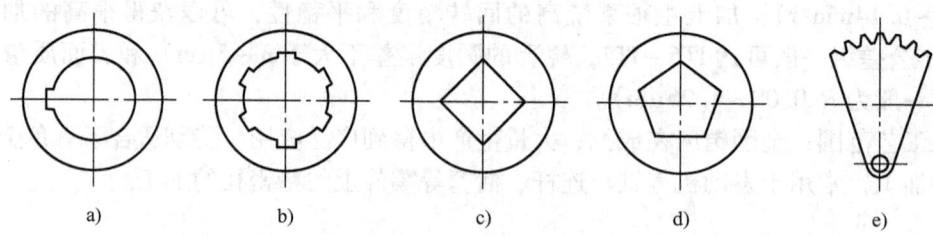

图 1-6-5 插床加工的范围
a）孔内单键槽 b）花键孔 c）方孔 d）五边形孔 e）扇形齿轮

插床主要有普通插床、键槽插床、龙门插床和移动式插床等几种。

普通插床的滑枕带着刀架沿立柱的导轨做上下往复运动，装有工件的工作台可利用上、下滑座做纵向、横向和回转进给运动，如图 1-6-6 所示。

键槽插床的工作台与床身连成一体，从床身穿过工件孔向上伸出的刀杆带着插刀边做上下往复运动，边做断续的进给运动，工件安装不像普通插床那样受到立柱的限制，故多用于加工大型零件（如螺旋桨等）孔中的键槽，如单件生产的齿轮键槽、带轮键槽都可以在插床上加工完成。

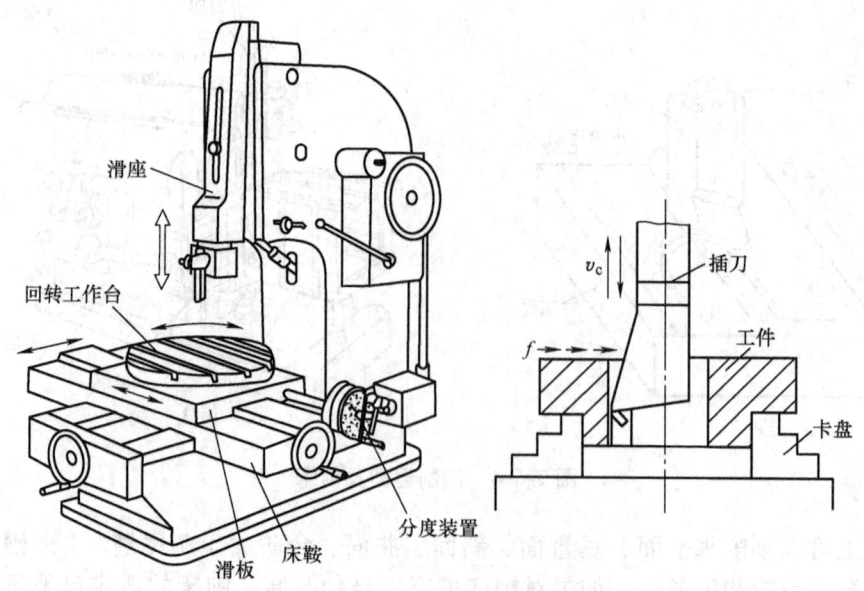

图 1-6-6 普通插床及插削运动

6.5 拉削

拉床是用拉刀作为刀具加工工件通孔、平面和成形表面的机床。拉削加工一般均在一次行程中完成粗、精加工，生产率很高。拉床是液压传动，切削平稳，加工质量好。拉刀属于定尺寸刀具，其结构和制造过程均较复杂，成本较高，因此拉削加工主要用于成批或大量生产中。

拉孔的直径一般为 $\phi 8 \sim 120$mm，孔的长度和直径比 $L/D \leqslant 5$。拉削圆孔可达的尺寸公差等级为 IT7～IT9，表面粗糙度值为 $Ra0.4 \sim 1.6 \mu m$。除拉削圆孔外，拉床还可拉削各种截面形状的通孔及内键槽，如图 1-6-7 所示。

卧式拉床如图 1-6-8 所示。床身内装有液压缸，活塞拉杆的右端装有随动支架和刀夹，用以支承和夹持拉刀。工作前，拉刀支持在滚轮和拉刀尾部支架上，工件由拉刀左端穿入。当刀夹夹持拉刀向左做直线移动时，工件贴靠在支承上，拉刀即可完成切削加工。拉刀的直线移动为主运动，进给运动是靠拉刀的每齿升高量来完成的。

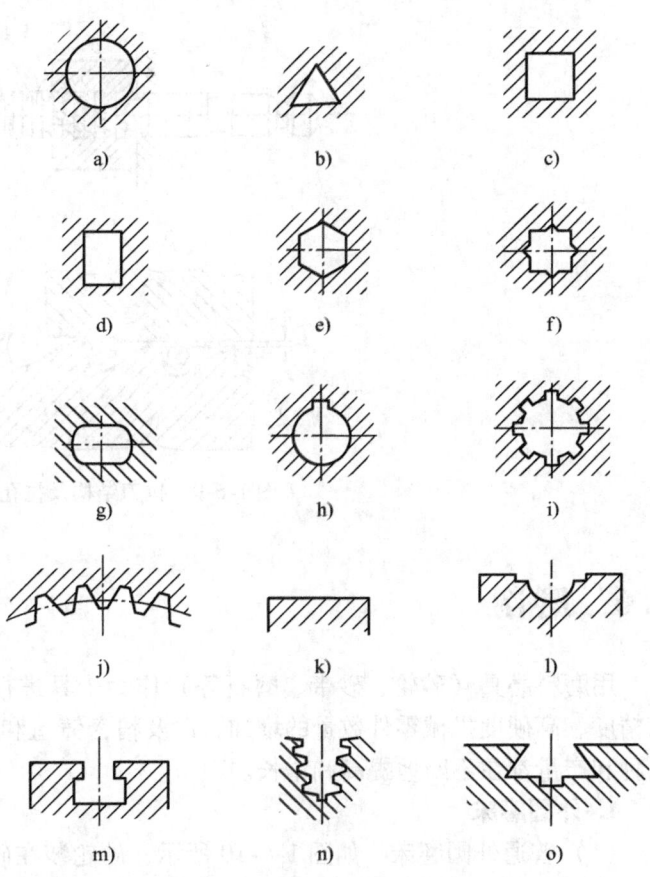

图 1-6-7 可拉削的各种孔的截面形状

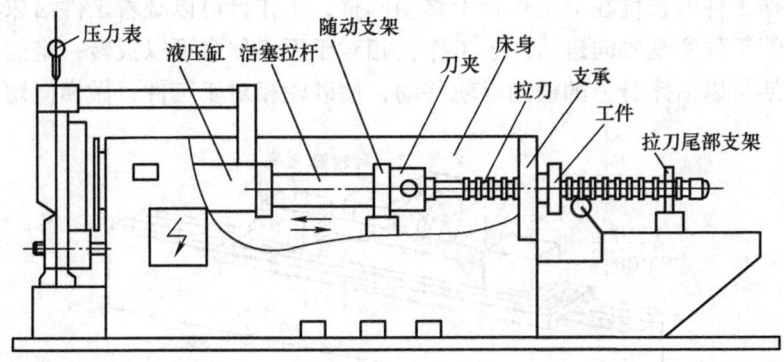

图 1-6-8 卧式拉床

拉削可看作是按照高低顺序排列的多把刨刀进行的刨削。拉刀结构及拉孔过程如图 1-6-9 所示。

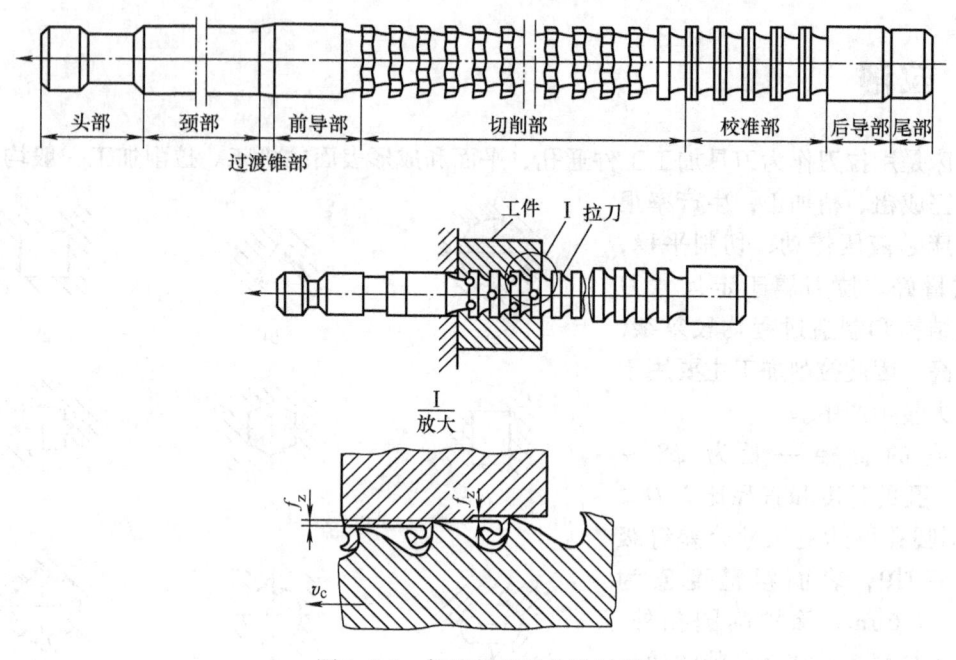

图 1-6-9 拉刀结构及拉孔过程

6.6 磨削

用磨料磨具（砂轮、砂带、磨石等）作为工具进行切削加工的机床统称为磨床。随着高精度、高硬度机械零件数量的增加，以及精密铸造和精密锻造工艺的发展，磨床的性能、品种和产量都在不断地提高和增长。

1. 外圆磨床

（1）普通外圆磨床　如图 1-6-10 所示，砂轮装在砂轮架上，由电动机带动做高速旋转运动，此运动为主运动。磨床的工作台上装有头架和尾座，工件可以通过卡盘装夹在头架主轴上，或者通过前、后顶尖装夹在头架和尾座之间，由头架主轴带动做圆周进给运动。尾座的位置可以根据工件的长度在上工作台上移动调整，工作台可以载着工件沿床身上的纵向导轨往复运动，使工件实现轴向进给。上工作台相对于下工作台可以扳转一定的角度，以便磨削锥面。砂轮架可以沿床身上的横向导轨移动，使砂轮相对于工件，做横向切入进给。

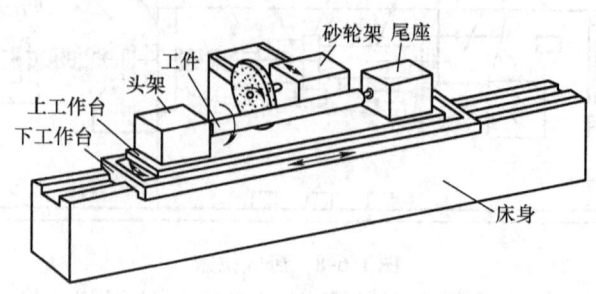

图 1-6-10　外圆磨床外形示意图

(2) 万能外圆磨床　万能外圆磨床能加工各种圆柱形和圆锥形外表面及轴肩端面。万能外圆磨床还带有内圆磨削附件，可磨削内孔和锥度较大的内、外锥面。

2. 内圆磨床

内圆磨床的砂轮主轴转速很高，主要用于磨削各种圆柱孔（包括通孔、不通孔、阶梯孔和断续表面的孔等）和圆锥孔。

3. 平面磨床

平面磨床主要用于磨削平面。

下篇

企业各类零件工艺分析

项目1 减速器传动轴的加工工艺分析

任务1 项目引入

1.1.1 项目要求

图 2-1-1 所示为减速器传动轴，材料为 45 热轧圆钢，零件需调质，生产批量为小批生产。试分析其加工工艺，确定合理的工艺过程，并制订合理的工艺文件。

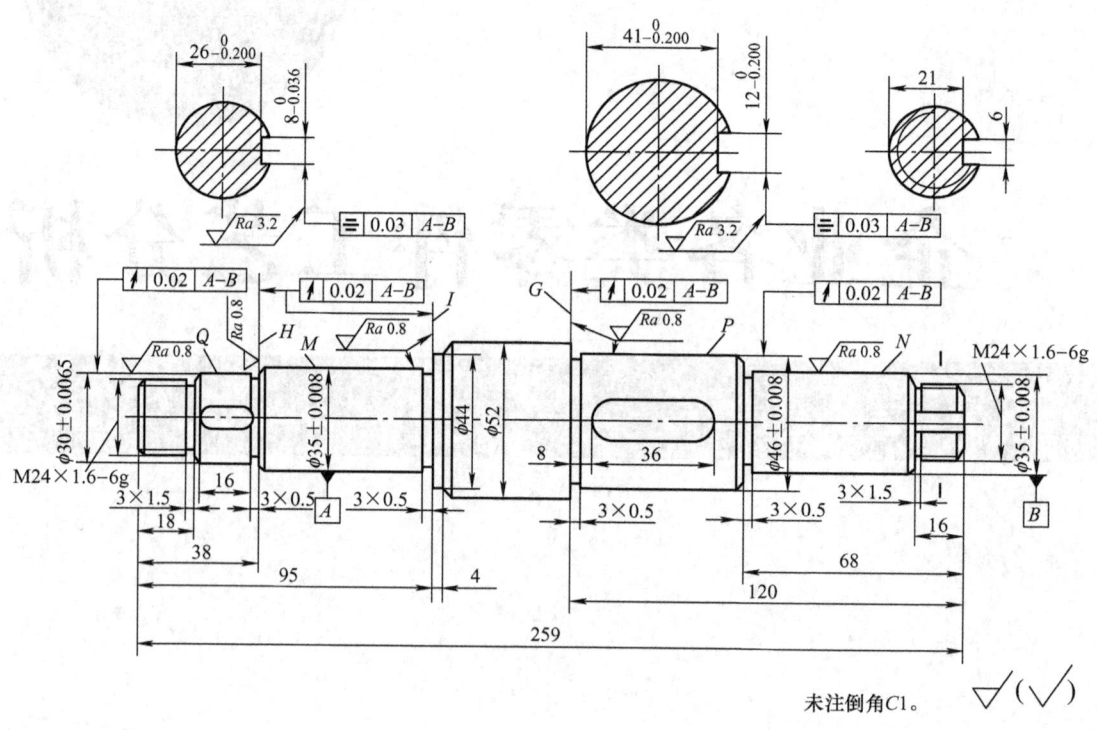

图 2-1-1 减速器传动轴

1.1.2 项目分析

图 2-1-1 所示零件为台阶轴类零件，由圆柱面、轴肩、螺纹、螺纹退刀槽、砂轮越程槽和键槽等组成。轴肩一般用来确定安装在传动轴上的零件的轴向位置；各环槽的作用是使零件装配时有一个正确的位置，并使加工中磨削外圆或车螺纹时退刀方便；键槽用于安装键，以传递转矩；螺纹用于安装各种锁紧螺母和调整螺母。

1.1.3 相关知识

1. 轴类零件的结构

轴类零件是机器中的常见零件,也是重要零件,其主要功用是支承传动零部件(如齿轮、带轮等),传递转矩以及保证安装在轴上零件的回转精度。轴是回转体类零件,其主要加工表面有外圆表面(圆柱面、圆锥面、圆弧曲面)、内孔表面(圆柱面、圆锥面、圆弧曲面)、端面、台阶面、曲面、螺纹、键槽、花键孔、横向孔及沟槽等,如图 2-1-2 所示。

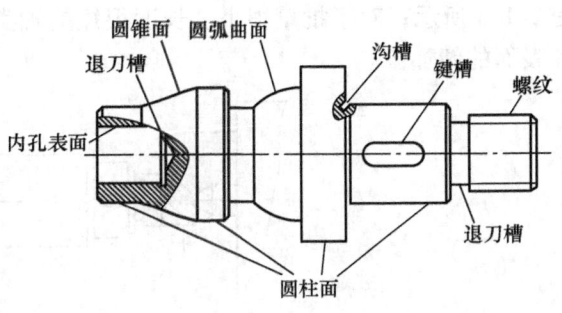

图 2-1-2 轴的加工表面

2. 轴类零件技术要求

安装轴承的轴颈和安装传动零件的轴头表面一般是轴类零件的重要表面,其尺寸精度、形状精度(圆度、圆柱度等)、位置精度(同轴度、与端面的垂直度等)及表面粗糙度要求均较高,在制订轴类零件机械加工工艺规程时是应着重考虑的因素。

3. 轴类零件材料的选用

1) 一般轴类零件材料常用中碳钢,如 45 钢,并根据具体的工作条件采用正火、调质、淬火等不同的热处理,以获得一定的强度、韧性和耐磨性。

一般工艺路线:

① 下料→锻造→正火→粗加工→调质→精加工。

② 下料→锻造→正火→粗加工→调质→精加工→部分表面淬火、低温回火→磨削。

2) 对于中等精度而转速较高的轴类零件,可用 40Cr 低淬透性调质钢,经调质和表面淬火处理后,心部具有较高的综合力学性能,表面具有较高的耐磨性和耐疲劳性。

一般工艺路线:下料→锻造→退火(或正火)→粗加工→调质→精加工→表面淬火、低温回火→磨削。

3) 对在高转速、重载荷等条件下工作的轴类零件,可选用 20Cr、20CrMnTi 等低碳合金钢,经渗碳淬火处理后,具有很高的表面硬度,心部则获得较高的强度和韧性。

一般工艺路线:下料→锻造→正火→粗加工→精加工→渗碳→淬火、低温回火→磨削。

4) 对高精度和高转速的轴,可选用 38CrMoAl 钢,其热处理变形较小,经调质和表面渗氮处理,达到很高的心部强度和表面硬度,从而获得优良的耐磨性和耐疲劳性。

一般工艺路线:下料→锻造→退火(或正火)→粗加工→调质→精加工→粗磨→渗氮→精磨、研磨或抛光。

4. 轴类零件毛坯的选用

轴类零件的毛坯最常用的是圆棒料和锻件,只有某些大型的、结构复杂的轴才采用铸件(铸钢件或球墨铸铁件)。由于毛坯经过加热锻打后,金属内部纤维组织沿表面均匀分布,从而可以得到较高的抗拉、抗弯及抗扭强度。因此,除了光轴、直径相差不大的阶梯轴可使用棒料外,较重要的轴大都采用锻件毛坯。

5. 确定定位基准

轴类零件的加工中，基准选择的常用方法是：一般选择两端中心孔作为定位基准面，如图 2-1-3 所示；对于批量很小、长度很短的轴类零件，可采用自定心卡盘在一次装夹中完成各表面的精加工。

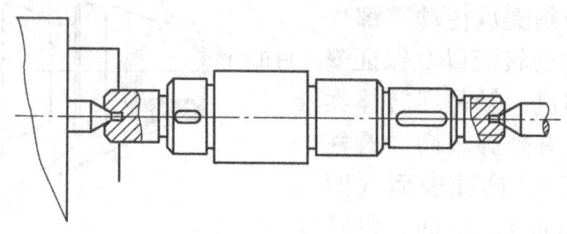

图 2-1-3　轴的定位基准

任务 2　项目实施

1.2.1　工艺分析

1. 分析图样

根据工作性能与条件，该传动轴图样（图 2-1-1）规定了主要轴颈 M、N，外圆 P、Q 以及轴肩 G、H、I 有较高的尺寸、位置精度要求和较小的表面粗糙度值，并有热处理要求。这些技术要求必须在加工中给予保证。因此，该传动轴的关键工序是轴颈 M、N 和外圆 P、Q 的加工。

2. 确定毛坯

传动轴属于一般传动轴，故选 45 钢即可满足要求。

图 2-1-1 所示传动轴属于中、小传动轴，并且各外圆直径尺寸相差不大，故选择 $\phi 60$mm 的热轧圆钢作为毛坯。

3. 确定定位基准

合理地选择定位基准，对于保证零件的尺寸和位置精度有着决定性的作用。由于该传动轴的几个主要配合表面（Q、P、N、M）及轴肩面（H、G、I）对基准轴线 $A—B$ 均有径向圆跳动和轴向圆跳动要求，它又是实心轴，所以应选择两端中心孔为基准，采用双顶尖装夹方法。

粗基准采用热轧圆钢的毛坯外圆。中心孔加工采用自定心卡盘装夹热轧圆钢的毛坯外圆，车端面、钻中心孔。但必须注意，一般不能用毛坯外圆装夹两次钻两端中心孔，而应该以毛坯外圆作粗基准，先加工一个端面，钻中心孔，车出一端外圆；然后以已车过的外圆作为基准，用自定心卡盘装夹（有时在上工步已车外圆处搭中心架），车另一端面，钻中心孔。如此加工中心孔，才能保证两中心孔同轴。

4. 拟订工艺方案及路线

（1）确定主要表面加工方法和加工方案　传动轴大都是回转表面，主要采用车削与外圆磨削成形。由于该传动轴的主要表面 M、N、P、Q 的公差等级较高（IT6），表面粗糙度值较小（$Ra0.8\mu m$），故车削后还需磨削。其加工方案可参考表2-1-1中粗车→半精车→磨削。

表2-1-1 外圆加工方案

加 工 方 案	经济公差等级	表面粗糙度值 $Ra/\mu m$	适 用 范 围
粗车	IT11以下	12.5~50	适用于淬火钢以外的各种金属
粗车→半精车	IT8~IT10	3.2~6.3	
粗车→半精车→精车	IT7~IT8	0.8~1.6	
粗车→半精车→精车→滚压（或抛光）	IT7~IT8	0.025~0.2	
粗车→半精车→磨削	IT6~IT7	0.4~0.8	主要用于淬火钢，也可用于未淬火钢，但不宜加工有色金属
粗车→半精车→粗磨→精磨	IT6~IT7	0.1~0.4	
粗车→半精车→粗磨→精磨→超精加工（或轮式超精磨）	IT5	$Rz0.01~0.1$	
粗车→半精车→精车→金刚石车	IT6~IT7	0.025~0.4	主要用于要求较高的有色金属加工
粗车→半精车→粗磨→精磨→超精磨或镜面磨	IT5以上	$Rz0.05~0.025$	极高精度的外圆加工
粗车→半精车→粗磨→精磨→研磨	IT5以上	$Rz0.05~0.1$	

（2）划分加工阶段　对精度要求较高的零件，其粗、精加工应分开，以保证零件的质量。该传动轴加工划分为三个阶段：粗车（粗车外圆、钻中心孔等），半精车（半精车各处外圆、台阶面和修研中心孔及次要表面等），粗、精磨（粗、精磨削各处外圆）。各阶段划分大致以热处理为界。

（3）热处理工序的安排　轴的热处理要根据其材料和使用要求确定。对于传动轴，正火、调质和表面淬火用得较多。该轴要求调质处理，并安排在粗车各外圆之后、半精车各外圆之前。

（4）加工尺寸和切削用量　传动轴磨削余量可取0.5mm，半精车余量可选用1.5mm。加工尺寸可由此而定，见该轴加工工序卡的工序内容。

单件、小批生产时，车削用量的选择可由工人根据加工情况确定，一般可从《机械加工工艺手册》或《切削用量手册》中选取。

（5）工艺路线的拟订　定位精基准面中心孔应在粗加工之前加工，在调质之后和磨削之前各需安排一次修研中心孔的工序。调质之后修研中心孔是为消除中心孔的热处理变形和氧化皮，磨削之前修研中心孔是为提高定位精基准面的精度和减小锥面的表面粗糙度值。拟订传动轴的工艺过程时，在考虑主要表面加工的同时，还要考虑次要表面的加工。在半精加工$\phi 52mm$、$\phi 44mm$及M24外圆时，应车到图样规定的尺寸，同时加工出各退刀槽、倒角和螺纹；三个键槽应在半精车后以及磨削之前加工出来，这样既可保证铣键槽时有较精确的定位基准，又可避免在精磨后铣键槽时破坏已精加工的外圆表面。

综合上述分析，传动轴的工艺路线如下：

下料→车两端面，钻中心孔→粗车各外圆→调质→修研中心孔→半精车各外圆，车槽，倒角→车螺纹→划键槽加工线→铣键槽→修研中心孔→磨削→检验。

（6）加工工艺过程　减速器传动轴加工工艺过程见表 2-1-2。

表 2-1-2　减速器传动轴加工工艺过程

工序号	工序名称	工序内容	工序简图	加工设备
1	备料	$\phi 60\mathrm{mm} \times 265\mathrm{mm}$		
2	车	自定心卡盘夹持工件，车端面见平，钻中心孔，用尾座顶尖顶住，粗车三个台阶，直径、长度均留余量 2mm		车床
2	车	调头，自定心卡盘夹持工件另一端，车端面保证总长 259mm，钻中心孔，用尾座顶尖顶住，粗车另外四个阶台，直径、长度均留余量 2mm		车床
3	热	调质处理	硬度 24~38HRC	热处理车间
4	钳	修研两端中心孔		车床
5	车	双顶尖装夹，半精车三个阶台，螺纹大径车到 $\phi 24^{-0.1}_{-0.2}$ mm，其余两个台阶直径上留余量 0.5mm，车槽三个，倒角三个		车床

(续)

工序号	工序名称	工序内容	工序简图	加工设备
5	车	调头，双顶尖装夹，半精车余下的五个台阶，φ44mm及φ52mm台阶车到图样规定的尺寸。螺纹大径车到$\phi24_{-0.2}^{-0.1}$mm，其余两个台阶直径上留余量0.5mm，车槽三个，倒角四个		车床
6	车	双顶尖装夹，车一端螺纹M24×1.5-6g。调头，双顶尖装夹，车另一端螺纹M24×1.5-6g		车床
7	钳	划键槽及一个止动垫圈槽加工线		钳工台
8	铣	铣两个键槽及一个止动垫圈槽，键槽深度比图样规定尺寸多铣0.25mm，作为外圆磨削的余量		键槽铣床或立铣床
9	钳	修研两端中心孔		车床

工序号	工序名称	工序内容	工序简图	加工设备
10	磨	磨外圆 Q、M，并用砂轮端面靠磨台肩 H 和 I。调头，磨外圆 N 和 P，靠磨台肩 G	（图：轴类零件磨削工序简图，标注 $\phi 35\pm 0.008$、$\phi 46\pm 0.008$、$\phi 35\pm 0.008$、$\phi 30\pm 0.0065$，表面粗糙度 Ra 0.8，位置标记 N、P、G、M、I、H、Q）	外圆磨床
11	检	检验		

1.2.2 工艺制订

传动轴数控工艺文件包括机械加工工艺过程卡（表2-1-3）、数控加工工序卡（表2-1-4）、数控加工刀具卡（表2-1-5）。

表 2-1-3　机械加工工艺过程卡

机械加工工艺过程卡		产品名称	零件名称	零件图号	
		减速器	传动轴		
材料名称及牌号	45钢	毛坯种类或材料规格	圆钢 $\phi 60\text{mm}\times 265\text{mm}$	总工时	
工序号	工序名称	工序简要内容	设备名称及型号	夹具	量具	工时
1	下料	$\phi 60\text{mm}\times 265\text{mm}$				
2	车	车端面，钻中心孔，粗车台阶，保证总长 259mm，直径、长度均留余量 2mm	车床	自定心卡盘	游标卡尺	
3	热处理	调质处理，硬度 24~38HRC	热处理			
4	钳工	修研两端中心孔	车床			
5	车	半精车三个阶台，车螺纹，车槽，倒角；调头，半精车余下的五个台阶，$\phi 44\text{mm}$ 及 $\phi 52\text{mm}$ 台阶车到图样规定的尺寸。车螺纹、车槽、倒角	车床	两顶尖	游标卡尺 外径千分尺	
6	车	车一端螺纹 M24×1.5-6g，调头，双顶尖装夹，车另一端螺纹 M24×1.5-6g	车床	两顶尖	游标卡尺 螺纹千分尺	
7	钳工	划键槽及一个止动垫圈槽加工线	钳工台	机用平口钳		

(续)

机械加工工艺过程卡		产品名称	零件名称	零件图号	
		减速器	传动轴		
材料名称及牌号	45钢	毛坯种类或材料规格	圆钢 $\phi 60mm \times 265mm$	总工时	
工序号	工序名称	工序简要内容	设备名称及型号	夹具	量具	工时
8	铣	铣两个键槽及一个止动垫圈槽	键槽铣床或立铣床	用V形机用平口钳装夹,按线找正	游标卡尺内侧千分尺	
9	钳工	修研两端中心孔	车床			
10	磨	磨外圆 Q、M,并用砂轮端面靠磨台肩 H 和 I。调头,磨外圆 N 和 P,靠磨台肩 G	外圆磨床	两顶尖	游标卡尺外径千分尺	
11	验	检验				

表 2-1-4　数控加工工序卡（工序2）

单位名称		产品名称或代号		零件名称	零件图号	
		减速器		传动轴		
工序号	程序编号	夹具名称		使用设备	车间	
工序2		自定心卡盘和后顶尖		数控车床		
工步号	工步内容	刀具号	刀具规格	主轴转速/(r/min)	进给量/(mm/r)	背吃刀量/mm	备注
1	车端面见平	T01	45°端面车刀	1200	0.2	2	自定心卡盘夹持毛坯
2	钻中心孔	T02	$\phi 2mm$ 中心钻	1500	0.1		
3	粗车 $\phi 46mm$ 外圆至 $\phi 48mm$,长118mm	T03	93°外圆车刀	800	0.25	1.5	一夹一顶
4	粗车 $\phi 35mm$ 外圆至 $\phi 37mm$,长66mm	T03	93°外圆车刀	800	0.25	1.5	
5	粗车 M24mm 外圆至 $\phi 26mm$,长14mm	T03	93°外圆车刀	800	0.25	1.5	
6	车另一端面,保证总长259mm	T01	45°端面车刀	1200	0.2		调头,自定心卡盘夹持 $\phi 48mm$
7	钻中心孔	T02	$\phi 2mm$ 中心钻	1500	0.1		
8	粗车 $\phi 52mm$ 外圆至 $\phi 54mm$	T03	93°外圆车刀	800	0.25	1.5	一夹一顶
9	粗车 $\phi 35mm$ 外圆至 $\phi 37mm$,长为93mm	T03	93°外圆车刀	800	0.25	1.5	
10	粗车 $\phi 30mm$ 外圆至 $\phi 32mm$,长36mm	T03	93°外圆车刀	800	0.25	1.5	
11	粗车 M24mm 外圆至 $\phi 26mm$,长16mm	T03	93°外圆车刀	800	0.25	1.5	
编制		审核		批准		年 月 日	共 页　第 页

表 2-1-5 数控加工刀具卡

产品名称或代号		减速器	零件名称		传动轴	零件图号		工序号	工序 2
序号	刀具号	刀具				加工表面		备注	
		型号、规格、名称		数量	刀长/mm				
1	T01	45°硬质合金端面车刀		1	实测	车端面			
2	T02	φ2mm 中心钻		1	实测	钻中心孔			
3	T03	93°外圆车刀		1	实测	粗车各外圆表面,阶台			
编制		审核	批准			年 月 日		共 页	第 页

任务 3 项 目 训 练

1.3.1 阶梯轴的加工工艺分析

图 2-1-4 所示为一般阶梯轴。单件生产,材料为 45 热轧圆钢,零件需调质。试分析该零件加工工艺过程并制订合理的工艺文件(表 2-1-6~表 2-1-8)。如果改为批量生产,则工艺又是如何制订?

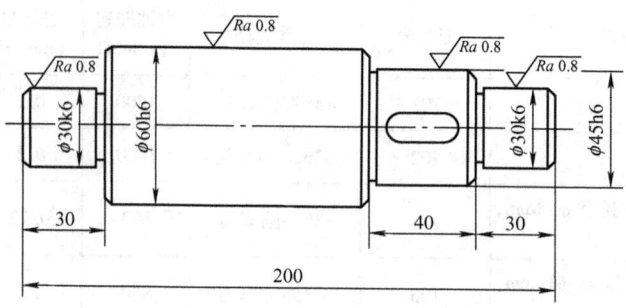

图 2-1-4 阶梯轴

表 2-1-6 机械加工工艺过程卡(阶梯轴批量生产的工艺过程)

机械加工工艺过程卡		产品名称		零件名称	零件图号	
				阶梯轴		
材料名称及牌号	45 钢	毛坯种类或材料规格	圆钢 φ64mm×205mm		总工时	
工序号	工序名称	工序简要内容		设备名称及型号	夹具	量具	工时
工序 1	下料	φ64mm×205					
工序 2	粗车	粗车左端面及外圆、沟槽,钻中心孔		数控车床	自定心卡盘		
工序 3	粗车	粗车右端面及外圆、沟槽,钻中心孔		数控车床	自定心卡盘		
工序 4	精车	精车各外圆表面		数控车床	两顶尖装夹		
工序 5	铣	铣键槽		数控铣床	机用平口钳		

(续)

机械加工工艺过程卡		产品名称		零件名称		零件图号	
				阶梯轴			
材料名称及牌号	45 钢	毛坯种类或材料规格		圆钢 φ64mm×205mm		总工时	
工序号	工序名称	工序简要内容		设备名称及型号	夹具	量具	工时
工序6	磨	磨各外圆表面		磨床	两顶尖装夹		
…							
编制		审核		批准		共 页	第 页

表 2-1-7 数控加工工序卡

单位名称		产品名称或代号		零件名称		零件图号	
工序号	程序编号	夹具名称		使用设备		车 间	
工步号	工步内容		刀具号	刀具规格	主轴转速/(r/min)	进给速度/(mm/min)	背吃刀量/mm	备注
编制		审核		批准		年 月 日	共 页	第 页

表 2-1-8 数控加工刀具卡

产品名称或代号		零件名称		零件图号		工序号	
序号	刀具号	刀具			加工表面		备注
		型号、规格、名称	数量	刀长/mm			
编制		审核		批准		年 月 日	共 页 第 页

1.3.2 输出轴的加工工艺分析

如 2-1-5 图所示,要求达到的公差等级为 IT7,表面粗糙度值为 $Ra0.4\sim0.8\mu m$ 的一般传动轴。试分析该零件加工工艺过程,制订合理的工艺文件(表 2-1-9 ~ 表 2-1-11)。

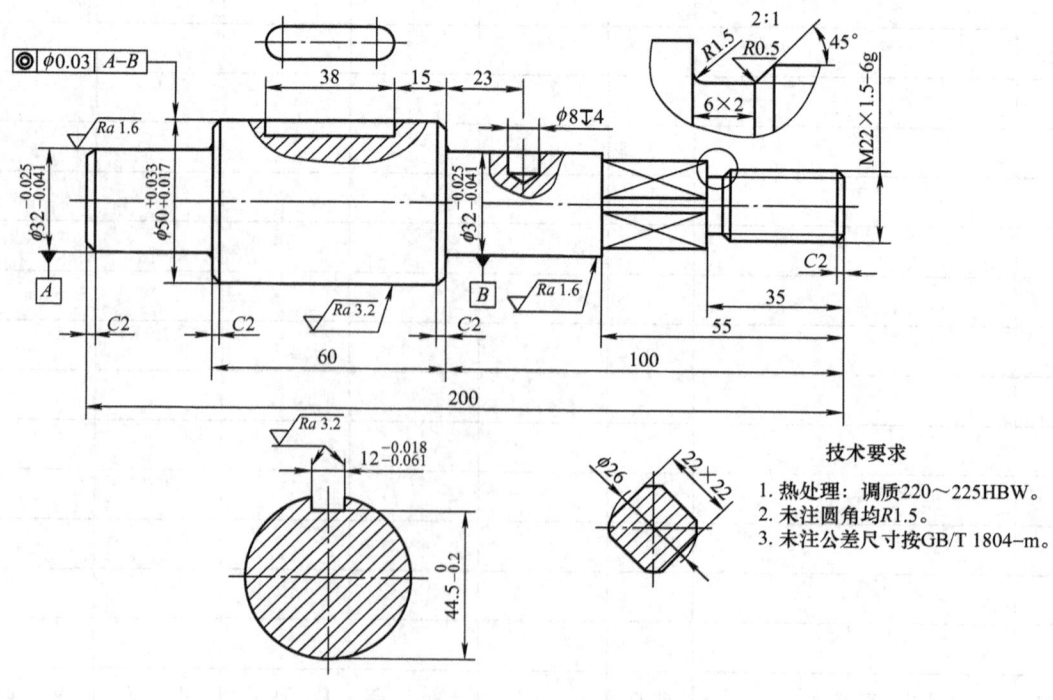

图 2-1-5 输出轴

提示：

(1) 材料　40Cr、20Cr、20CrMnTi、38CrMoAlA。

(2) 毛坯　棒料、锻件。

(3) 热处理　正火或退火、调质、淬火。

(4) 工艺路线　毛坯制造（或下料）→正火（或退火）→车端面，钻中心孔→粗车各外圆表面→精车各外圆表面→铣花键（或键槽）→热处理→修研中心孔→粗磨外圆→精磨外圆。

(5) 分析步骤

1) 图样分析。

2) 确定毛坯。

3) 确定定位基准。

4) 工艺路线的拟订。

① 确定主要表面加工方法和加工方案。

② 划分加工阶段。

③ 安排热处理工序。

④ 选择加工尺寸和切削用量。

⑤ 拟订工艺路线。

⑥ 分析加工工艺路线。

(6) 填写工艺文件（表2-1-9～表2-1-11）

表 2-1-9　机械加工工艺过程卡

机械加工工艺过程卡		产品名称		零件名称		零件图号	
材料名称及牌号		毛坯种类或材料规格				总工时	
工序号	工序名称	工序简要内容		设备名称及型号	夹具	量具	工时
编制		审核		批准		共　页	第　页

表 2-1-10　数控加工工序卡

单位名称		产品名称或代号		零件名称		零件图号	
工序号		程序编号	夹具名称		使用设备		车　间
工步号	工步内容	刀具号	刀具规格	主轴转速 /(r/min)	进给速度 /(mm/min)	背吃刀量 /mm	备注
编制		审核		批准		年　月　日	共　页　　第　页

表 2-1-11　数控加工刀具卡

产品名称或代号		零件名称		零件图号		工序号	
序号	刀具号	刀具			加工表面		备注
		型号、规格、名称	数量	刀长/mm			
编制		审核		批准		年　月　日	共　页　　第　页

项目 2 轴承套的加工工艺分析

任务 1 项目引入

2.1.1 项目要求

图 2-2-1 所示为轴承套，材料为 45 钢，无热处理和硬度要求，单件小批生产。试分析该零件加工工艺过程，制订合理的工艺文件。

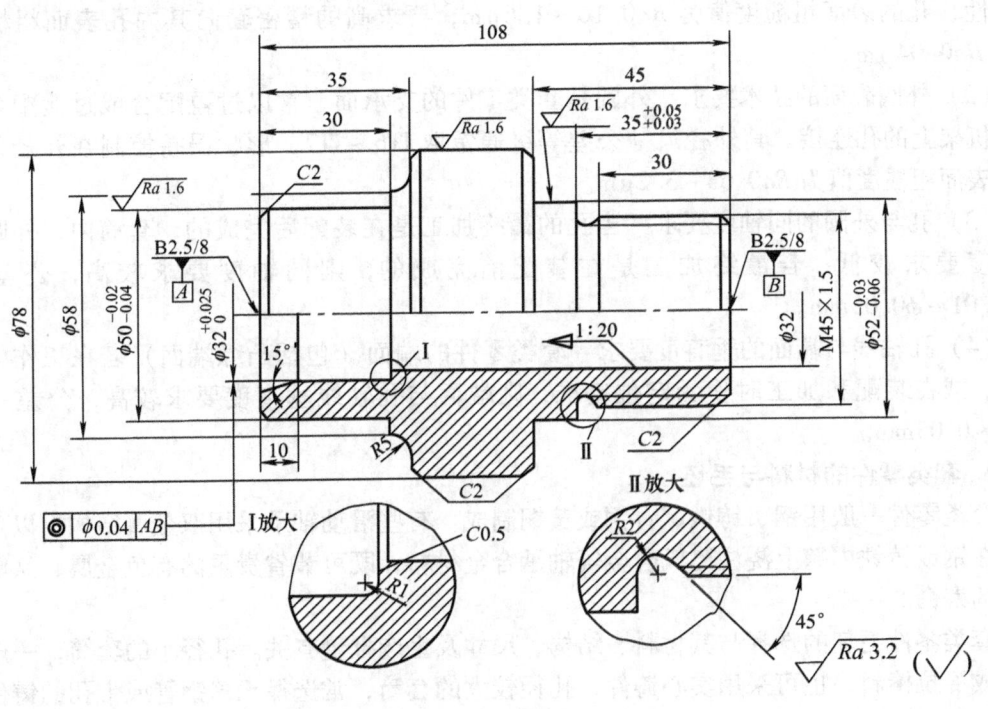

图 2-2-1 轴承套

2.1.2 项目分析

由零件图可知，轴承套由内圆柱面、外圆柱面、内圆锥面、顺圆弧、逆圆弧及外螺纹等表面组成。根据零件结构特点，大部分形成面可以用数控车床车削完成。

2.1.3 相关知识

1. 套类零件的结构

套类零件是指回转体零件中的空心零件，是机械加工中常见的一种零件，在各类机器中应用很广，主要起支承或导向作用。由于功用不同，其形状结构和尺寸有很大的差异，常见的套类零件有支承回转轴的各种形式的轴承圈、轴套，夹具上的钻套和导向套等都属于套类零件。

套类零件的主要结构是内孔表面（内圆柱面、内沟槽、内倒角、内锥面、内螺纹等）、外圆表面（外圆柱面、退刀槽等）、各倒角及其他部分等。

2. 套类零件的技术要求

套类零件的主要表面是孔和外圆，其主要技术要求如下：

（1）孔的技术要求　孔是套类零件起支承或导向作用的最主要表面，通常与运动的轴、刀具或活塞相配合。孔直径的尺寸公差等级一般为IT7，精密轴套可取IT6，气缸和液压缸由于与其配合的活塞上有密封圈，要求较低，通常取IT9。孔的形状误差应控制在孔径公差以内，一些精密套筒的形状误差应控制在孔径公差的1/3～1/2，甚至更严。对于长的套筒，除了圆度要求以外，还应注意孔的圆柱度。为了保证零件的功用和提高其耐磨性，孔的表面粗糙度值为$Ra0.16～1.6\mu m$，要求高的精密套筒其内孔表面粗糙度值可达$Ra0.04\mu m$。

（2）外圆表面的技术要求　外圆是套类零件的支承面，常以过盈配合或过渡配合与箱体或机架上的孔连接。其外径尺寸公差等级通常取IT6～IT7，形状误差控制在外径公差以内，表面粗糙度值为$Ra0.63～3.2\mu m$。

（3）孔与外圆的同轴度要求　当孔的最终加工是在装配后完成的，套筒内、外圆间的同轴度要求较低；若最终加工是在装配前完成的，则同轴度要求较高，公差一般为$\phi 0.01～\phi 0.05mm$。

（4）孔轴线与端面的垂直度要求　套类零件的端面（包括凸缘端面）若在工作中承受载荷，或在装配和加工时作为定位基准，则端面与孔轴线垂直度要求较高，公差一般为0.01～0.05mm。

3. 套类零件的材料与毛坯

套类零件一般用钢、铸铁、青铜或黄铜制成。有些滑动轴承采用双金属结构，以离心铸造法在钢或铸铁内壁上浇注巴氏合金等轴承合金材料，既可节省贵重的有色金属，又能提高轴承的寿命。

套类零件毛坯的选择与其材料、结构、尺寸及生产批量有关。孔径小的套筒，一般选择热轧或冷拉棒料，也可采用实心铸件；孔径较大的套筒，常选择无缝钢管或带孔的铸件、锻件；大量生产时，可采用冷挤压和粉末冶金等先进的毛坯制造工艺，既提高生产率，又节约材料。

4. 定位基准的确定

套类零件的主要定位基准为内、外圆中心。外圆与内孔中心有较高同轴度要求时，加工中常互为基准反复装夹加工，以保证零件图样技术要求。

该零件选择其轴线（内孔）作为定位基准。装夹方式如图2-2-2所示。

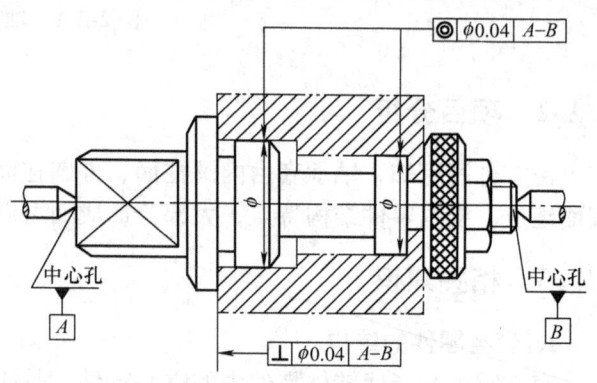

图2-2-2　工件轴向夹紧

5. 套类零件装夹方案

1) 套类零件的壁厚较大，零件以外圆定位时，可直接采用自定心卡盘装夹；外圆轴向尺寸较小时，可与已加工过的端面组合定位装夹，如采用反爪安装；工件较长时可加顶尖装夹，再根据工件长度决定是否再加中心架或跟刀架，采用一夹一托法安装。

2) 套类零件以内孔定位时，可采用心轴装夹（圆柱心轴、可胀式心轴）；当零件的内、外圆同轴度要求较高时，可采用小锥度心轴装夹；当工件较长时，可在两端孔口各加工出一小段60°锥面，用两个圆锥对顶定位装夹。

3) 当套类零件壁厚较小时，即薄壁套类零件，直接采用自定心卡盘装夹会引起工件变形，可采用轴向装夹、刚性开缝套筒装夹和圆弧软爪装夹（自车软爪成圆弧爪，适当增大卡爪夹紧接触面积）等办法。

① 轴向装夹法。轴向装夹法就是将薄壁套类零件由径向夹紧改为轴向夹紧，如图2-2-3所示。

② 刚性开缝套筒装夹法。薄壁套类零件采用自定心卡盘装夹，如图2-2-4所示。零件只受到3个爪的夹紧力，夹紧接触面积小，夹紧力不均衡，容易使零件发生变形。采用图2-2-5所示的刚性开缝套筒装夹，夹紧接触面积大，夹紧力较均衡，不容易使零件发生变形。

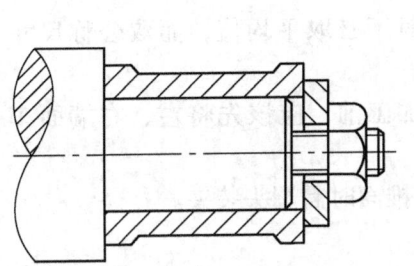 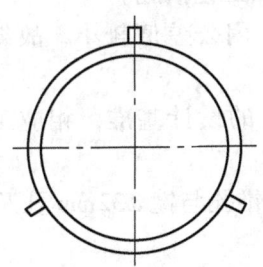 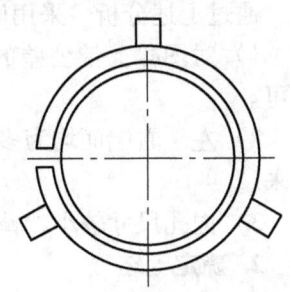

图2-2-3 工件轴向夹紧　　图2-2-4 自定心卡盘装夹　　图2-2-5 刚性开缝套筒装夹

③ 圆弧软爪装夹法。当薄壁套类零件以自定心卡盘外圆定位装夹时，采用内圆弧软爪装夹定位工件，如图2-2-6所示。

当薄壁套类零件以内孔（圆）定位装夹（胀内孔）时，采用自车外圆弧软爪，如图2-2-7所示。

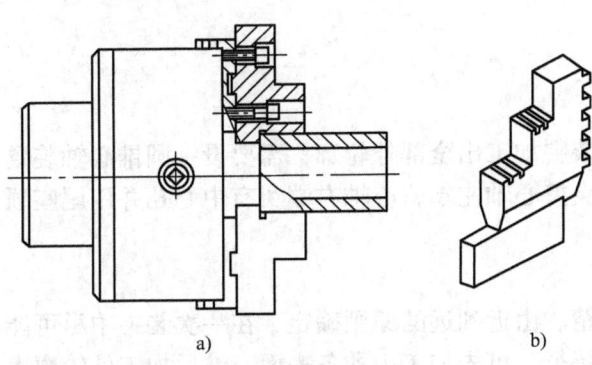 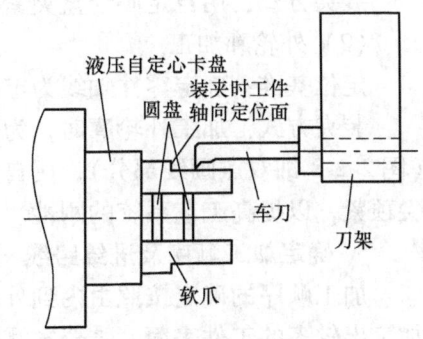

图2-2-6 应用软卡爪盘装夹
a) 装配式软卡爪　b) 焊接式软卡爪

图2-2-7 自车外圆弧软爪装夹

加工软爪时需注意软爪要在与使用时相同的夹紧状态下进行车削，以免在加工过程中松动以及由于卡爪反向间隙而引起定心误差。车削软爪外定心表面时，要在靠卡盘处夹适当的圆盘料，以消除卡盘端面螺纹的间隙。

套类零件的尺寸较小时，应尽量在一次装夹下加工出较多表面，既减小装夹次数及装夹误差，又容易获得较高的位置精度。

任务2 项目实施

2.2.1 工艺分析

1. 分析图样

如图2-2-1所示，轴承套表面由内圆柱面、外圆柱面、内圆锥面、顺圆弧、逆圆弧及外螺纹等表面组成，其中多个直径尺寸与轴向尺寸有较高的尺寸精度要求，表面粗糙度要求也较高。零件图尺寸标注完整，符合数控加工尺寸标注要求；轮廓描述清楚完整；零件材料为45钢，加工切削性能较好，无热处理和硬度要求。

通过上述分析，采用以下几点工艺措施。

1) 对图样上带公差的尺寸，因公差值较小，故编程时不必取平均值，而取公称尺寸即可。

2) 左、右端面均为多个尺寸的设计基准，相应工序加工前，应该先将左、右端面车出来。

3) 内孔尺寸较小，镗1:20锥孔与镗ϕ32mm孔及15°锥面时需调头装夹。

2. 确定毛坯

该轴承套选用45钢，$\phi82 \times 112$ mm圆钢。

3. 选择设备

根据被加工零件的外形和材料等条件，选用CJK6240型数控车床。

4. 确定定位基准及装夹方式

（1）内孔加工

定位基准：内孔加工时以外圆定位。

装夹方式：用自定心卡盘夹紧。

（2）外轮廓加工

定位基准：确定零件轴线为定位基准。

装夹方式：加工外轮廓时，为保证一次装夹加工出全部外轮廓，需要设一圆锥心轴装置（图2-2-8细双点画线部分），用自定心卡盘夹持心轴左端，心轴右端留有中心孔并用尾座顶尖顶紧，以提高工艺系统的刚性。

5. 确定加工顺序及进给路线

加工顺序的确定按照由内到外、由粗到精、由近到远的原则确定，在一次装夹中尽可能加工出较多的工件表面。结合本零件的结构特征，可先加工内孔各表面，然后加工外轮廓表面。由于该零件为单件小批生产，进给路线设计不必考虑最短进给路线或最短空行程路线，外轮廓表面车削进给路线可沿零件轮廓顺序进行，如图2-2-9所示。

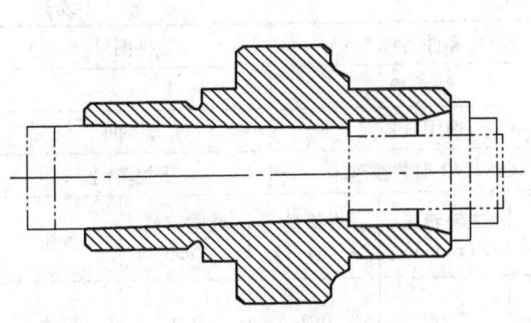

图 2-2-8 外轮廓车削装夹方案

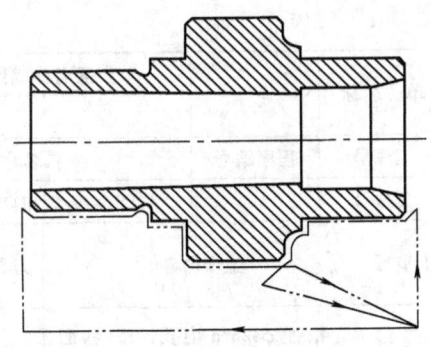

图 2-2-9 外轮廓加工进给路线

6. 选择刀具

将所选定的刀具参数填入表 2-2-2 中,以便于编程和操作管理。注意:车削外轮廓时,为防止刀具副后面与工件表面发生干涉,应选择较大的副偏角,必要时可作图检验。本例中选 $\kappa_r' = 55°$。

7. 选择切削用量

根据表面质量要求、刀具材料和工件材料,参考切削用量手册或有关资料选取切削速度与每转进给量,然后利用公式 $v_c = \pi dn/1000$ 和 $v_f = nf$,计算主轴转速与进给速度(计算过程略),计算结果填入表 2-2-1 中。

背吃刀量的选择因粗、精加工而有所不同。粗加工时,在工艺系统刚性和机床功率允许的情况下,尽可能取较大的背吃刀量,以减少进给次数;精加工时,为保证零件表面粗糙度要求,背吃刀量一般取 0.1~0.4mm 较为合适。

2.2.2 工艺制订

由于此零件的加工均为数控车床,机械加工工艺过程简单,故省略机械加工工艺过程卡。

数控工艺文件包括数控加工工序卡(表 2-2-1)、数控加工刀具卡(表 2-2-2)。

表 2-2-1 数控加工工序卡(工序 2)

单位名称		产品名称或代号		零件名称		零件图号	
				轴承套			
工序号	程序编号	夹具名称		使用设备		车 间	
工序 2		自定心卡盘和自制心轴		CJK6240 型数控车床		数控车间	
工步号	工步内容	刀具号	刀具规格/mm	主轴转速/(r/min)	进给量/(mm/r)	背吃刀量/mm	备注
1	车端面	T01	20×20	600		1	手动
2	钻 φ5mm 中心孔	T02	φ5	1500		2.5	手动
3	钻 φ32mm 孔的底孔 φ26mm	T03	φ26	600		13	手动
4	粗镗 φ32mm 内孔、15°斜面及 C0.5 倒角	T04	20×20	800	0.2	0.8	自动

(续)

单位名称		产品名称或代号		零件名称		零件图号	
				轴承套			
工序号	程序编号		夹具名称		使用设备		车间
工序2			自定心卡盘和自制心轴		CJK6240型数控车床		数控车间

工步号	工步内容	刀具号	刀具规格/mm	主轴转速/(r/min)	进给量/(mm/r)	背吃刀量/mm	备注
5	精镗φ32mm内孔、15°斜面及C0.5倒角	T04	20×20	1000	0.2	0.2	自动
6	调头装夹粗镗1:20锥孔	T04	20×20	800	0.2	0.8	自动
7	精镗1:20锥孔	T04	20×20	1000	0.1	0.2	自动
8	心轴装夹从右至左粗车外轮廓	T05	20×20	1000	0.2	1	自动
9	从左至右粗车外轮廓	T06	20×20	800	0.2	1	自动
10	从右至左精车外轮廓	T05	20×20	1000	0.1	0.1	自动
11	从左至右精车外轮廓	T06	20×20	1000	0.1	0.1	自动
12	卸心轴，改为自定心卡盘装夹，粗车M45×1.5螺纹	T07	20×20	300		0.4	自动
13	精车M45×1.5螺纹	T07	20×20	300		0.1	自动
编制		审核		批准		年 月 日	共 页 第 页

表2-2-2 数控加工刀具卡

产品名称或代号		减速器	零件名称	传动轴	零件图号		工序号	工序2
序号	刀具号	刀具 型号、规格、名称		数量	刀长/mm	加工表面		备注
1	T01	45°硬质合金端面车刀		1	实测	车端面		
2	T02	φ5mm中心钻		1	实测	钻φ5mm中心孔		
3	T03	φ26mm钻头		1	实测	钻孔底		
4	T04	镗刀（内孔车刀）		1	实测	镗内孔各表面		
5	T05	93°右偏刀		1	实测	从右至左车外表面		
6	T06	93°左偏刀		1	实测	从左至右车外表面		
7	T07	60°外螺纹车刀		1	实测	车M45螺纹		
编制		审核		批准		年 月 日	共 页	第 页

任务3　项目训练

2.3.1　锥螺套的加工工艺分析

图 2-2-10 所示为锥螺套，材料为 45 钢，中批生产。试分析该零件加工工艺过程，制订合理的工艺文件（表 2-2-3 和表 2-2-4）。

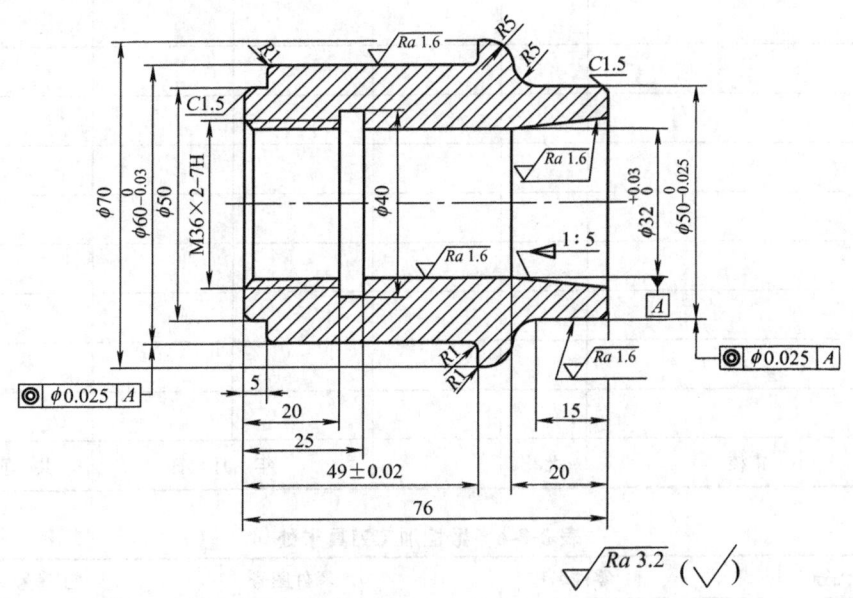

图 2-2-10　锥螺套

表 2-2-3　数控加工工序卡

单位名称		产品名称或代号		零件名称		零件图号	
工序号		程序编号	夹具名称		使用设备		车间
工步号	工步内容	刀具号	刀具规格	主轴转速 /(r/min)	进给速度 /(mm/min)	背吃刀量 /mm	备注

(续)

单位名称		产品名称或代号		零件名称		零件图号	
工序号	程序编号		夹具名称		使用设备		车 间
工步号	工步内容	刀具号	刀具规格	主轴转速 /(r/min)	进给速度 /(mm/min)	背吃刀量 /mm	备注
编制		审核		批准		年 月 日	共 页 第 页

表 2-2-4 数控加工刀具卡处

产品名称或代号		零件名称		零件图号		工序号	
序号	刀具号	刀具			加工表面		备注
		型号、规格、名称	数量	刀长/mm			
编制		审核		批准		年 月 日	共 页 第 页

2.3.2 套筒的加工工艺分析

图 2-2-11 所示为套筒,材料为 HT200,批量生产。试分析该零件加工工艺过程,制订合理的工艺文件。

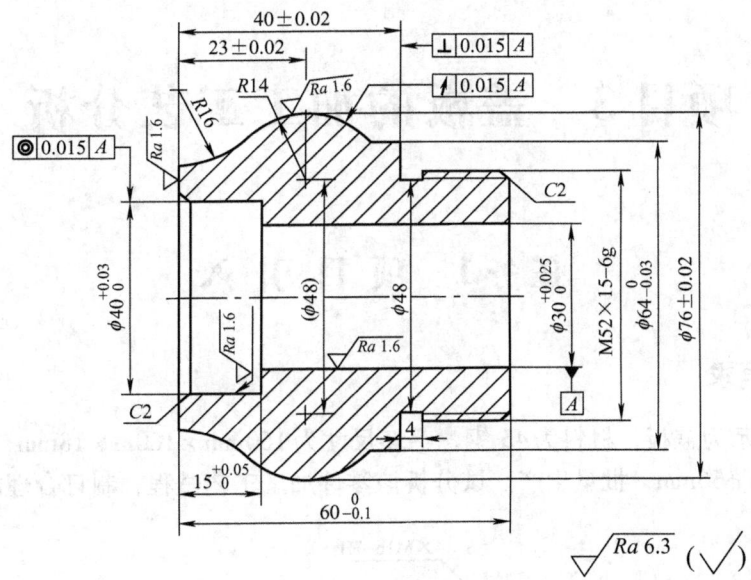

图 2-2-11 套筒零件

项目3 盖板的加工工艺分析

任务1 项目引入

3.1.1 项目要求

图2-3-1所示为盖板，材料为45钢，毛坯尺寸为160mm×160m×18mm，φ60H7孔对应于已铸出毛坯孔φ56mm，批量生产。试分析该零件加工工艺过程，制订合理的工艺文件。

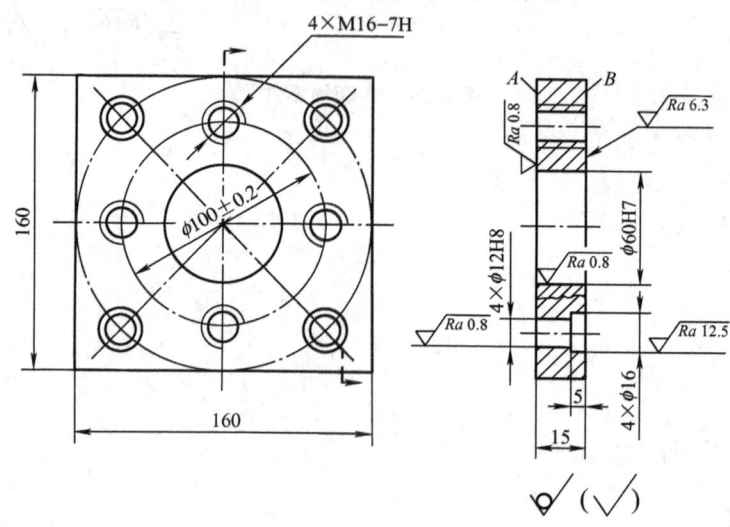

图2-3-1 盖板

3.1.2 项目分析

盖板是机械加工中常见的零件，加工内容有平面和孔，通常需经铣平面、钻孔、扩孔、镗孔、铰孔及攻螺纹等工步才能完成零件加工。按照生产类型和使用要求可以确定毛坯，然后再分析和制订工艺文件。

任务2 项目实施

3.2.1 工艺分析

1. 分析图样

由零件图可知，盖板的四个侧面为不加工表面，全部加工表面都集中在A、B面上。最高公差等级为IT8。从工序集中和便于定位两个方面考虑，选择在加工中心上加工B面及位于B面上的全部孔，将A面作为主要定位基准，并在前道工序中先加工好。其中ϕ12H8、ϕ60H7内孔表面质量要求较高，需要通过铰削和镗孔才能达到要求。

2. 确定毛坯

盖板的材料为HT200。由于生产类型为批量生产，毛坯通过铸造方式获得，中间已铸出毛坯孔ϕ56mm，外形尺寸为160mm×160m×18mm。

3. 选择机床

由于B面及位于B面上的全部孔只需单工位加工即可完成，故选择立式加工中心。加工表面不多，只有粗铣、精铣、粗镗、半精镗、精镗、钻、扩、锪、铰及攻螺纹等工步，所需刀具不超过20把。选用国产XH714型立式加工中心即可满足上述要求。该机床工作台尺寸为900mm×400mm×400mm，X轴行程为760mm，Y轴行程为410mm，Z轴行程为610mm，主轴端面至工作台台面距离为125~525mm，定位精度和重复定位精度分别为0.02mm和0.01mm，刀库容量为18把，工件一次装夹后可自动完成铣、钻、镗、铰及攻螺纹等工步。

4. 确定装夹方案

盖板零件形状简单，四个侧面较光整，加工面与不加工面之间的位置精度要求不高，故可选用机用平口钳，以盖板底面A和两个侧面定位，用钳口从侧面夹紧。

5. 拟订工艺路线

（1）确定加工方案 B平面用铣削方法加工，因其表面粗糙度值为Ra6.3μm，故采用粗铣→精铣方案；ϕ60H7孔为已铸出毛坯孔，为达到IT7公差等级和Ra0.8μm的表面粗糙度值，需经三次镗削，即采用粗镗→半精镗→精镗方案；对ϕ12H8孔，为防止钻偏和达到IT8公差等级，采用钻中心孔→钻孔→扩孔→铰孔方案进行；ϕ16mm孔在ϕ12mm孔基础上锪至尺寸即可；M16螺纹孔采用先钻底孔后攻螺纹的加工方法，即按照钻中心孔→钻底孔→倒角→攻螺纹方案加工。

（2）确定加工顺序 ①粗、精铣B面；②粗镗、半精镗、精镗ϕ60H7孔；③钻各光孔和螺纹孔的中心孔；④钻、扩、锪、铰ϕ12H8及ϕ16mm孔；⑤钻M16螺孔底孔、倒角和攻螺纹。

6. 选择刀具

所需刀具有面铣刀、镗刀、中心钻、麻花钻、铰刀、立铣刀（锪ϕ16mm孔）及丝锥等，其规格根据加工尺寸选择。B面粗铣铣刀直径应选小一些，以减小切削力矩，但也不能太小，以免影响加工效率；B面精铣铣刀直径应选大一些，以减少接刀痕迹，但要考虑到刀库允许装刀直径（XH714型加工中心的允许装刀直径：无相邻刀具为ϕ150mm，有相邻刀具为ϕ80mm）也不能太大。刀柄柄部根据主轴锥孔和拉紧机构选择。XH714型加工中心主轴锥孔为ISO40，适用刀柄为BT40（日本标准JISB6339），故刀柄柄部应选择BT40型。具体所选刀具及刀柄见数控加工刀具卡。

3.2.2 工艺制订

数控工艺文件包括机械加工工艺过程卡（表2-3-1）、数控加工工序卡（表2-3-2）、数控加工刀具卡（表2-3-3）。

表 2-3-1 机械加工工艺过程卡

机械加工工艺过程卡		产品名称	零件名称	零件图号
			盖板	
材料名称及牌号	HT200	毛坯种类或材料规格	160mm×160M×18mm 铸件	总工时
工序号	工序名称	工序简要内容	设备名称及型号	夹具	量具	工时
1	下料	160mm×160m×18mm 铸件，铸出毛坯孔 φ56mm	铸造设备			
2	铣	铣上、下平面；镗孔 φ60H7；钻孔 4×φ12H8 底孔；铰孔 4×φ12H8 至尺寸；锪 4×φ16mm 至尺寸；倒 4×M16 底孔端角；攻 4×M16 螺纹孔	加工中心	机用平口钳	游标卡尺 内径千分尺	
3	验	检验				

表 2-3-2 数控加工工序卡（工序 2）

单位名称		产品名称或代号		零件名称	零件图号	
				盖板		
工序号	程序编号	夹具名称		使用设备	车间	
工序 2		机用平口钳		加工中心	数控车间	
工步号	工步内容	刀具号	刀具规格/mm	主轴转速/(r/min)	进给速度/(mm/min)	背吃刀量/mm	备注
1	粗铣 B 平面留余量 0.5mm	T01	面铣刀 φ100	600	200	1	手动
2	精铣 B 平面至尺寸	T01	面铣刀 φ100	1000	300	0.3	手动
3	粗镗 φ60H7 孔至 φ58mm	T02	镗刀 φ58	800	120		自动
4	半精镗 φ60H7 至 φ59.95mm	T03	镗刀 φ59.95	1000	100		自动
5	精镗 φ60H7 孔至尺寸	T04	镗刀 φ60H7	1200	100		自动
6	钻 4×φ12H8 及 4×M16 的中心孔	T05	中心钻 φ3	1800	100		自动
7	钻 4×φ12H8 至 φ10mm	T06	麻花钻 φ10	1000	100		自动
8	扩 4×φ12H8 至 φ11.85mm	T07	扩孔钻 φ11.85	600	100		自动
9	锪 4×φ16mm 至尺寸	T08	阶梯铣刀 φ16	600	100		自动
10	铰 4×φ12H8 至尺寸	T09	铰刀 φ12H8	200	80		自动
11	钻 4×M16 底孔至 φ14mm	T10	麻花钻 φ14	1000	80		自动
12	倒 4×M16 底孔端角	T11	麻花钻 φ18	800	100		自动
13	攻 4×M16 螺纹孔	T12	机用丝锥 M16	100	200		自动
编制		审核		批准		年 月 日	共 页 第 页

表 2-3-3 数控加工刀具卡

产品名称或代号		零件名称		盖板	零件图号		工序号	工序 2
序号	刀具号	刀具			加工表面		备注	
		型号、规格、名称	数量	刀长/mm				
1	T01	面铣刀 $\phi100$mm	1	实测	铣上下平面			
2	T02	镗刀 $\phi58$mm	1	实测	粗镗 $\phi60$H7 孔			
3	T03	镗刀 $\phi59.95$mm	1	实测	半精镗 $\phi60$H7			
4	T04	镗刀 $\phi60$H7	1	实测	精镗 $\phi60$H7 孔			
5	T05	中心钻 $\phi3$mm	1	实测	钻 $4\times\phi12$H8 及 $4\times$M16 的中心孔			
6	T06	麻花钻 $\phi10$mm	1	实测	钻 $4\times\phi12$H8			
7	T07	扩孔钻 $\phi11.85$mm	1	实测	扩 $4\times\phi12$H8			
8	T08	阶梯铣刀 $\phi16$mm	1	实测	锪 $4\times\phi16$mm			
9	T09	铰刀 $\phi12$H8	1	实测	铰 $4\times\phi12$H8			
10	T10	麻花钻 $\phi14$mm	1	实测	钻 $4\times$M16 底孔			
11	T11	麻花钻 $\phi18$mm	1	实测	倒 $4\times$M16 底孔端角			
12	T12	机用丝锥 M16	1	实测	攻 $4\times$M16 螺纹孔			
编制		审核		批准		年 月 日	共 页	第 页

任务 3 项目训练

3.3.1 凸模固定板的加工工艺分析

图 2-3-2 所示为凸模固定板,材料为 45 钢。毛坯尺寸为 100mm×80mm×24mm,四周各面均已加工,本工序需加工其孔系。试分析该零件加工工艺过程,制订合理的工艺文件。

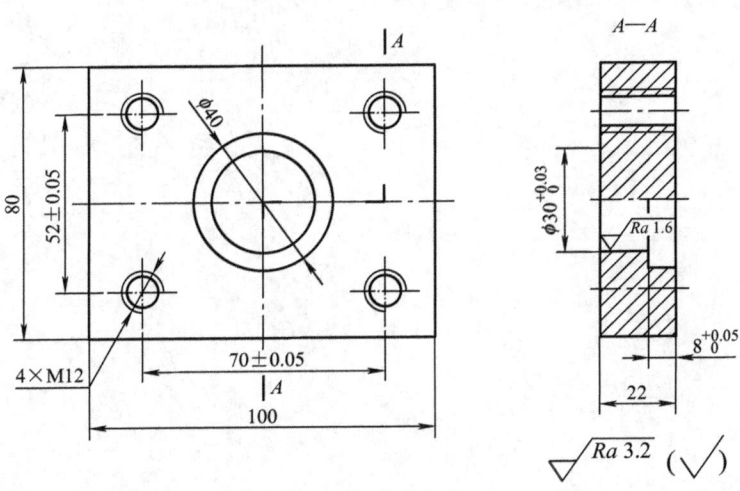

图 2-3-2 凸模固定板

3.3.2 固定座的加工工艺分析

图 2-3-3 所示为固定座,材料为 45 钢,毛坯尺寸为 120mm×80mm×42mm 方形坯料,周围各面均已加工,本工序需加工其孔系及简单凸轮廓,单件生产。试分析该零件加工工艺过程,制订合理的工艺文件。

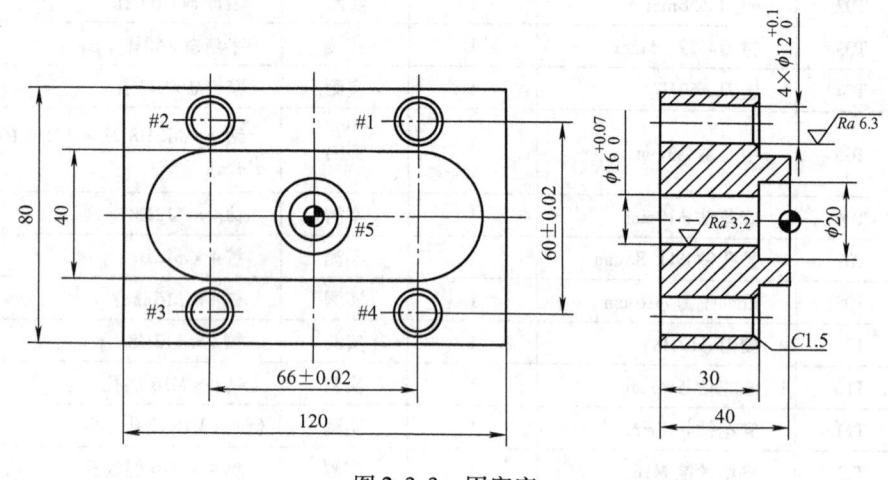

图 2-3-3 固定座

项目4 冲压机垫座的加工工艺分析

任务1 项目引入

4.1.1 项目要求

图 2-4-1 所示为冲压机垫座，材料为 45 钢，毛坯为 165mm×105mm×26mm 方形坯料，小批生产。试分析该零件加工工艺过程，制订合理的工艺文件。

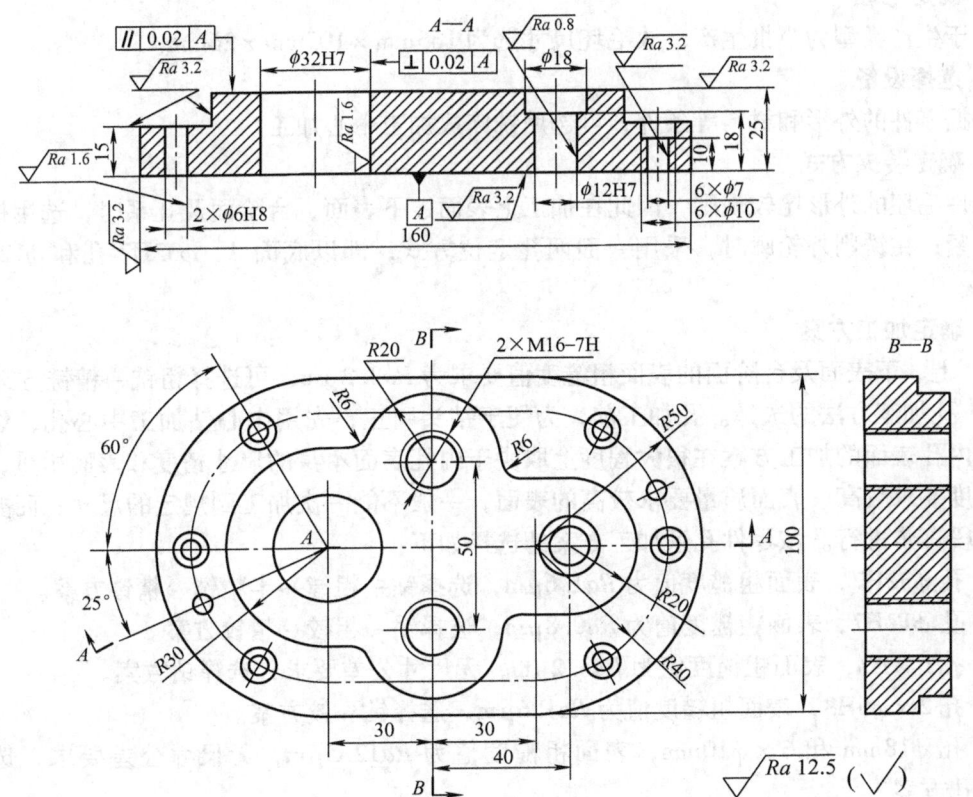

图 2-4-1 冲压机垫座

4.1.2 项目分析

图 2-4-1 所示为冲压机垫座，它属于外轮廓类零件，由外轮廓和孔系等组成。外轮廓和孔位置精度要求较高，加工时需要采用刀补设置；孔的表面质量要求较高，需要镗孔和铰孔加工。另外，在装夹方案上只需考虑机用平口钳即可。

任务2 项目实施

4.2.1 工艺分析

1. 分析图样

冲压机垫座主要由平面、外轮廓以及孔系组成。其中，ϕ32H7 和 2×ϕ6H8 三个内孔的表面粗糙度要求较高值，为 Ra1.6μm；而 ϕ12H7 内孔的表面粗糙度值要求更高，为 Ra0.8μm；ϕ32H7 内孔轴线对底面 A 有垂直度要求，上表面对底面 A 有平行度要求。该零件材料为铸铁，切削加工性能较好。

根据上述分析，ϕ32H7 孔、2×ϕ6H8 孔与 ϕ12H7 孔的粗、精加工应分开进行，以保证表面粗糙度要求。同时以底面 A 定位，提高装夹刚度，以满足 ϕ32H7 内孔轴线的垂直度要求。

2. 确定毛坯

由于生产类型为小批生产，故毛坯尺寸选为 165mm×105mm×26mm。

3. 选择设备

根据零件的外形和材料等条件，可选用铣床或加工中心加工。

4. 确定装夹方式

零件毛坯的外形比较规则，因此在加工上表面、下表面、台阶面及孔系时，选用机用平口钳夹紧；在铣削外轮廓时，采用一面两孔定位方式，即以底面 A、ϕ32H7 孔和 ϕ12H7 孔定位。

5. 确定加工方案

1）上、下表面及台阶面的表面粗糙度值要求为 Ra3.2μm，可选择粗铣→精铣方案。

2）孔加工方法的选择。孔加工前，为便于钻头引正，先用中心钻加工中心孔，然后再钻孔。内孔表面的加工方案在很大程度上取决于内孔表面本身的尺寸精度和表面质量，对于尺寸精度要求较高、表面质量要求较高的表面，一般不能一次加工到规定的尺寸，而要划分加工阶段逐步进行。该零件孔系加工方案的选择如下：

① 孔 ϕ32H7，表面粗糙度值为 Ra1.6μm，选择钻→粗镗→半精镗→精镗方案。

② 孔 ϕ12H7，表面粗糙度值为 Ra0.8μm，选择钻→粗铰→精铰方案。

③ 孔 6×ϕ7，表面粗糙度值为 Ra3.2μm，无尺寸公差要求，选择钻方案。

④ 孔 2×ϕ6H8，表面粗糙度值为 Ra1.6μm，选择钻→铰方案。

⑤ 孔 ϕ18mm 和 6×ϕ10mm，表面粗糙度值为 Ra12.5μm，无尺寸公差要求，选择钻孔→锪孔方案。

⑥ 螺纹孔 2×M16-7H，采用先钻底孔、后攻螺纹的加工方法。

6. 选择刀具

1）零件上、下表面采用面铣刀加工，根据侧吃刀量选择面铣刀直径，使铣刀工作时有合理的切入角、切出角；且铣刀直径应尽量包容工件整个加工宽度，以提高加工精度和效率，并减小相邻两次进给之间的接刀痕迹。

2）台阶面及其轮廓采用立铣刀加工，铣刀半径只受轮廓最小曲率半径限制，半径取 R6mm。

3) 孔加工各工步的刀具直径根据加工余量和孔径确定。

7. 选择切削用量

该零件材料切削性能较好,铣削平面、台阶面及轮廓时,留0.5mm精加工余量;孔加工精镗余量留0.2mm,精铰余量留0.1mm。

选择主轴转速与进给速度时,先查切削用量手册,确定切削速度与每齿进给量,然后根据式 $v_c = \pi dn/1000$,$v_f = nf = nf_z z$ 计算主轴转速与进给速度(计算过程从略)。

4.2.2 工艺制订

由于此零件的加工是在数控铣床或加工中心上进行的,机械加工工艺过程简单,所以此处省略机械加工工艺过程卡。

数控工艺文件包括数控加工工序卡(表2-4-1)、数控加工刀具卡(表2-4-2)。

表2-4-1 数控加工工序卡(工序3)

单位名称		产品名称或代号		零件名称		零件图号	
				冲压机垫座			
工序号	程序编号	夹具名称		使用设备		车间	
工序3		机用平口钳		数控铣或加工中心			
工步号	工步内容	刀具号	刀具规格/mm	主轴转速/(r/min)	进给速度/(mm/min)	背吃刀量/mm	备注
1	粗铣定位基准面A	T01	φ125 面铣刀	400	150	1	自动
2	精铣定位基准面A	T01	φ125 面铣刀	600	200	0.3	自动
3	粗铣上表面	T01	φ125 面铣刀	400	150	1	自动
4	精铣上表面	T01	φ125 面铣刀	600	200	0.3	自动
5	粗铣台阶面及其轮廓	T02	φ12 硬质合金立铣刀	2000	200	5	自动
6	精铣台阶面及其轮廓	T02	φ12 硬质合金立铣刀	2500	200	0.5	自动
7	钻所有孔的中心孔	T03	φ3 中心钻	2000	100		自动
8	钻φ32H7底孔至φ27mm	T04	φ27 钻头	1000	100		自动
9	粗镗φ32H7孔至φ30mm	T05	粗镗刀	2000	200	1	自动
10	半精镗φ32H7孔至φ31.6mm	T05	半精镗刀	2500	200	0.5	自动
11	精镗φ32H7孔至图样尺寸	T05	精镗刀	2500	200	0.3	自动
12	钻φ12H7底孔至φ11.8mm	T06	φ11.8	1200	100		自动
13	锪φ18mm孔	T07	φ18×11	600	100		自动
14	粗铰φ12H7	T08	φ12 铰刀	150	100		自动
15	精铰φ12H7	T08	φ12 铰刀	150	80		自动
16	钻2×M16底孔至φ14mm	T09	φ14 钻头	1500	100		自动
17	2×M16底孔倒角	T10	90°倒角刀	600	100		自动
18	攻2×M16螺纹孔	T11	M16丝锥	200	400		自动
19	钻6×φ7mm底孔至φ6.8mm	T12	φ6.8 钻头	1500	80		自动
20	锪6×φ10mm孔	T13	φ10×5.5 锪钻	600	100		自动

(续)

单位名称		产品名称或代号		零件名称		零件图号	
				冲压机垫座			
工序号	程序编号	夹具名称		使用设备		车 间	
工序3		机用平口钳		数控铣或加工中心			
工步号	工步内容	刀具号	刀具规格/mm	主轴转速/(r/min)	进给速度/(mm/min)	背吃刀量/mm	备注
21	铰6×φ7mm 孔	T14	φ7铰刀	200	80	0.1	自动
22	钻2×φ6H8 底孔至 φ5.8mm	T15	φ5.8钻头	800	100		自动
23	铰2×φ6H8 孔	T16	φ6铰刀	200	80	0.1	自动
24	一面两孔定位粗铣外轮廓	T17	φ65硬质合金立铣刀	1500	200	1	自动
25	精铣外轮廓	T17	φ65硬质合金立铣刀	1800	150	0.3	自动
编制		审核		批准		年 月 日	共 页 第 页

表 2-4-2　数控加工刀具卡

产品名称或代号		零件名称	冲压机垫座	零件图号		工序号	工序2
序号	刀具号	刀具				加工表面	备注
		型号、规格、名称	数量	刀长/mm			
1	T01	φ125mm 硬质合金面铣刀	1	实测		铣削上、下表面	
2	T02	φ12mm 硬质合金立铣刀	1	实测		铣削台阶面及其轮廓	
3	T03	φ3mm 中心钻	1	实测		钻中心孔	
4	T04	φ27mm 钻头	1	实测		钻φ32H7 底孔	
5	T05	φ30mm 粗镗刀	1	实测		粗镗φ30mm 孔	
6	T06	φ31.6mm 半精镗刀	1	实测		半精镗φ31.6mm 孔	
7	T07	φ32H7 精镗刀	1	实测		精镗φ32H7 孔	
8	T08	φ11.8mm 钻头	1	实测		钻φ12H7 底孔	
9	T09	φ18mm×11mm 锪钻	1	实测		锪φ18mm 孔	
10	T10	φ12mm 铰刀	1	实测		铰φ12H7 孔	
11	T11	φ14mm 钻头	1	实测		钻2×M16 螺纹底孔	
12	T12	90°倒角刀	1	实测		2×M16 螺孔倒角	
13	T13	M16 丝锥	1	实测		攻2×M16 螺纹孔	
14	T14	φ6.8mm 钻头	1	实测		钻6×φ7mm 底孔	
15	T15	φ10mm×5.5mm 锪钻	1	实测		锪6×φ10mm 孔	
16	T16	φ7mm 铰刀	1	实测		铰6×φ7mm 孔	
17	T17	φ5.8mm 钻头	1	实测		钻2×φ6H8 底孔	
18	T18	φ6mm 铰刀	1	实测		钻2×φ6H8 孔	
19	T19	φ65mm 硬质合金立铣刀	1	实测		铣削外轮廓	
编制		审核		批准		年 月 日	共 页 第 页

任务 3 项 目 训 练

冷冲模的加工工艺分析

图 2-4-2 所示为冷冲模支座,毛坯为 100mm×80mm×27mm 的方形坯料,材料为 45 钢,且底面和四个轮廓面均已加工好,要求在立式加工中心上加工顶面、孔及沟槽,单件生产。试分析该零件加工工艺过程,制订合理的工艺文件。

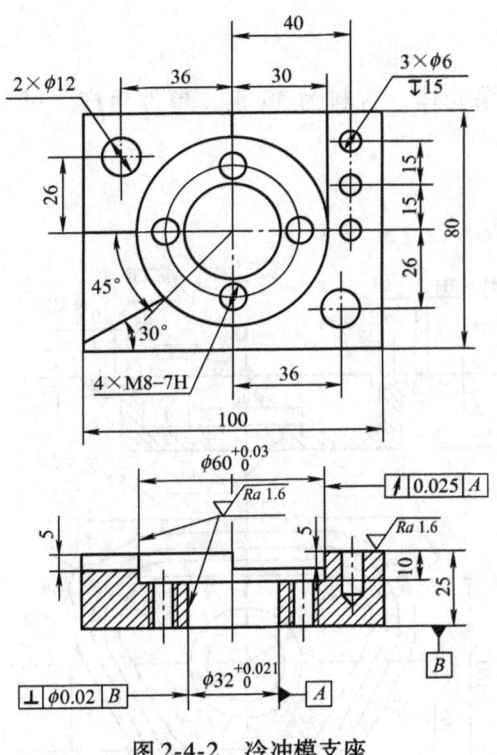

图 2-4-2 冷冲模支座

项目5 液压泵壳体的加工工艺分析

任务1 项目引入

5.1.1 项目要求

图 2-5-1 所示为液压泵壳体，材料为 45 钢，单件生产。试分析该零件加工工艺过程，制订合理的工艺文件。

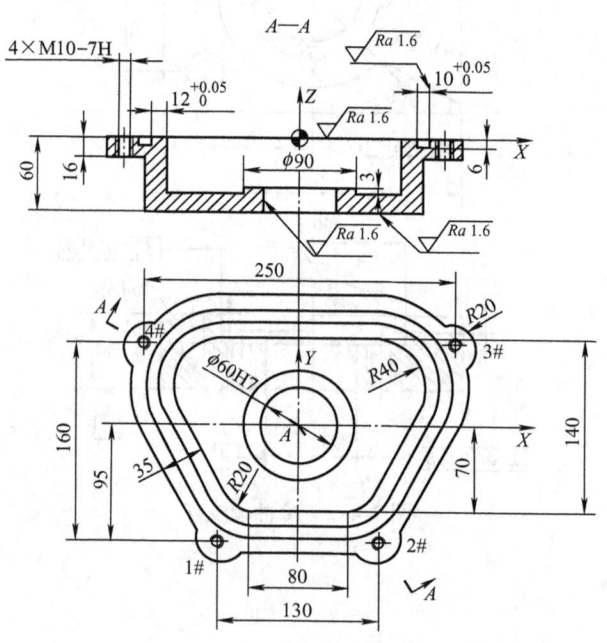

图 2-5-1 液压泵壳体

5.1.2 项目分析

图 2-5-1 所示零件是高精度液压泵壳体。它属于型腔类零件，由内腔、外轮廓、沟槽、螺纹孔等组成。沟槽宽度的精度要求较高，加工时需要采用刀补设置。另外，在装夹方案上只需要考虑机用平口钳即可。

任务 2 项目实施

5.2.1 工艺分析

1. 分析图样

液压泵壳体的加工表面有平面、外形轮廓、型腔、沟槽、孔系等。其中多个直径尺寸与轴向尺寸有较高的尺寸精度和表面粗糙度要求。零件图尺寸标注完整，符合数控加工尺寸标注要求；轮廓描述清楚完整；零件材料为 45 钢，加工切削性能较好，无热处理和硬度要求。该零件适合在铣床或加工中心上加工，关键问题是如何解决装夹问题，以保证中间孔和型腔的位置关系。

2. 确定毛坯

零件材料为 45 钢，由于生产类型为单件生产，故毛坯尺寸选为 310mm×240mm×65mm 方钢。

3. 选择设备

根据零件的外形和材料等条件，可选用铣床或加工中心加工。

4. 确定定位基准

零件毛坯的外形比较规则，因此在加工上表面、下表面、周围侧面及孔系时，均可选用机用平口钳夹紧；先用平口钳夹持毛坯边缘轮廓，加工底面、中心内孔 ϕ60H7 及腔体外轮廓周围，再翻身用平口钳夹持腔体外轮廓周围，以中心内孔 ϕ60H7 为定位基准，加工型腔、沟槽、边缘轮廓及螺纹孔等直至加工完毕。

5. 拟订加工工艺路线

按照基面先行、先面后孔、先粗后精的原则确定加工顺序。外轮廓加工采用顺铣方式，刀具沿切线方向切入与切出。

6. 选择刀具

将所选定的刀具参数填入数控加工刀具卡中，以便编程和操作管理。注意：零件上、下表面采用面铣刀加工，根据侧吃刀量选择面铣刀直径，使铣刀工作时有合理的切入角和切出角；且铣刀直径应尽量包容工件整个加工宽度，以提高加工精度和效率，并减小相邻两次进给之间的接刀痕迹。型腔加工应采用键槽铣刀加工，铣刀半径受轮廓最小曲率半径限制，取 R18mm。

7. 切削用量选择

零件材料切削性能较好，铣削平面、型腔及轮廓时，留 0.5mm 精加工余量；孔加工精镗余量留 0.2mm，精铰余量留 0.1mm。

选择主轴转速与进给速度时，先查切削用量手册，确定切削速度与每齿进给量，然后根据公式 $v_c = \pi dn/1000$，$v_f = nf = nf_z z$ 计算主轴转速与进给速度（计算过程略）。

5.2.2 工艺制订

数控工艺文件包括机械加工工艺过程卡（略）、数控加工工序卡（表 2-5-1）、数控加工刀具卡（表 2-5-2）。

表 2-5-1 数控加工工序卡（工序 3）

单位名称	×××	产品名称或代号		零件名称	零件图号
		×××		液压泵壳体	×××
工序号	程序编号	夹具名称		使用设备	车　间
工序 3	×××	机用平口钳		数控铣或加工中心	×××

工步号	工步内容	刀具号	刀具规格	主轴转速 /(r/min)	进给速度 /(mm/min)	背吃刀量 /mm	备注
1	粗铣平面	T01	ϕ120mm 面铣刀	500	200	1	
2	精铣平面	T01	ϕ120mm 面铣刀	650	200	0.3	
3	定位孔（ϕ60H7 孔）	T02	ϕ3mm 中心钻	1600	160	0.2	
4	钻 ϕ60H7 孔至 ϕ18mm	T03	高速钢 ϕ18mm 钻头	600	40		
5	扩 ϕ60H7 孔至 ϕ56mm	T04	扩孔钻 ϕ56mm	500	50		
6	粗镗 ϕ60H7 至 ϕ59.95mm	T05	镗刀 ϕ58mm	800	120	2	
7	半精镗 ϕ60H7 至 ϕ59.95mm	T06	镗刀 ϕ59.95mm	1000	100	0.5	
8	精镗 ϕ60H7 孔至尺寸	T07	镗刀 ϕ60H7	1200	100	0.3	
9	粗铣腔体外轮廓	T08	ϕ20mm 硬质合金立铣刀	1200	300	5	
9	精铣腔体外轮廓	T08	ϕ20mm 硬质合金立铣刀	1500	200	0.3	
9	粗铣上平面	T01	ϕ120mm 面铣刀	500	200	1	
9	精铣上平面控制总高度60mm	T01	ϕ120mm 面铣刀	650	200	0.3	
9	定位孔（4×M10 螺纹孔）	T02	ϕ3mm 中心钻	1600	160		
9	钻 4×M10 底孔	T09	高速钢 ϕ8.5mm 钻头	600	40		
9	螺纹口倒角	T03	高速钢 ϕ18mm 钻头	400	50		
9	攻丝 4×M10	T10	丝锥 M10×1.5	318			
9	粗铣槽	T11	ϕ8mm 硬质合金立铣刀	2000	300	0.5	
9	精铣槽	T11	ϕ8mm 硬质合金立铣刀	2500	200	0.2	
编制		审核		批准		年　月　日	共　页　第　页

表 2-5-2 数控加工刀具卡

产品名称或代号	减速器	零件名称	传动轴	零件图号	QD002	工序号	工序 3
序号	刀具号	刀具				加工表面	备注
		型号、规格、名称		数量	刀长/mm		
1	T01	ϕ120mm 面铣刀		1	实测	铣平面	
2	T02	ϕ3mm 中心钻		1	实测	定位孔	
3	T03	高速钢 ϕ18mm 钻头		1	实测	钻 ϕ60H7 底孔	

（续）

产品名称或代号		减速器	零件名称		传动轴	零件图号		QD002	工序号	工序 3
序号	刀具号	刀具				加工表面			备注	
		型号、规格、名称		数量	刀长/mm					
4	T04	扩孔钻 φ56mm		1	实测	扩 φ60H7 孔				
5	T05	粗镗刀 φ58mm		1	实测	粗镗 φ60H7 孔				
6	T06	半精镗刀 φ59.95mm		1	实测	半精镗 φ60H7 孔				
7	T07	精镗刀 φ60H7		1	实测	精镗 φ60H7 孔				
8	T08	φ20mm 硬质合金立铣刀		1	实测	铣腔体外轮廓				
9	T09	高速钢 φ8.5mm 钻头		1	实测	钻 4×M10 底孔				
10	T10	丝锥 M10×1.5		1	实测	攻丝 4×M10				
11	T11	φ8mm 硬质合金立铣刀		1	实测	铣槽				
编制		审核		批准		年 月 日		共 页	第 页	

任务 3 项目训练

5.3.1 端盖的加工工艺分析

图 2-5-2 所示为端盖，材料为 45 钢，单件生产。试分析该零件加工工艺过程，制订合理的工艺文件。如果加工数量改为 50000 个，工艺将如何调整？

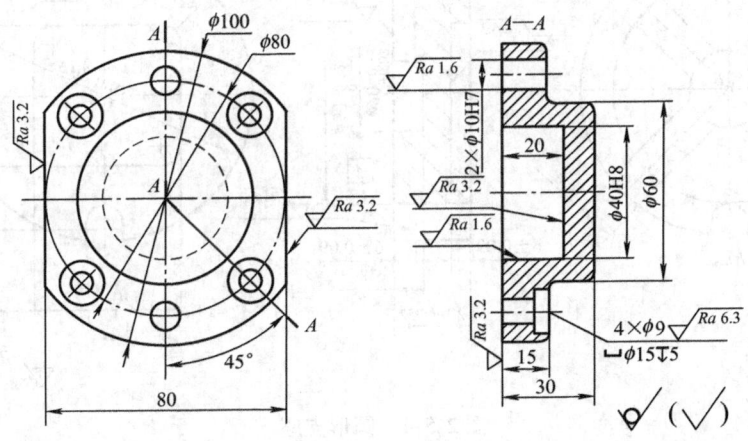

图 2-5-2 端盖

5.3.2 冲模底座的加工工艺分析

图 2-5-3 所示为冲模底座零件，毛坯尺寸为 100mm×100mm×32mm，材料为 45 钢，单

件生产。试分析加工工艺，制订合理的工艺过程，并编制该零件的工艺，填写工艺文件。如果加工数量改为 50000 个，工艺将如何调整？

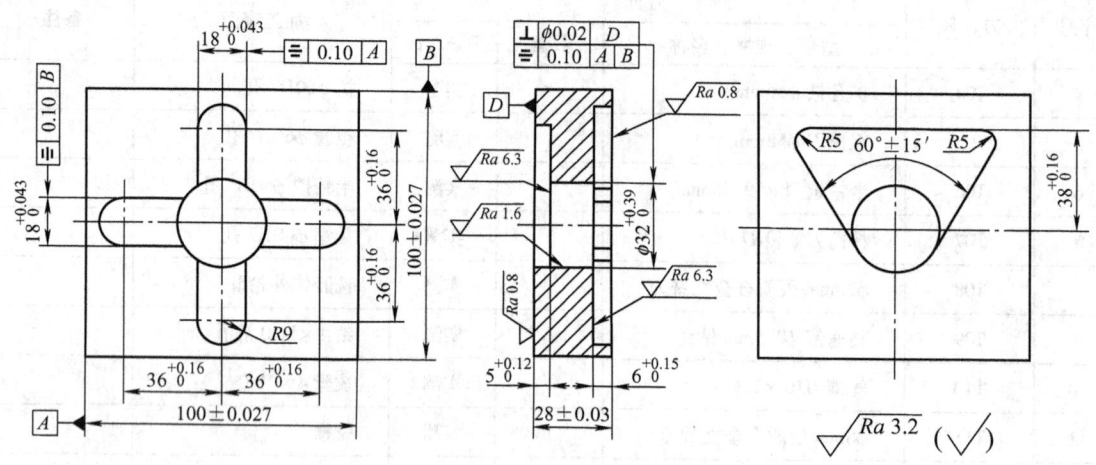

图 2-5-3　冲模底座

5.3.3　圆形支座的加工工艺分析

图 2-5-4 所示为圆形支座，毛坯材料为 45 钢，单件生产。试分析该零件加工工艺过程，制订合理的工艺文件。

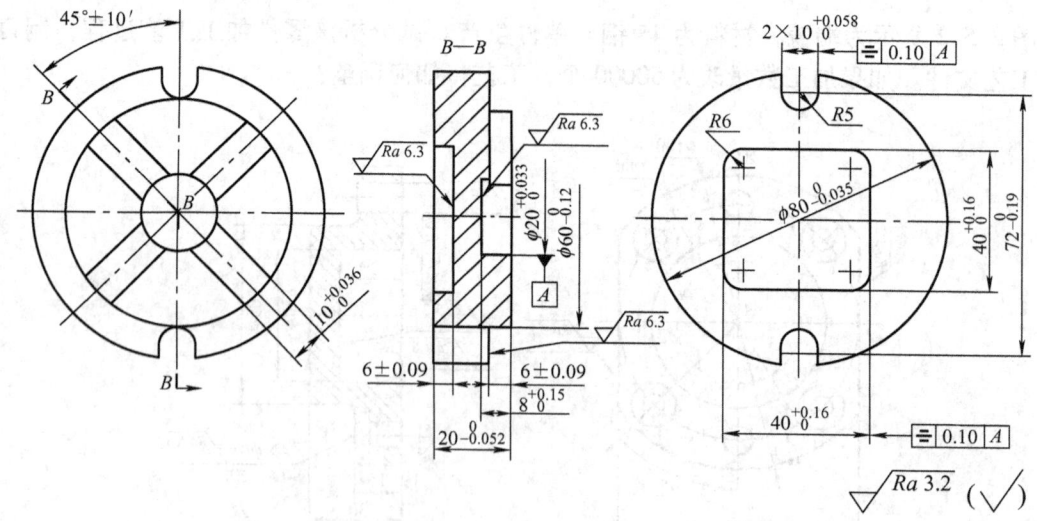

图 2-5-4　圆形支座

项目6 槽形凸轮的加工工艺分析

任务1 项目引入

6.1.1 项目要求

图 2-6-1 所示为槽形凸轮零件,其材料为 45 钢,毛坯为 $\phi380mm \times 70mm$ 盘形坯料,单件生产。试分析该零件加工工艺过程,制订合理的工艺文件。

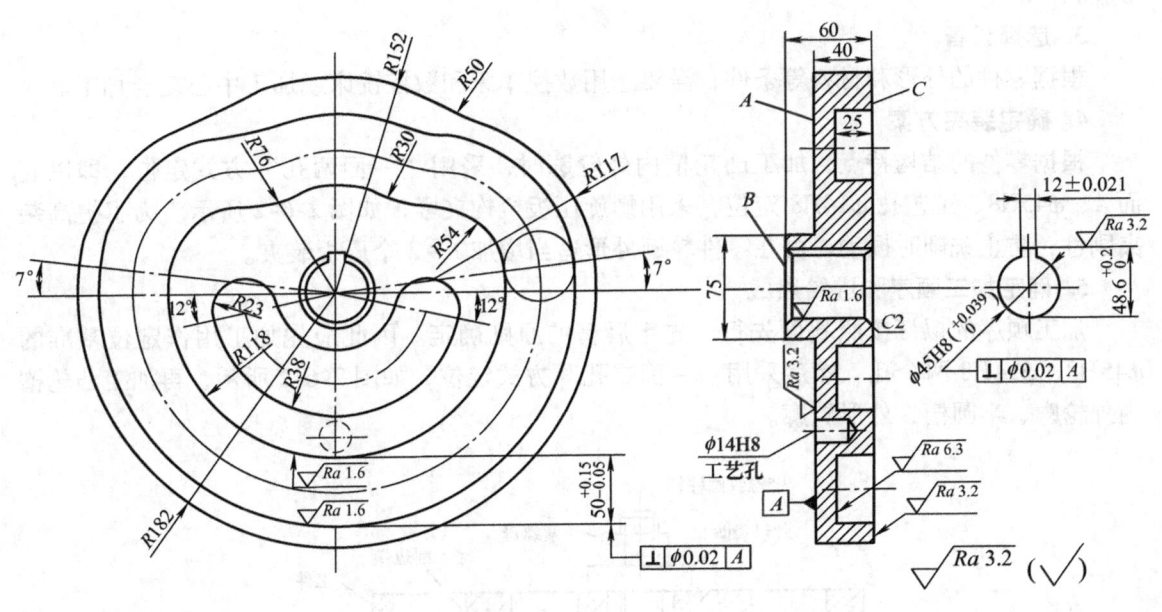

图 2-6-1 槽形凸轮

6.1.2 项目分析

槽形凸轮零件属于车铣复合加工类零件,由圆柱面、内外轮廓、沟槽、内孔、键槽等组成。凸轮内、外轮廓和沟槽轮廓精度要求较高,加工时需要采用刀补设置。另外,该零件需要车铣复合加工才能完成,装夹方案上只需要考虑设计专用夹具。

任务2 项目实施

6.2.1 工艺分析

1. 分析图样

凸轮槽内、外轮廓由圆弧组成,几何元素之间关系描述清楚完整,凸轮槽的内、外轮廓及键槽孔轮廓精度和尺寸精度及表面粗糙度都要求较高,表面粗糙度值为 $Ra1.6\mu m$,凸轮槽内外轮廓侧面、键槽孔与底面 A 有垂直度要求,零件材料为 45 钢,切削加工性能较好。

根据上述分析,凸轮槽内、外轮廓及键槽孔的加工应分粗、精加工两个阶段进行,以保证表面粗糙度要求。

2. 确定毛坯

槽型凸轮零件材料为 45 钢。由于生产类型为小批生产,选择毛坯为 $\phi 380mm \times 70mm$ 盘形坯料。

3. 选择设备

根据零件的外形和材料等条件,需要选用数控车床和数控铣床或加工中心复合加工。

4. 确定装夹方案

根据零件的结构特点,加工凸轮槽内外轮廓时,采用"一面两孔"方式定位,即以底面 A、$\phi 45H8$、工艺孔 $\phi 14H8$ 定位,采用螺旋压板机构夹紧,如图 2-6-2 所示。为了提高装夹刚性,防止铣削时振动,可在零件轮廓外形适当增加 1~2 个压板装夹。

5. 确定加工顺序和进给路线

加工顺序的拟订按照基面先行、先粗后精的原则确定。因此应先加工用作定位基准的 $\phi 45H8$、$\phi 14H8$ 两个孔,然后采用"一面二孔"方式定位,如图 2-6-2 所示,再加工凸轮槽内外轮廓、半圆槽、外形轮廓。

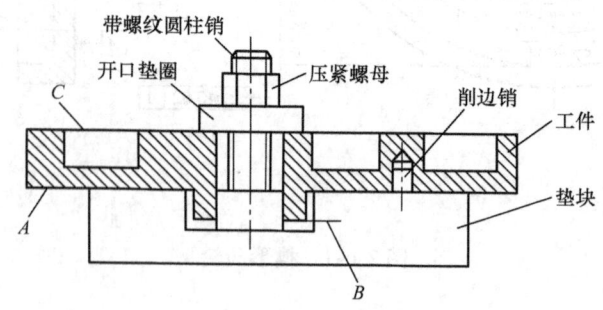

图 2-6-2 槽形凸轮加工装夹示意

6.2.2 工艺制订

数控工艺文件包括机械加工工艺过程(表 2-6-1)、数控加工工序卡(表 2-6-2)、数控加工刀具卡(表 2-6-3)。

项目 6 槽形凸轮的加工工艺分析

表 2-6-1 机械加工工艺过程卡

机械加工工艺过程卡		产品名称		零件名称		零件图号	
				槽形凸轮			
材料名称及牌号	45 钢	毛坯种类或材料规格		ϕ380mm×70mm 盘形坯料		总工时	
工序号	工序名称	工序简要内容		设备名称及型号	夹具	量具	工时
1	车削	夹毛坯面,车毛坯外圆、车上表面 C;调头车底面 B、A 面,钻、镗 ϕ45H8;车倒角		数控车床	自定心卡盘	游标卡尺 0~200mm 千分尺	
2	钻削	钻、铰工艺孔 ϕ14H8		数控铣床	压板		
3	铣削	以 A 面、孔 ϕ45H8 及工艺孔 ϕ14H8 为基准,铣凸轮槽内外轮廓、半圆槽、外形轮廓		数控铣床	一面二孔定位专用夹具		
4	插削	加工 12mm±0.021mm 键槽		插床	专用夹具		
5	钳工	去毛刺,清洗上油		辅助工序			

表 2-6-2 数控加工工序卡

单位名称		产品名称或代号		零件名称		零件图号	
				槽形凸轮			
工序号	程序编号	夹具名称		使用设备		车间	
工序 3		一面二孔定位专用夹具		数控铣床或加工中心			
工步号	工步内容	刀具号	刀具规格/mm	主轴转速 (r/min)	进给速度 /(mm/min)	背吃刀量 /mm	备注
1	(下刀位置)钻引入孔	T01	ϕ16 高速钢麻花钻	800	70	—	
2	粗铣凸轮槽内外轮廓	T02	ϕ25 立铣刀	1500	200	6	
3	粗铣半圆槽轮廓	T02	ϕ25 立铣刀	1500	200	6	
4	精铣凸轮槽内外轮廓	T02	ϕ25 立铣刀	1800	700	0.5	
5	精铣半圆槽轮廓	T02	ϕ25 立铣刀	1800	400	0.5	
6	粗铣外轮廓	T03	ϕ30 立铣刀	800	200	6	
7	精铣外轮廓	T03	ϕ30 立铣刀	1000	200	1	
编制		审核		批准		年 月 日 共 页 第 页	

表 2-6-3 数控加工刀具卡

产品名称或代号		零件名称	槽形凸轮	零件图号		工序号	工序 3
序号	刀具号	刀具				加工表面	备注
		型号、规格、名称	数量	刀长/mm			
1	T01	ϕ16mm 高速钢麻花钻	1	实测		钻引入孔	
2	T02	ϕ25mm 立铣刀	1	实测		铣各槽	
3	T03	ϕ30mm 立铣刀	1	实测		铣外形轮廓	
编制		审核		批准		年 月 日 共 页 第 页	

任务 3 项目训练

6.3.1 凸轮槽的加工工艺分析

图 2-6-3 所示为凸轮槽零件,材料为 45 钢,毛坯为 φ105mm×50mm 盘形坯料,单件生产。试分析该零件加工工艺过程,制订合理的工艺文件。

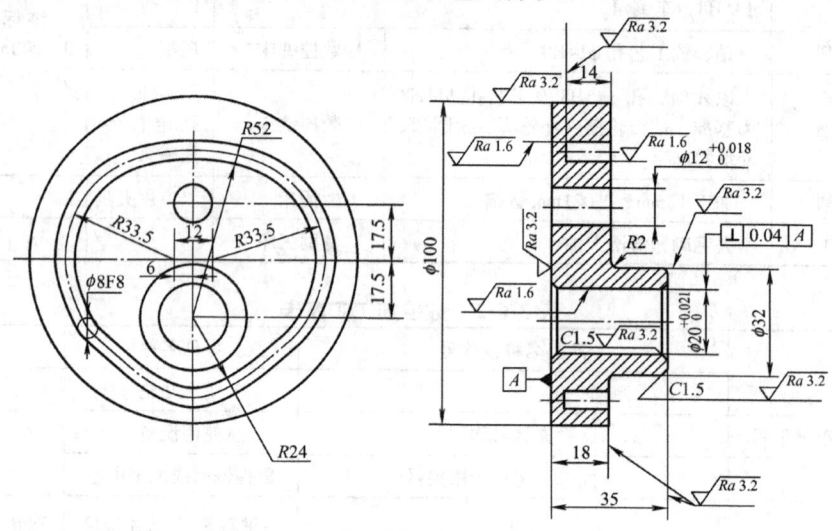

图 2-6-3 凸轮槽

6.3.2 凸轮构件的加工工艺分析

图 2-6-4 所示为凸轮构件,材料为 45 钢,毛坯为 φ140mm×20mm 盘形坯料,单件生产。试分析该零件加工工艺过程,制订合理的工艺文件。

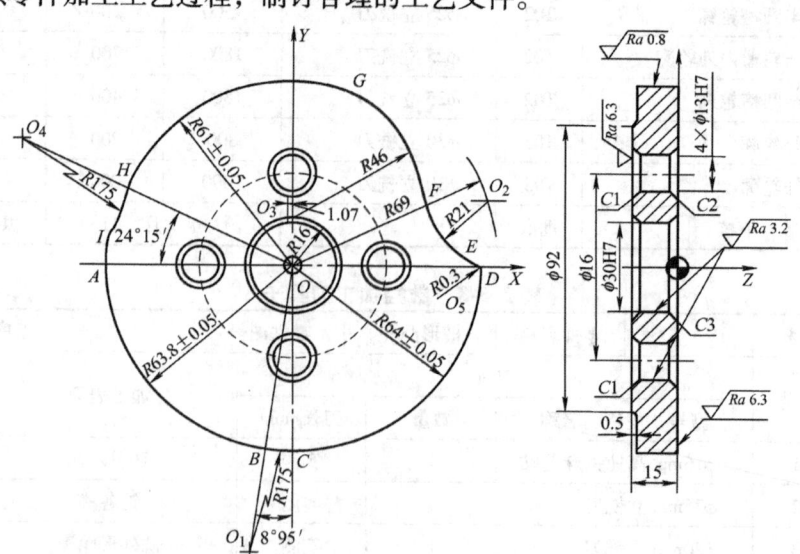

图 2-6-4 凸轮构件

项目 7 薄壁座盒的加工工艺分析

任务 1 项目引入

7.1.1 项目要求

图 2-7-1 所示为薄壁座盒,其材料为硬铝 2A12,毛坯为 190mm×110mm×35mm 方形坯料,单件生产。试分析零件加工工艺过程,制订合理的工艺文件。

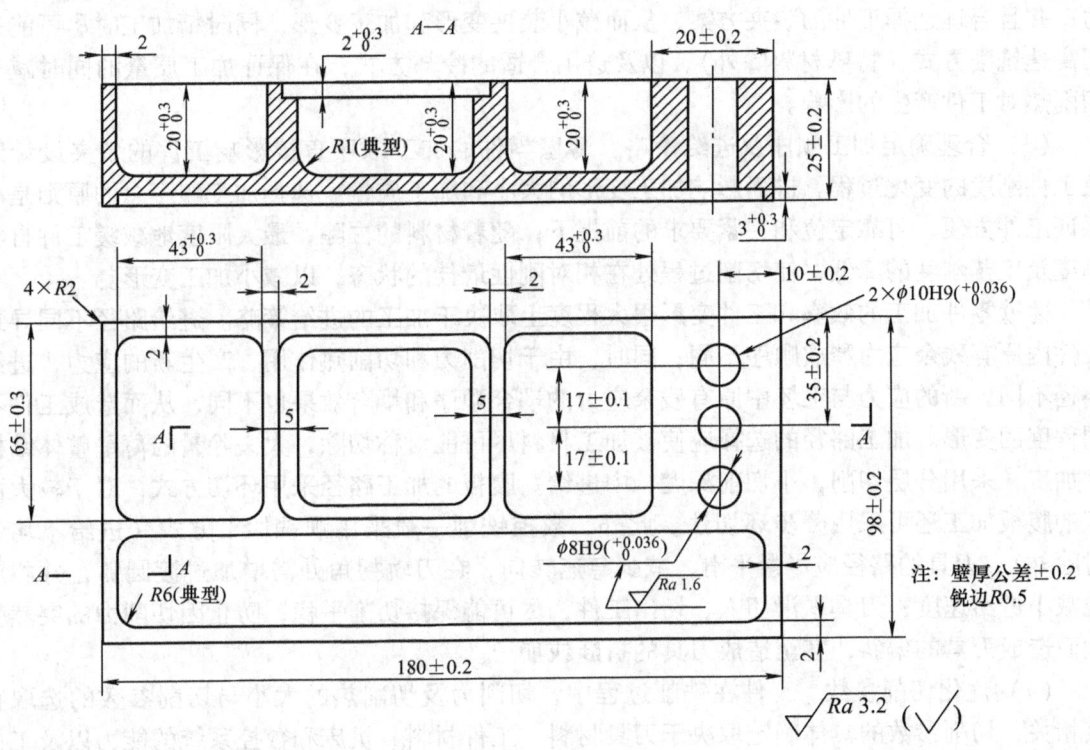

图 2-7-1 薄壁座盒

7.1.2 项目知识

1. 薄壁类零件铣削变形控制方法

(1) 提高薄壁零件的工艺刚度 增大薄壁零件的刚度可减小工件的装夹变形和加工变形。增大壁厚将有利于提高工件刚度。因此可采用加固的方法,即在工件的内部填充一些容易去除的物质达到提高工件刚度的目的,如浇灌石蜡、浇灌石膏及应用低熔点合金等。但在加工中,应注意切削液的选用,防止切削液对加固物的溶解。

薄壁零件的工艺刚度除与工件本身的结构有关外，还与工件加工时的定位夹紧方式、装夹位置及夹紧力的大小等有关。提高工件与工装接触定位面的加工精度和表面光洁程度，可使工件与工装间的有效接触面积增大，提高接触刚度。另外，采用具有较高弹性模量的材料或提高接触表面硬度，都可以提高工件的接触刚度，从而提高工件的工艺刚度。

（2）制订合理的工艺路线　在薄壁零件的数控铣削加工中，为了有效控制加工变形，应尽可能降低切削力及装夹变形；而为了保证零件在不同切削力状态下稳定加工，夹具的夹紧力必须按照最大切削用量确定。因此，根据薄壁零件的加工精度要求，对于精度要求较高的零件（IT6 或以上），特别是在材料去除量较大的情况下，应采用粗加工→精加工（或粗加工→半精加工→精加工）的工艺路线。粗加工采用相对较大的夹紧力和切削用量，并给精加工留出合适的切削余量。在工件粗加工后、精加工之前，应安排适当的热处理工序（如深冷处理、时效处理等），有效地消除工件的残余应力，以提高薄壁零件的尺寸稳定性。薄壁结构件在精加工时，为保证零件的加工精度，应选用合理的切削用量以尽量减小切削力；并且合理选择工件的装夹方案，从而减小装夹变形和加工变形；同时精加工时尽可能采用高速铣削方式（特殊材料除外），以及选用合适的冷却方式，在保证加工质量的同时减小切削热对工件产生的影响。

（3）合理确定加工顺序及进给策略　薄壁零件的加工顺序直接影响工件的装夹设计以及工件刚度的变化过程，进而影响加工变形的大小和加工质量。选择加工顺序总的原则是在保证工件方便、可靠定位和夹紧要求的前提下，随着材料的去除，最大限度地减缓工件自身刚度及工艺刚度的降低，使切削过程处在相对刚性最佳的状态，以减小加工变形。

薄壁零件加工的效率和工件变形很大程度上取决于加工的进给策略。进给路径不同导致工件内原有残余应力释放顺序不同；同时，由于切削力和切削热作用，产生新的应力，进给路径不同，新的应力与毛坯中原有残余应力的耦合顺序和耦合效果也不同，从而造成工件不同程度的变形。加工路径的选择应使被加工材料尽可能对称切除，大去除量的薄壁整体结构件加工，采用分层切削、小切削深度、中进给。腹板的加工路径采用环切方式，对于较大面积的腹板加工还可采用分步环切法。此外，数控铣削一般采用顺铣加工方式（进给不均匀时除外），刀具的路径应尽量平滑，减少急速转向，在刀轨拐角处需增加过渡圆弧，并相应地减小进给速度；刀具平滑切入、切出工件，尽可能保持切削平稳，防止因切削力的突然变大而造成刀具的偏斜，甚至造成刀具的折断或崩刃。

（4）优化切削参数　工件在铣削过程中，切削力及切削热的大小与切削参数的选取直接相关，切削参数的具体确定取决于刀具材料、工件材料、机床和数控系统的能力以及工件的加工精度和表面质量要求。铣削用量的选择对加工效率、刀具寿命、加工成本及加工质量将产生很大的影响。数控铣削时，铣刀每齿进给量的合理确定是满足加工质量要求、加工效率和减少刀具磨损的关键，通常通过调整每齿进给量，可实现对切削力的调节，从而实现对加工误差的控制。

（5）采用高速切削工艺　高速切削是近年发展起来的制造技术。在高速切削加工中，由于切削力小，可减小零件的加工变形，比较适合于薄壁件；而且切削在较短时间内完成，绝大部分切削热被切屑带走，工件的热变形小，有利于保证零件的尺寸和形状精度。高速切削加工薄壁零件具有的独特的优势，薄壁零件精密数控铣削尽可能采用高速铣削方式；并且切削参数的选择应综合考虑切削速度、进给量、切削深度和切削宽度对加工变形、加工效率和刀具磨损的影响，不要过分追求高的切削速度。

（6）优化装夹方案　合理的装夹方案可以提高薄壁零件的工艺刚度，减小工件的装夹变形和加工变形，超定位夹具是提高薄壁零件加工精度的最有效方法之一。

2. 薄壁零件车削工艺

（1）薄壁类零件加工特点

1）因工件壁薄，在夹紧力的作用下容易产生变形。如图 2-7-2a 所示，工件夹紧后会略微变成三边形，但车孔后所得的是一个圆柱孔。当松开卡爪后，由于弹性恢复，外圆为圆柱形，而内孔则变成图 2-7-2b 所示的弧形三边形。如果采用内径千分尺测量时，各个方向的直径 D 相等，但实际上工件已变形，因此称为等直径变形。

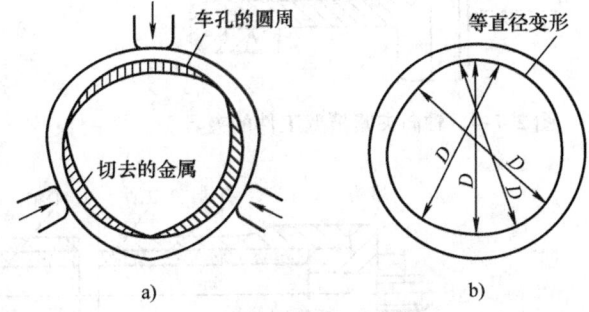

图 2-7-2　薄壁工件的夹紧变形
a）车孔情况　b）等直径变形

2）因为工件较薄，切削热会引起工件热变形。

3）在切削力（特别是背力）的作用下，容易产生振动和变形。

（2）防止和减少薄壁工件变形的方法

1）工件分粗、精车。粗车时，夹紧力大些；精车时，夹紧力小些。

2）应用开缝套筒。如图 2-7-3 所示，应用开缝套筒可增大接触面积，使夹紧力均匀分布在工件外圆上，减小变形。

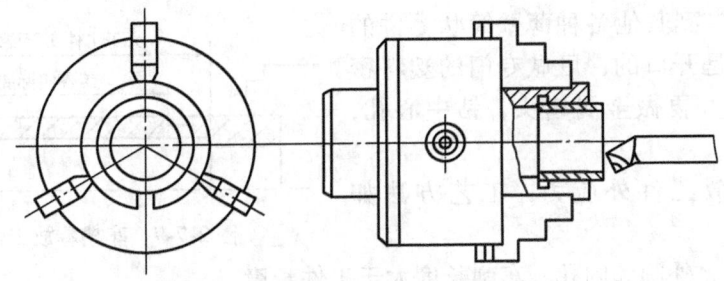

图 2-7-3　应用开缝套筒装夹薄壁工件

3）应用轴向夹紧夹具。如图 2-7-4 所示，用螺母的端面来夹紧工件。夹紧力是轴向的，可避免内孔变形。

4）增加工艺肋。在工件的装夹部分特制几根工艺肋，如图 2-7-5 所示，使夹紧力作用在肋上，减小工件的变形。

5）车削超薄壁圆筒件时填充石蜡。在图 2-7-6 中，心轴和 2 个堵头的配合精度要高，两端堵头用螺母和心轴组装紧固在一起并成为一体，两端堵头与工件内孔采用过渡配合，以保证心轴与工件的同轴度。然后从右侧堵头的小孔中向心轴与工件之间的空隙内注入石蜡液体，一定要注满注实，不能有缩孔现象。石蜡冷凝后就可以在车床上车外圆了。注意切削用量要小并及时冷却，防止切削热使石蜡熔化，从而使工件刚性降低。

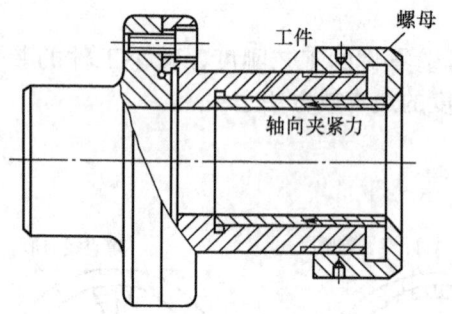

图 2-7-4 轴向夹紧薄壁工件的夹具

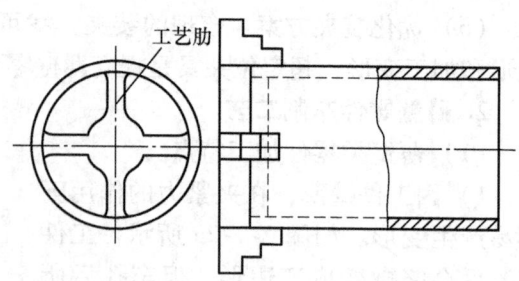

图 2-7-5 增加工艺肋防止薄壁工件变形

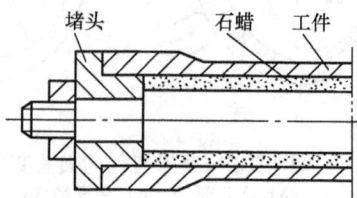

图 2-7-6 浇灌石蜡充填料组装图

6）用注水法避免车削薄壁长筒类零件时的振动。薄壁长筒零件因其长而壁薄，加工中很易产生振动，影响车削速度和切削深度的增大，从而影响车削效率，甚至无法车削。因其为筒状零件，根据这一特点，可采用注水防振法车削而不用专门的夹具和跟刀架。

水在密闭工件内起到了阻尼作用，相当于建立了一个阻尼器，有效地防止了振动。水在工件内部还起到了冷却散热作用。

此方法可推广到其他各种薄壁筒状零件的车削中。若两端是开口的，可做专门的塑料密封件起密封作用，再做金属堵头，钻中心孔，以便顶紧。

7）车槽释放工件外应力，工艺方法如图 2-7-7 所示。

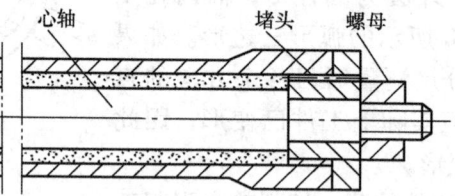

图 2-7-7 车槽释放工件外应力

① 粗车端面、外圆和内孔，车削长度大于工件长度。
② 松动一次卡盘，半精车端面、外圆和内孔。
③ 在外圆上按照工件长度车一个槽，注意槽的底径要大于精车后工件的内孔直径。
④ 精车工件外圆和内孔至成品尺寸。
⑤ 沿槽切断。

采用这种方法车削的薄壁件变形大为减小，其原因就是车出的槽使工件释放出的夹紧力不均而产生了外应力，使精车时工件处于无应力变形状态，接近自由状态，车断后工件仍然保持了车削时的形状和尺寸精度。

（3）车软爪的方法　对于薄壁零件，使用自定心卡盘夹紧容易使零件变形，若零件尺寸不大，可用图 2-7-8 所示的软爪夹紧，有效地防止变形，提高加工质量。

具体方法是：用与工件材料相同的材料车三个图 2-7-8 所示的圆形软爪，中间的圆孔与卡盘卡爪的外接圆过盈配合，其厚度和外圆直径视卡爪的尺寸和工件外径大小而定。将三个

项目7 薄壁座盒的加工工艺分析

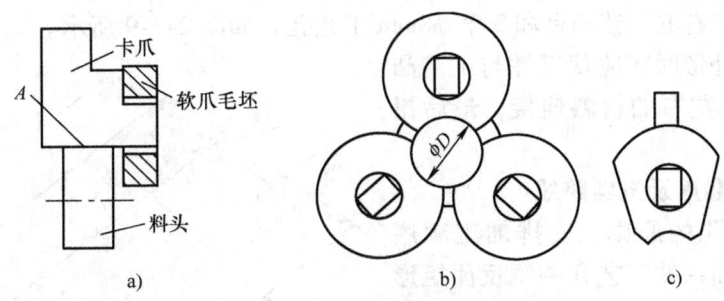

图 2-7-8 软爪
a) 软爪装配 b) 一副软爪 c) 单软爪

圆形软爪压入卡爪后,再把三个卡爪依次装入卡盘中。然后,找一个直径尺寸适当、经过精车或磨削过的圆柱料头,放进卡爪里边,用三个卡爪夹紧料头(图 2-7-8a),车削软爪毛坯(图 2-7-8b),车出的直径 D 应与需要装夹的零件外径一致。这样就制成了一副可换软爪,夹紧零件方便、快捷。若加工的零件直径较小,还可去掉两块软爪,如图 2-7-8c 所示。若加工余量较大,车削力大,可增加螺钉将软爪和卡爪紧固。软爪精度降低后可再车一次以提高软爪的精度,也可把三个软爪卸下转 90°后再重新车出圆弧,这样又可使用。这种软爪制作简单,使用方便,维护容易,效果很好。

任务 2 项目实施

7.2.1 工艺分析

1. 分析图样

薄壁座盒主要由平面、型腔以及孔系组成。零件尺寸较小,正面有四处大小不同的矩形槽,深度均为 20mm,在右侧有二个 $\phi 10$mm,一个 $\phi 8$mm 的通孔,反面是一个 176mm × 94mm、深度为 3mm 的矩形槽。该零件形状结构并不复杂,尺寸精度要求也不是很高,但有多处转接圆角,使用的刀具较多,要求保证壁厚均匀,中小批加工零件的一致性高。

零件材料为 2A12,切削加工性较好,可以采用高速钢刀具。该零件比较适合采用加工中心加工,主要的加工内容有平面、四周外形、正面四个矩形槽、反面一个矩形槽以及三个通孔。零件壁厚只有 2mm,加工时除了保证形状和尺寸要求外,主要是要控制加工中的变形,因此外形和矩形槽要采用依次分层铣削的方法,并控制每次的切削深度。孔加工采用钻、铰即可达到要求。

2. 确定毛坯

壳体零件材料为硬铝 2A12。由于生产类型为单件生产,毛坯为 240mm × 100mm × 30mm 方形坯料。

3. 选择设备

根据零件的外形和材料等条件,可选用铣床或加工中心加工。

4. 确定装夹方案

由于零件的长、宽外形上有四处 $R2$ 的圆角,最好一次连续铣削出来;同时,为方便在正、反面加工时零件的定位装夹,并保证正、反面加工内容的位置关系,在毛坯的长度方向两侧设置 30mm 左右的工艺凸台和 2 个 φ8mm 工艺孔，如图 2-7-9 所示。

注意：铣削外形时，应使工件与工艺凸台之间留有 1mm 左右的材料连接，最后钳工去除工艺凸台。

5. 确定加工顺序及进给路线

根据先面后孔的原则，安排加工顺序为：铣上、下表面→钻工艺孔→铣反面矩形槽→钻、铰 φ8mm、φ10mm 孔→依次分层铣正面矩形槽和外形→钳工去工艺凸台。由于是单件生产，铣削正、反面矩形槽（型腔）时，可采用环形进给路线，如图 2-7-10 所示。

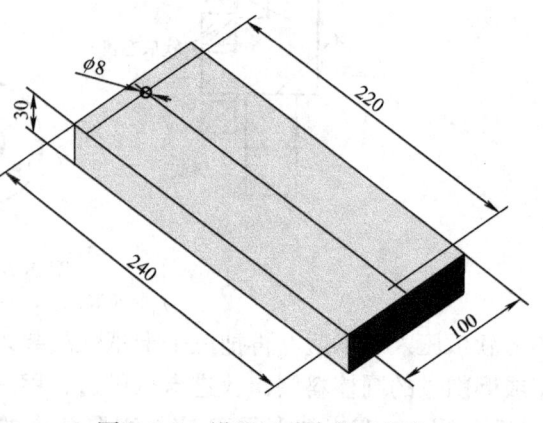

图 2-7-9 设置工艺台和工艺孔

6. 选择刀具

铣削上、下平面时，为提高切削效率和加工精度，减少接刀刀痕，选用 φ125mm 硬质合金可转位面铣刀。根据零件的结构特点，铣削矩形槽时，铣刀直径受矩形槽拐角圆弧半径 R6mm 限制，选择 φ10mm 高速钢立铣刀，刀尖圆弧半径受矩形槽底圆弧半径 R1mm 限制，取 $r_\varepsilon = 1mm$。加工 φ8mm、φ10mm 孔时，先用 φ7.8mm、φ9.8mm 钻头钻削底孔，然后用 φ8mm、φ10mm 铰刀铰孔。

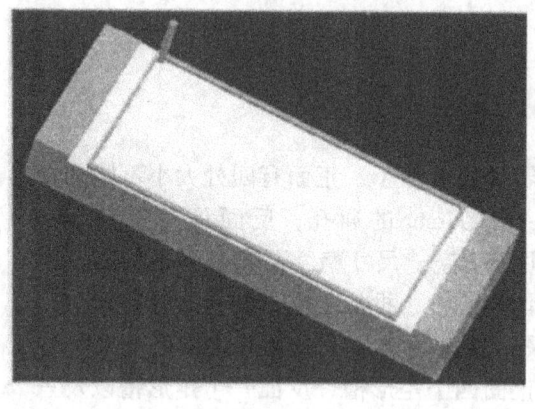

a)

b)

图 2-7-10 加工示意图
a) 反面加工　b) 正面加工

7. 选择切削用量

精铣上、下表面时留 0.1mm 铣削余量，铰 φ8mm、φ10mm 两个孔时留 0.1mm 铰削余量。选择主轴转速与进给速度时，先查切削用量手册，确定切削速度 v_c 与每齿进给量 f_z（或进给量 f），然后按照式 $v_c = \pi d n / 1000$、$v_f = nf$、$v_f = nzf_z$ 计算主轴转速与进给速度。

7.2.2　工艺制订

数控工艺文件：机械加工工艺过程卡（略）；数控加工工序卡（表 2-7-1）；数控加工刀具卡（表 2-7-2）。

项目7 薄壁座盒的加工工艺分析

表 2-7-1 数控加工工序卡（工序3）

单位名称			产品名称或代号		零件名称		零件图号	
					薄壁座盒			
工序号	程序编号		夹具名称		使用设备		车间	
工序3			机用平口钳		数控铣或加工中心			

工步号	工步内容	刀具号	刀具规格/mm	主轴转速/(r/min)	进给速度/(mm/min)	背吃刀量/mm	备注
1	粗铣上表面	T01	φ125	400	200		自动
2	精铣上表面	T01	φ125	600	100	0.2	自动
3	粗铣下表面	T01	φ125	400	200		自动
4	精铣下表面，保证尺寸25mm±0.2mm	T01	φ125	600	100	0.2	自动
5	钻工艺孔的中心孔（2个）	T02	φ4	1800	80		自动
6	钻工艺孔底孔至φ7.8mm	T03	φ7.8	800	120		自动
7	铰工艺孔	T05	φ8	100	40		自动
8	粗铣底面矩形槽	T07	φ10	1500	200	0.5	自动
9	精铣底面矩形槽	T07	φ10	2000	200	0.2	自动
10	底面及工艺孔定位，钻φ8mm、φ10mm中心孔	T02	φ4	1800	80		自动
11	钻φ8H9底孔至φ7.8mm	T03	φ7.8	800	120		自动
12	铰φ8H9孔	T05	φ8	100	40		自动
13	钻2×φ10H9底孔至φ9.8mm	T04	φ9.8	800	120		自动
14	铰2×φ10H9孔	T06	φ10	100	40		自动
15	粗铣正面矩形槽及外形（分层）	T07	φ10	2500	300	0.3	自动
16	精铣正面矩形槽及外形	T07	φ10	2500	200	0.1	自动
编制		审核		批准		年 月 日	共 页	第 页

表 2-7-2 数控加工刀具卡

产品名称或代号	减速器	零件名称	薄壁座盒	零件图号	QD002	工序号	工序3

序号	刀具号	刀具			加工表面	备注
		型号、规格、名称	数量	刀长/mm		
1	T01	φ125mm可转位面铣刀	1	实测	铣上、下表面	
2	T02	φ4mm中心钻	1	实测	钻中心孔	
3	T03	φ7.8mm钻头	1	50	钻φ8H9孔和工艺孔底孔	
4	T04	φ9.8mm钻头	1	50	钻2×φ10H9孔底孔	
5	T05	φ8mm铰刀	1	50	铰φ8H9孔和工艺孔	
6	T06	φ10mm铰刀	1	50	铰2×φ10H9孔	
7	T07	φ10mm高速钢立铣刀	1	50	铣削矩形槽、外形	
编制		审核		批准	年 月 日	共 页 第 页

任务3　项目训练

7.3.1　薄壁冲模底座的加工工艺分析

图2-7-11所示为薄壁冲模底座，材料为45钢，毛坯为150mm×120mm×30mm方形坯料，单件生产。试分析该零件加工工艺过程，制订合理的工艺文件。

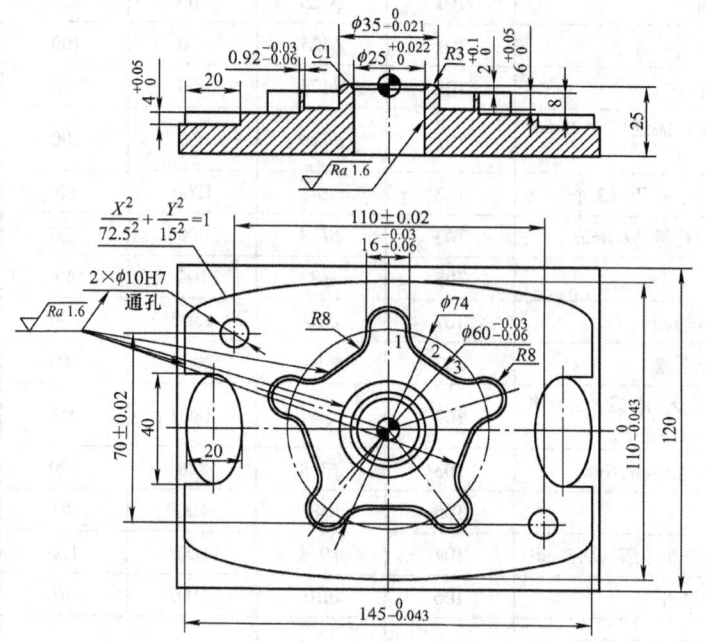

图2-7-11　薄壁冲模底座

7.3.2　压缩机薄壁壳体的加工工艺分析

图2-7-12所示为压缩机薄壁壳体，其材料为硬铝2A12，毛坯为φ305mm×55mm盘形坯料，单件生产。试分析该零件加工工艺过程，制订合理的工艺文件。

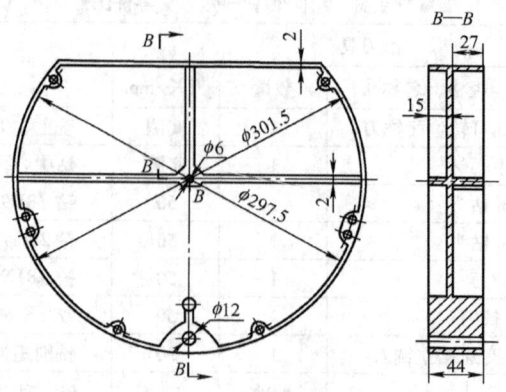

图2-7-12　压缩机薄壁壳体

7.3.3 薄壁套筒的加工工艺分析

图 2-7-13、图 2-7-14、图 2-7-15 所示分别为薄壁套筒系列零件，材料为 45 钢，毛坯大小按照具体零件自定，单件生产。试分析该零件加工工艺过程，制订合理的工艺文件。

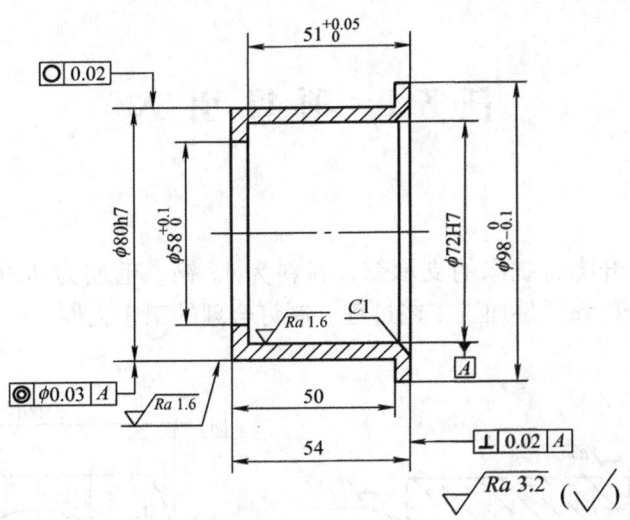

图 2-7-13　薄壁套筒 1

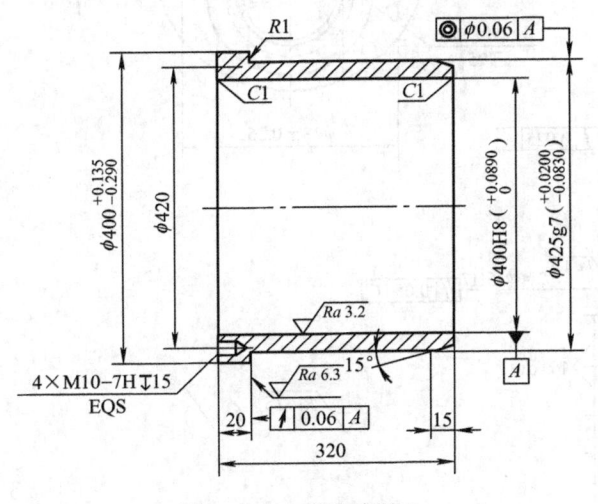

图 2-7-14　薄壁套筒 2

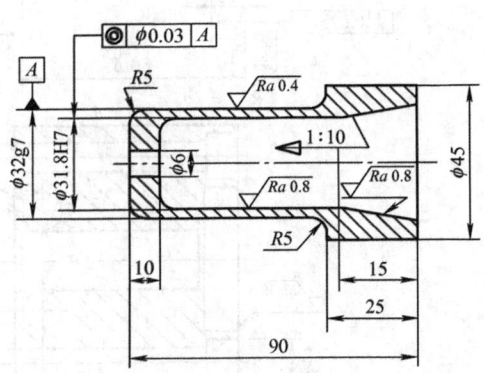

图 2-7-15　薄壁套筒 3

项目 8　支承套异形件的加工工艺分析

任务 1　项 目 引 入

8.1.1　项目要求

图 2-8-1 所示为升降台铣床的支承套，材料为 45 钢，毛坯为 $\phi 106\mathrm{mm} \times 85\mathrm{mm}$ 圆形棒料，单件生产。试分析该零件加工工艺过程，制订合理的工艺文件。

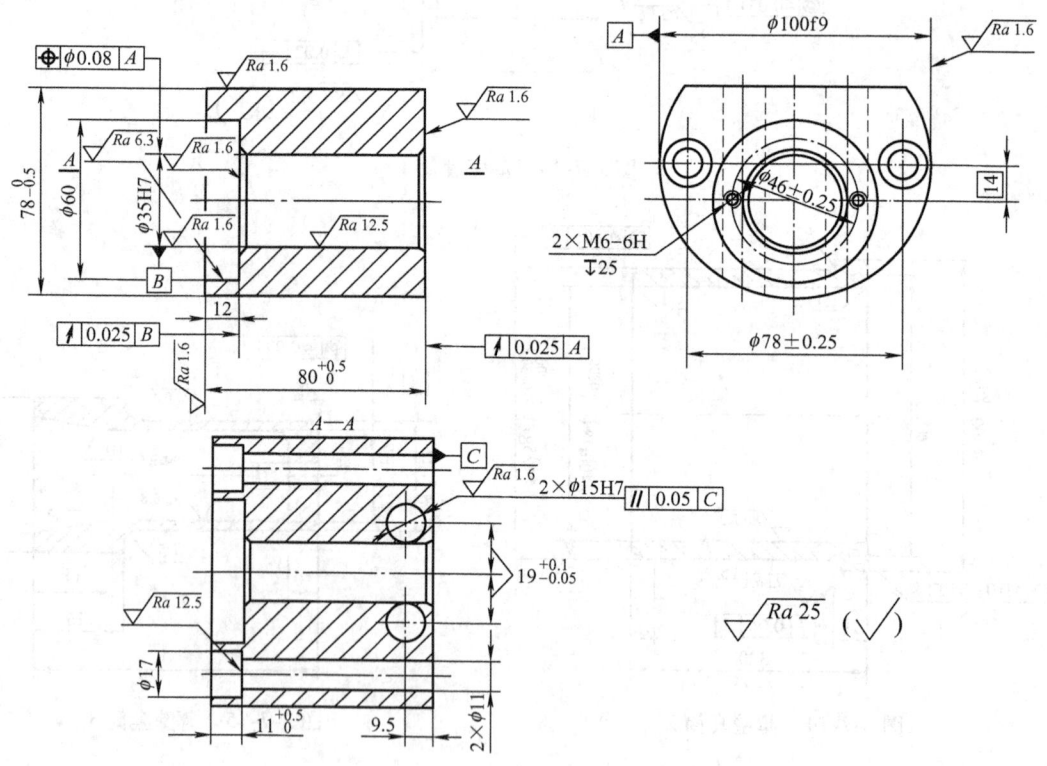

图 2-8-1　升降台支承套

8.1.2　项目分析

升降台铣床的支承套在两个互相垂直的方向上有多个孔要加工，若在普通机床上加工，则需多次安装才能完成且效率低，在加工中心上加工则只需一次安装即可完成。

任务2　项目实施

8.2.1　工艺分析

1. 分析图样

支承套的材料为45钢，毛坯选棒料。支承套 ϕ35H7 孔对 ϕ100f9 外圆、ϕ60mm 孔底平面对 ϕ35H7 孔、2×ϕ15H7 孔对端面 C 及端面 C 对 ϕ100f9 外圆均有位置精度要求。为便于在加工中心上定位和夹紧，将 ϕ100f9 外圆、80mm 尺寸两端面、78mm 尺寸上平面均安排在前面工序中由普通机床完成。其余加工表面（2×ϕ15H7 孔、ϕ35H7 孔、ϕ60mm 孔、2×ϕ11mm 孔、2×ϕ17mm 孔、2×M8-6H 螺纹孔）安排在加工中心上一次安装完成。

2. 确定毛坯

升降台支承套的材料为45钢，毛坯为 ϕ106×85mm 的圆形棒料。

3. 选择机床

因加工表面位于支承套互相垂直的两个表面（左侧面及上平面）上，需要两工位加工才能完成，故选卧式加工中心。加工工步有钻孔、扩孔、镗孔、锪孔、铰孔及攻螺纹等，所需刀具不超过20把。国产 XH754 型卧式加工中心可满足上述要求。该机床工作台尺寸为 400mm×400mm，X 轴行程为 500 mm，Z 轴行程为 400 mm，Y 轴行程为 400mm，主轴中心线至工作台距离为 100~500 mm，主轴端面至工作台中心线距离为 150~550 mm，定位精度和重复定位精度分别为 0.02mm 和 0.01mm，工作台分度精度和重复分度精度分别为 7″和 4″。

4. 确定装夹方案

ϕ35H7 孔、ϕ60mm 孔、2×ϕ11mm 孔及 2×ϕ17mm 孔的设计基准均为 ϕ100f9 外圆中心线，遵循基准重合原则，选择 ϕ100f9 外圆中心线为主要定位基准。因 ϕ100f9 外圆不是整圆，故用 V 形块作定位元件。在支承套长度方向，若选右端面定位，则难以保证 ϕ17mm 孔深尺寸 $11^{+0.5}_{0}$ mm（因工序尺寸 80mm、11mm 无公差），故选择左端面定位。所用夹具为专用夹具，工件的装夹如图 2-8-2 所示。在装夹时应使工件上平面在夹具中保持垂直，以消除转动自由度。

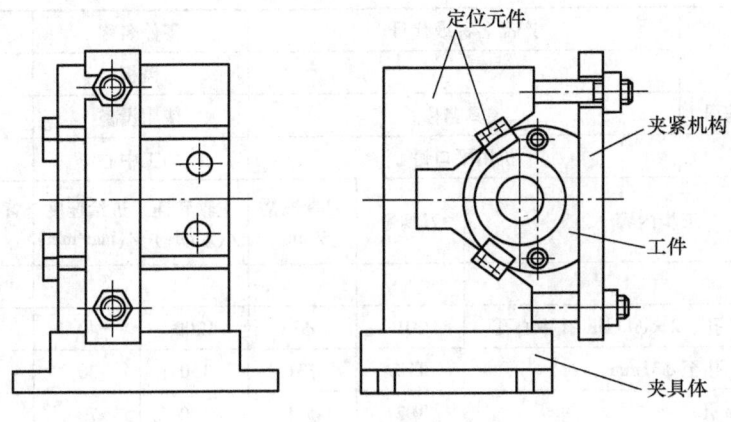

图 2-8-2　支承套装夹

5. 拟订工艺路线

（1）确定加工方案 所有孔都是在实体上加工，为防钻偏，均先用中心钻钻引正孔，然后再钻孔。为保证 φ35H7 及 2×φ15H7 孔的精度，根据其尺寸，选择铰削作其最终加工方法。对 φ60mm 的孔，根据孔径精度、孔深尺寸和孔底平面要求，用铣削方法同时完成孔壁和孔底平面的加工。

各加工表面选择的加工方案如下：

φ35H7 孔：钻中心孔→钻孔→粗镗→半精镗→铰孔。

φ15H7 孔：钻中心孔→钻孔→扩孔→铰孔。

φ60mm 孔：粗铣→精铣。

φ11mm 孔：钻中心孔→钻孔。

φ17mm 孔：锪孔（在 φ11mm 底孔上）。

M6-6H 螺孔：钻中心孔→钻底孔→孔端倒角→攻螺纹。

（2）确定加工顺序 为减少变换工位的辅助时间和工作台分度误差的影响，各个工位上的加工表面在工作台一次分度下按先粗后精的原则加工完毕。具体的加工顺序如下：

第一工位（B0°）：钻中心孔 φ35H7、2×φ11mm→钻孔 φ35H7→钻孔 2×φ11mm→锪孔 2×φ17mm→粗镗孔 φ35H7→粗铣、精铣孔 φ60mm×12→半精镗孔 φ35H7→钻螺纹中心孔 2×M6-6H→钻螺纹底孔 2×M6-6H→螺纹孔端倒角 2×M6-6H→攻螺纹 2×M6-6H→铰孔 φ35H7。

第二工位（B90°）：钻中心孔 2×φ15H7→钻孔 2×φ15H7→扩孔 2×φ15H7→铰孔 2×φ15H7。

6. 选择刀具

各工步刀具直径根据加工余量和孔径确定，详见数控加工刀具卡。刀具长度与工件在机床工作台上的装夹位置有关，在装夹位置确定之后，再计算刀具长度。

8.2.2 工艺制订

数控工艺文件包括数控加工工序卡（表 2-8-1）、数控加工刀具卡（表 2-8-2）。

表 2-8-1 数控加工工序卡（工序 2）

单位名称		产品名称或代号		零件名称		零件图号	
				盖板			
工序号	程序编号	夹具名称		使用设备		车间	
工序 2		机用平口钳		加工中心		数控车间	
工步号	工步内容	刀具号	刀具规格 /mm	主轴转速 /(r/min)	进给速度 /(mm/min)	背吃刀量 /mm	备注
	B0°						自动
1	钻 φ35H7 孔、2×φ11mm 孔中心孔	T01	φ3	1200	40		自动
2	钻 φ35H7 孔至 φ31mm	T13	φ31	150	30		自动
3	钻 φ11mm 孔	T02	φ11	500	70		自动
4	锪 2×φ17mm	T03	φ17	150	15		自动

项目8 支承套异形件的加工工艺分析

(续)

单位名称			产品名称或代号		零件名称	零件图号
					盖板	
工序号	程序编号		夹具名称		使用设备	车间
工序2			机用平口钳		加工中心	数控车间
工步号	工步内容		刀具号	刀具规格/mm	主轴转速/(r/min)	进给速度/(mm/min)	背吃刀量/mm	备注

工步号	工步内容	刀具号	刀具规格/mm	主轴转速/(r/min)	进给速度/(mm/min)	背吃刀量/mm	备注
5	粗镗 φ35H7 孔至 φ34mm	T04	φ34	400	30		自动
6	粗铣 φ60mm×12mm 至 φ59mm×11.5mm	T05	φ32	500	70		自动
7	精铣 φ60mm×12mm	T05	φ32	600	45		自动
8	半精镗 φ35H7 孔至 φ34.85mm	T06	φ34.85	450	35		自动
9	钻 2×M6-6H 螺纹中心孔	T01		1200	40		自动
10	钻 2×M6-6H 底孔至 φ5mm	T07	φ5	650	35		自动
11	2×M6-6H 孔端倒角	T02		500	20		自动
12	攻 2×M6-6H 螺纹	T08	M6	100	100		自动
13	铰 φ35H7 孔	T09	φ35	100	50		自动
	B90°						自动
14	钻 2×φ15H7 至中心孔	T01	φ3	1200	40		自动
15	钻 2×φ15H7 至 φ14mm	T10	φ14	450	60		自动
16	扩 2×φ15H7 至 φ14.85mm	T11	φ14.85	200	40		自动
17	铰 2×φ15H7 孔	T12	φ15	100	60		自动
编制		审核		批准	年 月 日	共 页	第 页

表 2-8-2 数控加工刀具卡

产品名称或代号		零件名称	升降台支承套	零件图号		工序号	工序2
序号	刀具号	刀具				加工表面	备注
		型号、规格、名称	数量	刀长/mm			
1	T01	中心钻 φ3mm	1	280		钻中心孔	
2	T02	锥柄麻花钻 φ11mm	1	330		钻 φ11mm 孔	
3	T03	锥柄埋头钻 φ17mm×11mm	1	330		锪 2×φ17mm	
4	T04	粗镗刀 φ34mm	1	300		粗镗 φ35H7	
5	T05	硬质合金立铣刀 φ32mm	1	320		粗铣 φ60mm×12mm	
6	T06	镗刀 φ34.85mm	1	300		半精镗 φ35H7	
7	T07	直柄麻花钻 φ5mm	1			钻 2×M6-6H 底孔	
8	T08	机用丝锥 M6mm	1	320		攻 2×M6-6H	
9	T09	套式铰刀 φ35AH7	1			铰 φ35H7 孔	
10	T10	锥柄麻花钻 φ14mm	1	300		钻 2×M6-6H 底孔	
11	T11	扩孔钻 φ14.85mm	1			2×M6-6H 孔端倒角	
12	T12	铰刀 φ15H7	1	280		铰 2×φ15H7 孔	
13	T13	锥柄麻花钻 φ31mm	1			钻 φ35H 孔至 φ31mm	
编制		审核		批准		年 月 日 共 页 第 页	

任务3　项目训练

8.3.1　异形固定板的加工工艺分析

图2-8-3所示为某企业实际生产的异形固定板，材料为45钢。试分析该零件单件生产及批量生产时加工工艺过程，制订合理的工艺文件。

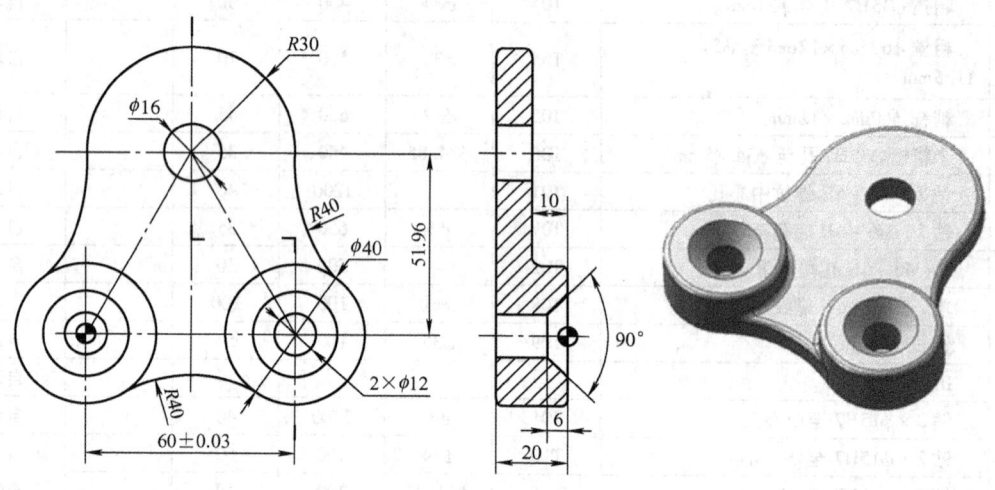

图2-8-3　异形固定板

8.3.2　异形套筒的加工工艺分析

图2-8-4所示为某企业实际生产的异形套筒，材料为45钢，毛坯为100mm×50mm×35mm方形坯料，批量生产。试分析该零件加工工艺过程，制订合理的工艺文件。

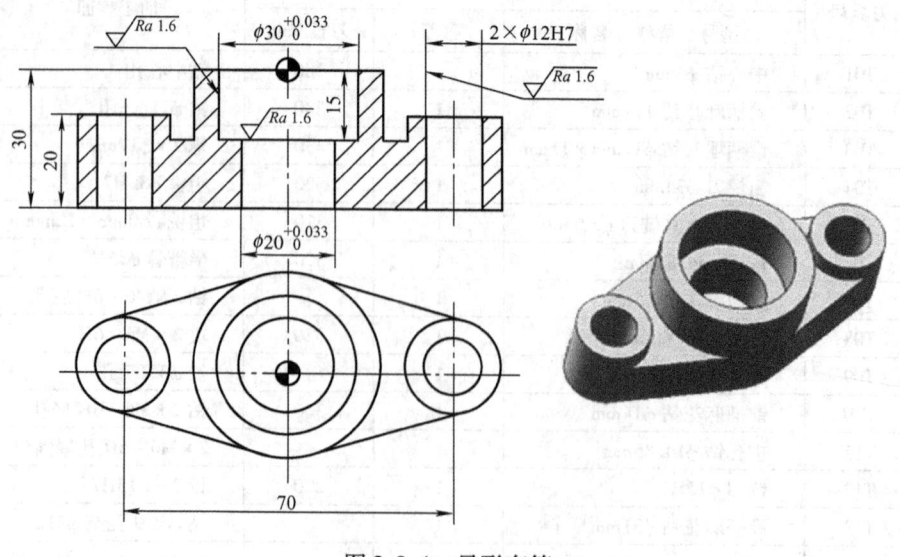

图2-8-4　异形套筒

附 录

车削切削速度参考数值表

加工材料		硬度 (HBW)	背吃刀量 a_p/mm	高速钢刀具		硬质合金刀具				涂层		陶瓷(超硬材料)刀具		说明
						未涂层								
				v_c /(m/min)	f /(mm/r)	v_c/(m/min)		f /(mm/r)	材料	v_c /(m/min)	f /(mm/r)	v_c /(m/min)	f /(mm/r)	
						焊接式刀具	可转位刀具							
易切碳钢	低碳	100~200	1	55~90	0.18~0.2	185~240	220~275	0.18	YT15	320~410	0.18	550~700	0.13	切削条件好,可用冷压 Al_2O_3 陶瓷,较差时宜用 Al_2O_3 + TiC 热压混合陶瓷。下同
			4	41~70	0.4	135~185	160~215	0.5	YT14	215~275	0.4	425~580	0.25	
			8	34~55	0.5	110~145	130~170	0.75	YT5	170~220	0.5	335~490	0.4	
	中碳	175~225	1	52	0.2	165	200	0.18	YT15	305	0.18	520	0.13	
			4	40	0.4	125	150	0.5	YT14	200	0.4	395	0.25	
			8	30	0.5	100	120	0.75	YT5	160	0.5	305	0.4	
碳钢	低碳	100~200	1	43~46	0.18	140~150	170~195	0.18	YT15	260~290	0.18	520~580	0.13	—
			4	34~33	0.4	115~125	135~150	0.5	YT14	170~190	0.4	365~425	0.25	
			8	27~30	0.5	88~100	105~120	0.75	YT5	135~150	0.5	275~365	0.4	
	中碳	175~225	1	34~40	0.18	115~130	150~160	0.18	YT15	220~240	0.18	460~520	0.13	
			4	23~30	0.4	90~100	115~125	0.5	YT14	145~160	0.4	290~350	0.25	
			8	20~26	0.5	70~78	90~100	0.75	YT5	115~125	0.5	200~260	0.4	
	高碳	175~225	1	30~37	0.18	115~130	140~155	0.18	YT15	215~230	0.18	460~520	0.13	
			4	24~27	0.4	88~95	105~120	0.5	YT14	145~150	0.4	275~335	0.25	
			8	18~21	0.5	69~76	84~95	0.75	YT5	115~120	0.5	185~245	0.4	

(续)

加工材料	硬度(HBW)	背吃刀量 a_p/mm	高速钢刀具 v_c/(m/min)	高速钢刀具 f/(mm/r)	硬质合金刀具 未涂层 v_c/(m/min) 焊接式刀具	硬质合金刀具 未涂层 v_c/(m/min) 可转位刀具	硬质合金刀具 未涂层 f/(mm/r)	硬质合金刀具 材料	硬质合金刀具 涂层 v_c/(m/min)	硬质合金刀具 涂层 f/(mm/r)	陶瓷(超硬材料)刀具 v_c/(m/min)	陶瓷(超硬材料)刀具 f/(mm/r)	说明
合金钢 低碳	125~225	1	41~46	0.18	135~150	170~185	0.18	YT15	220~235	0.18	520~580	0.13	
		4	32~37	0.4	105~120	135~145	0.5	YT14	175~190	0.4	365~395	0.25	
		8	24~27	0.5	84~95	105~115	0.75	YT5	135~145	0.5	275~335	0.4	
合金钢 中碳	175~225	1	34~41	0.18	105~115	130~150	0.18	YT15	175~200	0.18	460~520	0.13	
		4	26~32	0.4	85~90	105~120	0.4~0.5	YT14	135~160	0.4	280~360	0.25	—
		8	20~24	0.5	67~73	82~95	0.5~0.75	YT5	105~120	0.5	220~265	0.4	
合金钢 高碳	175~225	1	30~37	0.18	105~115	135~145	0.18	YT15	175~190	0.18	460~520	0.13	
		4	24~27	0.4	84~90	105~115	0.5	YT14	135~150	0.4	275~335	0.25	
		8	17~21	0.5	66~72	82~90	0.75	YT5	105~120	0.5	215~245	0.4	
高强度钢	225~350	1	20~26	0.18	90~105	115~135	0.18	YT15	150~185	0.18	380~440	0.13	>300HBW 时宜用 W12 Cr4V5Co5 及 W2Mo9Cr4V Co8
		4	15~20	0.4	69~84	90~105	0.4	YT14	120~135	0.4	205~265	0.25	
		8	12~15	0.5	53~66	69~84	0.5	YT5	90~105	0.5	145~205	0.4	
高速钢	200~225	1	15~24	0.13~0.18	76~105	85~125	0.18	YW1,YT15	115~160	0.18	420~460	0.13	加工 W12 Cr4V5Co5 等高速钢时宜用 W12Cr4V5 Co5 及 W2Mo 9Cr4VCo8
		4	12~20	0.25~0.4	60~84	69~100	0.4	YW2,YT14	90~130	0.4	250~275	0.25	
		8	9~15	0.4~0.5	46~64	53~76	0.5	YW3,YT5	69~100	0.5	190~215	0.4	

（续）

加工材料		硬度(HBW)	背吃刀量 a_p/mm	高速钢刀具		硬质合金刀具						陶瓷(超硬材料)刀具		说明
						未涂层			涂层					
				v_c/(m/min)	f/(mm/r)	v_c/(m/min)		f/(mm/r)	材料	v_c/(m/min)	f/(mm/r)	v_c/(m/min)	f/(mm/r)	
						焊接式刀具	可转位刀具							
不锈钢	奥氏体	135～275	1	18～34	0.18	58～105	67～120	0.18	YG3X, YW1	84～60	0.18	275～425	0.13	>225HBW时宜用W12Cr4V5Co5及W2Mo9Cr4VCo8
			4	15～27	0.4	49～100	58～105	0.4	YG6, YW1	76～135	0.4	150～275	0.25	
			8	12～21	0.5	38～76	46～84	0.5	YG6, YW1	60～105	0.5	90～185	0.4	
	马氏体	175～325	1	20～44	0.18	87～140	95～175	0.18	YW1, YT15	120～260	0.18	350～490	0.13	>275HBW时宜用W12Cr4V5Co5及W2Mo9Cr4VCo8
			4	15～35	0.4	69～15	75～135	0.4	YW1, YT15	100～170	0.4	185～335	0.25	
			8	12～27	0.5	55～90	58～105	0.5～0.75	YW2, YT14	76～135	0.5	120～245	0.4	
灰铸铁		160～260	1	26～43	0.18	84～135	100～165	0.18～0.25	YG8, YW2	130～190	0.18	395～550	0.13～0.25	>190HBW时宜用W12Cr4V5Co5及W2Mo9Cr4VCo8
			4	17～27	0.4	69～110	81～125	0.4～0.5		105～160	0.4	245～365	0.25～0.4	
			8	14～23	0.5	60～90	66～100	0.5～0.75		84～130	0.5	185～275	0.4～0.5	
可锻铸铁		160～240	1	30～40	0.18	120～160	135～185	0.25	YW1, YT15	185～235	0.25	305～365	0.13～0.25	—
			4	23～30	0.4	90～120	105～135	0.5	YW1, YT15	135～185	0.4	230～290	0.25～0.4	
			8	18～24	0.5	76～100	85～115	0.75	YW2, YT14	105～145	0.5	150～230	0.4～0.5	

(续)

加工材料	硬度(HBW)	背吃刀量 a_p/mm	高速钢刀具 v_c/(m/min)	高速钢刀具 f/(mm/r)	硬质合金刀具 未涂层 v_c/(m/min) 焊接式刀具	硬质合金刀具 未涂层 v_c/(m/min) 可转位刀具	未涂层 f/(mm/r)	材料	涂层 v_c/(m/min)	涂层 f/(mm/r)	陶瓷(超硬材料)刀具 v_c/(m/min)	陶瓷(超硬材料)刀具 f/(mm/r)	说明
铝合金	30~150	1	245~305	0.18	550~610	Max(刀具最高安全切削速度)	0.25	YG3X, YW1	—	—	365~915	0.075~0.15	a_p=0.13~0.4mm 金刚石刀具
		4	215~275	0.4	425~550		0.5	YG6, YW1	—	—	245~760	0.15~0.3	a_p=0.4~1.25mm
		8	185~245	0.5	305~365		1	YG6, YW1	—	—	150~460	0.3~0.5	a_p=1.25~3.2mm
铜合金		1	40~175	0.18	84~345	90~395	0.18	YG3X, YW1	—	—	305~1460	0.075~0.15	a_p=0.13~0.4 mm 金刚石刀具
		4	34~145	0.4	69~290	76~335	0.5	YG6, YW1	—	—	150~855	0.15~0.3	a_p=0.4~1.25mm
		8	27~120	0.5	64~270	70~305	0.75	YG8, YW2	—	—	90~550	0.3~0.5	a_p=1.25~3.2mm
钛合金	300~350	1	12~24	0.13	38~66	49~76	0.13	YG3X, YW1	—	—	—	—	高速钢采用W12Cr4V5Co5及W2Mo9Cr4VCo8
		4	9~21	0.25	32~56	41~66	0.2	YG6, YW1	—	—	—	—	
		8	8~18	0.4	24~43	26~49	0.25	YG8, YW2	—	—	—	—	
高温合金	200~475	0.8	3.6~14	0.13	12~49	14~58	0.13	YG3X, YW1	—	—	185	0.075	立方氮化硼刀具
		2.5	3~11	0.18	9~41	12~49	0.18	YG6, YW1	—	—	135	0.13	

参 考 文 献

[1] 崔兆华. 数控加工工艺 [M]. 济南：山东科学技术出版社，2005.
[2] 贾文. 零件加工工艺与工装设计 [M]. 北京：北京理工大学出版社，2010.
[3] 周晓宏. 数控加工工艺 [M]. 北京：机械工业出版社，2011.
[4] 陈磊，吴暐，缪燕平. 机械制造工艺 [M]. 北京：北京理工大学出版社，2010.
[5] 武友德，苏珉. 机械加工工艺 [M]. 北京：北京理工大学出版社，2011.
[6] 李斯杰. 零件数控加工工艺规划与实施工作页 [M]. 厦门：厦门大学出版社，2010.
[7] 余英良. 数控铣生产案例型实训教程 [M]. 北京：机械工业出版社，2009.
[8] 魏静姿. 机床加工工艺 [M]. 北京：机械工业出版社，2009.
[9] 张平亮. 现代数控加工工艺与装备 [M]. 北京：清华大学出版社，2008.
[10] 闫华明. 数控加工工艺与编程 [M]. 天津：天津大学出版社，2009.
[11] 赵鹏喜. 数控铣削加工工艺编程与操作 [M]. 北京：化学工业出版社，2009.
[12] 武友德. 机械零件加工工艺编制 [M]. 北京：机械工业出版社，2009.
[13] 吴晓苏. 数控编程与机床操作 [M]. 北京：清华大学出版社，2009.